Johannes Fiebag
Rätsel der Menschheit

Johannes Fiebag

Rätsel
der
Menschheit

john fisch-verlag

*Wenn Gabriel
in sein Horn bläst
dann werden alle Fragen
gelöst sein.*

Altenglisches Sprichwort

ISBN 2-87950-001-X

Copyright © 1982 by john fisch-verlag

Umschlaggestaltung: Danielle Remy

Gesamtherstellung: Druckerei LUX-PRESS - Postfach 2476
Großherzogtum Luxemburg

Inhaltsverzeichnis

Weltuntergang vor 11 000 Jahren
Was Platon zu berichten wußte
Atlantis wird wiederentdeckt
Die biblisch-sumerische Überschwemmung
Sintflutberichte rund um die Welt
Lag Atlantis auf Helgoland...
...oder im Mittelmeer?
Atlantis im Atlantik
Das Rätsel der Aale
Atlantis: Uralte Erinnerungen
Mauern - mitten im Meer
Das Geheimnis Mu
Wie alt ist der Mensch?

Die Kritiker melden sich zu Wort
Das "Zeichen des Lebens"
Einige Bemerkungen zur "Entmythologisierung"
Salomo - ein Außerirdischer?
Prophet aus der Unendlichkeit
Der Himmelsbote von den Sternen
Die Raumschiffe des alten Indien

Relikte aus anderen Welten
Die Rätsel der Zeit
Die Menschen vom Mount Shasta
Reisende aus der Zukunft

Für meine Eltern

Vorwort

Gibt es heute - an der Schwelle zum dritten Jahrtausend - überhaupt noch Rätselhaftes auf diesem Planeten? So fragen manche Zeitgenossen und hegen ihre Zweifel an den Behauptungen Andersdenkender, deren grenzwissenschaftlicher Forschungsdrang sich auch in Buchform niedergeschlagen und in enormen Auflagen verbreitet hat. Aber war bei diesen Amateurforschern, mögen sie nun von Däniken oder Berlitz heißen, nicht eher der Wunschtraum der Vater des Gedankens? Jagen die Verfechter solch phantastischer Hypothesen, ob diese nun im Kosmos oder auf dem Meeresgrund angesiedelt sind, nicht am Ende einem Trugbild nach - aus zahllosen Irrtümern entstanden? Eine grenzwissenschaftliche "Fata Morgana"? Oder aber ist es denkbar, daß auch der hohen Wissenschaft ein paar "weiße Flecken" in ihrem Wirkungsbereich entgangen sind? Daß unsere strapazierte "Mutter Erde" noch ein paar originelle Überraschungen in Reserve hält, die die Erkenntnisse der Menschheit um zusätzliche Erfahrungen bereichern würden?

Ist der "Stein der Weisen" denn schon gefunden?

Steigen wir also vom hohen Roß, bleiben wir auf dem Boden der Tatsachen - und wir werden es nicht verlernen, uns über unglaublich Scheinendes zu wundern.

Dieses Buch wird Ihnen, liebe Leser, auf den nachfolgenden Seiten "Rätsel der Menschheit" präsentieren. Erhalten geblieben, gefunden oder aufgeschrieben - Relikte einer fernen Vergangenheit, die in keinem Geschichtsbuch verzeichnet sind und sich nur noch in überlieferten Legenden, Mythen oder Sagen wiederspiegeln.

Oft trennen uns von rätselhaften Geschehnissen nur ein paar Jahrzehnte. Ja selbst die Gegenwart hat ihre Geheimnisse, scheint Ungewöhnliches für uns aufbewahrt zu haben - hebt, wenn auch nur zögernd, den Schleier des Vergessens von Schätzen einstigen Wissens. Eines Wissens, weit über jenes hinausreichend, das wir heute besitzen.

Erinnerungen an die Zukunft?

Fast scheint es so, denn wenn der junge Häuptling eines bislang unbekannten Amazonasvolkes nicht gelogen hat, dann verwahrt die Priesterschaft des Indianerstammes Geräte und Maschinen einer außerirdischen Rasse in künstlich angelegten Gewölben im Andengebirge - Dinge, die (so behauptet Häuptling "Tatunca Nara") heute noch ebenso funktionieren wie anno dazumal. Erich von Däniken ist dieser Spur nachgegangen, hat Kontakt mit dem geheimnisvollen Amazonasbewohner aufgenommen, dessen Hautfarbe weiß ist und der ausgezeichnet Deutsch spricht. Ehe vorschnell geurteilt werden sollte: Wir wissen im allgemeinen nur sehr wenig über Südamerika und seine einstigen Kulturen. Berühmte Forscher wie der britische Colonel Percy H. Fawcett suchten nach dem legendären "El Dorado" und verschwanden spurlos im Dschungel Amazoniens - in der gefürchteten "Grünen Hölle". Ihre unsichtbaren Geheimnisse gehören mit zu den ungelösten Menschheitsrätseln.

Nur siebzig Jahre ist es her, am 30. Juni 1908, als im kaum besiedelten Gebiet der Tunguska, in der sibirischen Taiga, ein unbekanntes Flugobjekt niederging und in einer gewaltigen Detonation mehr als 6000 Quadratkilometer Wald vernichtete. Die Gewalt der Explosion erreichte die Wirkung mehrerer Wasserstoffbomben und kostete nicht nur tausenden Tieren, sondern offenbar auch jenen Nomaden das Leben, die das betroffene Gelände als Jäger durchstreiften.

Bis zum heutigen Tage ist die Frage ungeklärt, was damals vom Himmel stürzte. War es ein Meteorit? Der "Eiskopf" eines Kometen? War es ein verirrtes Stück "Antimaterie"? Oder ein mikroskopisch kleines Schwarzes Loch, das den Taigaboden durchschlug? War es ein Kugelblitz, ein Laserstrahl oder ein vulkanischer Ausbruch? War es am Ende ein künstlicher Flugkörper - ein Raumschiff von fremden Sternen -, dessen atomarer Antrieb beim Versuch einer Notlandung explodierte? Wir wissen es nicht.

Seit mit dem Jahr 1927 die ernsthaften Nachforschungen eingesetzt haben, ist in nunmehr fünf Jahrzehnten kein schlüssiges Resultat verzeichnet worden. Hypothesen hingegen gibt es genug - ungefähr achtzig! Das "Tunguskische Wunder" wird jenes spektakuläre Ereignis von 1908 genannt. Es gilt als "Rätsel des Jahrhunderts".

Ein weiteres Rätsel der Menschheit.

Johannes Fiebag, der Autor dieses interessanten Buches, hat deren eine Vielzahl gesammelt. Sie faszinieren - und sie sind nicht wegzuleugnen. Auch wenn Wissenschaftler manchmal darüber spötteln.

Max Planck, jener bahnbrechende Physiker, der durch seine Quantentheorie (ähnlich wie Einstein) zur Umgestaltung des Weltbildes beigetragen hat, meinte einmal sehr treffend: "Die Wissenschaft vergißt gern, daß es nicht nur ein Zwanzigstes, sondern dereinst auch ein Dreißigstes Jahrhundert geben wird..."

Überheblichkeit führte noch selten zum Ziel. Nur Offenheit und Weitblick können dies schaffen. Hoffen wir also auf kommende Jahrhunderte, auf neue wegweisende Erkenntnisse.

Unzählige Rätsel der Menschheit harren ihrer Lösung...

Peter Krassa

Kapitel I

Die versunkenen Länder

Wie dieses Scheines lockerer Bau,
so werden die wolkenhohen Türme,
die Paläste,
die hehren Tempel, selbst der große Ball,
ja, was nur daran teil hat, untergehn
und, wie dies leere Schaugepränk erblaßt,
spurlos verschwinden...

Shakespeare ("Sturm")

Weltuntergang vor 11 000 Jahren - Was Platon zu berichten wußte - Atlantis wird wiederentdeckt - Die biblisch-sumerische Überschwemmung - Sint-

flutberichte rund um die Welt - Lag Atlantis auf Helgoland... - ...oder im Mittelmeer? - Atlantis im Atlantik - Das Rätsel der Aale - Atlantis: Uralte Erinnerungen - Mauern - mitten im Meer - Das Geheimnis Mu - Wie alt ist der Mensch?

Weltuntergang vor 11000 Jahren

Am 5. Juni 8496 v.d.Z. ging die Welt unter. Ein Mitglied der auch heute noch das Sonnensystem durchschweifenden Meteoritenfamilie, ein Riese von zehn Kilometern Durchmesser und einem Gewicht von etwa einer Billion Tonnen, raste von Nord-Westen kommend auf die Erde zu. In den Bereich der Gravitation unseres Planeten gekommen, wurde seine Bahn abgelenkt und zur Erde hinuntergezogen.

Mit dem Eintritt in die Atmosphäre begann ein ungeheures Schauspiel. Weiß aufglühend, heller als jeder bisher gesehene Komet, raste der Gesteinsbrocken aus dem All mit 15 bis 20 Kilometern in der Sekunde dem Boden zu. Ein riesiger Schweif leuchtender, erhitzter Gase bildete sich hinter ihm und markierte seine Flugbahn.

Dann zerplatzte die äußere Gesteinshülle. Ein Regen unzähliger Felsbrocken erschüttete sich und zog tausende tödlicher Furchen quer über den Südostteil der heutigen Vereinigten Staaten von Amerika. Kurz über dem Boden spaltete sich unter dem mächtigen Druck auch der schwere Eisen-Nickel-Kern in zwei Teile. Vor der Küste Floridas schlugen sie ins Meer.

Die Folgen waren grauenvoll. Eine Flutwelle unvorstellbaren Ausmaßes raste auf die Küste Amerikas zu und begrub alles unter sich. Die beiden riesigen Gesteinsbrocken, die tief in die Erdkruste eingeschlagen waren, brachten diese zum Taumeln. Die Sonne schien für kurze Momente am Himmel zu verharren und schwenkte dann in eine andere Position.

Aber der Einschlag zog noch ein anderes, weit entsetzlicheres Geschehen nach sich. Er erfolgte genau in eine jener "Nähte" der Erdkruste, die die einzelnen Schollen miteinander verbinden. Sie wurden mit in die Tiefe gezogen, senkten sich um mehrere hundert Meter. Ganze Landstriche Nordamerikas versanken in den Fluten.

In den Wogen des Meeres ging auch eine Insel unter, die sich mitten im Atlantik befand. Im Laufe eines einzigen Tages und einer einzigen Nacht hörte eine Kultur zu existieren auf, die zuvor das Antlitz der Erde geprägt hatte. Das Ende kam schnell, nur wenige werden sich gerettet haben können. Und auch auf diese Wenigen wartete ein ungewisses und schweres Schicksal.

Denn durch den Einschlag des Riesen-Meteors wurden etwa fünf Billiarden Tonnen Gestein verdampft, in giftige Stickstoffmoleküle verwandelt und in die Luft gezogen. Gleichzeitig bildeten sich ungeheure Wolken aus schwarzer Asche, die, mit riesigen Mengen von Meerwasser getränkt, den bereits durch die Flutkatastrophe geplagten Landstrichen entgegenzogen. Zwanzig Billiarden Tonnen Wasser ergossen sich in einem unaufhörlichen Sintflutregen über Europa und Asien, das Land färbte sich schwarz. Die Katastrophe muß auch in weiter entfernten Gegenden (etwa in Sibirien) so schnell hereingebrochen sein, daß die dort äsenden Mammutherden mit einem Schlag zu tausenden umkamen. Die gefundenen, wohlkonservierten Kadaver der Tiere deuten auf dieses plötzliche Ende. Durch die schon beschriebene Verschiebung der Erdachse verwandelte sich ein ehemals lebensreiches Wald- und Savannen-Gebiet in einen lange Monate des Jahres hindurch vor Kälte klirrenden Eisschrank.

Als nach vielen Jahren die Wassermassen abzogen, die Sonne wieder durch die Wolken drang, bot die Welt ein Bild der Verwüstung. Aber dennoch: Der zurückgebliebene Schlamm wirkte als lebensfördernder Löß und die erneut scheinende Sonne ließ das keimende Leben überall erneut sprießen, nachdem es sich zuvor in unzugängliche Gebiete zurückgezogen hatte.

So oder ähnlich stellte sich der inzwischen leider verstorbene Atlantisforscher Otto H. Muck den Untergang des Inselreiches vor. Seine Informationen, bezogen zum einen aus den alten Mythen und Überlieferungen der Menschheit, zum anderen aus modernsten geologischen, geo-physikalischen, meteorologischen und astronomisch-physikalischen Erkenntnissen, vermochte er zu einem eindrucksvollen Bild einer vor fast 11000 Jahren stattgefundenen Weltkatastrophe zusammenzufügen.

Es ist viel über Atlantis geschrieben worden. Okkultisten und Wissenschaftler, Spinner und ernsthafte Forscher haben seit undenklichen Zeiten Material zusammengetragen, bewertet und einer immer wieder aufs neue erstaunten Leserschaft vorgetragen. Gerade in den letzten Jahren scheint eine solche "Atlantis-Renaissance" neue Triumphe zu feiern. Theorien und Erforschtes, Spekulationen und Entdeckungen werden publiziert, verbreitet, zur Diskussion gestellt. Ignatius Donelly, Otto H. Muck, Jürgen Spanuth oder A.G. Ganalopoulos haben Atlantis gesucht und, wie sie meinen, gefunden: Im Atlantik, in der Nordsee oder im Mittelmeer.

Atlantis ist ein ergiebiges Thema. Kaum ein anderes hat jemals soviel Resonanz gefunden, aus kaum einem anderen allerdings auch ist jemals so viel Unsinn hervorgegangen wie aus diesem.

Worin liegen die Gründe? Was treibt die Menschen dazu, sich mit einem Land zu beschäftigen, das längst nicht mehr existiert, das ausgelöscht wurde, versunken ist, zerstört liegt am Grunde des Meeres? Was bereitet die Faszination von Atlantis?

16

Was Platon zu berichten wußte

Das Rätsel des versunkenen Kontinents bewegt die Menschen nicht erst seit heute. Der "Unruhestifter", der die Atlantis-Diskussion auslöste, war der griechische Philosoph Platon (427-347 v.Chr.) vor etwa 2300 Jahren. In seinen Büchern "Timaios" und "Kritias" berichtet er von der Insel Atlantis, ihrer Kultur, ihren Menschen und ihrem Untergang. Da Platons Schriften zumeist als fiktive Dialoge geschrieben worden sind, ist man sich bis heute nicht einig, ob es sich auch hierbei nur um eine erdachte Story handelte, in der der (im hellenistischen Sinne) ideale Staat beschrieben werden sollte, oder um einen etwas veränderten, auf das griechische Denken übertragenen Tatsachenbericht. Im "Kritias" jedenfalls gibt Platon eine sehr ausführliche Schilderung des Aussehens von Atlantis:

An der Küste des Meeres gegen die Mitte der ganzen Insel lag eine Ebene, die von allen die schönste und fruchtbarste gewesen sein soll;... Die Insel lieferte zunächst alles, was der Bergbau an gediegenen oder schmelzbaren Erzen darbietet; darunter besonders eine Art Messing, jetzt nur noch dem Namen nach bekannt, damals aber mehr als dies, das man an vielen Stellen der Insel förderte und das die damaligen Menschen nächst dem Golde am höchsten schätzten.

Die Insel erzeugte aber auch alles in reicher Fülle, was der Wald für die Werke der Bauleute bietet, und nährte wilde und zahme Tiere in großer Menge. So gab es dort zahlreiche Elefanten; denn es wuchs nicht nur für alles Getier in den Sümpfen, Teichen und Flüssen, auf den Bergen und in der Ebene reichlich Futter, sondern in gleicher Weise auch für diese von Natur größte und gefräßigste Tierart. Alle Wohlgerüche, die die Erde jetzt nur irgend an Wurzeln, Gräsern, Holzarten, hervorquellenden Säften, Blumen oder Früchten erzeugt, trug und hegte auch die Insel in großer Menge; ebenso auch die liebliche Frucht und die Frucht des Feldes, die uns zur Nahrung dient, und alle, die wir sonst als Speise benutzen und mit dem gemeinsamen Namen Gemüse bezeichnen, ferner eine baumartig wachsende Pflanze, die

Trank, Speise und Salböl zugleich liefert und endlich die rasch verderbende Frucht des Obstbaumes, uns zur Freude und Lust bestimmt, und alles, was wir als Nachtisch auftragen, erwünschte Reizmittel für den überfüllten Magen für den Übersättigten; also dies alles brachte die Insel, damals noch den Sonnenstrahlen zugänglich, wunderbar und schön und in unbegrenzter Fülle hervor.

Ihre Bewohner bauten, da ihnen die Erde dies alles bot, Tempel, Königspaläste, Häfen und Schiffswerften, richteten aber auch sonst das ganze Land ein und verfuhren dabei nach folgender Anordnung: Zunächst bauten sie Brücken über die Kanäle, die ihren alten Hauptsitz umgaben, und schufen so eine Verbindung mit der Königsburg. Diese Königsburg erbauten sie gleich von Anfang an auf eben jenem Wohnsitz des Gottes ihrer Ahnen; der eine erbte sie vom anderen, und jeder suchte nach Kräften ihre Ausstattung zu erweitern und seinen Vorgänger darin zu überbieten, bis dann endlich ihr Wohnsitz durch seine Größe und Schönheit einen staunenswerten Anblick bot...

Ich muß nun auch noch versuchen, über die natürliche Beschaffenheit und Verwaltung des übrigen Landes zu berichten. Zunächst stieg, wie es heißt, die ganze Insel sehr hoch und steil aus dem Meere auf, nur die Gegend bei der Stadt war durchweg eine Ebene, ringsherum von Bergen, die bis zum Meer hinabliefen, eingeschlossen; sie war glatt und gleichmäßig, mehr lang als breit, nach der einen Seite dreitausend Stadien lang, vom Meere aufwärts in der Mitte zweitausend breit.

Dieser Teil der ganzen Insel lag auf der Südseite, im Norden gegen den Nordwind geschützt, die rings aufsteigenden Berge sollen an Menge, Größe und Schönheit alle jetzt vorhandenen übertroffen haben; sie umfaßten eine Menge reichbewohnter Ortschaften, Flüsse, Seen und Wiesen mit genügendem Futter für alle möglichen zahmen und wilden Tiere und endlich auch große Waldungen, die in der bunten Mannigfaltigkeit ihrer Bäume Holz für alle möglichen Arbeiten lieferten. Dies war also die natürliche Beschaffenheit der Ebene, an deren weiterem Ausbau viele

Könige gearbeitet hatten. Sie bildete größtenteils ein vollständiges Rechteck; was aber noch daran fehlte, war durch einen ringsherum gezogenen Kanal ausgeglichen; was über dessen Tiefe, Breite und Länge berichtet wird, klingt fast unglaublich für ein von Menschen hergestelltes Werk, außer allen den anderen Arbeiten; dieser Graben war nämlich hundert Fuß tief, überall sechshundert Fuß breit und in seiner Gesamtheit eine Länge von zehntausend Stadien. Er nahm die von den Bergen herabströmenden Flüsse in sich auf, berührte die Stadt auf beiden Seiten und mündete in das Meer. Von seinem oberen Teile her wurden von ihm aus ungefähr hundert Fuß breite Kanäle in die Ebene geleitet, die ihrerseits wieder in den vom Meer aus gezogenen Kanal einmündeten und voneinander hundert Stadien entfernt waren; auf diesem Wege brachte man das Holz von den Bergen in die Stadt; ebenso aber auch alle anderen Landeserzeugnisse durch Kanäle, die die Längskanäle der Quere nach miteinander und ebenso die Stadt wieder mit diesen verbanden.

Der Boden brachte ihnen jährlich zwei Ernten; im Winter infolge des befruchtenden Regens, im Sommer infolge der Bewässerung durch die Kanäle. Hinsichtlich der Zahl der Bewohner war bestimmt, daß in der Ebene selbst jedes Grundstück einen kriegstüchtigen Anführer zu stellen hatte; jedes Grundstück aber hatte eine Größe von hundert Quadratstadien, und die Zahl aller Grundstücke war sechzigtausend; auf den Gebirgen und in sonstigen Landstrichen wurde die Zahl der Bewohner als unermeßlich angegeben, alle jedoch waren nach ihren Ortschaften je einem dieser Grundstücke und Führer zugeteilt. Je sechs Führer mußten einen Kriegswagen stellen, so daß man im ganzen zehntausend solcher Wagen für den Krieg hatte; ferner ein jeder zwei Pferde und Reiter sowie ein Zweigespann ohne Sitz, das einen mit kleinem Schild bewaffneten ˌKrieger sowie den Wagenlenker trug, außerdem zwei Schwerbewaffnete, je zwei Bogenschützen und Schleuderer, je drei Stein- und Speerwerfer und endlich noch vier Matrosen zur Bemannung von zwölfhundert Schiffen. Das war die Ordnung des Kriegswesens in dem königlichen Staat, in den übrigen neun Staaten herrschten andere Bestimmungen, deren Erörterung zu weit führen würde.

Belassen auch wir es hiermit bei der Beschreibung von Atlantis. Platon gibt noch eine sehr ausführliche Schilderung der von Kanälen umgebenen Königsburg, doch wollen wir uns jetzt dem Untergang der Insel zuwenden, der gleichfalls von Platon beschrieben wird.

Wie es dazu kam, konnten sich die Griechen freilich nicht recht erklären. Es war ihnen unbegreiflich, wie eine hochstehende Kultur, ein Paradies auf Erden, so plötzlich vernichtet werden konnte. Der Erklärungsversuch Platons, ebenfalls im "Kritias" auf-, aber nie zu Ende geschrieben, deutet denn auch auf die menschliche Unzulänglichkeit hin, auf die Fehler der Irdischen und ihre Bestrafung durch himmlische Mächte. Die Atlanter, so weiß Platon zu berichten und so soll es ihm der Weise Solon erzählt haben (der es wiederum von den Ägyptern erfahren haben will), seien schließlich sündhaft geworden, hätten sich mit den Unreinen vermischt, das Himmlische in ihnen abgelegt und somit einen nicht mehr revidierbaren Beschluß der Götter herbeigeführt, der, so darf man schließen, zur Vernichtung führte.

Auch diese beschreibt Platon im "Kritias". Gekleidet ist das ganze in ein Gespräch Solons mit einem ägyptischen Priester, der ihn zunächst über die zyklische Vernichtung durch Feuer und Wasser aufklärt:

Solon, Solon, ihr Hellenen seid und bleibt Kinder, und einen alten Hellenen gibt es nicht. Jung seit ihr alle an Geist, denn in euren Köpfen ist keine Anschauung aus alter Überlieferung und kein mit der Zeit ergrautes Wissen. Daran ist folgendes Schuld. Oft und auf vielerlei Arten sind die Menschen zugrunde gegangen und werden sie zugrunde gehen, am häufigsten durch Feuer und Wasser, doch auch durch tausenderlei andere Ursachen. Denn was man auch bei euch erzählt von Phaeton, dem Sohn des Helios, wie er einst seines Vaters Wagen bestieg und, da er es nicht verstand, seines Vaters Weg einzuhalten, alles auf der Erde verbrannte und selbst vom Blitz getötet wurde - das klingt ja wohl wie eine Fabel, aber der wahre Kern daran ist die veränderte Bewegung der die Erde umkreisenden Himmelskörper und die periodische Vernichtung alles Irdischen durch ein großes Feuer. Unter ihr haben dann die Bewohner der Gebirge und hochgelegenen, wasserarmen Gegenden stärker zu leiden als die Anwohner der Flüsse und des Meeres; uns aber rettet der Nil, unser Retter in jeder Not, auch aus dieser Verlegenheit. Überschwemmen aber die Götter die Erde mit Wasser, um sie zu reinigen, dann bleiben die Bergbewohner, die Rinder- und Schafhirten am Leben, wer aber bei euch in den Städten wohnt, wird von den Flüssen ins Meer geschwemmt, in unserm Lande dagegen strömt weder dann noch sonstwann das Wasser vom Himmel auf die Flut herab; es ist vielmehr so eingerichtet, daß alles von unten herauf über sie emporsteigt. Aus diesen Ursachen bleibt bei uns alles erhalten und gilt für das Älteste. In Wahrheit gibt es in allen Gegenden, wo nicht übermäßige Kälte oder Hitze es hindern, immer ein bald mehr, bald minder zahlreiches Menschengeschlecht...

Was bei euch oder bei uns oder sonstwo, soweit wir davon Kunde haben, geschieht, liegt, sofern es trefflich, groß oder irgendwie bedeutend ist, insgesamt von der ältesten Zeit an in unseren Tempeln aufgezeichnet und bleibt so erhalten. Bei euch aber und den übrigen Staaten ist die Schrift und das ganze staatliche Leben immer gerade erst zu einer Entwicklung gediehen, wenn schon wieder nach dem Ablauf der gewöhnlichen Frist wie eine neue Krankheit die Regenflut des Himmels über euch hereinbricht und nur die der Schrift Unkundigen und Ungebildeten am Leben läßt; dann werdet ihr immer gleichsam von neuem wieder jung und wißt nichts von unserer oder eurer alten Geschichte. Wenigstens eure Geschlechterverzeichnisse, lieber Solon, wie du sie eben vortrugst, unterscheiden sich kaum von Kindermärchen. Ihr wißt nur von einer Überschwemmung, während doch so viele vorhergegangen sind; und ihr wißt nicht, daß das herrlichste und beste Geschlecht der Menschen in eurem Lande gelebt hat, von denen du und alle Bürger eures jetzigen Staates abstammen, indem ein kleiner Stamm von ihnen übrigblieb; dies alles blieb euch fremd, denn eure Vorfahren lebten viele Geschlechter hindurch ohne die Sprache der Schrift.

Schließlich kommt der Priester auf den Untergang von Atlantis zu sprechen, den Platon im ''Kritias'' etwa auf das Jahr 9000 vor seiner Zeit festlegte:

Unter allen Großtaten eures Staates, die wir bewundernd in unseren Schriften lesen, ragt aber eine durch Größe und Heldenmut hervor: Unsere Schriften berichten von der gewaltigen Kriegsmacht, die einst durch euren Staat ein Ende fand, als sie voll Übermut gegen ganz Europa und Asien vom Atlantischen Meere her zu Felde zog. Denn damals konnte man das Meer dort noch befahren, es lag nämlich vor der Mündung, die bei euch ''Säulen des Herkules'' heißt, eine Insel, größer als Asien und Libyen zusammen, und von ihr konnte man damals noch nach den anderen Inseln hinüberfahren und von den Inseln auf das ganze gegenüberliegende Festland, das jenes in Wahrheit so heißende Meer umschließt. Erscheint doch alles, was innerhalb der genannten Mündung liegt, nur wie eine Bucht mit engem Eingang; jener Ozean aber heißt durchaus mit Recht also und das Land an seinen Ufern mit dem gleichen Recht ein Festland. Auf dieser Insel Atlantis bestand eine große und bewundernswerte Königsgewalt, die der ganzen Insel, aber auch vielen anderen Inseln und Teilen des Festlandes gebot; außerdem reichte ihre Macht über Libyen bis nach Ägypten und in Europa bis nach Tyrrhenien. Dieses Reich machte einmal den Versuch, mit geeinter Heeresmacht unser und euer Land, überhaupt das ganze Gebiet innerhalb der Mündung mit einem Schlag zu unterwerfen. Da zeigte sich nun die Macht eures Staates in ihrer ganzen Herrlichkeit und Stärke vor allen Menschen: Allen anderen an Heldenmut und Kriegslist voraus, führte er zuerst die Hellenen, sah sich aber später durch den Abfall der anderen genötigt, auf die eigene Kraft zu bauen, und trotz der äußersten Gefahr überwand er schließlich den herandrängenden Feind und errichtete Siegeszeichen; so verhinderte er die Unterwerfung der noch nicht Geknechteten und ward zum edlen Befreier an uns innerhalb der Tore des Herakles. Später entstanden gewaltige Erdbeben und Überschwemmungen, und im Verlauf eines schlimmen Tages und einer schlimmen Nacht versank euer ganzes streitbares Geschlecht scharenweise unter der Erde, und ebenso verschwand die Insel Atlantis im Meer. Darum kann man auch das Meer dort jetzt nicht mehr befahren und durchforschen, weil hochaufgehäufte Massen von Schlamm, die durch den Untergang der Insel entstanden sind, es unmöglich machen.

Der Untergang eines Inselreiches, Jahrtausende vor dem Beginn unserer Zeitrechnung, einer blühenden Kultur, die sich anschickte, große Teile Europas unter ihre Herrschaft zu bringen - all das klingt in der Tat eher wie ein Märchen als nach einem historischen Tatsachenbericht.

Und dennoch, irgendetwas muß sich an ihm befinden, etwas, das Menschen seit über zweitausend Jahren bewegt, das sie fasziniert und anspornt, nach Atlantis zu suchen. Nur eine bloße Erzählung, eine Erfindung oder ein Gleichnis hätten dies kaum vermocht.

Atlantis wird wiederentdeckt

Es verwundert daher nicht, daß sich schon in der Antike zahlreiche Dichter auf die Seite Platons schlugen. Aristoteles (384-322 v.Chr.), Krantor (330-275 v.Chr.), der die von Solon beschriebenen ägyptischen Papyrusrollen noch gesehen haben will und Plutarch (46-120 n.Chr.) bestehen auf der einstigen Existenz des Inselreiches. Auch andere, etwa der griechische Geschichtsschreiber Herodot (5. Jahrhundert v.Chr.), Homer (8. Jahrhundert v.Chr.), Thukydides (460-400 v.Chr.), Theopompos (4. Jahrhundert v.Chr.) und der Neuplatoniker Proklos (410-485 n.Chr.) erwähnen Atlantis.

Etwas kurios wirkt hingegen eine Frage, die der im dritten nachchristlichen Jahrhundert lebende Arnobius Afer stellt:

Ist es unsere (der Christen, Anmerk. d. Verfassers) Schuld, daß vor zehntausend Jahren eine große Schar Männer von der Insel, die das Atlantis von Neptun genannt wird, wie Plato uns berichtet, kamen und zahllose Volksstämme überfielen und ausrotteten?

Die Frage, so seltsam sie klingen mag (damals wurde den Christen fast alles Böse zur Last gelegt), zeigt deutlich, wie fest das Altertum von der Existenz des einstigen Atlantis überzeugt war.

Während des Mittelalters hingegen war man da ganz anderer Meinung. Die überallgegenwärtige, mächtige Kirche hatte sich für die ptolemäische Weltanschauung entschieden, nach der die Erde eine Scheibe war. Demnach konnte es also keinen Kontinent "jenseits des wahren Meeres" geben, denn dort war der Rand des Erdenrundes. Folglich handelte es sich bei Platons Erzählung nur um eine Fiktion, um eine erdachte Geschichte und folglich hatte es auch Atlantis nie gegeben.

Daß man es sich so einfach nicht machen konnte, bemerkten kluge Leute spätestens, als Columbus im 15. Jahrhundert Amerika entdeckt hatte. Dennoch mußten noch mehrere Jahrhunderte vergehen, bis sich mutige Forscher des gesamten Problems annehmen konnten.

Zumindest zwei Angaben Platons sind heute eindeutig bewiesen. Zum einen sein Hinweis auf das jenseits des Atlantik liegende Festland (Amerika), zum anderen die Behauptung, vor heute umgerechnet etwa 11 000 Jahren habe es eine große Überschwemmung gegeben. Dies ergibt sich aus Muschelablagerungen im Golf von Mexiko, die amerikanische Geologen von der Universität Miami dort fanden und die auf eine Flut vor 11 600 Jahren hinweisen. Auch Schlammablagerungen aus anderen Gebieten deuten auf gleiche oder ähnliche Jahreszahlen.

Die biblisch-sumerische Überschwemmung

Aufgrund der wissenschaftlichen Erforschung ferner Länder, insbesondere was deren Mythen- und Sagenschatz betrifft, gelangte man auch zu anderen mündlichen und schriftlichen Überlieferungen der Völker, die sich in ihrer Mehrzahl noch recht gut an die gewaltige Katastrophe erinnern konnten. Es blieb nicht aus, daß man auch die Bibel als Kronzeugen für den Untergang von Atlantis heranzog, wenngleich in ihr nur eine Folgeerscheinung, die Sintflut, beschrieben wird.

Im 1. Buch Mose, Kapitel 6 und 7, schreibt der Chronist:

Da aber der Herr sah, daß der Menschheit Bosheit groß war auf Erden und alles Dichten und Trachten ihres Herzens nur böse war immerdar, da reute es ihn, daß er die Menschen gemacht hatte auf Erden und es bekümmerte ihn tief in seinem Herzen, und er sprach: Ich will die Menschen, die ich geschaffen habe, vertilgen von der Erde, vom Menschen an bis hin zum Vieh und bis zum Gewürm und bis zu den Vögeln unter dem Himmel; denn es reut mich, daß ich sie gemacht habe. Aber Noah fand Gnade vor dem Herrn...

Und als die sieben Tage vergangen waren, kamen die Wasser der Sintflut auf Erden. In dem sechshundertsten Lebensjahr Noahs am siebzehnten Tag des zweiten Monats, an diesem Tag brachen alle Brunnen der großen Tiefe auf und taten sich auf die Fenster des Himmels, und ein Regen kam auf Erden vierzig Tage und vierzig Nächte.

An eben diesem Tage ging Noah in die Arche mit Sem, Ham und Japhet, seinen Söhnen, und mit seiner Frau und den drei Frauen seiner Söhne; dazu alles wilde Getier nach seiner Art, alles Vieh nach seiner Art; alles Gewürm nach seiner Art und alle Vögel nach ihrer Art. Das ging zu Noah in die Arche paarweise.

Und die Sintflut war vierzig Tage auf Erden, und die Wasser wuchsen und hoben die Arche auf und trugen sie empor über die Erde. Und die Wasser nahmen überhand und wuchsen so sehr auf Erden, daß alle hohen Berge unter dem ganzen Himmel bedeckt wurden. Fünfzehn Ellen hoch gingen die Wasser über die Berge, so daß sie ganz bedeckt wurden.

Da ging alles Fleisch unter, das sich auf Erden regte, an Vögeln, an Vieh, an wildem Getier und an allem, was da wimmelte auf Erden und alle Menschen. Alles, was Odem des Lebens hatte auf dem Trockenen, das starb. So wurde vernichtet alles, was auf dem Erdboden war, vom Menschen an bis hin zum Vieh und zum Gewürm und zu den Vögeln unter dem Himmel. Allein Noah blieb übrig und was mit ihm war in der Arche. Und die Wasser wuchsen gewaltig auf Erden hundertfünfzig Tage...

Nach vierzig Tagen tat Noah an der Arche das Fenster auf, das er gemacht hatte, und ließ einen Raben ausfliegen; der flog immer hin und her, bis die Wasser vertrockneten auf Erden. Danach ließ er eine Taube ausfliegen, um zu erfahren, ob die Wasser sich verlaufen hätten auf Erden. Da aber die Taube nichts fand, wo ihr Fuß ruhen konnte, kam sie wieder zu ihm in die Arche; denn noch war Wasser auf dem ganzen Erdboden. Da tat er die Hand heraus und nahm sie zu sich in die Arche. Da harrte er noch weitere sieben Tage und ließ abermals eine Taube fliegen aus der Arche. Die kam zu ihm um die Abendzeit, und siehe, ein Ölblatt hatte sie abgebrochen und trug's in ihrem Schnabel. Da merkte Noah, daß die Wasser sich verlaufen hätten auf Erden. Aber er harrte noch weitere sieben Tage und ließ eine Taube ausfliegen; die kam nicht wieder zu ihm.

Was vielen Wissenschaftlern des 19. Jahrhunderts noch als Märchen erschienen war, brachte man schließlich in Verbindung mit einem wesentlich älteren Sintflut-Bericht aus dem sumerischen Raum. Es fand sich nämlich, daß die biblische Schilderung ganz offensichtlich vom sogenannten "Gilgamesch-Epos" übernommen, in jüdische Glaubensvorstellungen eingefügt und dann als heilige Schrift in die Bibel integriert worden war.

Im Gilgamesch-Epos, gefunden auf Ton-Tafeln bei Grabungen in Ur, unterhält sich der Held der Geschichte, König Gilgamesch, mit Utnapitschtim, den man mit dem Noah der Bibel gleichsetzen könnte:

"Ich schaue Dich an, Utnapitschtim... Wie hast du in der Versammlung der Götter auftreten können, um die Unsterblichkeit zu erbitten?"

"Den Beschluß der Götter, ich will ihn Dir offenbaren: Sie haben beschlossen, eine Sintflut zu senden, sie, die großen Götter, darunter ihr Vater, der Gott Anu; und der Herr mit den strahlenden Augen, der Gott Ea, nahm auch an ihrem Rate teil. Er wiederholte ihren Beschluß innerhalb der Wände des Hauses, denn er wagte es den Menschen nicht zu sagen: Wände! Wände! Wände! Abgeschlossenheit! Wände hört! Abgeschlossenheit, merke auf! Mann aus der Stadt Schuruppak, Sohn Ubar-Tututs, ziehe aus deiner Wohnung, baue ein Schiff, laß fahren all deine Reichtümer und rette dein Leben! Laß den Samen allen Lebens in dein Schiff steigen. Bringe hinein dein Korn, deine Frau, deine Familie, deine Verwandten, Handwerker, Vieh, wilde Tiere und grünes Futter in Fülle...

Am fünften Tag plante ich die Form des Schiffes. Seine Oberfläche betrug zwölf Iku. Seine Wände waren zehn Gar hoch. Ich machte sechs Stockwerke und unterteilte seine Länge in sieben Abschnitte. Im Inneren hatte es neun Abteile. Ich goß Pech in den Ofen...

Und dann kam die Sintflut:

Alles, was Helligkeit war, wird Finsternis. Die Sintflut, die Schnelle, breitet sich über das Land aus. Sechs Tage und sechs Nächte lang! Der Wind bläst, und der Orkan stürzt sich auf das Land. Ab Beginn des siebenten Tages stellt der Orkan sein Toben ein, und die Sintflut nimmt ein Ende, aber die ganze Menschheit ist zu Schlamm geworden! Zu Beginn des siebenten Tages ließ ich eine Taube fliegen. Die Taube flog fort und kam zurück. Ich ließ eine Schwalbe hinaus und ließ sie fliegen, aber sie kam zurück. Ich ließ den Raben hinaus und ließ ihn fliegen. Der Rabe flog fort, er sah das Sinken der Flut, er fraß, trat mit den Füßen auf, krächzte, er kam nicht mehr zurück. Ich ließ alle hinausgehen in alle Richtungen und brachte ein Opfer dar.

Die Parallelen zur Bibel sind unübersehbar. Einen noch älteren Text konnte man vor nicht allzulanger Zeit bei Ausgrabungen in der Stadt Nippur - also im gleichen Kulturkreis - finden. Die ebenfalls auf Tontafeln niedergeschriebene Sintflut-Legende ist allerdings sehr lückenhaft, dennoch sollte sie nicht fehlen:

> In diesem Augenblick beklagte sich die Vollversammlung der Götter mit lauter Stimme... In jenen Zeiten hielt sich Ziusuddu, der König, der Priester... täglich bereit, zu gehorchen... er hörte nahe bei der Mauer, auf meiner Seite... "Halte dich an der Mauer auf", sagte Ea, "ich werde ein Wort sagen, das für dich bestimmt ist. Auf meinen Befehl wird eine Sintflut entfesselt werden, um den Samen der Menschheit zu vernichten. So ist mein Beschluß... der Gebote Anus und Enlils..."

All die mächtigen Orkane rasten mit der Sintflut, als während sieben Tagen und sieben Nächten die Flut das Land bedeckte, als die Sintflut das Schiff hin- und hergeworfen hatte, da erschien Schamasch, der Sonnengott, und goß sein Licht aus auf die Erde. Ziusuddu, der König, warf sich vor Schamasch auf die Erde...

In den Jahren 1922-1929 führte der bekannte englische Archäologe Sir Leonard Woolley im Auftrag des Britischen Museums Grabungen im sumerischen Ur durch. Seine Gehilfen hatten sich zunächst durch eine Schicht aus Tonscherben, Asche und Ziegeln gearbeitet, waren dann jedoch nur noch auf Lehmablagerungen gestoßen. Weiterzuarbeiten, so erklärten sie ihrem Chef, hätte überhaupt keinen Sinn mehr.

Doch Woolley wollte so schnell verständlicherweise nicht aufgeben, konnte seiner Meinung nach die Zivilisationsschicht hier noch nicht zu Ende sein. Und obwohl er sich von der Richtigkeit der Aussagen seiner Assistenten überzeugte, ließ er weiterarbeiten, sehr zum Mißfallen seiner Helfer freilich.

Als Wooley nach Stunden unergiebigen Grabens bereits selber aufgeben wollte, fanden sich im Boden wieder Steinwerkzeuge und Gefäßscherben. Woolley hatte die Zivilisationsschicht also tatsächlich wiedergefunden. Eine Antwort auf die Frage, wieso sie von Lehm unterbrochen worden war, konnte er zunächst jedoch nicht geben.

Dann hatte er eine Idee. Er rief seine Freunde und erklärte ihnen das Problem. Keiner von ihnen wußte eine Lösung, bis Woolleys Frau plötzlich der Gedanke kam: "Aber natürlich, das ist der Beweis für die Sintflut!"

Leonard Woolley überprüfte und ergänzte die Schluß folgerungen, die er aus dieser Entdeckung gezogen hatte, und präzisierte sie dann wie folgt:

Was wir in Ur entdeckt haben, beweist, daß um das Jahr 4000 v. Chr. eine ungeheure Katastrophe über die Bewohner Mesopotamiens hereingebrochen ist. Aber es handelt sich nicht um eine weltweite Sintflut, sondern einfach um eine ausgedehnte Überschwemmung...

Woolley nahm an, daß nur eine kleine Gruppe von Menschen die Katastrophe überlebt hat, als sich die verängstigten Einwohner auf die Mauern der Stadt retteten. Diese wenigen hätten die Überflutung durchaus als Strafe Gottes für ihren sündigen Lebenswandel ansehen können, und eine Familie, bzw. dessen Oberhaupt, der sich vielleicht mit einem Schiff gerettet habe, hätte, so Woolley, durchaus zum Helden einer Sage werden können.

Also nur eine lokale Katastrophe, von denen uns die Sintflut mythen des sumerisch-babylonischen Kulturkreises berichten? War damit die Ansicht widerlegt, es hätte einst, vor ca. 10-11000 Jahren, eine weltweite Überschwemmung gegeben, deren Ursache der Einfall eines riesigen Meteoriten und der Untergang von Atlantis war?

Die Kritiker wurden sehr schnell aufmerksam. Sie verwiesen vor allem auf die von dem amerikanischen Archäologen Zelia Nuttal 29 Jahre vorher in Mexiko entdeckten ähnlichen schichten, die, allerdings wesentlich älter, auf eine weltweite Überflutung hinweisen.

Heute weiß man, daß sich Woolley in vielen Punkten geirrt hat. Der amerikanische Archäologe Warwick Bray und sein englischer Kollege David Trump beschäftigen sich in ihrem "Lexikon der Archäologie" auch mit dieser Frage. Sie verweisen darauf, daß trotz der auch heute noch weit verbreiteten Ansicht, bei der von Woolley entdeckten Überschwemmung habe es sich um die Sintflut gehandelt, Woolley höchstens auf Ablagerungen einer Flut von "allenfalls lokaler Bedeutung" gestoßen sei. Ur sei nicht einmal ganz überschwemmt gewesen und die gefundenen Lehmschichten weisen auf mehrere Fluten hin, die sich "in ihrer Zeitstellung erheblich (unterscheiden), so daß man es also nur mit einer Reihe lokaler Überschwemmungen zu tun hatte".

Überschwemmungen gab es, genauso wie im Land des Nils, zwischen Euphrat und Tigris immer wieder. Im Frühjahr, wenn die Gletscher des Ararat-Gebirges schmolzen, füllten sich die beiden Flüsse und ließen ihr Wasser über die Ufer treten. Solche Überflutungen, die vielleicht einmal stärker, einmal weniger ausgeprägt auftraten, waren für die Sumerer sicherlich kein Grund, einen Mythos daraus zu machen, vom Einwirken der Götter zu sprechen, ja, das ganze in mehreren Versionen schriftlich zu fixieren. Dazu war eine solche Überschwemmung viel zu alltäglich, viel zu banal.

Nein, wenn die Bibel, das Gilgamesch-Epos oder der Bericht des Ziusuddu von einer **Sintflut** sprechen, dann meinen sie dies auch. Was Woolley entdeckt hat, mag zweifellos von Interesse sein, mit einer Sintflut hat es jedoch nichts zu tun.

Denn es sind nicht nur die beweiskräftigen Ablagerungen in aller Welt, es sind auch die Mythen und Überlieferungen, die die Menschen auf dem ganzen Erdenrund als Erinnerung an die vielleicht mächtigste Katastrophe, die unser Planet in den letzten zehn Jahrtausenden zu verkraften hatte, erinnern.

Sintflutberichte rund um die Welt

Es gibt unzählige dieser Mythen, Sagen und Legenden. Fast jedes Volk weiß von der Sintflut zu berichten und es kann daher hier nur eine kleine Auswahl der zur Verfügung stehenden Überlieferungen wiedergegeben werden.

Bleiben wir zunächst in dem geographisch uns näher liegenden Raum. Denn neben der sumerischen ist vor allem die griechische Überlieferung von großem Interesse:

Zeus kehrte in den Olymp zurück, hielt mit den Göttern Rat und beschloß, das ruchlose Menschengeschlecht zu vertilgen. Schon wollte er auf alle Länder die Blitze verstreuen; aber die Furcht, der Äther möchte in Flammen geraten und die Achse des Weltalls auflodern, hielt ihn ab. Er legte die Donnerkeile, welche ihm die Zyklopen geschmiedet, wieder beiseite und beschloß, über die ganze Erde Platzregen vom Himmel zu senden und so unter Wolkengüssen die Sterblichen zu vernichten.

Auf der Stelle wurden die Winde in den Höhlen des Äolos verschlossen, und nur der Südwind von ihm ausgesendet. Dieser flog mit triefenden Schwingen zur Erde hinab, sein entsetzliches Antlitz bedeckte pechschwarzes Dunkel, sein Bart war schwer von Gewölk, von seinem weißen Haupthaar rann die Flut, Nebel lagerte auf der Stirn, aus der Brust troff ihm das Wasser.

Der Südwind griff an den Himmel, faßte mit der Hand die Wolken und fing an, sie auszupressen. Der Donner rollte, gedrängte Regenflut stürzte vom Himmel; die Saat beugte sich unter dem wogenden Sturm; darnieder lag die Hoffnung des Landmannes, verdorben war die langwierige Arbeit des ganzen Jahres. Auch Poseidon, Zeus' Bruder, kam ihm bei dem Zerstörungswerk zu Hilfe, rief alle Flüsse zusammen und sprach: "Laßt eure Wogen alle Zügel schießen, fallt in die Häuser und durchbrecht die Dämme!" Sie vollführten seinen Befehl, und Poseidon selbst durchbrach mit seinem Dreizack das Erdreich und schaffte durch Erschütterungen den Fluten freie Bahn.

So strömten die Flüsse über die offene Flur hin, bedeckten die Felder, rissen Baumpflanzungen, Tempel und Häuser fort. Blieb auch ein Palast stehen, so deckte doch bald das Wasser seine Giebel, und die höchsten Türme verbargen sich im Strudel. Meer und Erde waren bald nicht mehr zu unterscheiden; alles war See, ein uferloser See. Die Menschen suchten sich zu retten, so gut sie konnten; der

eine erkletterte den höchsten Berg, der andere bestieg einen
Kahn und ruderte nun über das Dach seines versunkenen
Landhauses oder über die Hügel seiner Weinpflanzungen
hin, daß der Kiel an ihnen streifte. In den Ästen der Wälder
arbeiteten sich die Fische ab; den Eber, den eilenden, erjagte
die Flut.

Ganze Völker wurden vom Wasser hinweggerafft, und was
die Wellen verschonte, starb den schrecklichen Hungertod
auf den unbebauten Heidegipfeln. Ein hoher Berg ragte noch
mit zwei Spitzen im Lande Phokis aus der alles bedeckenden
Meeresflut heraus. Es war der Paranassos. An ihn schwamm
Deukalion, des Prometheus Sohn, dem er eine Warnung gegeben und ein Schiff erbaut hatte, mit seiner Gattin Pyrrha.
Keinen Mann, kein Weib gab es je, die an Rechtschaffenheit
und Gottesfurcht diese beiden übertroffen hätten.

Als nun Zeus die Welt von stehenden Gewässern
überschwemmt und von den vieltausendmal Tausend nur
ein einziges Menschenpaar übrig sah, beide unsträflich,
beide andächtige Verehrer der Gottheit, da sandte er den
Nordwind aus, sprengte die schwarzen Wolken und hieß ihn
die Nebel entführen; er zeigte dem Himmel die Erde und der
Erde den Himmel wieder. Auch Poseidon, der Meeresfürst,
legte den Dreizack nieder und besänftigte die Flut. Das Meer
erhielt wieder Ufer, die Flüsse kehrten in ihr Bett zurück;
Wälder streckten ihre mit Schlamm bedeckten Baumwipfel
aus der Tiefe empor, Hügel folgten und endlich breitete sich
auch wieder ebenes Land aus, und zuletzt war die Erde
wieder da.

Legt man alles mythologische Beiwerk beiseite, so erkennt
man die Übereinstimmungen mit den drei uns bisher bekannten
Sintflutsagen. Diesen Parallelen werden uns noch bei anderen, z.T.
aus weit entfernten Ländern stammenden Mythen begegnen, doch
wollen wir uns zunächst der Überlieferung der Römer zuwenden,
die, im Gegensatz zur Ansicht vieler, ebenfalls eine eigene
Sintflutlegende besitzen. Sie dürfte jedoch in starker Anlehnung an
die griechische entstanden sein:

Vor Zeiten wurde die Schlechtigkeit auf Erden so groß, daß
Justitia sich in den Himmel flüchtete und der König der

Götter den Beschluß faßte, die menschliche Rasse auszurotten... Der Zorn Jupiters erstreckte sich über sein himmliches Reich hinaus. Sein Bruder· Neptun, der Beherrscher des blauen Meeres, sandte ihm seine Wogen zu Hilfe. Neptun stieß den Dreizack auf die Erde und die Erde begann zu zittern und zu beben... Bald war es nicht mehr möglich, Land und Meer zu unterscheiden. Die Nereiden betrachteten mit erstaunten Augen Wälder, Häuser und Städte in der Tiefe der Fluten. Fast alle Menschen ertranken. Die wenigen, die sich vor dem Wasser retten konnten, fanden keine Nahrung und verhungerten.

Auch unsere eigenen Vorfahren, die Germanen, besaßen Erinnerungen an die große Flut:

Odin, Willi und We (drei Götter, Anmerk. d. Verf.), die mit den unheimlichen Thursen (Riesen, Anmerk. d. Verf.) in Feindschaft lebten, gingen einst miteinander an den einsamen Ort, wo der Riese Ymir, nichts Böses ahnend, sich träge hingestreckt hatte. Mit wuchtigen Hieben fielen sie über ihn, so daß die tiefen Todeswunden, die sie ihm geschlagen, weit aufklafften. Aus den Adern des gewaltsam Getöteten floß das Blut in so unermeßlichen Strömen, daß eine Sintflut entstand, in der alle Riesen ertranken.

Nur der kluge Thurse Begelmir rettete sich und sein Weib, indem er mit ihr behende ein sicheres Boot bestieg und auf den gewaltigen Wogen des Blutes von dannen fuhr.

Gehen wir über Persien nach Indien. Im persischen "Bundahishn", dem "Buch der Urschöpfung", wird uns folgendes überliefert:

Während des Krieges zwischen Ahura Mazda und Ahriman erschien der Stern Tistar in schrecklichem Glanze über der Erde; er verwandelte sich in einen Mann, einen Stier, ein Roß und schickte sich an, die Erde in Regenfluten zu ertränken, weil sie damals mit schädlichen Geschöpfen bevölkert war. Mit jedem seiner Körper regnete Tistar zehn Tage lang...

Interessant hierbei zu vermerken ist die Verbindung zwischen dem herabstürzenden Himmelskörper · dem Stern Tistar · und dem Beginn der großen Flut. Im indischen Rig-Veda, dem ältesten Text der hinduistischen Religion, wird dagegen wieder, ähnlich wie in der Bibel, von einem die Arche besteigenden Mann berichtet:

O Heiliger, du hast mir immer deinen besonderen Schutz gewährt, nun höre von mir, was du tun mußt, wenn die Zeit gekommen ist. Der Tag ist nicht weit, o heiliger Mann, an dem alle lebenden und toten Dinge dieser Welt zugrunde gehen werden. Die verhängnisvolle Zeit steht bevor, in der das Menschengeschlecht im Wasser versinken wird, und deshalb will ich dir eine Möglichkeit zeigen, dich zu retten. Baue dir eine feste Arche, die durch dicke Taue verstärkt ist, dann besteige mit den sieben Risbi (Weise, Anmerk. d. Verf.) sie. In diese Arche wirst du alle Sämereien mitnehmen und sie gut voneinander getrennt aufbewahren. Eines Tages wirst du von deiner Arche aus mich erblicken; ich werde ein Horn auf dem Haupt tragen: Das wird das Zeichen sein. Denke daran, daß du die riesige Wasserfläche ohne meine Hilfe nicht befahren kannst.

Von der Inselwelt der Fitschis ist eine andere Sage auf uns überkommen.

Mdengi, der Gott, besaß einen Vogel namens Tutukawa, den er leidenschaftlich liebte. Eines Tages brachten seine eigenen Kinder, wohl aus Eifersucht, den Vogel um.

In seinem Zorn, und um den Tod seines Lieblings zu rächen, tauchte Mdengi die ganze Welt in die tiefsten Tiefen des Wassers.

Obgleich aber selbst die höchsten Berge in den Fluten begraben wurden, gelang es acht Angehörigen des Stammes der Mbengan, sich auf ein Floß zu retten.

Der amerikanische Kontinent hält einen besonders reichhaltigen Schatz an Sintflutmythen bereit. Die süd-, mittel- und nordamerikanischen Indianer bis hin zu den Eskimos im hohen Norden Alaskas wissen sich noch heute gut an die furchtbare Zeit zu erinnern, in der die Welt unterzugehen schien.

Die Eskimos beispielsweise berichten von einer Arche mit "sieben Brücken", auf der sich Angehörige des Volkes der Tlingits

34

retten konnten. Die Haida-Indianer, die Ureinwohner der "Königin-Charlotte-Inseln", erzählen hingegen von einem "Mann mit dem Kopf aus Stahl", der der Führer aller Menschen und der Liebling der Götter gewesen sei. Als die Sintflut kam, hätten die Götter ihn in einen Lachs verwandelt, so daß die Überflutung ihm keinen Schaden zufügen konnte. Schließlich, als er wieder menschliche Gestalt angenommen hatte, beschloß er, sich am Ufer eines Flusses eine Hütte zu bauen und ein neues Geschlecht zu begründen. - Die Algonquin-Indianer Nordamerikas haben ebenfalls Erinnerungen an die große Flut:

Manitou liebte die Menschen sehr. Aber diese luden zuviel Schuld auf sich, und da schickte der Große Geist einen Mann, der die Menschen warnen sollte: Ein großes Strafgericht würde über sie hereinbrechen, wenn sie sich nicht besserten. Das Volk beharrte jedoch in der Sünde. Da geschah im Herbst etwas Außergewöhnliches: Bei Tag ging die Sonne nicht mehr auf und bei Nacht blieben Mond und Sterne verborgen. Die Welt stürzte in schreckliche Finsternis. Es wurde eisig kalt und die Tiere verließen die Wälder, um Licht und Wärme bei den Feuern zu suchen, die die Menschen entzündeten. Die Stimmen verloren ihren Klang. Alles war ruhig und kalt, bis ein fürchterlicher Donnerschlag die Erde erschütterte. Da bekamen die Stimmen wieder Klang und es erhob sich überall ein großes Schreckensgeschrei, während Regengüsse die Welt überschwemmten. Vom ganzen Menschengeschlecht rettete sich nur einer, und das war der Prophet. Der Stimme des Großen Geistes gehorchend, hatte er ein riesiges Floß aus Baumstämmen gebaut.

Auch bei den Hoka-Indianern, die in den Prärien des amerikanischen Mittelwestens beheimatet sind, haben sich die Sagen und Legenden über die Sintflut erhalten können. Auch hier waren die Menschen grausam und böse geworden, so daß Gott Morumba, vom Großen Geist auf die Erde gesandt, um wieder Ordnung zu schaffen, die Menschen in einer großen Flut ertränkte.

Ähnlich wie die Algonquin-Indianer wissen sich auch die Nachfahren der peruanischen Inkas an eine fünftägige Finsternis zu erinnern. Dann seien schreckliche Erdbeben gefolgt, in deren

Verlauf sich die Anden zu heben begannen. Inwiefern diese letzte Information richtig ist, sei dahingestellt. Denn die Faltung der Kordilleren liegt, wie wir wissen, bereits etliche Millionen Jahre zurück. Dennoch sei erwähnt, daß die hoch im Gebirge liegende Stadt Tiahuanaco (eine Prä-Inka-Siedlung, über deren Alter man sich bisher nicht einig geworden ist) als Hafenstadt konstruiert und erbaut wurde. Sie muß also einst tatsächlich am Wasser gelegen haben.

Mehrere Indianerstämme haben in ihren Sintflutüberlieferungen auch jenen Himmelskörper im Gedächtnis behalten, der - genau wie es von Muck angenommen worden war - zum auslösenden Moment der Katastrophe wurde. Die an der Grenze zwischen Venezuela und Brasilien lebenden Ugha Mongulala beispielsweise berichten von "einem gewaltigen Stern", dessen "rote Spur den ganzen Himmel bedeckte". Dann habe es dreizehn Monate lang geregnet, das Wasser der Meere sei unaufhörlich gestiegen und die Menschen vernichtet worden. Lediglich Madus gelang es, ein Floß zu bauen und auf diese Weise sich und die Tiere, von jedem ein Paar, zu retten.

Von dem verderbenbringenden Himmelskörper wissen auch die Ureinwohner Mexikos. Im heiligen Buch der Quiche-Maya, dem "Chilam Balam" (Fünftes Kapitel) lesen wir, wie eine Schlange, die, als Sinnbild des Meteors, zur Erde hinabstürzt, sich kurz vor dem Aufprall spaltet und die Sintflut auslöst:

Dies geschah, als die Erde zu erwachen begann. Niemand wußte, was kommen würde. Ein feuriger Regen fiel, Asche fiel, Felsen und Bäume fielen zu Boden. Bäume und Felsen schlug er auseinander. Und die Große Schlange wurde vom Himmel gerissen und dann fielen ihre Haut und Stücke ihrer Knochen herab auf die Erde... und Pfeile trafen Waise und Greise, Witwen und Witwer, die lebten und doch keine Kraft mehr hatten zu leben. Und sie wurden am sandigen Meeresgestade begraben. Dann kamen furchtbaren Schwalles die Wasser. Und mit der großen Schlange fiel der Himmel herunter und das trockene Land versank.

Die Realistik dieser Überlieferung ist wohl einzigartig, ihr ist kaum etwas hinzuzufügen. Bemerkt werden aber sollte, daß Mittelamerika noch eine weitere Fülle von Sintflutsagen bereit hält, von denen zumindest eine hier noch aufgeführt werden soll. Man beachte die Parallelen zum biblisch-sumerischen Bericht:

Im Tal von Mexiko lebte ein gottesfürchtiger Mann namens Tapi, dem eines Tages der Schöpfer der Welt erschien. "Bau dir ein Schiff", sagte ihm der Gott, "und mach es zu deiner Wohnung. Bringe deine Frau und je ein Paar von allen Tieren, die es gibt, darauf. Aber beeile dich, denn der Augenblick ist nah!"

Tapi gehorchte, ohne der Schmähungen und des Spottes der Nachbarn zu achten, die ihn für verrückt hielten. Kaum hatte er sein Werk beendet, als es zu regnen begann. Es regnete lange Zeit ohne Unterlaß, das Tal verschwand unter dem Wasser, die Menschen und Tiere suchten Zuflucht auf den Bergen, aber auch diese wurden überflutet. Nur Tapis Schiff beherbergte noch lebende Wesen aus dieser Welt, die sich in einen endlosen Ozean verwandelt hatte. Als es aufhörte zu regnen, die Sonne wieder schien und die Wasser zu fallen begannen, schickte der Mann eine Taube aus der Arche. Sie kehrte nicht zurück und Tapis Herz wurde von Freude erfüllt, denn das bedeutete, daß das Tierchen ein Fleckchen Erde gefunden hatte, auf dem es sich niederlassen konnte...

Wir wollen damit die Wiedergabe uralter Menschheitserinnerungen an die große Flut beenden. Was ihnen allen gemein ist, ist die Heftigkeit und Plötzlichkeit, mit der die Katastrophe hereinbrach und der Hinweis darauf, daß es jeweils nur wenige Menschen waren, die dem Unglück entgehen konnten.

Trotz dieser Gemeinsamkeiten aber gibt es Fachleute, die den Untergang von Atlantis und die große Sintflut nicht in Zusammenhang bringen wollen. Dies vor allem deswegen, weil sie die Lage des Inselkontinents nicht in den Atlantik, sondern in andere Teile der Erde plazieren, und wir wollen uns im folgenden mit diesen Atlantis-Theorien etwas näher beschäftigen.

Lag Atlantis auf Helgoland...

Bereits in den fünfziger Jahren machte der in Norddeutschland lebende Pastor Jürgen Spanuth von sich reden. In mehreren Büchern (1) vertrat er die Auffassung, bei Platons Atlantis habe es sich in Wirklichkeit um die in der Nordsee gelegene Insel Helgoland gehandelt. Welche Hinweise glaubt Pastor Spanuth dafür entdeckt zu haben?

Im "Kritias" schreibt Platon über das sogenannte "Oreinchalkos", ein heute unbekanntes Metall, das für die Atlanter von gleichem Wert wie das Gold war. Spanuth ist sicher, daß es sich bei diesem Oreinchalkos in Wirklichkeit um den an den Küsten der Nord- und Ostsee zu findenden Bernstein handelt. Und in der Tat gibt es zahlreiche Parallelen, z.B. der "feurige Glanz", den sowohl Gold, aber auch Bernstein aufweisen, die schon erwähnte Wertschätzung, die ihn gleich neben das Gold setzte, die Möglichkeit, ihn als Bernsteinlack zu verwenden und damit als Maueranstrich. Spanuth weist in diesem Zusammenhang auf die bereits bei Tacitus (55-120 n.Chr.) erwähnte Bernsteinverflüssigung durch Erhitzen des Materials. Warum also sollte dieses Verfahren nicht auch den Helgoländern bekannt gewesen sein, die, wie im Atlantisbericht angegeben, es sicherlich auch für den Anstrich der Tempelmauern verwendet und durch das Beimengen von Honig, Bockstalg und gefärbtem, siedenden Öl dessen Farbgebung verändert haben können.

Spanuth weiß aber noch von anderen Gemeinsamkeiten zwischen Atlantis und Helgoland zu berichten. So hätten beide Völker "auf den Inseln und in den Ländern" "des Weltmeeres" "im Norden" gelebt, beide Völker hätten schreckliche Naturkatastrophen über sich ergehen lassen müssen und ihr Land sei vernichtet worden.

Auch die Nord-Seevölker haben sich, genauso wie die Atlanter, zu einem großen Kriegszug entschlossen. Und nach Spanuth standen Libyer und die Bewohner Tyrrheniens zeitweilig unter ihrer Herrschaft. Große Teile Griechenlands (außer Athen) waren unterworfen und Ägypten angegriffen, so daß man ihnen also die Absicht, "ihre Hände auf alle Länder bis zum Erdrand zu legen", ohne weiteres zubilligen kann. Genauso wie bei Platon geschildert, besaßen sie Kriegsflotten und Streitwagen. Letztere können noch heute auf den ägyptischen Reliefs in Medinet Habu betrachtet werden.

Der Übereinstimmungen gibt es also tatsächlich viele, und es ist daher völlig unangebracht, Pastor Spanuths Überlegungen in "Grund und Boden zu stampfen". Diese Methodik, die Vertreter der etablierten Wissenschaften häufig Außenseitern gegenüber anwenden zu glauben müssen, wurde auch hier nicht unterlassen. Einer der Wortführer dieser häufig sehr unsachlichen Gegner war vor allem in den fünfziger Jahren der Kieler Geologe Prof. Gripp. Seine Angriffe gegen Spanuth gipfelten in den Sätzen:

> Von der Theologie gibt es keinen Weg zur Wissenschaft sondern nur zur Phantasie! Theologen sind Leute, die von außen her etwas in den Menschen hineinreden, bis er es glaubt. Darum ist und bleibt Spanuths Buch für mich undiskutabel, es ist reine Phantasterei. Ich habe keine Zeit es zu lesen.

Dieses Eingeständnis spricht für sich. Kritiker, die von ihrer eigenen Vorstellung so überzeugt sind, daß sie meinen, eine Beschäftigung mit den Aussagen anderer nicht nötig zu haben, disqualifizieren sich selbst. Sie können nicht ernstgenommen werden, auch wenn sie Recht haben sollten. Zu einer fairen und sachlichen Auseinandersetzung gehört wenigstens das Kennenlernen der Argumente des "Gegners". Ist dies nicht der Fall, greift man häufig auf polemische Äußerungen zurück, die aber eigentlich von jedem schnell durchschaut werden können.

Dennoch, bei aller Sympathie für die Atlantis-Theorie Jürgen Spanuths (die wesentlich fundierter erscheint als andere Überlegungen, die sich nicht scheuen, Atlantis nach Ceylon, in die Wüste Gobi oder nach Südafrika zu verlegen) vermag sich auch der Autor des vorliegenden Buches nicht mit ihr anzufreunden. Zweifellos kann man es als erwiesen betrachten, daß auf Helgoland einst eine hochstehende Kultur während der Bronzezeit existierte, die Frage aber bleibt, ob diese Kultur mit der von Atlantis gleichzusetzen ist. Die Übereinstimmungen nämlich, die weiter oben aufgeführt worden, sind in Wirklichkeit so eindeutig nicht.

Beginnen wir mit dem an der Nord- und Ostsee zu findenden Bernstein. Pastor Spanuth hält es für das bei Platon beschriebene Oreinchalkos. Sicherlich läßt sich Bernstein kochen und als "Maueranstrich" verwenden, es läßt sich färben und man kann es zur Ausschmückung von Tempeln heranziehen. All dies ist richtig, nur scheint Pastor Spanuth einen gewichtigen Punkt übersehen zu haben. Platon schildert das Oreinchalkos als Metall, als, so wörtlich, "eine Art Messing, jetzt nur noch dem Namen nach bekannt, damals aber mehr als dies, das man an vielen Stellen der Insel förderte und das die damaligen Menschen nebst dem Golde am höchsten schätzten..."

Eindeutig also ist von einem Metall die Rede, das in der Erde gefunden wurde, nicht aber, wie Bernstein, am Strand des Meeres.

Auch andere, von Spanuth angeführte Übereinstimmungen sind nicht haltbar. Zum Beispiel weist Platon in keinem Satz darauf hin, die Heimat der Atlanter hätte "im Norden" gelegen. Er plaziert die Insel lediglich "vor die Säulen des Herkules", also vor Gibraltar. Hätte er von einer Insel in den nördlichen Teilen des Atlantiks gesprochen, wäre in seinem Bericht sicherlich der Begriff "Hyperborea" gefallen, das klassische mythologische Nordland der griechischen Sage. Bis heute ist man sich nicht einig, um was es sich hier gehandelt hat. Manche tippen auf Grönland, andere auf Island, England, Dänemark oder Norddeutschland. Vielleicht war Spanuths "Atlantis" in Wirklichkeit das Hyperborea der Griechen.

Spanuth geht weiterhin davon aus, daß die Überlebenden der 1220 v.Chr. wütenden Hochseekatastrophe in der Nordsee - wie im Atlantisbericht geschildert - ins Mittelmeergebiet und bis an die Grenzen Ägyptens vorgedrungen seien. Mit anderen Worten: Der Kriegszug der Atlanter sei eine Folge des Untergangs der Insel gewesen. Platon jedoch beschreibt genau den umgekehrten Weg. Atlantis versank, weil seine Bewohner im Krieg mit anderen Völkern lagen.

Mit Sicherheit war dies nicht der Grund für die Vernichtung des Inselkontinents, aber deswegen kann man das Kausalitätsprinzip nicht einfach umdrehen. Ist hierüber jedoch vielleicht noch eine Diskussion möglich, darf eine andere Behauptung nicht mehr widerspruchslos hingenommen werden.

Spanuth datiert die im Atlantisbericht beschriebenen Vorgänge um das Jahr 1200 v.Chr. Er unterstellt Platon eine falsche Zeitangabe, indem er statt der im Kritias und Timaios verwendeten Jahreszahlen Monate einsetzt. Dies hat mit wissenschaftlicher Arbeit nichts zu tun. Akzeptiert man die anderen bei Platon gemachten Angaben, so muß man auch diese hinnehmen und kann sie nicht einfach in das eigene Denkschema "umbiegen". (Der gleiche Vorwurf wird übrigens auch der folgenden, etwas näher zu untersuchenden Atlantis-Theorie gemacht werden müssen.)

Auch die von Platon beschriebene Fruchtbarkeit der Insel, das tropische Klima, durch das zwei Ernten im Jahr möglich waren, sowie die von ihm geschilderte Fauna und Flora passen beim besten Willen nicht auf Helgoland. Dann hilft es auch nichts, wenn man behauptet, die ägyptischen Priester hätten sich ganz einfach geirrt. Auch aus Walroßzähnen könne man Elfenbein gewinnen und die Tempel der Atlanter seien damit geschmückt gewesen. Die Ägypter, die Walrosse nicht kannten, hätten dann auf die Idee verfallen müssen, es gäbe große Elefantenherden auf Atlantis.

Nein, so einfach kann und darf man es sich nicht machen. Schließlich stimmt auch die von Platon angegebene Größe der Insel nicht mit Helgoland überein. Selbst wenn man die in den vergangenen Jahrtausenden durch Sturmfluten versunkenen Teile der Insel hinzurechnet, kommt man niemals auf ein Gebiet "so groß wie Libyen und (Klein)-Asien zusammen".

Die Helgoland-Atlantis-Überlegungen dürften als Arbeitshypothese sicherlich sehr reizvoll sein, mehr aber leider nicht. Eher ist eine Verbindung Helgoland-Hyperborea denkbar, doch sollte auch diese Vermutung sehr eingehend geprüft werden, bevor man detailliertere Ergebnisse hierzu veröffentlicht.

...oder im Mittelmeer?

Wenden wir uns daher einer zweiten, in letzter Zeit sehr populär gewordenen These zu, die Platons Atlantis auf die im Mittelmeer gelegene Insel Thera (Santorin) oder direkt nach Kreta verlegt. (2)

Ein ungeheurer Vulkanausbruch könnte in diesem Gebiet in der Tat eine oder mehrere Inseln vernichtet haben. Auf Thera wurden 1961 von dem griechischen Archäologen Spriridon Marinatos die Ruinen einer uralten Stadt gefunden. Festgestellt werden konnte weiterhin, daß sie durch die Eruption eines heute unterseeisch gelegenen Vulkans zerstört worden sein muß. Von der gleichen Katastrophe könnten nach Meinung des Wissenschaftlers auch noch andere kleinere Inseln in diesem Mittelmeerbereich betroffen worden sein. Lavaspuren wurden an mehreren Stellen gefunden, sie alle können in etwa die gleiche Zeit zurückdatiert werden. Um 1500 v.Chr. tauchen auch in Ägypten Papyrie auf, die davon sprechen, der Himmel habe sich plötzlich verdunkelt, was auf den Auswurf riesiger Aschemassen zurückgeführt werden könnte.

Andere Argumente wurden von Atlantis-Forschern wie Prof. J.V. Luce oder dem Leiter der Erdbebenwarte Athen, Prof. Ganalopoulos ins Feld geführt, z.B. daß die kretischen Könige, genau wie Platon es berichtet, eine große Seeflotte besessen hätten, oder daß es zeitweilig starke Spannungen zwischen Kreta und Athen gegeben habe. Letztlich auch die hochstehende, zuweilen modern anmutende Kultur der Kreter stimme mit der von Platon beschriebenen durchaus überein.

Für den Ozeanologen James Mavor waren diese Punkte Beweis genug. In seinem interessanten, 1969 erschienenen Buch "Reise nach Atlantis" schreibt er:

Ich bin überzeugt, daß die Hauptquelle der Geschichte Platons über Atlantis in der minoischen Thalassokratie und besonders in Thera wurzelt.

Auch Professor Ganalopoulos gab sich siegessicher:

Atlantis und Minos-Kreta verschmelzen nunmehr zu einem einzigen Bild: Ein reicher, mächtiger Staat... unter einem Priesterkönig... Man... benutzte Keramikgeschirr von großer Schönheit, achtete die Gleichberechtigung der Geschlechter, die es in der Antike so selten gab; eine dekadente, faszinierende, köstliche und verdammte Kultur.

Daß es auf Kreta einst eine hochstehende, großartig künstlerische, wirtschaftliche und politische Kultur gegeben hat, bestreitet niemand. Doch der Versuch, diese in Zusammenhang mit Atlantis zu bringen, dürfte mehr als zweifelhaft sein.

Der wohl wichtigste Grund gegen eine solche These ist die völlige Deplazierung. Platon hat in seinen Schriften das Inselreich mehrmals eindeutig westlich der "Säulen des Herkules" verlegt, also jenseits von Gibraltar, in den Atlantik und nicht ins Mittelmeer. Zudem betont er, man könne "auch das Meer dort jetzt nicht mehr befahren, weil hochaufgehäufte Massen von Schlamm, die durch den Untergang der Insel entstanden sind, es unmöglich machen". Dies traf jedoch weder für Kreta, noch für Thera zu.

Auch durchaus nicht unwichtig ist die Feststellung Platons, die Athener hätten den anstürmenden Atlantern erfolgreich Widerstand zu leisten vermocht. In Wirklichkeit ist dagegen Athen von den Kretern, zumindest der Sage nach, eingenommen worden.

Die kretische Seemacht war auch niemals so stark, daß ihre Macht "über Libyen bis nach Ägypten und in Europa bis nach Tyrrhenien" reichte. Zwar besaß Kreta eine stattliche Handelsflotte, territoriale Ansprüche machte das Reich jedoch nur auf einige Mittelmeerinseln und Teile Griechenlands geltend.

Und schließlich: Auch hier wieder hat man (es wurde bereits weiter oben kurz darauf hingewiesen) Platon bewußt verfälscht. Abermals wird eine Mißdeutung des von Solon übermittelten Wissens unterstellt und statt der von ihm angegebenen 8000 Jahre seit dem Untergang einigten sich die betreffenden Forscher kurzentschlossen auf 800. Das natürlich nicht ohne Grund, denn um diese Zeit etwa fand tatsächlich der Ausbruch des Kraters von Santorin statt, bei dem, wie schon berichtet, große Teile der Insel vernichtet wurden.

Vor nicht allzulanger Zeit publizierten Zeitungen und Fernsehen die neuesten Ergebnisse des renomierten Unterwasserforschers Jacques Cousteau. Auch er war von der Atlantis-Thera-These überzeugt gewesen. Mit seinem Forschungsschiff wollte er durch mehrere Unterwasserexpeditionen den endgültigen Beweis für die oben dargestellte Theorie erbringen. Doch statt der erwarteten Goldschätze oder anderer interessanter Artefakte förderte die Cousteau-Crew zwar einige kulturell sicherlich wertvolle Vasen und Figuren, nichts aber, was einen Hinweis auf Atlantis hätte geben können, zutage. Cousteaus enttäuschtes Resümee: "Atlantis hat es nie gegeben!"

Hat es Atlantis nie gegeben? So schnell kann man diesen Schluß nicht ziehen. Wie oben bereits dargestellt, haben jene Wissenschaftler, die Atlantis willkürlich ins Mittelmeer gelegt haben, ganz offensichtlich geirrt. Cousteau konnte also gar nichts finden!

Was der Unterwasserforscher, sicherlich ungewollt, bewiesen hat, war die von Otto Muck und anderen geäußerte Meinung, man habe Atlantis tatsächlich nur dort zu suchen, wo Platon es im "Kritias" und "Timaios" plaziert hat, nämlich im Atlantik. Wenn der griechische Philosoph von Kreta hätte schreiben wollen, so hätte er dies zweifellos getan, zumal er dafür nicht unzugängliche Bibliotheken in Ägypten bemühen, sondern die eigenen in Griechenland hätte konsultieren können.

Atlantis im Atlantik

Kommen wir also zur letztlich übrigbleibenden, einzigen Möglichkeit einer geographischen Plazierung des versunkenen Atlantis. Platon verlegt es jenseits der Meerenge von Gibraltar ("Säulen des Herkules") und weiß zu berichten, daß man von Atlantis aus "damals noch nach den anderen Inseln hinüberfahren (konnte), und von diesen Inseln auf das gegenüberliegende Festland, das jenes in Wahrheit so heißende Meer umschließt." Dies kann nur für den Atlantik zutreffen, nur er wird auf der anderen Seite zunächst von den vorgelagerten Inseln Westindiens und dann vom amerikanischen Kontinent selbst begrenzt. Platon vermag diesen Ozean auch sehr wohl vom wesentlich kleineren Mittelmeer zu unterscheiden. Er schreibt: "Erscheint doch alles, was innerhalb der genannten Mündung (Gibraltar, Anmerk. d. Verf.) liegt, nur wie eine Bucht mit einem engen Eingang, jener Ozean aber heißt durchaus mit Recht also und das Land an seinen Ufern (Amerika, Anmerk. d. Verf.) mit dem gleichen Recht ein Festland."

Es gibt keinen Zweifel mehr: Atlantis hat, genau wie der Name es sagt, im Atlantik gelegen. (3) Irgendwo zwischen Europa und Amerika hat es einst eine Insel gegeben, auf der eine augenscheinlich hochentwickelte Kultur existierte, die eines Tages mit einem Schlag vernichtet wurde, von der Oberfläche des Erdballs verschwand und fortan durch die Sagen und Legenden zahlreicher Völker der Erde geisterte.

Und dennoch, die moderne Forschung erlaubt es uns, Beweise für Atlantis zu finden und aufzuspüren. Es gibt diese Beweise, geologische, meteorologische, biologische Beweise und nicht zuletzt die Unzahl der von den Völkern des Erdenrundes bewahrten Erinnerungen. Für uns gilt es, sie zu einem Netz zu knüpfen, dessen Muster uns ein Bild liefern wird, das uns die Rätsel der Vergangenheit vielleicht ein wenig anschaulicher erscheinen lassen kann.

Beginnen wir mit den "stein"-harten geologischen Fakten. Es war 1898, als der erste Telefonkabel zwischen Europa und Amerika im Meer verlegt wurde. In dem damaligen, im gleichen Jahr veröffentlichten Bericht dazu lesen wir:

Wir befanden uns 500 Meilen nördlich von den Azoren, und die durchschnittliche Tiefe lag bei 300 m. Wir stellten fest, daß der Meeresboden in diesem Gebiet einer Alpenlandschaft mit hohen Gipfeln, steilen Abhängen und tiefen Tälern glich. Die Greifer glitten an den felsigen Abhängen entlang und stießen gegen die scharf hervorstehenden Spitzen, wodurch sie dann Splitter des losgelösten Gesteins mit nach oben brachten. Die bei der Ausbaggerung anwesenden Ingenieure waren einstimmig der Meinung, daß diese Splitter die gleiche chemische Zusammensetzung wie solche Basalte haben, die nur unter Luftdruck zu solchem Zustand haben erhärten können. Das Land, das den Boden des Atlantiks bildet, ist demnach, als es sich noch über dem Wasser befand, von vulkanischer Lava zugedeckt worden. Das Versinken muß plötzlich geschehen sein, und zwar sofort nach dem Ausbruch der Lava; denn sonst hätten die Erosion und die Abrasion des Meeres die Ungleichheiten eingeebnet und die Oberfläche abgeplattet.

Die Gesteinsproben wurden später dem Pariser Museum zugeleitet. Aber erst 15 Jahre später unterzog sie der damalige Direktor des Ozeanischen Instituts, Prof. Paul Termier, einer genaueren Untersuchung. Zwar stellte er fest, daß es sich in Wirklichkeit um trachytisches Glas handelte, konnte den Experten auf dem Kabelverlegschiff aber ansonsten durchaus zustimmen. Termier faßte seine Ergebnisse in drei Punkten zusammen:

a) Das Fundstück war eindeutig vulkanischer Herkunft. Folge: Im besagten Gebiet müssen einstmal starke Vulkanausbrüche stattgefunden haben.

b) Da das Gesteinsmaterial glasig und amorph war und nichts auf eine submarine Entstehung hinwies, kann es nur oberhalb des Wassers, nicht aber auf dem Meeresgrund, erstarrt sein. Das Gestein stammt also aus einem ehemals überseeischen Vulkan.

c) Das ganze Gebiet muß während oder kurz nach dem Ausbruch auf eine Tiefe von mehr als 2000 Meter abgesunken sein. Trachytbimsstein ist nämlich stark erosionsanfällig und wäre nach 15 000 Jahren nicht mehr vorhanden. Die Eruption muß sich also in jüngerer Zeit, wahrscheinlich um das Jahr 8000 bis 10000 v.Chr. ereignet haben.

Genau diese Zahl aber gibt auch Platon für den Untergang von Atlantis an. Zufall?

Im Jahr 1900 wurde eine weitere Entdeckung gemacht, die die Absenkung des Azorengebietes um ca. 2000 Meter bestätigt. Damals holte das Forschungsschiff "Gauß" im Südatlantik, in der Nähe des Äquators, Sedimentproben aus einer Tiefe von 7 300 Metern herauf. Interessant ist nun, daß die Schichten zum großen Teil aus den Ablagerungen von planktonisch lebenden Globigerinen (Einzellern) bestanden, die aber nur in Tiefen von 2 000 bis höchstens 4 500 Metern existieren. Mit anderen Worten: Der Meeresboden muß sich hier um 2 - 3 000 Meter gesenkt haben, genauso weit wie im Nordatlantik. Dort allerdings gingen ganze Landstriche unter, während in den weiter südlich gelegenen Teilen der Meeresboden lediglich tiefer absackte.

Auch jüngere Proben vom Grunde des Atlantiks bestätigen die Ergebnisse von Termier. In seinem Buch "Atlantis und Atlantik" beschreibt der schwedische Ozeanologe Prof. Hans Petterssen die neuesten Funde, die große Mengen vulkanischer Asche aufweisen. Diese muß, so Petterssen, entweder bei Ausbrüchen auf den westindischen Inseln, oder aber auf einem Zentralmassiv im Atlantik selbst ins Meer geschleudert worden sein. Da man das oberste der beiden vulkanischen Profile oberhalb des am höchsten gelegenen Glazialprofils antrifft, kann weiterhin der Schluß gezogen werden, daß der vulkanische Ausbruch in postglazialer (nacheiszeitlicher) Zeit, also um etwa 10 000 v.Chr. stattfand. Petterssen kommt aufgrund dessen ebenfalls zu der Auffassung, um die Zeit, in der Platon die Atlantiskatastrophe ansetzt, habe es dort tatsächlich vulkanische und tektonische Veränderungen gegeben. Wörtlich schreibt er:

Es ist also nicht ausgeschlossen, daß der zentralatlantische Rücken... noch bis vor zirka zehn Jahrtausenden oberhalb des Meeresspiegels lag und erst dann zu seiner gegenwärtigen Tiefe heruntersank...

Es lohnt sich, einmal die Azoren, wahrscheinlich also die letzten Überreste von Atlantis, etwas genauer zu betrachten. Zunächst fällt auf, daß sich die Inseln tatsächlich genau dort befinden, wo Platon Atlantis plaziert hat, nämlich westlich von Gibraltar. Aber die Azoren sind, wie schon gesagt, nur noch die Reste eines vor ca. 10 000 Jahren noch rund 2 000 Meter höher gelegenen Sockels. Die Frage also ist, wie groß dieser Sockel sein würde, könnten wir das Wasser um die besagten 2 000 Meter ablassen.

Platon beschreibt Atlantis als "größer als Libyen und Asien zusammen". Er meint damit das bis dahin bekannte Nordafrika und Kleinasien. Das ist natürlich sehr vage, er präzisiert seine Angabe später jedoch, indem er die Ebene, die etwa die halbe Fläche von Atlantis ausgemacht haben sollte, mit 2 000 mal 3 000 Stadien, also 200 000 km² angibt. Der Azorensockel ist ca. 400 000 km² groß, entspricht also genau der von Platon beschriebenen Größe.

Wer die Azoren einmal betreten hat, wird sich sofort weniger an ein tropisches Inselparadies, als vielmehr an eine Hochgebirgslandschaft erinnert fühlen. Dies ist durchaus nicht verwunderlich, denn tatsächlich bilden die Azoren, wie weiter oben bereits dargelegt, die letzten aus dem Wasser ragenden Bergspitzen der einstigen Insel. Freilich findet man hier keinerlei archäologische Hinweise, aber auch wir bauen unsere Städte nicht auf die Gipfel der Alpen.

Auch ein anderes Ereignis hat sich in dieser Zeit vollzogen. Gemeint ist das sehr rasche, fast plötzliche Ende der letzten Eiszeit. Vor rund 10 000 Jahren begannen die Gletscher, die bis dahin große Teile Europas bedeckt hatten, plötzlich abzutauen. Warum?

Nehmen wir einmal an, Atlantis hätte es wirklich gegeben und wir würden es in etwa in die Höhe der heutigen Azoren plazieren, mit einer Größe von ca. 400 000 km². Hätte sich diese Position in irgendeiner Weise auf die Großwetter- und Klima-Lage der nördlichen Hemisphäre ausgewirkt?

Sie hätte! Äußerst massiv sogar. Denn die große Insel Atlantis versperrte damals dem warmen Golfstrom den Weg. Er wurde von ihr abgelenkt, umfloß ihre südlichen Gestade (dort, wo nach Platon die äußerst fruchtbare riesige Ebene lag) und kehrte dann in den Golf von Mexiko zurück. Nach Europa ist er damals nicht gelangt, konnte sich also auch in keiner Weise auf das hiesige Klima auswirken.

Dann jedoch versank Atlantis. Was war die Folge? Für den zuvor blockierten Golfstrom gab es kein Hindernis mehr. Ungehalten konnte er seine Strömung den Küsten Europas entgegenschicken und sich mildernd und erwärmend auswirken. Die Gletscher verschwanden, die Eiszeit ging zu Ende.

Das Rätsel der Aale

Mit dem Golfstrom, bzw. seiner Änderung, ist aber noch ein anderes Rätsel verbunden, das Geheimnis der Aale. Der Leser wird sicherlich wissen, daß die Aale nicht nur von ihrem Aussehen her unter den Fischen eine Sonderstellung einnehmen.

Ihr Leben beginnt weit von Europa entfernt, im undurchdringlichen Unterwasserdickicht des Sargassomeeres südwestlich der Küste Floridas. Hier werden sie geboren und treten gleich darauf, noch als fast völlig unsichtbare Glasaale, die mühsame, ja äußerst gefährliche Reise ins weit entfernte Europa an. Obwohl sie sich im warmen Golfstrom treiben lassen, benötigen sie fast drei Jahre, bis sie die Gestade unseres Kontinents erreicht haben. Ihre Wanderung ist aber nicht nur artgefährdend, sie ist geradezu unsinnig. Denn für Aale wäre es wesentlich einfacher, die Reise zu den nahegelegenen Küsten Amerikas anzutreten.

Der Instinkt jedoch läßt sich nach Europa schwimmen. An der Küste trennen sich weibliche und männliche Tiere. Während die Weibchen die Flüsse hinaufschwimmen, bleiben die Männchen im Salzwasser zurück. Warum dies so ist, wissen wir nicht genau, aber es scheint, als ob die weiblichen Tiere nur im Süßwasser geschlechtsreif werden könnten.

Zwei Jahre müssen vergehen, dann kehren die Weibchen wieder zurück, vereinigen sich mit den Schaaren der Männchen und begeben sich auf den langen, wieder sehr gefährlichen Weg zurück ins Sargassomeer, wo sie sich paaren, laichen und sterben um einen neuen Kreislauf in Gang zu setzen.

Warum diese lange, mühsame und gefährliche Wanderung nach Europa? Diese Frage wurde bereits (allerdings erfolglos) im Altertum gestellt. Heute ist eine Lösung gefunden

Es wurde bereits darauf verwiesen, daß der Golfstrom einst an der Süd-West-Küste von Atlantis abgelenkt wurde. Er bildete also einen Kreislauf, der im Golf von Mexiko begann, an die Küste von Atlantis führte, von dort abgelenkt die Nordküste Süd-Amerikas berührte und schließlich wieder im mexikanischen Golf endete.

Nun ist es nicht mehr schwer, den einstigen Weg der Aale zu rekonstruieren. Nach dem Ausschlüpfen im Sargassomeer ließen sie sich ohne jegliche Gefahren bis an die Küste von Atlantis treiben, schwammen auch hier die Flüsse hinauf und kehrten schließlich, noch immer vom warmen Golfstrom getrieben, ins Sargassomeer zurück.

Es muß damals riesige Mengen von Aalen gegeben haben. Keine endlos erscheinende Wanderung von fast drei Jahren dezimierte ihre Anzahl. Doch die Aale kommen gegen ihren Instinkt nicht an. Sie wissen nichts vom Untergang von Atlantis, und so vertrauen sie sich noch immer dem Golfstrom an, der sie jetzt an die weitentfernten Küsten Europas verschleppt. Für sie existiert Atlantis weiter, auch wenn es schon vor Jahrtausenden versunken ist. Die Aale können sich noch erinnern, wir müssen uns das verlorengegangene Wissen erst mühsam wieder erarbeiten.

Auch eine andere Tiergattung hat die Erinnerung an Atlantis noch nicht verloren: Die Sturmschwalben. Es handelt sich bekanntlich um braune Zugvögel, die in den Monaten September und Oktober den Atlantik von Europa bis nach Südamerika überqueren, um in Brasilien zu landen.

Etwa 600 km südwestlich von Kap Verde legen die Tiere plötzlich ein sehr merkwürdiges Verhalten an den Tag. Stundenlang kreisen sie über dem Meer, so als suchten sie etwas. Ihre tief verankerten Instinkte sagen ihnen, daß es hier einst einen Zwischenlandeplatz gab, den wir heute als das Atlantis Platons bezeichnen können.

Atlantis: Uralte Erinnerungen

Doch nicht nur Platon hatte Kenntnis von dem versunkenen Kontinent im Ozean. Auch auf der anderen Seite des Atlantiks sind Erinnerungen wachgeblieben. Die Indianer Mexikos vor allem haben in ihren Mythen und Legenden zumindest ein vages Wissen über Atlantis erhalten.

Interessant dabei ist vor allem die Ähnlichkeit des Namens. Die Azteken wissen sich zum Beispiel an ihr Stammland "Aztlan" zu erinnern, bei den Mayas und Tolteken hieß es gar "Atlán". Über die Lokalisierung dieses Landes ist bis heute nichts bekannt, und auch der bekannte Altamerikanist David Nigels gibt in seinem Buch "Die Azteken" daher unumwunden zu:

Die Ungewißheit über die Herkunft der Mexikaner und die geographische Lage von Aztlan ist bis heute geblieben.

Sicher hingegen ist er sich über eine andere Tatsache:

Aztlan selbst wird nur als vom Wasser umgeben beschrieben.

Das ist mehr als ein Fingerzeig. Die Vermutung wird zur Gewißheit. Aztlan (bzw. Atlán) ist mit Atlantis identisch. Beide waren Inseln und von beiden war die exakte geographische Lage bis vor kurzem noch unbekannt. Die Azteken selbst räumen jeden Zweifel aus. In ihren Überlieferungen heißt es:

Zu Schiff über das Wasser kamen zahlreiche Stämme aus Aztlan. Mitten im Wasser lag dort der Ort von dem sie ihre Wanderung antraten.

Daß auch andere Indianerstämme aus dem Land im Atlantik kamen, bestätigt uns das "Popul Vuh", die sogenannte "Maya-Bibel":

Auch die Herkunft des Stammes Ilocab ist bekannt. Weiter von Osten kamen sie gemeinsam.

Über offenbar recht rege Verbindungen zwischen Atlantis und dem amerikanischen Kontinent berichten uns auch die Cakquickel-Indianer:

Co Caib, Co Acutek und Co Ahau brachen auf und zogen übers Meer dorthin, wo die Sonne entspringt.

Über den Untergang des Inselreiches zeigen sich die mittelamerikanischen Völker ebenfalls bestens informiert. Maya-Handschriften beispielsweise erzählen:

Der Himmel näherte sich der Erde, und alles ging an einem einzigen Tag zugrunde; sogar die Berge verschwanden unter dem Wasser.

Das Bild der vom Himmel gekommenen allesvernichtenden Feuerschlange taucht übrigens auch im Dresdner Maya-Kodex wieder auf. Sehr nüchtern hingegen ist ein Maya-Fragment, das 1930 von dem brasilianischen Philologen O.M. Bolio übersetzt wurde:

Am 11. Tag des Ahau Katun geschah das Unglück... es fiel ein heftiger Regen, und es fiel Asche vom Himmel, und in einer großen Woge ergossen sich des Meeres Wasser über das Land... und der Himmel stürzte herunter und das feste Land versank...

Sehr umstritten hingegen ist die Übersetzung des Franzosen La Plongeon von Hieroglyphen an der Pyramide von Xochiclaco. Dennoch sollte sie hier erwähnt werden, denn auch in ihr ist die Rede von "einem Land mitten im Ozean, das zerstört worden ist" und von "seinen Bewohnern, die getötet und zu Staub gemacht worden sind."

Erinnerungen an Atlantis besitzt auch Asien. Im indischen "Purana" z.B. ist die Rede von einem "großen, sehr mächtigen im westlichen Ozean gelegenen Land". Und selbst im "Mahabaratha", dem indischen Nationalepos, werden die "sieben großen Inseln im Meer des Westens, deren Reich von der Stadt mit den drei Bergen aus regiert wurde", erwähnt.

Mauern mitten im Meer

Es erhebt sich, wenn Atlantis tatsächlich existiert hat, selbstverständlich die Frage, warum man noch keinerlei Artefakte gefunden hat, die die Kultur des versunkenen Kontinents eindeutig beweisen müßten.

Zunächst einmal muß dazu gesagt werden, daß es äußerst schwer ist, derartige Funde zu machen. Sie liegen viele tausend Meter tief auf dem Grund des Meeres, von dicken Lava- und Ablagerungsschichten bedeckt. Entdeckungen und Funde können daher nur dem Zufall verdankt werden, und in der Tat ist der Tiefe des Meeres bereits einiges entrissen worden. Natürlich sind es keine spektakulären Schätze, keine Anhäufungen von Gold und Silber. Dennoch ist man in der Atlantisforschung über jedes Relikt, und sollte es noch so klein sein, dankbar und erfreut. Abermals müssen wir Hans Petterssen bemühen, der in "Atlantis und Atlantik" dazu schreibt:

Eine schwache Andeutung in dieser Richtung war ein einziges Glied einer dünnen Kette aus Kupfer, die von einer

Monaco-Station südwestlich von Santa-Maria mit dem Grundschlamm heraufgebracht wurde...

Santa Maria ist eine der Azoreninseln, und genau dort soll nach Platon und, wie wir inzwischen erfahren haben, auch aufgrund geologischer, meteorologischer, selbst biologischer Hinweise, Atlantis gelegen haben. Es ist also nur zu natürlich, wenn man dort auch archäologische Funde macht, selbst wenn diese, im Gegensatz zu den Entdeckungen im Grab eines Tut-Anch-Amun oder in Troja bescheiden, ja geradezu kläglich anmuten mögen.

Eine andere wichtige Entdeckung gelang kurioserweise dem Forschungsschiff "Atlantis". Es barg bei einer ozanographischen Expedition u.a. eine Tonne merkwürdiger, fast kalkiger Scheiben. Sie hatten einen Durchmesser von 15 cm und waren ca. 4 cm dick. Auf der einen Seite wiesen sie eine runzelige Oberfläche, auf der anderen dagegen eine völlig glatte auf. In der Mitte hatten sie alle eine Vertiefung wie bei einem Teller. Ihr völlig gleichartiges Aussehen dürfte auf einen künstlichen Ursprung schließen lassen, Altersbestimmungen durch die C-14-Methode ergaben etwa 12 000 Jahre. Damals, auch das konnte festgestellt werden, lagen die Scheiben noch nicht unter Wasser.

Wie gesagt, diese Funde sind mehr als bescheiden. Sensationell hingegen sind Entdeckungen, die 1969 von den Amerikanern Dr. Manson Valentine und Dimitri Rebikoff vor der Küste Floridas gemacht wurden.

Nach unseren bisherigen Überlegungen kann dieses Gebiet nicht zu Atlantis gezählt haben. Anzunehmen hingegen ist, daß es vor 10 000 Jahren mit dem Einsturz des Meteoriten (der bekanntlich genau hier auftraf) in die Tiefe gezogen wurde. Riesige Landstriche müssen damals versunken sein. Nichts spricht dagegen, daß Atlantis hier, im Osten der heutigen USA, einstmals Besiedlungen angelegt hatte. Azteken und andere Indianerstämme Nord- und Mittelamerikas fühlen sich, dies wurde bereits angeführt, noch heute als von Atlantis gekommene Siedler. Und selbst Platon wußte von derartigen Kolonien, wenn er im "Kritias" schreibt: "Auf dieser Insel Atlantis bestand eine große und bewundernswerte Königsgewalt, die der ganzen Insel, aber auch vielen anderen Inseln und **Teilen des Festlandes** gebot; außerdem reichte ihre Macht über Libyen bis nach Ägypten und in Europa bis nach Tyrrhenien..."

Was nun waren die Entdeckungen von Valentine und Rebikoff? Die beiden Wissenschaftler hatten von dem aus der Luft gemachten Fund zweier Piloten gehört, die bei der Insel Andros ein rechteckiges Bauwerk im seichten Wasser des Meeres gesehen haben wollten.

Valentine, Rebikoff und ein weiterer Taucher, Jacques Mayol, machten sich daraufhin auf die Suche vor der Küste Biminis und fanden schließlich 10,5 Meter unter dem Wasser eine zyklopische Steinkonstruktion. Zunächst hielten die Männer sie für eine Straße, gefertigt aus riesenhaften Pflastersteinen. Aber man erkannte bald, daß es sich entweder um eine umgeworfene Mauer (etwa durch ein Erdbeben) oder um Fundamente nicht mehr bestehender Gebäude handeln mußte. Es fanden sich auch Anzeichen dafür, daß es sich bei dem entdeckten Mauerabschnitt nur um den Teil einer wesentlich umfangreicheren Anlage handelte und die Spekulationen darüber, ob man vielleicht den letzten Teil einer riesigen Umfassungsmauer um die Insel Bimini entdeckt hatte, sind bis heute nicht verstummt.

Es wurde Valentine und anderen, etwa Charles Berlitz, der in seinen Büchern sehr ausführlich auf diese Entdeckungen eingeht, der Vorwurf gemacht, die Funde nicht genau genug untersucht zu haben, denn es seien in Wirklichkeit Flachmeerablagerungen, wie sie noch heute im seichten Wasser in ihrer Entstehung zu beobachten sind. Doch inzwischen sind weitere, riesige Mauerformationen, Pyramidenstümpfe, Straßen, Rundbauten und Ruinen entdeckt worden. Einige mögen natürlichen Ursprungs sein, die meisten sind es jedoch mit Sicherheit nicht. Es handelt sich bei ihnen um von Menschen einst über Wasser angelegte Gebäudekomplexe.

Zum Teil liegen sie in sehr seichtem Wasser, zuweilen nur zwei bis drei Meter unter der Oberfläche. Würde man das Meer heute um etwa sechs Meter absenken, kämen bereits riesige Inseln zum Vorschein. Häufig fällt das Gebiet dann jedoch sehr steil bis in Tiefen auf etwa 1200 Meter ab. Dort unten gibt es gigantische Wasserschluchten, Felswände und "blaue Löcher", Höhlen, die sich früher einmal über Wasser befunden haben müssen. In ihnen existieren noch heute Stalagmiten und Stalaktiten, Gebilde aus Kalkstein, die den Reiz jeder Tropfsteinhöhle ausmachen. Sie können unter Wasser jedoch nicht entstehen.

In seinem Buch "Geheimnisse versunkener Welten" berichtet Charles Berlitz auch über ähnliche Höhlen in der Nähe Floridas, die Spuren ehemals menschlicher Anwesenheit aufweisen: Werkzeuge und Kunstgegenstände. Stammen sie von atlantischen Kolonisten?

Wir sind heute in der Lage, Atlantis zu rekonstruieren, können seine geographische Position bestimmen, seine Größe schätzen. Die indianischen Sagen und die Funde vor Bimini deuten auf eine großartige Kultur, wie sie auch Platon beschreibt. Atlantis beginnt sich vor unseren geistigen Augen aus dem Meer zu erheben. Nach 10 000 Jahren des Nicht-Wissens, des Vergessens und Zweifelns, ja des Ignorierens, taucht Atlantis wieder auf.

Das Rätsel Mu

Mit der Wiederentdeckung von Atlantis werden auch jene Berichte und Überlieferungen glaubwürdiger, gewinnen an Wahrscheinlichkeit, die vom Untergang weiterer Inselreiche berichten.

Das bekannteste von ihnen dürfte zweifellos das einst im Pazifik gelegene Land Mu sein. Für seine Existenz gibt es allerdings weit weniger Hinweise als für Atlantis. Dennoch sind sie es wert untersucht zu werden, selbst wenn sie sich eines Tages als falsch oder unzutreffend herausstellen sollten.

Wer sich mit Mu beschäftigt, stößt früher oder später auf den Namen James Churward (4). Churward war 1869 in Indien und leitete dort als Oberst die Verteilungsaktion britischer Lebensmittel in einem lamaistischen Kloster.

Der Abt erzählte ihm eines Tages von geheimnisvollen Schrift-Täfelchen, die sich in den Gewölben des Klosters befänden.

Das Interesse des Oberst, der sich schon zuvor für archäologische Forschung aufgeschlossen gezeigt hatte, war geweckt und schließlich ließ sich auch der Abt von der Begeisterung des Engländers anstecken. Selbst neugierig geworden, führte er den Oberst in die tiefen Gewölbe hinab.

Den beiden soll dabei in tagelangem Bemühen die Entzifferung gelungen sein. Nach Aussage Churwards enthielt die Schrift die Geschichte über die Erschaffung der Welt und das Erscheinen des Menschen. Der Mönch vertraute dem Offizier an, die Täfelchen stammten von zwei "Heiligen", die vor langer Zeit aus dem Lande Mu gekommen waren.

Churward hängte seinen Militärberuf an den Nagel und durchreiste die ganze Welt, um weitere Tafeln zu finden. Nach jahrelangem Suchen hatte er Glück. In der tibetanischen Hauptstadt Lhasa fand sich tatsächlich neues Material.

Auch dieses konnte laut Churward entziffert werden. Auf den Tafeln wird unter anderem vom Untergang Mus berichtet, der sich, der Übersetzung des Weltreisenden nach zu schließen, ähnlich wie der von Atlantis vollzogen haben muß:

Als der Stern Bal dort auf die Erde fiel, wo heute nur noch Meer ist, erbebten die sieben Städte mit ihren goldenen Toren und ihren Tempeln, ein großes Feuer loderte auf und die Straßen füllten sich mit dichtem Rauch. Die Menschen zitterten vor Angst, und in den Tempeln und vor dem Palast des Königs versammelte sich eine große Menge. Der König sagte: "Habe ich euch das alles nicht vorausgesagt?" Die Männer und Frauen, angetan mit ihren kostbaren Gewändern und mit ihren prächtigen Geschmeiden geschmückt, baten ihn und flehten ihn an: "Rette uns, Ra-MU!" Aber der König weissagte ihnen, daß sie alle zugrunde gehen würden, samt ihren Kindern, und daß aus der Asche ein neues Menschengeschlecht entstehen würde.

Rückhalt erhielt Churward wenig später von dem amerikanischen Geologen William Niven, der in Mexiko ähnliche Funde gemacht hatte wie die Täfelchen des indischen und tibetanischen Klosters. Beide Forscher konnten aufgrund dessen die geographische Lage Mus rekonstruieren, dessen Klima, Flora und Fauna, die Anzahl der dort lebenden Menschen und den Zeitpunkt des Untergangs (vor ca. 12 000 Jahren).

Vielleicht wäre all dies von den erstaunten Gelehrten tatsächlich mit großer Resonanz und Entgegenkommen aufgenommen worden, hätte Churward nicht den Fehler gemacht, seine Entdeckungen mit z.T. äußerst abstrusen philosophischen und religiösen Beifügungen zu kommentieren. Häufig verwischt sich bei ihm Wirklichkeit und Wunschvorstellung. Auf der Suche nach Mu hat er leider zu oft den Sinn für die Realität verloren, und so wundert es kaum, wenn er von der wissenschaftlichen Welt fast völlig abgelehnt wurde.

Aber auch diese strikte Ablehnung ist nicht berechtigt. Zwar ist Churward vorzuhalten, bei seinen Übersetzungen nicht immer korrekt vorgegangen zu sein, alte Berichte durcheinandergebracht zu haben und ähnliches mehr. Das ändert aber nichts daran, daß es Hinweise gibt, die Churward bestätigen. Es existieren z.B. Maya-Überlieferungen, von denen jene aus dem Codex Troanus hier aufgeführt werden soll:

Im sechsten Jahre Cans, am elften Muluc des Monats Zar, ereigneten sich furchtbare Erdbeben und dauerten bis zum dreizehnten Chuen. Das Land der Lehmhügel Mur und das Land Mound waren ihre Opfer. Sie wurden zweimal erschüttert und verschwanden plötzlich in der Nacht. Die Erdkruste wurde an verschiedenen Stellen von den unterirdischen Gewalten ständig gehoben und gesenkt, bis sie dem Druck nicht mehr standhalten konnte, und viele Länder wurden durch tiefe Risse voneinander getrennt. Schließlich versanken beide Länder mit 64 Millionen Einwohnern im Ozean. Es geschah vor 8060 Jahren.

Wenngleich diese Einwohnerangabe sicherlich übertrieben ist, zeigt die Jahreszahl eindeutige Parallelen zu Atlantis. Mu und Atlantis verschwimmen nicht selten miteinander, und man wäre sicherlich geneigt anzunehmen, die zitierte Übersetzung bezöge sich tatsächlich auf den von Platon beschriebenen Inselkontinent, gäbe es im Pazifik selbst nicht Hinweise auf eine verlorengegangene Hochkultur.

57

Auf den Mariannen beispielsweise stehen seit Urzeiten riesige Umfriedungen runder Säulen. Pyramidenförmige Bauten sind auf der Tinian-Insel zu finden, gigantische, absurd erscheinende Anlagen auf der Lele-Insel und stumpfkegelige Marmorsäulen auf Kingsmill. Große Platten aus rotem Sandstein liegen auf Navigator und auch auf der Havaii-Insel Kuki gibt es steinerne Anlagen.

Aus dem Rahmen fällt dabei das große Tor von Tongatabu. Es handelt sich um zwei Steinblöcke, auf denen ein dritter liegt, alle tadellos bearbeitet und insgesamt ca. 95 Tonnen schwer. Der nächste Steinbruch ist 400 km entfernt und befindet sich auf einer ganz anderen Insel. Das Tor steht mitten im Dschungel, allein zwischen Palmen und Urwaldriesen. Niemand kennt seinen Sinn, niemand weiß, zu welchem Zweck und von wem es gerade hier aufgerichtet wurde.

Noch beklemmender ist das Rätsel von Nan Madol. Auf der kleinen Ponape-Insel Temuan steht eine ganze Ruinen-Stadt seltsamer, aus massiven Basaltstangen und -blöcken aufeinandergestapelter Gebäude. Wenigstens 400 000 dieser Steingiganten sind hier verarbeitet worden, wahrscheinlich mehr, da Überreste auch im seichten Meerwasser entdeckt wurden, sich die Stadt also auch unter der Oberfläche des Wassers noch fortsetzt. Es gibt keine Erklärung dafür, was Nan Madol gewesen sein könnte, zumal es sich von allen anderen mikronesischen Bauwerken in Bauweise und in seiner Nüchternheit unterscheidet.

Gelöst wurde bisher auch noch nicht die Frage, wie die Steine von dem an der Nordküste befindlichen Steinbruch zu ihrem derzeitigen Standort gebracht wurden. Es gab zu allen Zeiten nur sehr wenige Bewohner und da man über kein anderes Transportmittel verfügte als Kanus, hätte die Vervollständigung der steinernen Stadt mehrere hundert Jahre in Anspruch genommen, eine Zahl, die beim besten Willen nicht akzeptiert werden kann.

Mögen sämtliche Überlieferungen von Mayas und anderen mittelamerikanischen Völkern in Bezug auf Mu unzutreffend und die Übersetzungen Churwards unrichtig sein, eines steht fest: Im pazifischen Raum muß es vor langen Zeiten eine Kultur gegeben haben, die sich weit über die der heute dort seßhaften Insulaner erhob. Ob sie sich mit der ägyptischen, der mexikanischen oder gar der atlantischen hätte messen lassen können, sei dahingestellt.

Es gibt Forscher, die davon überzeugt sind, es hätte neben Mu und Atlantis noch weitere verlorengegangene Kontinente gegeben, etwa Lemuria (wahrscheinlich mit Mu identisch), Gondwanaland, Uighurei, das Istar-Land und andere mehr. Es wäre mühselig, sie alle im Rahmen dieses Buches näher betrachten zu wollen, zumal die meisten von ihnen ohnehin lediglich der Phantasie ihrer "Entdecker" entsprungen zu sein scheinen.

Mu (in welcher Form auch immer) und vor allem Atlantis haben dagegen wirklich existiert, dies sollte anhand der vorangegangenen Darstellungen unzweifelhaft dargelegt worden sein.

Wie alt ist der Mensch?

Eine wichtige Frage in diesem Zusammenhang ist bislang etwas in den Hintergrund gedrängt worden, nichtsdestotrotz muß sie aber behandelt werden.

Platon spricht in seinen Dialogen davon, Atlantis sei vor ca. 10-11000 Jahren versunken, der Untergang von Mu wird noch früher angesetzt. Zumindest auf Atlantis soll es, so berichtet nicht nur der griechische Philosoph, ein kulturell äußerst hochentwickeltes Volk gegeben haben. Dies steht allerdings im Widerspruch zu den allgemein anerkannten Lehrsätzen der Wissenschaft, insbesondere der Anthropologie, der Paläontologie und der Ur- und Frühgeschichte. Allgemein wird davon ausgegangen, daß sich die ersten Kulturen (etwa Sumer) frühestens um 4000 v.Chr. zu entwickeln begannen und daß um 10000 v.Chr., zu einer Zeit also, als nach Platon bereits ein hochkultiviertes Volk auf Atlantis lebte, in Wirklichkeit noch tiefste Steinzeit herrschte.

Wie ist diese offensichtliche Diskrepanz zu beheben? Die Anthropologie lehrt uns seit Darwin die Abstammungslehre. Durch natürliche Auswahl hat eine, so Darwin, Höherentwicklung stattgefunden (Einzeller - Mehrzeller - primitive Pflanze - Abspaltung zum primitiven Meerestier - höher entwickelte Meerestiere - Amphibien - reine Landtiere - Säugetiere - Menschen). Diese Theorie wurde in den vergangenen Jahrzehnten zum Dogma erhoben, gegen die sich kein Widerspruch zu regen hatte. Jeder, der fortan Zweifel bekundete, wurde als rückständiger, unrealistischer Träumer bezeichnet und wissenschaftlich nicht mehr ernst genommen. Ist eine solche Handlungsweise tatsächlich berechtigt?

Abgesehen einmal davon, daß grundsätzlich jede Meinung, ganz gleich, ob sie in die aktuelle Lehrmeinung paßt oder nicht, gehört und ernsthaft geprüft werden sollte, gibt es in Bezug auf die Darwinsche Evolutionstheorie in der Tat zahlreiche Lücken und Fehler, die jedem Wissenschaftler bekannt sind, die er aber natürlich nur ungern zugibt.

Dabei haben die Entdeckungen des in Afrika lebenden Prof. Leaky eindeutig ergeben, daß die Entwicklung zum Menschen keineswegs, wie lange Jahre hindurch angenommen, geradlinig verlaufen ist, sondern daß es zahlreiche Nebenlinien gegeben haben muß.

Bereits diese Einschränkung sollte zu denken geben. Während der letzten Jahre mußte die Menschwerdung um immer größere Zeiträume zurückdatiert werden. Hatte man früher ca. 500 000 Jahre veranschlagt, waren es später 1 Million. Heute ist man bereits bei 2 Millionen Jahren angelangt. Immer wieder werden Entdeckungen gemacht (wir kommen gleich darauf zurück), die auch diese Zahl noch für viel zu gering erscheinen lassen. In seinem Buch "Nicht von den Affen" weist der finnische Paläontologe Prof. Björn Kurtên darauf hin, die Menschwerdung könne bereits heute aufgrund neuerer fossiler Funde auf wenigstens 35 Millionen Jahre zurückdatiert werden, also auf mehr als die Hälfte der Zeit, in der die Epoche der Dinosaurier zu Ende ging. Auch sei es nach Prof. Kurtên überhaupt äußerst unwahrscheinlich, daß unsere Vorfahren jemals Menschenaffen gewesen sind, da die Unterschiede, sowohl in der Anatomie (z.B. der Zähne) aber auch im Verhalten, zu groß seien.

Trotz dieser durch einen anerkannten Wissenschaftler bereits erfolgten Zurückverlegung des Menschheitsbeginns auf 35

Millionen Jahre v.u.Z. (das ist weit mehr, als heute offiziell zugegeben wird), gibt es Hinweise darauf, daß der Mensch weit älter ist, oder besser, daß er schon wesentlich länger "intelligent" ist.

Denn bis heute ist völlig ungeklärt, woher beispielsweise jener im 16. Jahrhundert von den Spaniern in einer peruanischen Silbermine entdeckte 18 Zentimeter lange Eisennagel kommt. Ein über 30 Millionen Jahre alter Eisennagel wurde auch in einem englischen Steinbruch gefunden und ebenfalls in einem englischen Steinbruch entdeckte man einen mechanisch gefertigten Goldfaden, dessen Alter auf mehrere Millionen Jahre geschätzt wird.

Besonders interessant scheint mir in diesem Zusammenhang auch eine Meldung, die am 20. April 1867 in der "Saturday Herold", Iowa City, USA, erschien:

Wenn man den Fund eines Minenarbeiters aus Colorado vor etwa sechs Jahren in Betracht zieht, gibt es kaum noch einen Zweifel, daß zu dem Zeitpunkt, als sich die Silberader bildete, auf diesem Kontinent Menschen existiert haben müssen.

In der Rocky-Point-Mine in Gilman wurde 400 Fuß unter der Oberfläche eine Anzahl menschlicher Knochen gefunden - die in eine Silberader gebettet waren. Als man die Knochen herausnahm, hing für $ 100,-- Silbererz an ihnen. Auch eine etwa neun Zentimeter lange Pfeilspitze aus geglühtem Kupfer befand sich bei den Fundstücken.

Ein heute leider nicht mehr existierender Fund von wissenschaftlich sicherlich großem Interesse wurde 1868 in einem Kohleflöß gemacht. Bei den Arbeiten in einem Bergwerk im US-Bundesstaat Ohio löste sich ein riesiger Kohleblock ab. Zum Erstaunen der Arbeiter entdeckte man auf seiner Rückwand zahlreiche Hieroglyphen, die in horizontalen Zeilen mit einem Abstand von je 7 cm voneinander angeordnet waren. Trotz einiger Versuche sind die Zeichen nie entziffert worden und bei unsachgemäßem Hantieren löste sich die ganze Platte schließlich in Kohlenstaub auf. Wir werden also nie erfahren, was die Menschen einer unendlich weit zurückliegenden Zeit uns haben berichten wollen.

Nicht zerstört hingegen sind Fußabdrücke, die man zum Teil in der Wüste Gobi, zum Teil in Nordamerika fand. Es ist verständlich, daß Funde dieser Art die Wissenschaftler verwirren und auch der chinesische Paläontologe Dr. Tschau Ming Tschen, der 1959 die Ausgrabungen in der Gobi-Wüste leitete, konnte keine Erklärung finden, wenngleich er zugeben mußte, daß die gefundenen Fußabdrücke eindeutig menschlichen Ursprungs, aber viele Millionen Jahre alt sind.

Aus der Trias-Zeit, der Epoche also, als sich noch Dinosaurier auf Erden tummelten, stammt ein Schuhabdruck mit schwachen, aber dennoch vorhandenen und erkennbaren Nahtspuren, der im Fischer-Canyon (Nevada) entdeckt wurde.

Das alles aber ist noch immer nichts gegen jene Funde, die 1969 im Raume von Antelope Spring im US-Bundesstaat Utah gemacht wurden. Zwei Schuhabdrücke wurden entdeckt, mit 32,5 cm Länge und 11,25 cm Breite (7,5 cm an den Fersen) sicherlich einer "Übergröße" angehörend, aber dennoch zweifellos menschlich.

Verblüffung machte sich auf den Gesichtern der Betrachter breit, als man entdeckte, daß einer der als Abdruck überdauerten Schuhe ganz offensichtlich einen kleinen Trilobiten zerdrückt hatte. Trilobiten sind Gliederfüßler, die vom Kambrium bis zum Perm, also bis vor ca. 250 Millionen Jahren, die Ozeane des Erdaltertums bevölkerten. Damals aber gab es nach traditioneller Lehre weder Menschen noch ihre Vorläufer auf der Erde.

Darwins Theorie weist unübersehbare Lücken und Fehler auf. Man muß ihm zugute halten, daß er selbst sie immer als Theorie bezeichnet hat, während nachfolgende Forscher sie zur "alleinseligmachenden Lehre" erhoben, zum wissenschaftlichen Dogma. Es bleibt zu fragen, wie lange noch. (5)

Die Vermutung, daß es (und davon waren wir ausgegangen) zumindest auf Atlantis eine bereits kulturell hochentwickelte Kultur gegeben hat, so, wie sie von Platon und anderen Schriftstellern der Antike beschrieben wird, gewinnt an Wahrscheinlichkeit. Diese Übereinstimmung der zahlreichen Berichte aus uralter Zeit hatte 1909 den amerikanischen Nobelpreisträger und Physiker Professor Frederik Soddy nachdenklich gestimmt. Er schrieb damals:

Einige der aus der Antike überlieferten Mythen und Legenden sind so allgemein verbreitet und so tief im Bewußtsein verankert, daß man unwillkürlich zu der Auffassung gelangt ist, sie seien so alt wie die Menschheit selbst. Man sollte doch einmal untersuchen, ob die Übereinstimmung mehrerer dieser Mythen zufällig ist oder ob man in ihnen nicht den Abglanz einer alten, uns völlig unbekannten Kultur erblicken kann, die untergegangen ist, ohne irgendeine Spur zu hinterlassen.

Dem ist nichts mehr hinzuzufügen.

Kapitel II

Die Götter
von den Sternen

Die Sternenwelt ist übersät mit Wesen,
die uns dermaßen überlegen sind, daß
wir sie im Hinblick auf die von der
Göttlichkeit gehegten Vorstellungen als
Götter bezeichnen können.

Voltaire

**Die Kritiker melden sich zu Wort - Das
"Zeichen des Lebens" - Einige Bemerkungen zur "Entmythologisierung -
Salomo - ein Außerirdischer? - Prophet
aus der Unendlichkeit - Der Himmelsbote von den Sternen - Die Raumschiffe des alten Indien - Die Geheim-**

nisse Tibets - Nazca - Landeplatz nur
für Ballone? - Palenque - Föhnsturm
oder "mythologisches Ungeheuer?" -
Mit dem "Lichtboot" nach Kanada - Die
Motoren der alten Völker - Als Bep-
Kororoti kam - In uralten Gräbern:
Astronauten von den Sternen - Das un-
glaubliche Sirius-Wissen - Die
Experten stimmen zu: Prä-Astronautik
etabliert sich

Im Moskauer Museum für Anthropologie liegt der etwa
10 000 Jahre alte Schädel eines Büffels. Nun ist es durchaus nichts
besonderes, wenn Urzeitforscher die Knochen längst
ausgestorbener oder zumindest weit zurückdatierbarer Tiere
aufbewahren. Aber dieser Schädel weist eine unverkennbare
Besonderheit auf: Das Tier, dem er gehörte, wurde erschossen!

Genau im Zentrum des Kopfes befindet sich ein etwa fünf
Zentimeter durchmessendes Loch. Keine Steinzeitwaffe hätte es in
dieser Präzision hervorrufen können und auch die zunächst
geäußerte Vermutung, ein Jäger hätte irgendwann **nach** Erfindung
des Schießpulvers sich den alten Schädel als Zielscheibe
ausgesucht, konnte widerlegt werden. Die Forscher stellten
nämlich fest, daß das Tier trotz seiner Verwundung noch kurze Zeit
gelebt hatte und dann, wahrscheinlich an Blutmangel, gestorben
war. Vor mehr als zehntausend Jahren.

Zufall? Seit Erich von Däniken, der bekannte Schweizer
Bestsellerautor, 1968 sein Buch "Erinnerungen an die Zukunft"
veröffentlichte und damit eine Weltdiskussion auslöste, ist die
Frage, ob wir einst Besuch aus dem Weltall hatten, leidenschaftlich
und engagiert diskutiert worden. Ein Ende dieser Diskussion ist
nicht abzusehen, solange Funde wie der oben erwähnte,

unerklärliche Schriften und Sagen, steinerne Zeugen der Vor- und Frühzeit des Menschen, rätselhafte Bilder und Zeichnungen usw. existieren und solange der Mensch nicht aufhört sich Fragen zu stellen, Fragen nach dem Woher und Wohin.

Wir wollen in diesem Kapitel einen Beitrag liefern zu einem Thema, das zunehmend ins Blickfeld der Öffentlichkeit gerät, das aber dennoch oder vielleicht gerade darum von seinen Gegnern nach wie vor attackiert wird.

Die Kritiker melden sich zu Wort

Es ist daher unumgänglich, sich zunächst mit den Argumenten dieser Kritiker auseinanderzusetzen. Ihre Anzahl dürfte sich im Verlauf der letzten Jahre etwas vermindert haben, denn in zunehmendem Maße interessieren sich auch Wissenschaftler für die Prä-Astronautik, aber noch ist das Feld der Skeptiker groß (bei einer derart provokanten Theorie, die fast alles bisher wissenschaftlich Etablierte "über den Haufen wirft", ist das auch keineswegs verwunderlich), und wir wollen uns daher im folgenden mit ihren Bedenken und Einwänden beschäftigen.

Es stellt sich schon bei oberflächlicher Betrachtung heraus, daß wir es mit zwei Arten derartiger Gegenargumente zu tun haben, nämlich a) den hier der Einfachheit halber so genannten allgemeinen und b) den speziellen. Wir wollen zunächst die allgemeinen untersuchen, die die einzelnen Beispiele betreffenden Erwiderungen werden später im Rahmen dieser Punkte behandelt.

Die der Kategorie a) zuzuordnenden Argumente lassen sich wiederum in drei Gruppen, in drei Gegenthesen unterteilen. Einer der schwerwiegendsten Einwände gegen die Theorie der "Ancient Astronauts" ist zweifellos die Behauptung, ein Besuch Außerirdischer sei nicht möglich, da die Entfernungen zwischen den Sternen derart groß seien, daß Lebewesen sie niemals überbrücken könnten.

Führen wir uns einmal vor Augen, was dies bedeutet. Mit "Apollo 8" startete 1968 das erste bemannte Raumschiff zum

Mond. Es benötigte für die Entfernung zwischen der Erde und ihrem Trabanten ca. drei Tage. Diese Distanz von rund 380 000 km entspricht in etwa einer Lichtsekunde, also der Strecke, die das Licht in dieser Zeit zurücklegt. Die Marssonden, die 1975 auf ihren Weg zum Roten Planeten geschickt und 1976 dort ankamen, benötigten für ihre Reise fast elf Monate. Zum sonnenfernsten Planeten Pluto wären es hingegen bereits zwölf Jahre. Doch sind all diese Himmelskörper noch immer relativ nah und liegen im Bereich des heute technisch Erreichbaren.

Anders sieht es aus, wenn wir Flüge zu dem uns nächstgelegenen Fixstern unternehmen wollen, von dem wir annehmen können, daß er ein eigenes Planetensystem und damit eventuell Leben besitzt. Diese uns am nächsten gelegene Sonne ist "Alpha Centauri". Ihre Entfernung zu uns beträgt bereits 4,3 Licht**jahre**! Es erscheint begründet, daß ein Menschenleben kaum ausreichen würde, diese riesigen Distanzen jemals zu überbrücken.

Aber begeht man dabei nicht einen Denkfehler? Wir haben für die obige Betrachtung lediglich die technischen Möglichkeiten zugrunde gelegt, die wir heute in der Raumfahrt besitzen. Es gibt jedoch bereits Vorstellungen darüber, wie man wesentlich schnellere Sternenschiffe, etwa auf der Basis der Photonenrakete, entwickeln könnte.

Doch selbst dann, so wenden Kritiker ein, sei ein Flug illusorisch, da bei enorm hohen Geschwindigkeiten, beispielsweise knapp unter der des Lichts, die sogenannte Zeitdilatation eintritt, ein Effekt, der die Zeit im Raumschiff langsamer vergehen läßt als auf der zurückbleibenden Erde. Es sei einem Astronauten wohl kaum zuzumuten, nach vielen Jahrzehnten, vielleicht sogar Jahrhunderten oder Jahrtausenden zurückzukehren und dann eine völlig veränderte Heimatwelt vorzufinden, auf der alle Verwandten und Freunde längst verstorben sind.

Dies mag richtig sein, nur geht man hier abermals allein von den irdischen Bedingungen aus. Wie steht es aber im umgekehrten Fall, bei einem Besuch **aus** dem All? Wir wissen nichts über die ethischen Vorstellungen anderer Völker draußen im Universum, nichts über ihr Gefühlsleben und ebensowenig über ihre biologische Lebensdauer. So wäre es beispielsweise keineswegs abwegig zu vermuten, ihre Vertreter könnten extrem langlebig sein (vielleicht von Natur aus, vielleicht durch eine hochentwickelte Medizin) und so auch nach Jahrhunderten der Reise kaum eine Veränderung ihrer Heimatwelt bemerken.

Und noch ein anderer Aspekt ist mit dieser Problematik verbunden. Gemeinhin wird angenommen, daß es nie möglich sein wird, schneller als das Licht zu reisen. Aber ist dem wirklich so? Ist die Lichtgeschwindigkeit tatsächlich eine unüberwindbare Barriere, eine Grenze, die wir niemals werden überschreiten können? - Zeigen nicht Ergebnisse von Wissenschaftlern der Universität Oxford, die Magnetfelder entdeckt haben, die sich mit doppelter Lichtgeschwindigkeit ausdehnen müssen, daß die Geschwindigkeit des Lichts noch lange nicht das Nonplusultra der Beschleunigung ist?

In seinem Buch "Schneller als das Licht" berichtet der deutsche Atomphysiker Johannes von Buttlar über die Theorie des Physikers Prof. Wheeler. Wheeler geht davon aus, daß unser gekrümmtes Raum-Zeit-Kontinuum "aus fester Substanz", aus von ihm genannten "Geonen" besteht. Diese Geon-Teilchen bilden die vierdimensionale Struktur Raum/Zeit und verhalten sich wie normale Materie. Wheeler gibt an, die Raumwand, die sie bilden, weise genauso Löcher auf wie jede andere Oberfläche, die darauf näher untersucht wird. Durch diese Löcher, so folgert Wheeler schließlich, müßte es möglich sein, in den "Superraum" einzudringen, in dem Raum und Zeit, wie wir sie kennen, ihre Bedeutung verloren haben und der uns eventuell dazu verhelfen würde, schneller als das Licht zu reisen. Aber nicht nur Wheeler ist von der Möglichkeit einer überlichtschnellen Raumfahrt überzeugt. Auch Gerald Feinberg von der Columbia University hat seine eigenen Gedanken dazu entwickelt. Er schreibt:

Die Relativitätstheorie besagt nicht, daß nichts schneller als Licht reisen könnte. Sie behauptet, daß sich nichts mit Lichtgeschwindigkeit bewegen könne.

Bei der Lichtgeschwindigkeit handele es sich also um eine Grenzgeschwindigkeit, doch weise jede Grenze zwei Seiten auf. Feinberg hält Partikel oder sogar ganze Entitäten für denkbar, die sich nur (!) schneller als das Licht bewegen. Vielleicht, so vermutet er ähnlich wie Wheeler, existiert sogar ein ganzes Universum auf der anderen Seite dieser Barriere.

Inzwischen scheint es gelungen zu sein, derartige Partikel, sogenannte "Tachyonen", zu lokalisieren. Im März 1974 konnten an der australischen Universität Adelaide bei Experimenten mit kosmischen Strahlen Teilchen entdeckt werden, die sich offenbar schneller als Licht bewegen können. Es gibt fernerhin keinen Grund, der gegen die Annahme spräche, daß ausreichend technisch entwickelte Wesen dazu in der Lage seien, sich dieses Prinzip zunutze zu machen. Zusammenfassend kann zu diesem Komplex also gesagt werden, daß es in der Tat mehrere Möglichkeiten gibt, die Entfernungen zwischen den Sternen zu überwinden, auch wenn wir selbst heute noch nicht dazu imstande sind. Im übrigen sei noch darauf hingewiesen, daß die NASA im Sommer 1976 einen Satelliten in den Erdorbit geschickt hat, der eine Botschaft für eventuell irgendwann hier eintreffende außerirdische Besucher an Bord hat. Damit wurde zum erstenmal von kompetenter Seite bestätigt, daß es Wesen anderer Planeten durchaus möglich sein könnte, zu uns zu kommen.

Von einigen Wissenschaftlern wird also die Möglichkeit eines Besuchs von den Sternen zugegeben. Sie bezweifeln jedoch, daß die Ankunft der "Götter-Astronauten" ausgerechnet in diese "unsere" Zeit gefallen ist. Denn die zehn Jahrtausende, seit denen der Mensch nach konventioneller Ansicht das ist, als den wir ihn heute kennen, nehmen im Gegensatz zu den Milliarden Jahren, die seit der Entstehung der Erde vergangen sind, nur einen verschwindend geringen Raum ein. Doch verlegen die Vertreter der Prä-Astronautik den Besuch in gerade diese zehntausend Jahre. Und in der Tat erscheint die Wahrscheinlichkeit einer oder gar mehrerer Visiten in diesem kurzen Zeitabschnitt nur äußerst gering. Dennoch bietet sich die Möglichkeit zur Lösung des Problems an.

Die Vertreter der Thesen Erich von Dänikens gehen bekanntlich davon aus, der Mensch sei erst durch den Eingriff einer außerirdischen Macht zum Menschen geworden. Fast alle Schöpfungsmythen dieses Planeten deuten auf einen solchen Vorgang hin (wir haben im vorangegangenen Kapitel darauf hingewiesen, daß die Evolutionstheorie in ihrer heutigen Form nicht unbedingt zu akzeptieren ist. Ein künstlicher Eingriff von "außen" könnte dagegen zur Lösung des Rätsels beitragen). Es darf daher, so die Prä-Astronautiker, vermutet werden, der Homo sapiens sei durch genetische Manipulationen an unseren tierischen Vorfahren entstanden.

Nehmen wir einmal an, derartige Vorgänge hätten **nicht** stattgefunden, so fänden wir noch heute keinerlei intelligente Lebewesen auf unserer Welt vor. Spekulieren wir weiter und lassen die "Götter-Astronauten" heute, an diesem Tag, auf der noch immer nur von Tieren beherrschten Erde landen und den künstlichen Eingriff vornehmen. Was wird dann in vielen Jahrhunderten geschehen? Skeptiker werden aufstehen und fragen: Warum gerade "jetzt"? Warum nicht früher, vor vielen Millionen Jahren oder später? Wir sehen, wohin uns dieses kleine Gedankenspiel führt. Das "jetzt" ist relativ. Es kann gestern, heute oder morgen sein, immer wird man die Landung als "zu dieser Zeit" geschehen betrachten.

Das dritte wichtige Gegenargument besteht in der Frage, warum die Astronauten der Vorzeit genauso ausgesehen haben müssen wie wir Menschen des 20. Jahrhunderts. Schließlich sei es doch denkbar, daß die Natur auf anderen Welten auch andersartig geformte Lebewesen hervorbringe.

Auch diese Überlegung ist zunächst grundsätzlich richtig. Doch versuchen wir einmal, nur gedanklich natürlich, ein Wesen zu konstruieren, das zumindest folgende Bedingungen erfüllen muß: a) Beobachtung, Auswertung und Befehlsgewalt über die anderen Glieder (dies wäre zusammengefaßt in einer Art "Zentrale"), b) die Möglichkeit zur Ortsveränderung, c) die Möglichkeit der Betätigung, d) die innerkörperliche Möglichkeit der Energieumwandlung.

Es ist ersichtlich, daß sich die wichtige "Zentrale" so weit wie möglich vom Boden entfernt befinden muß, um Unfälle zu vermeiden. Ebenfalls leicht nachvollziehbar ist, die Fortbewegungsglieder "unten" anzubringen. Zwangsläufig müßten sich die zur Energieumwandlung nötigen Körperteile zwischen diesen beiden befinden. Die Betätigungsorgane, die in werkzeugähnliche Glieder auslaufen sollten, dürften dagegen aus praktischen Gründen zum einen so weit wie möglich von den Fortbewegungsorganen, zum anderen nahe an der "Zentrale" angebracht werden. Mundwerkzeuge, Augen oder ãndere optische Aufnahmemöglichkeiten, Hörorgane usw. sollten sich ebenfalls in nächster Nachbarschaft dieser wichtigen Schaltstelle befinden, um eine schnelle und gründliche Untersuchung von mit den Betätigungsgliedern ergriffenen Gegenständen zu ermöglichen. Diese Betätigungsglieder müssen dabei in die gleiche Richtung wie Augen und Mund zu bewegen sein, da sich nur nach rückwärts handelnde Arme schlecht zur Nahrungsaufnahme eignen würden.

Wir sehen also, daß bei unserer Konstruktion ein Wesen entsteht, welches im großen und ganzen dem Menschen ähnelt. Dabei ist es nun einerlei, ob wir diesem organischen System zwei oder drei Augen, vier oder fünf Finger, eine graue oder eine blaue Haut geben. Wichtig bleibt festzuhalten, daß die menschliche Form offenbar in ihrer Grundtendenz nicht nur auf unseren Planeten beschränkt ist, sondern mit größter Wahrscheinlichkeit auch im übrigen Universum anzutreffen sein wird. Die in den Mythen und Sagen beschriebene Menschenähnlichkeit der "Götter" bestätigt dies.

Nach dieser, wie ich meine notwendigen Klärung, wollen wir uns nun einzelnen Indizien und Beweisen widmen, die für die These der Prä-Astronautik sprechen, das heißt für die Vermutung, einst seien Astronauten eines anderen Planeten auf der Erde gelandet, hätten den Menschen zum Menschen gemacht, seien von unseren Ur-Ahnen aufgrund ihrer technischen Überlegenheit als Götter angesehen worden und schließlich mit dem Versprechen der Wiederkehr zu den Sternen zurückgeflogen.

Viele solcher Indizien sind bereits in anderen Publikationen ausführlich behandelt worden und sie sollen daher hier nur kurz angeschnitten werden, um auch demjenigen einen Überblick zu geben, der mit oben genannter These noch nicht oder nur oberflächlich in Berührung gekommen ist. Andere Fälle hingegen werden ausführlicher betrachtet werden müssen, einerseits, weil sie bisher noch nicht oder kaum einem breiteren Publikum vorgestellt wurden, andererseits, weil sich zu manchen bereits in anderen Veröffentlichungen behandelten Funden, Schriftstellen usw. unterdessen neue Aspekte ergeben haben. Dabei soll auch die geäußerte Kritik an Einzelpunkten berücksichtigt und behandelt werden. Nicht immer ist, wie wir sehen, die Kritik sachgemäß, aber zuweilen doch recht nützlich.

Das Zeichen des Lebens

Beginnen wir mit Ägypten, das eine Fülle interessanter Geheimnisse bietet. Bisher wenig beachtet worden ist in unserem Zusammenhang dabei ein Symbol, das auf fast allen ägyptischen Hieroglyphentexten erscheint, über dessen Sinn (man weiß lediglich, daß es sich um ein Symbol für das ewige Leben handeln muß) aber noch weitgehend Unklarheit besteht. Gemeint ist das sogenannte Nil- oder Henkelkreuz.

Im Jahre 1975 wurde in Polen ein Buch des dort sehr bekannten Weltreisenden, Schriftstellers und Physikers Dr. Waclaw Korabiewicz veröffentlicht. Titel: "Sladami Amuletu", zu deutsch etwa: "Über Amulette". In diesem Buch beschäftigt sich Dr. Korabiewicz unter anderem auch mit dem Symbol des Kreuzes und seiner Herkunft.

Bereits den Ägyptern war es bekannt und wurde unter dem Namen "anch" verehrt, was "Schlüssel des Lebens", "Leben" oder "unsterbliches Leben" bedeutet. Dieses "anch"-Symbol ist, wie schon oben geschildert, auf den meisten ägyptischen Reliefs und Papyrie zu finden. Im Unterschied zu einem bekannten normalen Kruzifix besitzt es über dem Querbalken eine Schlaufe oder einen Kreis.

In den Gebieten des Mittleren Ostens besitzen alle Kreuze Kreise an ihren Armen, ähnlich wie das "anch". Besonders bei den Kreuzsymbolen der Huzuls, einem in den Ost-Karparten lebenden Volk, ist dies sehr auffällig.

Schließlich muß in diesem Zusammenhang auch das Kreuz der Ostkirche hier angeführt werden, dem noch ein leicht gekippter Arm über dem horizontalen Balken hinzugefügt ist.

Es ist nun sehr interessant, diese Kreuzform mit den Entdeckungen der beiden Biologen und Nobelpreisträger Crick und Orgel zu vergleichen. Diese waren bei ihren Untersuchungen darauf gekommen, daß alle Protein-Synthesen in jedem lebenden Wesen durch das schematische Muster des tRNA (Transciptonal Rybonucleicacid) bestimmt werden. Während man bei der wissenschaftlichen Diskussion den optischen Entwurf des tRNA noch als "Kleeblatt" bezeichnete, dürfte klar geworden sein, daß das Huzul-Kreuz, das orthodoxe Kreuz und das "anch" mehr denn je das Recht haben, "Schlüssel des Lebens" genannt zu werden. Die Übereinstimmung dieser Symbole nämlich und des von Crick und Orgel konzipierten Vorschlags zum Entwurf des tRNA ist verblüffend.

In einem bemerkenswerten Aufsatz zu diesem Thema schließt der polnische Ingenieur und Chemiker Zdzislaw Leligdowicz:

> Es ist offensichtlich, daß die alten ägyptischen Priester tRNA nicht gekannt haben können und auch nicht, wie es konstruiert ist. Sie werden nur das gewußt haben, was ihnen von höheren Intelligenzen übermittelt worden sein muß. Nur diese können ihnen das Zeichen des genetischen Codes gegeben haben - unsere biologische Identitätskarte. Die Priester verehrten das Zeichen mit Ehrfurcht und bewunderten es als heiliges Symbol, als Geschenk Gottes, genauso wie die christlichen Äthiopier noch heute.

> Wer aber gab unseren Vorfahren das Symbol des genetischen Codes und teilte ihnen mit, daß es sich dabei um den "Schlüssel des Lebens" handelte?

Diese Frage ist berechtigt und in Anbetracht der Tatsache, daß es damals nirgends irdische Großlaboratorien wissenschaftlich hochspezialisierter Biologen und Mikrobiologen gab, bleibt nur die Möglichkeit, daß es sich auch bei diesen Überbringern um die "Götter-Astronauten" der Frühzeit handelte, die uns in so vielen alten Mythen und Legenden begegnen. Selbstverständlich auch in den ägyptischen, und wir möchten es nicht versäumen, zumindest eine kleine Auswahl an dieser Stelle zu zitieren. Von besonderem Interesse ist dabei das "Ägyptische Totenbuch":

> Hingestreckt über den Bergrücken
> schlummert die große Schlange,
> dreißig Ellen lang und acht breit.
> Ihren Bauch schmücken Kieselsteine
> und funkelndes Glas.
> Jetzt weiß ich den Namen der Bergeschlange.
> Er lautet: "Die in den Flammen lebende."

Ré fährt schweigend dahin,
doch auf einmal wirft er den Blick
auf die Schlange.
Urplötzlich hält er inne in seiner Fahrt,
denn der in seinem Schiff Verborgene
liegt auf der Lauer.

Diese mythischen Feuerschlangen begegnen uns auch in anderen Kulturkreisen immer wieder. Da sie zudem oft sehr gewaltige Ausmaße annehmen, fliegen können und zuweilen (wir kommen später noch einmal darauf zurück), Passagiere mit sich auf ihre Reisen zum Himmel nehmen, darf man durchaus vermuten, daß es sich bei ihnen weniger um natürliche Tiere als vielmehr um eine uns von der äußeren Form her nicht bekannte Art von Raumschiff handelte, unseren heutigen Raketen vielleicht nicht unähnlich.

Auch andere Textstellen sprechen von der Reise durch das All:

O Welten-Ei, erhöre mich!
Ich bin Horus von Jahrmillionen.
Ich bin Herr und Meister des Throns.
Vom Übel erlöst, durchziehe ich die Zeiten
und Räume, die grenzenlos sind.

Ähnlich auch folgende Strophe:

Ich durchmesse die Pfade des Himmels,
ich wohne im göttlichen Auge des Horus.
Das Auge verleiht mir ewiges Leben,
und wenn es sich schließt, beschützt es mich.
Von funkelnden Strahlen umgeben schreite ich
voran und dringe ein in jede Stätte
nach meinem Gefallen.
Ich durchmesse die kosmischen Einsamkeiten.

Der italienische Ägyptologe Solas Boncompagni betont in diesem Zusammenhang, daß das berühmte "Auge des Horus" offenbar identisch ist mit der immer wiederkehrenden "geflügelten Sonnenscheibe". Wörtlich schreibt er:

Diese Scheibe läßt sich mit den Darstellungen Ahura-
Mazdas, des madaistischen Lichtgottes, und mit dem
geflügelten Kreis der Assyrer vergleichen; denn alle diese
Bilder stellen einen Gott innerhalb eines leuchtenden
fliegenden Körpers dar, als ob dort seine Wohnung wäre.
Aus einigen Äußerungen im "Buch der Toten" läßt sich der
Schluß ziehen, daß diese Gottheit der Herr über Zeit und
Raum gewesen ist...

Was will man mehr? - Auch folgende Verse sind in diesem
Zusammenhang interessant:

Ich steige auf zum Himmel und fahre auf Metall, ich steige auf
zum Himmel, zu den Sternen, den unsterblichen.
Meine Schwester ist Sirius, mein Führer der Morgenstern.
Ich setze mich auf meinen löwengesichtigen, bronzenen
Thron, dessen Füße die Hufe wilder Stiere sind.

Es sei mir an dieser Stelle ein kleiner Abstecher in das Reich
zwischen Euphrat und Tigris gestattet. In den babylonischen
Psalmen sagt die Göttin Ischtar (die häufig mit der Venus
personifiziert wird):

Beim Erzittern des Himmels und beim Erbeben der Erde,
Bei dem lodernden Feuer, das auf Feindesland herabregnet,
Ich bin Ischtar.
Ischtar bin ich bei dem Licht, das im Himmel aufsteigt,
Ischtar, die Himmelskönigin bin ich, bei dem Licht,
das am Himmel aufsteigt.
Ich bin Ischtar, hoch fahre ich dahin...
Die Himmel lasse ich erbeben, die Erde lasse ich wanken,
Das ist mein Ruhm...
Sie, die am Horizont des Himmels aufleuchtet,
Deren Name geehrt ist in den Wohnstätten der Menschen,
Das ist mein Ruhm.
Königin des Himmels und der Erde, soll es heissen,
Das ist mein Ruhm.
Die Berge überwältige ich alle zusammen,
Das ist mein Ruhm.

An Ischtar, die "Himmelskönigin" richteten sich zahlreiche
Bittgebete der Babylonier. Eines soll hier aufgeführt werden:

O Ischtar, Königin aller Völker...
Du bist das Licht des Himmels und der Erde...
Beim Gedanken Deines Namens erbeben Himmel und
Erde...
Und die Erde verzagt.
Die Menschheit huldigt Deinem heiligen Namen, Denn Du
bist groß und erhaben.
Die ganze Menschheit, die ganze Menschenrasse
Beugt sich tief vor Deiner Macht...
Wie lange willst Du säumen, O Herrin von Himmel und
Erde?
Wie lange willst Du säumen, O Herrin des Streits und der
Schlachten?
O Du Herrliche, die Du... so hoch erhoben bist, die Du so
fest gestellt bist,
O heldenhafte Ischtar, groß in Deiner Macht?
Leuchtende Fackel des Himmels und der Erde, Licht aller
Wohnungen,
Furchtbar im Kampf, Unwiderstehliche, kraftvoll im Streit!
O Wirbelwind, der Du die Feinde umfegst und die Mächtigen
fällst!
O rasende Ischtar, Rufer zum Streit!

Zurück nach Ägypten. Im sogenannten "Papyrus von Turin"
finden wir im Kapitel 110 einen Abschnitt, der sich auf Osiris, den
ägyptischen Totengott, Fruchtbarkeitsgott, Gemahl und Bruder
der Isis und Vater des Horus, bezieht. Es sollte vielleicht darauf
hingewiesen werden, daß Osiris häufig den ersten Platz im
ägyptischen Pantheon einnahm:

Ich lande im richtigen Augenblick auf der Erde, im
festgesetzten Zeitalter, nach allen Schriften der Erde,
seitdem die Erde besteht und nach dem... (Lücke)
...ehrwührdig.

Wir wollen es bei diesen wenigen Ausschnitten aus dem auf
uns überkommenen Mythenschatz der Ägypter bewenden lassen.
Sie weisen darauf hin, daß die Götter Ägyptens Wesen waren, die
die Luft- und Raumfahrt beherrschten, die die wahren Dimensionen
der Erde und des Alls kannten und die wahrscheinlich den Befehl
dazu gaben, all ihr Wissen in der großen Pyramide von Gizeh auf

spätere Generationen übertragen zu lassen. Zweifellos dürften sie damals gewußt haben, daß es sehr lange dauern würde, bis die Menschen die Botschaft der Vergangenheit zu lesen vermochten, aber nichtsdestotrotz haben sie es dennoch versucht. Und wie wir heute zu begreifen beginnen, haben uns die "Götter-Astronauten" der Frühzeit recht gut eingeschätzt...

Einige Bemerkungen zur "Entmythologisierung"

Kommen wir damit zu einem anderen Kulturkreis, dessen Überlieferungen ebenfalls eine große Anzahl von Berichten über Kontakte zwischen Erdenmenschen und Besuchern von den Sternen bereithalten. Gemeint sind die Mythen des jüdischen Volkes, die vor allem im Alten Testament ihren Niederschlag gefunden haben.

Einer der interessantesten und bestdokumentiertesten Kontaktfälle dürfte dabei zweifellos die im Buch des Ezechiel beschriebene Beobachtung und spätere Zusammenkunft außerirdischer Besucher mit dem Propheten sein. Unterdessen ist es bekanntlich durch den NASA-Ingenieur Josef F. Blumrich gelungen, das von Ezechiel sehr detailliert beschriebene Raumschiff zu rekonstruieren. Es ist bereits zahlreiches Material zu diesem Thema publiziert worden, so daß wir in diesem Zusammenhang darauf verzichten können, es erneut dem Leser vorzustellen. Für Interessierte möge der Verweis ins Quellenregister genügen, um sich selbst einen Überblick über die Arbeit Blumrichs verschaffen zu können. Eingegangen aber werden sollte auf einen anderen Aspekt dieses Problems, mit dem wir uns kurz beschäftigen wollen.

Josef F. Blumrich nahm als Hauptkörper ein brummkreiselähnliches Gebilde an, dessen Oberseite eine gläserne Kuppel trug. Beim Landevorgang wurden die vier Hubschraubereinheiten ausgeklappt, die dann als stabile Landebeine fungierten. Zur Ortsveränderung auf dem Boden selbst konnten zusätzlich vier Räder herausgefahren werden (Ezechiel beschreibt sie in allen Einzelheiten), die es dem Raumschiff ermöglichten "nach allen vier Seiten zu gehen, ohne sich im Gehen zu wenden."

Es ist bemerkenswert, daß vor kurzem bei Acholdshausen (in der Nähe Würzburgs) ein sogenannter "Bronzewagen" ausgegraben werden konnte, über dessen Sinn man sich noch nicht ganz klar ist. Inzwischen auf einer Briefmarke der Bundespost als Motiv zu Ehren gekommen, zeigt der aus der Bronzezeit stammende Kultwagen eine verblüffende Ähnlichkeit mit dem von J.F. Blumrich rekonstruierten Ezechiel-Raumschiff. Er besitzt den typischen "Brummkreisel"-Körper, den Aufsatz für das Glas-Gehäuse der Besatzung, eine Abstrahldüse, sowie die vier von Ezechiel in allen Einzelheiten beschriebenen Räder. Anders als bei seinem Bericht allerdings hat der Bronzewagen keine Hubschraubereinheiten, dafür aber neben jedem der Räder einen stilisierten Vogelkopf, der zum einen Symbol für den Flug, zum anderen möglicherweise auch eine Erklärung für die von Ezechiel beschriebenen Löwen-, Stier-, Menschen- und Adlergesichter sein könnte, deren Identität noch nicht ganz geklärt ist. Vielleicht sollte man anhand dieses Modells einmal weiterforschen.

Ein anderes Relikt, das die Erinnerungen an ein Objekt heutiger Tage weckt, wird im "Germanischen Nationalmuseum" in Nürnberg aufbewahrt. Es handelt sich um den sogenannten "Hut von Etzeldorf", einen fast mannsgroßen, aus purem Gold gefertigten Zylinder, der, man kann es ohne zu übertreiben sagen, eine nicht zu übersehende Ähnlichkeit mit modernen Raketen aufweist. Auch hier wären Überprüfungen vielleicht einmal von Nutzen.

Bevor wir uns nun zwei anderen, sehr interessanten Persönlichkeiten des alten Testaments zuwenden, seien mir an dieser Stelle einige Bemerkungen zur Interpretation von Mythen erlaubt.

Es ist eine Tatsache, daß Mythen heute in der wissenschaftlichen Welt nur sehr ungern zur Kenntnis genommen werden oder lediglich als verbrämte Märchen geduldet sind. Auf einen Nenner gebracht: Das Geschehen, von dem der Mythos erzählt, hat sich nicht in Raum und Zeit ereignet, es hat nicht den Rang von Fakten oder Naturvorgängen.

Die moderne Theologie hat es sich daher zur Aufgabe gemacht, zu "entmythologisieren". Man meint damit eine bestimmte Auslegungs- oder Interpretationsmethode, die es nicht für wichtig hält, was der Mythos sagt, sondern was er meint. Und was er meint oder aussagt, bzw. auszusagen hat, das wird dann, so merkwürdig es klingen mag, von den Theologen bestimmt.

Man dürfe das alles nicht so wörtlich nehmen, was in der Bibel steht, sagt man. Wenn die Propheten eine Gottesschau schildern, dann beschreiben sie damit nicht ein wirkliches Ereignis, sondern eine innere Erfahrung. Sollte dem tatsächlich so sein, dann muß man allerdings fragen, seit wann sich innere Erfahrungen mit brausendem Getöse, feuerglänzenden Wolken, Flügeln und Rädern nähern? Seit wann innere Erfahrungen dazu in der Lage sind, Menschen an kilometerweite Orte zu bringen.

Und seit wann es schließlich inneren Erfahrungen möglich ist, Menschen auf Nimmerwiedersehen verschwinden zu lassen?

Nein, "Entmythologisierung" kann auch übertrieben werden. Wenn in der Bibel davon die Rede ist, daß die Erde an sechs Tagen geschaffen wurde, dann ist eine Richtigstellung zweifellos angebracht. Werden aber, wie im Ezechiel-Bericht, exakte technische Details geliefert, soll man doch bitte davon Abstand nehmen, alles nur als "innere Erfahrung" bewerten zu wollen. Ich kann mir beim besten Willen nicht vorstellen, daß Gott, auch und gerade in einer Vision oder meinetwegen während einer inneren Erfahrung, vermittels eines mit Flügeln und Rädern verzierten Wagens dahergebraust kommt und einsame Wüstenpilger erschreckt.

Einige Theologen haben dies eingesehen, doch auch ihre Interpretation von Ezechiels "Gesichten" präsentiert sich im Gegensatz zur Auslegung Blumrichs mehr als dürftig. Da ist zum Beispiel die Rede davon, Ezechiel sei ganz einfach verrückt gewesen und habe Wirklichkeit und Traum nicht voneinander unterscheiden können. Andere versuchen glauben zu machen, er habe möglicherweise das Herannahen der babylonischen Heere gegen Israel beschreiben wollen. Sehr obskur ist auch die Annahme, der Prophet sei mit einem Vulkanausbruch konfrontiert worden, er habe vielleicht den viele tausend Kilometer entfernten Ausbruch des Santorin-Kraters beschrieben.

Keine dieser Theorien hält einer genaueren Untersuchung stand, keine macht sich auch die Mühe, jede im Buch Ezechiel vermerkte Einzelheit mit eben dieser Theorie in Einklang zu bringen - im Gegensatz zur Auslegung Blumrichs, der es verstanden hat, auch kleinste Details noch ihrer ursprünglichen Bedeutung zuzuführen.

Es ist in diesem Zusammenhang auch einmal ein Wort zu den in der ganzen Welt verbreiteten Göttermythen im allgemeinen zu sagen.

Die traditionellen Mythenforscher und Religionswissenschaftler gehen bekanntlich davon aus, der Mensch habe sich seine Götter selbst geschaffen, als er mit den Naturgewalten konfrontiert wurde. Als unsere Ahnen den Blitz sahen, glaubten sie, ein Gott müsse diesen geschleudert haben und als der Donner erklang, ein mächtiges himmlisches Wesen habe ihn ertönen lassen.

Doch versuchen wir einmal, den Weg der Prä-Astronautik zu diesem Problem zu betrachten. Ihre Vertreter behaupten, unsere Vorfahren seien erst **nach** dem Kontakt mit Außerirdischen zu ihrem Glauben gekommen. Erst **nach** den Erlebnissen, die sie mit startenden und landenden Fahrzeugen der "Götter" hatten, waren sie dazu imstande, hinter Donner und Blitz die gleichen Wesen zu vermuten, die sie zuvor mit ihren feuerspeienden und dröhnenden Raumschiffen beeindruckt hatten. Und in der Tat erscheint diese Interpretation annehmbarer, zumal wir wissen, daß unsere Vorfahren weit praktischere Denker waren als dies bis vor kurzem noch vermutet worden war. Ausschlaggebend sind vor allem die zahlreichen Felszeichnungen aus dem Jungpaläolithikum, die durchweg fast nur realitätsbezogene Motive zeigen.

Es gibt bedeutende Experten, die die gleiche oder eine ähnliche Ansicht hierzu vertreten, und drei von ihnen sollen an dieser Stelle zu Wort kommen. Der englische Ethnologe A. Riesenfeld schreibt in seinem Buch "The Megalithic Culture of Melanesia" u.a.:

Für die Rekonstruktion historischer Vorgänge haben wir keine anderen Mittel so direkt zur Verfügung wie die Mythen, einen äußerst wichtigen Typ von Informationen, die... nicht außer acht gelassen werden dürfen.

Jan Gonda, wohl einer der bekanntesten Indologen der westlichen Welt, äußert sich in "Die Religionen Indiens" ganz ähnlich:

Die ältere Ansicht, daß die Mythen eine Art Paraphrase von Naturphänomenen seien, eine plastische und populäre Physik und Astronomie, und die Götter Personifikationen der in der Natur wirksamen Kräfte und Mächte, hat sich schon lange als unrichtig erwiesen.

Und schließlich sollte auch Heinrich Schliemann, der Entdecker Trojas, hier nicht fehlen, ein Mann, der, im Gegensatz zur damals vorherrschenden Meinung, die Mythen ernst nahm, Homers Spur folgte und letztlich seiner Gemahlin den Schmuck des Agamemnon übergeben konnte. In einer Vorlesung vor Archäologiestudenten sagte er einmal:

Man muß die alten Schriftsteller lesen, als seien sie Bericht- erstatter gewesen. Die Alten hatten keinen Grund, Lügen zu erzählen. Ihre Geschichten sind häufig die reine Wahrheit.

Nach dieser notwendigen Klärung können wir uns nun unbefangen auch mit den schon weiter oben erwähnten beiden überaus interessanten Persönlichkeiten des Alten Testaments be- schäftigen, mit zwei Männern, die in der Bibel unbestritten eine Art Schlüsselrolle einnehmen und von denen vermutet werden darf, daß es sich um außerirdische Besucher selbst handelte: König Salomo und der Prophet Elias.

Salomo - ein Außerirdischer?

Bleiben wir zunächst bei Salomo. Bevor wir näher auf ihn eingehen, möchte ich es aber nicht vermeiden, kurz darüber zu berichten, warum wir uns im folgenden überhaupt mit dieser rätsel- haften Gestalt des Alten Testaments befassen werden. Denn zunächst war ein Abschnitt über Salomo keinesfalls geplant, dies einfach aus dem Grund, weil ich selbst mich bis zur Niederschrift dieses Buches mit Salomo so gut wie nicht beschäftigt hatte.

Anders mein Freund Hans-Werner Sachmann, Schriftsteller und Forscher auf dem Gebiet der Prä-Astronautik, der das Glück hatte, eine Sammlung altjüdischer Sagen "auftreiben" zu können. Ihm verdanke ich es, daß die folgenden Zeilen, die Person und

Leben König Salomos betreffen, Bestandteil dieses Buches werden konnten. Es ist meines Wissens das erste Mal überhaupt, daß diese geheimnisvolle Gestalt in dieser Weise interpretiert werden kann.

Salomo ist zweifelsohne der bekannteste der altisraelitischen Könige gewesen. Wann er gelebt und regiert hat, ist, wie so vieles an seiner Person, umstritten. Die meisten Quellen geben den Zeitraum zwischen 965 und 926 vor Christus an. Andere Historiker behaupten, er sei um das Jahr 972 geboren und etwa um 939 gestorben. Abweichende Angaben, die die Zeiten um einige Jahre verschieben, sind ebenfalls nicht selten. Aber all diese Datierungsschwierigkeiten sind für uns natürlich nur von untergeordneter Bedeutung.

Eine wesentlich wichtigere Frage aber stellt sich: Warum eigentlich war Salomo so berühmt, auch heute noch? Zweifellos hängt dies mit den Aussagen über eine seiner hervorragendsten Eigenschaften zusammen: Seiner Weisheit, seiner Intelligenz und seiner geistigen Schaffenskraft, die bis heute unübertroffen sein sollen.

Im Zusammenhang mit dieser Behauptung ist jedoch zumindest eine Fragestellung immer ein wenig übergangen worden. Es darf unserer Meinung nach nämlich nicht einfach nur heißen: "Was führt zu der Vermutung, König Salomo sei so weise gewesen?" und "Wie benutzte er diese Weisheit?", sondern man muß in erster Linie das Zentralproblem ansprechen und fragen: "Woher kam die salomonische Weisheit?"

Ein Beispiel, das dann angeführt wird, wenn man diese seine überragende Klugheit erläutert, ist das sogenannte "salomonische Urteil" (nachzulesen im 1. Buch der Könige, Kapitel 3, Vers 16-28), obwohl es sich bei dieser Geschichte offensichtlich um eine Art von Wunderlegende handelt, die auch in anderen Schriften, also nicht nur bei Salomo, auftaucht. Überhaupt ist die ganze Angelegenheit äußerst mysteriös und geschichtlich keinesfalls nachzuweisen. Könnte deshalb, so fragen einige mit Recht, die Sache mit der salomonischen Weisheit in Wirklichkeit nicht auf eine Übertreibung kleinerer intelligenter Entscheidungen des Königs zurückzuführen sein, auf Andichtungen und Überspitzungen? Ist also die Weisheit des Salomo, um es noch drastischer auszudrücken, nur eine Erfindung phantasievoller Autoren des Alten Testaments? Nun, wir werden sehen, daß die historischen Tatsachen und die Legenden diese Meinung nicht bestätigen können. Doch beginnen wir von vorne!

Bereits die Herkunft Salomos ist überaus geheimnisvoll. Ebenso geheimnisvoll wie seine Machtergreifung. Die Bibel erzählt uns, er sei der Sohn Davids und einer gewissen Bathseba, einer Aristokraten-Frau, gewesen, deren Gatte wahrscheinlich während einer Schlacht von den Getreuen Davids ermordet wurde. Nachdem es bereits vor dem Tod Davids zu Erbfolgeschwierigkeiten gekommen war, wurde Salomo durch eine Intrige, an der mehrere Personen des Hofstabs Davids beteiligt waren, kurzerhand zum neuen König Israels gekrönt, da sich seine drei Halbbrüder allesamt nach und nach disqualifizierten. Zu bemerken sei noch, daß Salomo bis zu seiner Ernennung zum König quasi vollkommen unbekannt war und urplötzlich aus dem Dunkel auftauchte um Herrscher zu werden.

Seine berühmteste Großtat war ohne Zweifel der Tempelbau in Jerusalem. Dieses Bauwerk ist es auch, das uns den ersten Hinweis auf eine Verbindung außerirdischer Wesen mit Salomo gibt. - Warum? - Beginnen wir mit der Errichtung des Gebäudes.

Diese Erbauung des Tempels nämlich ist genauso geheimnisumwittert wie die der vielzitierten Pyramiden von Gizeh. Und auch die Bibel geht auf die Geheimnisse, die sich um die Errichtung des Jerusalemer Tempels ranken, kaum ein. Aber - hätte man dies überhaupt erwarten können?

Hans-Werner Sachmann, der sich vor allem mit dieser Frage beschäftigte, stieß schließlich auf die bereits erwähnten, leider nur sehr wenigen bekannten Sagen der Juden. Denn hier fand er, was er lange vergeblich gesucht hatte - eine Bestätigung für die Annahme, daß auch beim Bau des Tempels von Jerusalem außerirdische, technisch überlegene Intelligenz eines anderen Planeten "ihre Finger mit im Spiel" hatten.

Über den Tempelbau heißt es dort z.B.:

Und da das Haus im Aufbauen begriffen war...

Dies mag, oberflächlich betrachtet, nicht weiter auffallen. Liest man jedoch den offiziellen Kommentar dieser Textstelle, sieht die Sache bereits ganz anders aus:

...bedeutet, daß die Steine sich von selbst aneinanderfügten und aufeinanderschichteten.

Eine Interpretation fällt jetzt nicht mehr schwer, zumal uns ähnliches auch über die Erbauung der Pyramiden von Gizeh (die Steine seien durch die Luft an ihren Platz geflogen) und von den Osterinseln (die riesigen Figuren seien durch eine magische Kraft der Priester durch die Luft an ihren jetzigen Ort geglitten) berichtet wird. Man darf hier das gleiche Prinzip vermuten, daß also die Steine, die man für den Bau benötigte, sich ohne sichtbare menschliche Hilfe zusammenfügten und auf diese Weise letztendlich "selbständig" den Tempel bildeten.

Wie kann etwas derartiges geschehen? Zwei Möglichkeiten bieten sich an: Zum einen die von der Parapsychologie her zu erforschende Telekinese (Beeinflussung von Gegenständen vermittels noch nicht geklärter geistiger Kräfte des Menschen), zum anderen Levitation auf der Basis technisch hochentwickelter Maschinen. Die erste Möglichkeit (Telekinese) kann unserer Meinung nach fast völlig ausgeschaltet werden, da derartige Kräfte auch heute nur in geringem Umfang festgestellt werden konnten und kaum dazu in der Lage gewesen sein werden, ein komplexes Gebäude wie den salomonischen Tempel aufzurichten.

Anders hingegen sieht es mit Maschinen aus. Wir selbst besitzen freilich noch keine technischen Geräte, mit denen es uns möglich wäre, Gegenstände durch die Luft fliegen zu lassen. Aber wir wissen bereits, daß auch Gravitation sich wellenförmig ausbreitet, und es sind zumindest Aggregate denkbar, denen diese wichtige Entdeckung zugrunde liegt und die mit Hilfe von Antigravitation eine vollkommene Levitation (d.h. Schwerelosigkeit) hervorrufen können. Zumindest anderen, weiterentwickelten Völkern draußen im All können wir eine derartige Technik nicht einfach absprechen. Und da die Legenden und Mythen der Völker, sowie die Megalithbauten rund um die Welt eindringlich auf diese Möglichkeit hindeuten, sollten wir sie zur Kenntnis nehmen und nicht einfach als "Hirngespinst" zur Seite schieben. Es ist ein Ding der Unmöglichkeit, daß fast sämtliche Völker der Erde uns von der gleichen Fähigkeit der "Götter" berichten, wenn es diese nicht tatsächlich gegeben hätte.

Doch kommen wir zurück zu Salomo und dem Bau des Jerusalemer Tempels, um den sich noch weitere Merkwürdigkeiten ranken. So ist beispielsweise die Steinbearbeitung vor dem eigentlichen Bauvorgang rätselhaft und einer Untersuchung wert. In jüdischen Legenden finden wir seltsame Mitteilungen über ein "Geschöpf", das verblüffende, uns Heutigen keinesfalls unbekannte Eigenschaften besaß. Es handelt sich um den sogenannten "Wurm-Schamir", der, so berichten uns die Sagen, dazu in der Lage war, "Felsen zu sprengen"!

Bevor wir näher auf diesen merkwürdigen "Wurm" eingehen, sollte vielleicht noch geklärt werden, wie Salomo - der Legende nach - zu diesem recht brauchbaren "Tier" kam. Die Sagen der Juden halten in diesem Zusammenhang zwei Versionen bereit:

1. Ein Adler holte den Wurm Schamir, dem kein Felsen standhalten konnte, aus dem Garten Eden.
2. Der Erzdämon Asmodäus verriet dem König Salomo, wo der Wurm zu finden sei, nämlich im Nest des Auerhahns.

Unerwähnt bleiben darf hier nicht, daß der obenerwähnte Erzdämon, genau wie der Adler aus "Version 1", fliegen konnte, denn an anderer Stelle wird erzählt:

Der Asmodäus verschlang Salomo, mit dem er davonflog, und spie ihn während des Fluges wieder aus. Das war der Sturz des Salomo.

Abgesehen davon, daß Äußerungen wie "Adler", "Nest des Auerhahns", "verschlungen werden" und "während des Fluges ausgespien werden", ja selbst der Name "Erzdämon" (Hinweis auf die metallene Struktur Asmodäus?) uns an ein Flugzeug, an einen Flugplatz (auch heute wird ein Luftwaffenstützpunkt bekanntlich als "Horst" bezeichnet, und ein Horst ist nichts anderes als ein Adlernest), an das Einsteigen in eine Flugmaschine und an den Ausstieg, bzw. den Absprung (etwa mit einem Fallschirm) während des Fluges erinnern, zeigen die oben angeführten Formulierungen zudem, wie die hier dargebotenen Erzählungen bequem auf einen gemeinsamen tatsächlichen Kern zurückgeführt werden können. So dürfte es sich sowohl bei dem "Adler", als auch bei "Asmodäus" in Wirklichkeit um ein und das selbe gehandelt haben - nämlich um ein Fluggerät König Salomos. Von einem "Flugwagen" des Herrschers berichtet auch das altäthiopische Epos "Kebra Negest" (Kap. 52 ff), und einer indischen Legende nach hat Salomo mit diesem Wagen einst den Subkontinent besucht und dort einen Tempel errichten lassen (vgl. hierzu auch: EvD: "Prophet der Vergangenheit").

Zurück zum "Wurm Schamir". Es heißt, er sei ein "Wurm" gewesen, "der die Felsen sprengt". Wir können nicht umhin, als bei der Erwähnung derartiger Eigenschaften unwillkürlich an Begriffe wie moderne Sprengstoffe, etwa Dynamit oder TNT, zu denken. Es klingt vielleicht phantastisch, aber wurde bereits in salomonischer Zeit mit derartigen Mitteln gearbeitet und war der "Wurm Schamir" eine Maschine, die, ähnlich modernen Unter-Tage-Bohr-Fahrzeugen, bei der Beschaffung von Baumaterial für den Jerusalemer Tempel Verwendung fand? Undenkbar zumindest wäre es nicht, benutzen doch auch wir einen anderen, von der Bedeutung her fast gleichen Begriff für ein ebenfalls fast ähnliches Baufahrzeug: Den Namen "Raupe"!

Ein weiteres Relikt König Salomos gibt ebensoviele Rätsel auf: sein Thron. Im 1. Buch der Könige, Kapitel 10, Vers 18-20, lesen wir dazu:

> Und der König machte einen großen Thron von Elfenbein und überzog ihn mit dem edelsten Gold. Und der Thron hatte sechs Stufen, und hinten am Thron waren Stierköpfe, und es waren Lehnen auf beiden Seiten am Sitz, und zwei Löwen standen an den Lehnen. Und zwölf Löwen standen auf den sechs Stufen zu beiden Seiten. Dergleichen ist nie gemacht worden in allen Königreichen.

Was der Bibelchronist verschweigt, wenngleich er auf die Außergewöhnlichkeit des Thrones hinweist, ist eine andere Eigenschaft dieses merkwürdigen Gebildes. In den altjüdischen Sagen lesen wir dazu:

> Der Thron Salomos konnte fliegen.

Auch an anderen Stellen der Bibel ist von solchen fliegenden Thronen die Rede, etwa im "Buch des Ezechiel". Josef F. Blumrich konnte seinerzeit den bei diesem Propheten geläufigen Ausdruck "Herrlichkeit des Herrn" auf einen solchen Gegenstand zurückführen, nämlich auf jene kleine Kapsel, die, vom eigentlichen Raumschiff losgelöst, selbständig von diesem agieren konnte. Um etwas ähnliches dürfte es sich also auch beim "Thron" des König Salomo gehandelt haben, dessen Beschreibung uns wiederum an ein bereits zitiertes Kapitel aus dem "Ägyptischen Totenbuch" erinnert. Da die Übereinstimmungen derart frappierend sind, sollen die entsprechenden Zeilen hier noch einmal angeführt werden:

Ich steige auf zum Himmel und fahre auf Metall.
Ich steige auf zum Himmel, zu den Sternen, den unsterblichen.
Meine Schwester ist Sirius, mein Führer der Morgenstern.
Ich setze mich auf meinen löwengesichtigen, bronzenen Thron,
dessen Füße die Hufe wilder Stiere sind.

Genauso interessant wie dieser israelitisch-ägyptische Thron ist die Treppe, die im Palast des Salomo zu ihm führte. Wieder müssen wir hierzu die altjüdischen Sagen zitieren:

Setzte Salomo, wenn er den Thron besteigen wollte, den Fuß auf die erste Stufe, so hob ihn der goldene Stier auf die zweite Stufe, von der zweiten kam er zur dritten, von der dritten zur vierten, von der vierten zur fünften, von der fünften zur sechsten, bis er bei den Adlern war, die ihn auf ihre Schwingen nahmen und auf den eigentlichen Stuhl setzten.

Man braucht nicht allzuviel Phantasie um erkennen zu können, um was es sich hier handelte. Salomo - das ist offensichtlich - wußte um Arbeitsweise und Mechanismus technischer Geräte. Andernfalls hätte derartiges nicht beschrieben werden können. Denn ohne wissenschaftlich-technische Vorbildung wird wohl kaum jemand etwas "vorweg erfinden", das erst 3 000 Jahre später in dieser oder ähnlicher Form gebaut wird. Das anzunehmen wäre phantastischer als unsere Lösung: Bei Salomos "Treppe" handelte es sich um eine Einrichtung, die man heutzutage in jedem großen Kaufhaus sieht, eine Treppe, die uns von "Stufe zu Stufe" trägt - um eine Rolltreppe.

Salomo - ein Außerirdischer? Der berühmteste König Israels ein Mann von den Sternen? Ein Herrscher, der bereits im 10. Jahrhundert v.Chr. über technische Geräte wie Flugzeuge, Rolltreppen, Baumaschinen usw. verfügte?

All diese Überlieferungen können kein Zufall mehr sein. Sie sprechen eine allzu deutliche Sprache. Aber es gibt noch einen weiteren Hinweis auf die außerirdische Herkunft Salomos. Dazu müssen wir uns noch einmal dem Jerusalemer Tempel zuwenden.

Zweck des Gebäudes war es bekanntlich, die zuvor lediglich in einem Zelt untergebrachte Bundeslade sicher und in einem angemessenen Heiligtum aufbewahren zu können. Mit dieser Bundeslade müssen wir uns zunächst ein wenig näher beschäftigen.

Unter der Leitung von Prof. Moshe Levine wurde die Bundeslade vor einigen Jahren am jüdischen College der USA getreu den biblischen Angaben nachgebaut. Dabei entstand ein Gerät mit einer Spannung von fünf- bis siebenhundert Volt: Ein elektrischer Kondensator, bei unachtsamer Behandlung durchaus dazu fähig, jeden zu töten (siehe hierzu: 2. Buch Samuel, Kapitel 6, Vers 6-7).

Auch in den USA mußte man die Arbeiten schließlich einstellen, da eine Fertigstellung angesichts dieser Umstände zu gefährlich erschien. Die alttestamentliche Lade dürfte demnach ein dem Sinn entsprechend nicht genau zu definierendes stromerzeugendes Aggregat gewesen sein, auf jeden Fall jedoch Kondensator und Sende- und Empfangsgerät. Dazu dienten die beiden Goldplatten, deren eine positiv, die andere negativ aufgeladen war. Auf der Deckplatte der Lade befanden sich zwei Cherubimfiguren, die, da sie magnetische Eigenschaften besessen haben dürften, insgesamt die Lautsprecheranlage perfekt gemacht haben. Und tatsächlich stoßen wir im Alten Testament auf Stellen, in denen "Gott" über diese Lade zu Mose spricht, aus der Mitte, zwischen den beiden Cherubenfiguren her. Für die technische Interpretation der Bundeslade spricht schließlich auch die Tatsache, daß sie in der Nähe der ägyptischen Drahtziehereien auf der Sinai-Halbinsel gefertigt wurde, man also durchaus annehmen kann, daß auch derartiges Material in dem Gerät Verwendung fand.

Neuerdings (z.B. in "Prophet der Vergangenheit" von Erich von Däniken) wird die Vermutung vertreten, die Bundeslade und die sogenannte "Manna-Maschine" (ein Gerät, das von dem Sprachwissenschaftler George Sassoon und dem Biologen Rodney Dale aufgrund des alten jüdischen Geheimbuches "Sohar" rekonstruiert werden konnte) seien miteinander identisch gewesen. Für diese Annahme spricht allerdings nur wenig. Denn der von Mose am Sinai empfangene Auftrag zum Bau der Lade wurde erst Monate **nach** dem Manna-"Wunder" gegeben. Es dürfte sich also um **zwei** unterschiedliche Geräte gehandelt haben.

Doch zurück zu Salomo. Nachdem noch unter David die Lade im "Heiligen Zelt" und damit relativ ungeschützt aufbewahrt worden war, ging der König daran, dem Gerät einen würdigeren Platz zu erstellen: Den Jerusalemer Tempel. Interessant ist nun, daß Salomo jenen Raum, in dem sich die Lade befand, abermals mit "Cheruben" ausstattete, sie mit Gold überzog und das Gerät so aufstellte, daß seine Flügel die ebenfalls vergoldeten Wände berührten: Die Leiterfunktion ist offensichtlich. Im 1. Buch der Könige, Kapitel 6, Vers 19-27, lesen wir hierzu:

> Den Chorraum machte er im Innern des Hauses, damit man die Lade des Bundes des Herrn dahin stellte. Und vor den Chorraum, der zwanzig Ellen lang, zwanzig Ellen breit und zwanzig Ellen hoch war und überzogen mit lauterem Gold, machte er den Altar aus Zedernholz. Und Salomo überzog das Haus innen mit lauterem Gold und zog goldene Riegel vor dem Chorraum her, den er mit Gold überzogen hatte, so daß das ganze Haus ganz mit Gold überzogen war. Dann überzog er auch den ganzen Altar vor dem Chorraum mit Gold. Er machte im Chorraum zwei Cherubim, zehn Ellen hoch, von Ölbaumholz, fünf Ellen hatte ein Flügel eines jeden Cherubs, so daß zehn Ellen waren von dem Ende seines Flügels bis zum Ende seines anderen Flügels. So hatte auch der andere Cherub zehn Ellen, und beide Cherubim hatten das gleiche Maß und die gleiche Gestalt. Auch war jeder Cherubim zehn Ellen hoch. Und er stellte die Cherubim mitten ins Allerheiligste. Und die Cherubim breiteten ihre Flügel aus, so daß der Flügel des einen Cherubs die eine Wand berührte und der Flügel des anderen Cherubs die andere Wand berührte. Aber in der Mitte berührte ein Flügel den anderen. Und er überzog die Cherubim mit Gold.

Die recht aufwendige Ausstattung des Innenraums des Tempels von Jerusalem, wie sie uns die Bibel schildert, dürfte in Wirklichkeit einem sehr praktischen Zweck gedient haben. Uns vermittelt sie den Eindruck, als habe König Salomo einen Verstärker für die damals bereits nicht mehr neue "Funk-Lade" bauen lassen. Die Präzision, die in derartigen Schilderungen immer wieder gefordert und beschrieben wurde, ist ein Grund mehr, unserer Hypothese zuzustimmen.

Damit wird gleichzeitig unsere Ansicht zur Gewißheit, daß das "Allerheiligste" des Salomonischen Tempels mit der darin befindlichen Bundeslade nichts anderes war als die Sende- und Empfangsstation eines Mannes von den Sternen, der sich von Zeit zu Zeit seine Instruktionen von seinen vorgesetzten Dienststellen einholen mußte, um weiterarbeiten zu können. Und hier schließt sich auch der Kreis, denn wir sind wieder bei der sogenannten "salomonischen Weisheit". Wir wissen jetzt, **woher** sie kam. Ein Mensch von den Sternen **mußte** vor mehr als 3 000 Jahren den damaligen Bewohnern unseres Planeten an Wissen und Erfahrung weit überlegen sein.

Daß wir es im Gebiet des Nahen Ostens um 900 v.Chr. mit einer Periode erhöhter Aktivität außerirdischer Besucher zu tun hatten, zeigt auch eine arabische Legende, wonach die Königin von Saba (eine Frau, die im Leben König Salomos bekanntlich eine nicht unwesentliche Rolle spielte) die Tochter eines irdischen Herrschers und einer Außerirdischen gewesen sei. Die Legende wurde von dem arabischen Schriftsteller Naswan ibn Said al-Himyari im 12. Jahrhundert erstmals schriftlich fixiert und enthält daher zahlreiche später eingefügte, mittelalterliche Elemente und Namen. Himyari berichtet über den König Hadhad. Auf der Löwenjagd hatte er sich weit von seiner Stadt entfernt, als er plötzlich etwas seltsames entdeckte:

> Da gewahrte er mit einemmal eine große Stadt ganz aus Metall, die auf vier riesenhaften silbernen Säulen errichtet war und aus einem Wald von Dattelpalmen und Obstbäumen der verschiedensten Art emporragte; da öffnete sich die Säule, und heraus trat ein Mann, der ihn grüßte und sprach: "O König, ich sehe dich erstaunt, aber ich werde dir eine Erklärung geben. Dies ist die Stadt Marib, die den gleichen Namen trägt wie deine eigene Hauptstadt und von Geistern und Zauberern bewohnt ist; ich aber bin ihr König, Yalab ibn Sab." Während sie sprachen, näherte

sich ein Mädchen von großer Schönheit, das, ohne ihnen einen Blick zu schenken, die Stadt betrat. König Hadhad blickte dem Mädchen wie gebannt nach und beeilte sich den König zu fragen, wer dieses Mädchen sei. "Es ist meine Tochter", gab der fremde König zur Antwort.

Es kam wie es kommen mußte: König Hadhad hält bei König Yalab ibn Sad um die Hand seiner Tochter an, und schon kurz darauf wird der Termin der Hochzeit vereinbart:

Als der festgesetzte Tag herangekommen war, machte sich der König mit seinem Hofstaat und allen Würdenträgern auf den Weg zur geheimnisvollen Stadt und fand dort zu aller Erstaunen einen Palast ganz aus leuchtendem Gold, dessen gläserne Fenster wie Diamanten von reinstem Feuer funkelten. Im Innern des Palastes floß Wasser durch metallene Kanäle; Palmen, Sträucher und Bäume mit den köstlichsten Früchten verbreiteten einen betäubenden Duft. Der König der Geister empfing Hadhad und sein Gefolge aufs feierlichste und hieß alle in seinem Palast willkommen. Sobald die Gesellschaft sich niedersetzte, erschienen auf allen Tischen wie durch Zauberhand die köstlichsten Speisen und Getränke. Das Innere des Palastes war reich geschmückt mit kostbaren Teppichen und goldenem Zierrat. Nach drei Tagen üppiger Feste und Zeremonien wurde die Hochzeit gefeiert; und so vermählte sich König Hadhad mit Harura, der Tochter des Königs Yalab ibn Sab. Der Palast wurde der Wohnsitz des Königspaares, und ihm wurde später die Königin Bilquis geboren. Bilquis - das ist die sagenhafte Königin von Saba, deren Schönheit und Klugheit König Salomo so begeisterte. Sie war die "Erste Beraterin" ihres Vaters.

"Geister" werden es wohl kaum gewesen sein, die da in einer riesigen metallenen Stadt auf vier säulenähnlichen Beinen lebten. "Geister" pflegen nicht zu essen und eine Vereinigung zwischen ihnen und einem Menschen ist ebenfalls nur schwer vorstellbar. Nehmen wir hingegen unsere Interpretation, d.h. die Vermutung, daß es sich bei ihnen um Besucher aus dem All und bei der "metallenen Stadt" um ein gelandetes Raumschiff handelte, so schält sich aus einer vormals nur legendenhaften Erzählung die wirkliche Abstammung der Königin von Saba. Und schließlich: Gleiches gesellt sich zu gleichem, die weise Königin von Saba - selbst eine halbe Außerirdische -, zog es zum weisen König Salomo, einem Mann von den Sternen. Wen wunderts?

In seinen Sprüchen - und damit wollen wir diesen Abschnitt beenden - hat uns Salomo, wohldosiert, versteht sich, Worte hinterlassen, die wir erst jetzt, aufgrund unserer modernen astronomisch-astrophysikalischen Erkenntnisse verstehen können. Im Buch "Der Prediger Salomo", Kapitel 3, Vers 21, beispielsweise, wo folgender Satz für uns aufgeschrieben wurde:

Es ist alles aus Staub geworden und wird alles zu Staub werden.

Aus Urmaterie, aus Urstaub, entstanden tatsächlich die Sonnen und Planeten des Universums, aus dem Staub der Dunkelwolken erstrahlen noch heute neue Sterne im All und geben ein beredtes Zeugnis ab für die Richtigkeit des salomonischen Wissens. Recht gehabt haben dürfte er auch mit einer anderen Behauptung, die uns ebenfalls im Buch "Der Prediger Salomo" aufgezeichnet ist; (Kapitel 1, Vers 9 und 10):

Was geschehen ist, eben das wird hernach sein. Was man getan hat, eben das tut man hernach wieder, und es geschieht nichts Neues unter der Sonne. Geschieht etwas, von dem man sagen könnte: "Sieh, das ist neu", es ist längst vorher auch geschehen in den Zeiten, die vor uns gewesen sind.

Dem ist nichts mehr hinzuzufügen.

Prophet aus der Unendlichkeit

Elias ist die zweifellos mystischste Gestalt des Alten Testaments. Wo geboren? Unbekannt. Niemand weiß es, die Bibel schweigt sich darüber aus. Nur eine alte hebräische Sage erzählt, Elias sei einst genauso auf die Erde gekommen, wie er wieder von ihr verschwand, mit Feuer, Rauch und ohrenbetäubendem Donner.

In der Heiligen Schrift jedenfalls taucht der Prophet sehr plötzlich auf und gibt kurz darauf eine beeindruckende Einstands-vorstellung: Er führt mit den Priestern des Baal einen Wettstreit um die Annahme eines Opfers aus. Die Götzendiener flehen, jammern und schreien, doch kein Feuer entzündet sich an ihrem Altar. Dann kommt Elias an die Reihe. Lesen wir dazu im 1. Buch der Könige, Kapitel 18, Vers 30-40:

> Da sprach Elia zu allem Volk: Kommt her zu mir! Und als alles Volk zu ihm trat, baute er den Altar des Herrn wieder auf, der zerbrochen war, und nahm zwölf Steine nach der Zahl der Stämme und Söhne Jakobs - zu dem das Wort des Herrn ergangen war: Du sollst Israel heißen - und baute von den Steinen einen Altar im Namen des Herrn und machte um den Altar her einen Graben, so breit wie für zwei Korn-maß Aussaat, und richtete das Holz zu und zerstückelte den Stier und legte ihn aufs Holz. Und Elia sprach: Holt vier Eimer voll Wasser und gießt es auf das Brandopfer und aufs Holz! Und er sprach: Tut's noch einmal! Und sie taten's noch einmal. Und er sprach: Tut's zum dritten mal! Und sie taten's zum drittenmal. Und das Wasser lief um den Altar her, und der Graben wurde auch voll Wasser.

> Und als es Zeit war, das Speiseopfer zu opfern, trat der Prophet Elia herzu und sprach: Herr, Gott Abrahams, Isaaks und Israels, laß heute kundwerden, daß du Gott in Israel bist und ich dein Knecht und daß ich das alles nach deinem Wort getan habe! Erhöre mich, Herr, erhöre mich, damit dies Volk erkennt, daß du, Herr, Gott bist und ihr Herz wieder zu dir kehrt!

> Da fiel Feuer vom Himmel herab und fraß Brandopfer, Holz, Steine und Erde und leckte das Wasser auf im Graben. Als das alles Volk sah, fielen sie auf ihr Angesicht und sprachen: Der Herr ist Gott, der Herr ist Gott!

Für jeden Uneingeweihten ein eindeutiger Akt des allmäch-tigen Gottes. Doch betrachten wir einmal jene Hypothese, die Peter Krassa in seinem Buch "Gott kam von den Sternen" vertritt und gehen von der Annahme aus, Elias sei ein Außerirdischer gewesen, der Ruhe und Ordnung wieder herstellen sollte, so erhält die Geschichte einen ganz und gar technischen Gehalt. Elias, so können wir nun vermuten, war zuvor mit seinen extraterrestrischen Freunden, die unsichtbar für das Volk hoch droben über den Wolken kreisten, verabredet. Auf einen in effektvolle Worte gekleideten Funkspruch hin, der wahrscheinlich irgendein Code-Wort enthielt, schießt ein scharfgebündelter Laserstrahl zur Erde und verbrennt das Opfer samt Altar. Diesen hatte Elias bereits vorsorglich durch einen Wassergraben von dem Volk trennen lassen, um Unfälle zu vermeiden. Ein Wunder? Für die Israeliten ja, aber für uns mit der Technik des 20. Jahrhunderts vertraute Erdenbürger wohl kaum mehr.

Elias, der Prophet von den Sternen, hatte auch noch andere technische Mittel zur Verfügung, die ihm seinen Erdaufenthalt erleichterten, genauso wie wir das bei König Salomo vermuten dürfen. Er kannte keine Furcht vor Baals- und anderen Götzendienern und Königen. Durch seine zahlreichen "Wunder", denn er besaß geradezu unglaubliche Naturkenntnisse, die weit über dem Stand der damaligen Zeit lagen, war er überall ungefährdet und konnte sich, ging es einmal hart auf hart, auf die Hilfe seiner Kameraden im Raumschiff verlassen.

Auch eine seiner gelegentlichen Zusammenkünfte mit diesen wird uns in der Bibel geschildert. Zunächst unterhält sich der Kommandant des Raumschiffs offenbar abermals per Funk mit Elias, der sich in einer Höhle versteckt hält, um nicht durch die Hitze des zu erwartenden Gefährts verletzt zu werden, und kündigt ihm seine Ankunft an. Lesen wir dazu im 1. Buch der Könige, Kapitel 19, Vers 9-13:

> Und kam daselbst in eine Höhle, und blieb über Nacht. Und siehe, das Wort des Herrn kam zu ihm und sprach: Was machst du hier, Elia? Er sprach: Ich habe geeifert um den Herrn, den Gott Sabaoth, denn die Kinder Israels haben deinen Bund verlassen und deine Altäre zerbrochen, und ich allein bin übriggeblieben, und sie stehen danach, daß sie mir mein Leben nehmen.

> Er sprach: Gehe hinaus und tritt auf den Berg vor den Herrn. Und siehe: Da zog der Herr vorüber. Ein starker, mächtiger Sturm, der die Berge zerriß und die Felsen zerbrach, doch im Sturm war der Herr nicht. Nach dem Sturm kam ein Erdbeben, aber der Herr war nicht im Erdbeben. Und nach dem

Erdbeben kam ein Feuer, aber der Herr war nicht im Feuer. Nach dem Feuer kam ein stilles, zartes Säuseln. Da dies Elias vernahm, hüllte er sein Gesicht in seinen Mantel, trat hinaus und stellte sich an den Eingang der Höhle.

Ein bißchen phantasievoll zwar, aber dennoch völlig korrekt wird hier die Landung eines raketengetriebenen Raumschiffs wiedergegeben. Ein starker Sturm macht sich als erstes bemerkbar, das Dröhnen geht auf den Erdboden über. Je näher das Gefährt kommt, umso stärker zittert die Erde. Die Flammenbündel werden von der Höhle aus sichtbar, doch schließlich werden die Maschinen abgestellt, so daß nur noch das Leerlaufgeräusch der Motoren zu hören ist und Elias, der sein Angesicht verhüllt, um nicht durch die noch vorhandene Hitze schaden zu nehmen, aus der Höhle treten kann.

In dem nun folgenden Gespräch dürfte der Kommandant Elias das nahende Ende seiner Mission angekündigt haben, welches dann auch mit nicht weniger Spektakel abläuft.

Elias wird, wie jeder weiß, von einem feurigen Wagen mit feurigen Pferden in den Himmel entrückt. Halt!, werden die Skeptiker sagen, seit wann existieren Raumschiffe mit Pferden davor?

Selbstverständlich gab und gibt es solche Raumschiffe nicht. Wir müssen uns jedoch vergegenwärtigen, daß man vor 3000 Jahren keine Wagen kannte, die aus eigenem Antrieb heraus fuhren, d.h. ohne Pferde oder Ochsen. Die Vorstellung also, daß sich ein Wagen ohne diese fortbewegen konnte, war völlig unmöglich. Daher wurden die Pferde entweder vom Berichterstatter selbst, wahrscheinlich jedoch erst wesentlich später von Kopisten und Übersetzern hinzugefügt, die sich die ganze Angelegenheit nicht anders erklären konnten. Dies bestätigen auch die beiden katholischen Bibelexegeten Prof. Hamp und Prof. Stenzl, die mit ihrer Aussage den Nagel auf den Kopf treffen:

Bei derartigen Schauwundern ist mit frommen Ausschmückungen einer späteren Zeit zu rechnen.

Dem Abflug voraus geht der Abschied des Elias von seinen Freunden und Jüngern. Dann durchschreiten er und sein Lieblingsjünger Elisäus den Jordan, den der Prophet mit Hilfe seines wundersamen Mantels teilt. Was weiter geschieht, lesen wir im 2. Buch der Könige, Kapitel 2:

> Als sie drüben angekommen waren, sagte Elias zu Elisäus: Verlange von mit, was ich dir tun soll, bevor ich von dir entrückt werde. Elisäus antwortete: Mögen doch von deinem Geiste zwei Erbteile mir zufallen. Elias entgegnete: Du hast Schweres erbeten. Wenn du siehst, wie ich entrückt werde, wird es dir zuteil, andernfalls aber nicht.
>
> Und während sie noch mit einander gingen und sprachen, erschien ein feuriger Wagen mit feurigen Pferden und trennte beide. Elias stieg im Sturm zum Himmel empor. Elisäus sah es und schrie: Mein Vater, mein Vater! Wagen Israels und sein Lenker! Dann sah er ihn nicht mehr. Er faßte seine Kleider und zerriß sie in zwei Teile. Dann hob er den Mantel des Elias auf, der heruntergefallen war, kehrte um und trat an das Ufer des Jordan.

Auch aus anderen Gebieten der Erde sind, wie Peter Krassa in "Gott kam von den Sternen" schreibt, "Elias-Sagen" bekannt, beispielsweise aus China, Sibirien, Mittel- und Südamerika. Von besonderem Interesse ist eine Erzählung aus dem Amazonasgebiet, in der ein "Elipas" ähnliche Wunderdinge vollbrachte wie sein Kollege in der Bibel. Er lebte zusammen mit einer riesigen "feurigen Schlange" auf einem Berg und heilte dort die Dorfbewohner durch seine Zauberkraft. Diese Wundertätigkeit wurde den eingeborenen Medizinmännern jedoch bald zuviel, so daß sie ihre Helfer auf ihn hetzten. Da begann, auf einen Befehl des Elipas hin, die Schlange plötzlich Feuer zu speien und vernichtete die angreifenden Gegner. Fast synchron geht es auch in der Bibel zu (2. Buch der Könige, Kapitel 1), wo Elias die Abordnungen des Königs Ahasja durch Feuer vom Himmel umkommen läßt. Wie sein alttestamentlicher Doppelgänger verkündigt auch Elipas kurz darauf das Ende seiner Mission und verschwindet auf seiner Schlange sitzend von der Erde.

Ob Elias und Elipas nun identisch waren oder nicht, werden wir wohl nie feststellen können. Was wir aber heute schon sagen können, und was uns durch alle "Elias-Sagen" rund um die Welt bestätigt wird, ist, daß dieser Mann kein irdischer Mensch war, daß er nicht von diesem Planeten stammte. Vielmehr wird uns mit den

Möglichkeiten und dem Wissen unseres Jahrhunderts Vertrauten bewußt, daß Elias ein Mann war, der von den Sternen kam, ein Prophet aus der Unendlichkeit.

Der Himmelsbote von den Sternen

Daß neben der Bibel noch weitere altjüdische Schriften, sogenannte apokryphe Texte, bestehen, ist allgemein nur wenig bekannt. Man versteht darunter Niederschriften, die von der Kirche als nicht kanonisch, d.h. als nicht echt angesehen wurden, bzw. werden. Auf den Konzilen der Frühzeit des Christentums fanden mehrmals "Säuberungsaktionen" statt, bis schließlich aus der Fülle des vorhandenen Materials nur noch das übrig blieb, was wir heute im Alten Testament lesen können (oder dürfen).

Der wohl wichtigste apokryphe Text ist das sogenannte "Buch des Henoch", eine Schrift, die sich bis zum dritten Jahrhundert n.Chr. auch in der Urkirche großer Beliebtheit erfreute, dann jedoch der Zensur zum Opfer fiel. Wir wollen uns an dieser Stelle jedoch nicht hiermit beschäftigen, da gerade der Henoch-Text bereits ausführlich in anderen Publikationen der Prä-Astronautik behandelt worden ist. Es sei vielleicht nur darauf hingewiesen, daß Henoch einen Flug zu einem offenbar in der Erdumlaufbahn stationierten Raumschiff beschreibt, seine Zusammenkunft mit dem Kommandanten, den er genau wie Ezechiel für Gott hält, und schließlich seine Rückkehr zur Erde.

Wir wollen uns jedoch mit einer anderen Apokryphe befassen, die den Namen "Joseph und Asenath" trägt und in der unter anderem geschildert wird, wie der "Erzengel Michael" der Jungfrau Asenath erscheint und ihr die spätere Heirat mit Joseph ankündigt (nicht identisch mit dem Joseph des Neuen Testaments).

Dieser Besuch des "Engels", der mit dem Aufgang des Planeten Venus in Zusammenhang gebracht wird, ist niedergeschrieben im 14.-17. Kapitel. Da diese insgesamt aber zu umfangreich sind, seien hier nur die wichtigsten Stellen wiedergegeben, die Ankunft und Abflug Michaels betreffen (Kapitel 14, Vers 1-11):

Als Asenath mit ihrer Beichte vor dem Herrn zu Ende war, ging auch der Morgenstern am Himmel gegen Osten auf; es sah ihn Asenath und freute sich und sprach: Hat wohl mein Flehen Gott, der Herr, erhört, weil dieser Stern ein Bote und ein Herold des Lichts des großen Tages ist. So spaltete sich beim Morgenstern der Himmel, und es erschien ein unaussprechlich großes Licht. Wie Asenath dies sah, fiel sie aufs Antlitz in die Asche; da kam zu ihr gar schnell ein Mensch vom Himmel, der Lichtstrahlen entsandte und stellte sich zu ihren Häupten.

Da sie noch auf dem Antlitz lag, sprach der Gottesbote sie an: Erheb dich, Asenath! Sie aber sprach: Wer ist es, der mich ruft, ist meines Zimmers Tür doch fest verschlossen, der Turm so hoch? Wie kann man in mein Zimmer kommen? Er rief zum anderen Mal ihr zu: Asenath! Asenath! Sie sprach: Ja, Herr, vermeld mir, wer du bist! Er sprach: Ich bin des Heer-Gottes Oberführer, des Heers des Höchsten Führer. Steh auf! Stell dich auf deine Füße, damit ich meine Worte an dich richten kann!

Sie hob ihr Antlitz empor und schaute; da stand ein Mann, in allem Joseph gleich an Tracht und Kranz und königlichem Stab; nur glich sein Antlitz dem Blitz und seine Augen waren wie der Sonnenglanz, sein Haupthaar wie ein Fackelfeuer und seine Hände samt den Füßen glichen glühenden Eisen, wie denn auch Funken von den Händen und den Füßen fuhren. Als Asenath dies sah, fiel sie voll Furcht auf das Gesicht, sie konnte nicht mehr auf den Füßen stehen; denn all ihre Glieder zitterten vor übergroßer Angst. Da sprach zu ihr der Mann: Sei guten Mutes, Asenath, hab keine Angst! Stell dich auf deine Füße, damit ich meine Worte an dich richten kann!

Nach dem Gespräch und dem Genuß einer "himmlischen Honigwabe", macht sich der "Engel" wieder auf den Rückweg. Lesen wir dazu im Kapitel 17, Vers 7-10:

Der Gottesengel sprach hiernach zu Asenath: Nimm diesen Tisch hinweg! Und wie sich Asenath umwandte, den Tisch hinwegzunehmen, verschwand er schnell aus ihren Augen. Und Asenath bemerkte, wie etwas wie ein Wagen mit vier

Pferden gegen den Himmel fuhr; der Wagen aber war wie eine Feuerflamme, die Pferde glichen Blitzen; der Engel aber stand auf jenem Wagen. Da sagte Asenath: Wie töricht und albern bin ich Arme, daß ich geredet, als etwas wie ein Mensch vom Himmel in mein Zimmer kam. Ich wußte nicht, daß hier ein göttlich Wesen kam. Nun geht es in den Himmel wiederum an seinen Ort. Sie sprach bei sich: Sei deiner Sklavin gnädig, Herr! Schone deine Dienerin, daß ich vor dir unwissentlich Vermessenes gesprochen!

Auch hier also wieder ein auf einem feuersprühenden Wagen verschwindender Mensch. Interessant übrigens auch diese Feststellung: Da ist keineswegs von einem Geist die Rede, von einem Wesen mit Flügeln oder sonstigen ”englischen” Merkmalen. Es wird schlicht und einfach von einem Mann gesprochen, ”in allem Joseph gleich”. Lediglich seine glänzende Kleidung, seine Stiefel und Handschuhe und seine an einen Astronautenhelm erinnernde Kopfbedeckung scheint ihn von den Menschen der damaligen Zeit unterschieden zu haben.

Von Interesse ist auch die Überlieferung, die Pferde hätten Blitzen geglichen. Es hat sich also um keine natürlichen Tiere gehandelt. Wahrscheinlich wurde auch ihre Erwähnung, möglicherweise in Anlehnung an den älteren Elias-Text, erst später hinzugefügt.

Eine fast gleichlautende Beschreibung eines himmlischen Wesens finden wir übrigens auch in der Bibel. Im Buch des Daniel, Kapitel 10, Vers 4-6 finden wir unter anderem folgende interessante Textstelle:

Und am vierundzwanzigsten Tage des ersten Monats war ich an dem großen Strom Tigris und hob meine Augen auf und siehe, da stand ein Mann, der hatte leinene Kleider an und einen goldenen Gürtel um seine Lenden. Sein Leib war wie ein Türkis, sein Antlitz sah aus wie ein Blitz, seine Augen wie feurige Fackeln, seine Arme und Füße waren glattes Kupfer (Stiefel und Handschuhe), und seine Rede war ein großes Brausen.

Nicht nur Raumschiffe, auf die wir gleich zurückkommen, auch Bodenfahrzeuge scheinen unsere ”Götter” und ”Engel” besessen zu haben. Anders ist jene Stelle nicht zu erklären, die uns im 68. Psalm, Vers 18 aufgezeichnet ist:

> Gottes Wagen sind vieltausendmal tausend.

Etwas ausführlicher geht der Prophet Joel in seinem 2. Kapitel, Vers 4-11, auf diese unseren Panzern offenbar nicht unähnlichen Fahrzeuge ein:

> Sie sprengen daher über die Höhen der Berge, wie die Wagen rasseln und die Flamme prasselt im Stroh, wie ein mächtiges Volk, das zum Kampf gerüstet ist. Völker werden sich entsetzen, und jedes Angesicht erbleicht. Sie werden laufen wie Helden und die Mauern ersteigen wie Krieger; ein jeder zieht unentwegt voran und weicht von seiner Richtung nicht. Keiner wird den anderen drängen, sondern jeder zieht auf seinem Weg daher; sie durchbrechen die feindlichen Waffen, und dabei reißt ihr Zug nicht ab. Sie werden sich stürzen auf die Stadt und die Mauern erstürmen, in die Häuser dringen sie ein, wie ein Dieb kommen sie durch die Fenster. Vor ihm erzittert das Land und bebt der Himmel, Sonne und Mond werden finster, und die Sterne halten ihren Schein zurück. Denn der Herr wird seinen Donner vor dem Heer erschallen lassen; denn sein Heer ist sehr groß und mächtig und wird seinen Befehl ausrichten. Ja, der Tag des Herrn ist groß und voller Schrecken, wer kann ihn ertragen?

Ein derartiges, allesvernichtendes Fahrzeug wird auch im "Buch des Micha", Kapitel 2, Vers 13, beschrieben:

> Er wird als ein Durchbrecher vor ihnen heraufziehen; sie werden durchbrechen und durchs Tor hinausziehen.

Auch beim Propheten Nahum, Kapitel 2, Vers 5, lesen wir ähnliches:

> Die Wagen rollen auf den Gassen und rasseln auf den Straßen, sie glänzen wie Fackeln und fahren einher wie Blitze.

Kommen wir zurück zu den Luftfahrzeugen der "Götter". Wir wissen heute, daß Rauch, Feuer und donnerähnliche Geräusche Begleiterscheinungen von Raketenstarts sind, und in dieser Hinsicht bieten sich fraglos Parallelen zu den Texten des

Alten Testaments an, in der der "Gott Sabaoth" sehr häufig unter genau diesen Umständen erscheint. Bemerkenswert übrigens, daß das Wort "Sabaoth" aus dem chaldäischen Raum kommt und zur Wurzel das Wort "tsab" hat, was "Karren", "Schiff" oder "Armee" bedeutet. Sabaoth hieße also wörtlich "die Armee des Schiffes", oder "das Schiffsgeschwader". Gott Sabaoth ließe sich dann vielleicht als "Herr des Schiffsgeschwaders" oder, etwas moderner, "Kommandant des Schiffsgeschwaders" deuten, womit wir den ursprünglichen Sinn dieses Wortes wohl in etwa wiedergefunden haben dürften.

Eine besonders eindrucksvoll beschriebene Landung wird uns im 2. Buch Mose, Kapitel 19, Vers 16-19 wiedergegeben:

Als nun der dritte Tag kam und es Morgen ward, da erhob sich ein Donnern und Blitzen und eine dichte Wolke auf dem Berg. Und Mose führte das Volk aus dem Lager Gott entgegen und er trat unten an den Berg. Der ganze Berg Sinai aber rauchte, weil der Herr im Feuer herabfuhr auf den Berg; und der Rauch stieg auf wie der Rauch von einem Schmelzofen, und der ganze Berg bebte sehr. Und der Posaunen Ton ward immer stärker.

Der Flug eines solchen außerirdischen Raumschiffs (da man es sich nicht anders erklären konnte, als Erscheinung Gottes klassifiziert), mit all seinen Begleiterscheinungen ist uns auch aufgezeichnet im 2. Buch Samuel, Kapitel 22, Vers 8-18:

Die Erde bebte und wankte, die Grundfeste des Himmels regten sich und bebten, da er zornig war. Dampf ging aus von seiner Nase und verzehrend Feuer von seinem Mund, daß es davon blitzte. Er neigte den Himmel, und fuhr herab, und Dunkel war unter seinen Füßen. Und er fuhr auf dem Cherub, und fuhr daher, und er schwebte auf den Fittichen des Windes.

Sein Gezelt um ihn her war finster und schwarze dichte Wolken. Von dem Glanz vor ihm brannte es mit Blitzen. Der Herr donnerte vom Himmel und der Höchste ließ seinen Donner aus. Er schoß seine Strahlen und zerstörte sie, er ließ blitzen und schreckte sie.

Bemerkenswert an dieser Schilderung vor allem der 10. und 11. Vers: "Er neigte den Himmel und fuhr herab", sowie: "Und er fuhr auf dem Cherub". Deutlicher ist wohl kaum mehr auszudrücken, daß "Gott" einen Gegenstand, hier "Cherub" genannt, benötigte, um vom Himmel herab zur Erde zu fahren. Dieses "herunterfahren" ist uns auch aus der Genesis her bekannt, wo wir im 1. Buch Mose, Kapitel 18, Vers 21 lesen:

> Darum will ich hinabfahren, und sehen, ob sie alles getan haben nach dem Geschrei, das vor mich gekommen ist, oder ob es nicht so ist, daß ich es wisse.

Abgesehen von der in diesem Vers mehr als deutlich zum Ausdruck gekommenen Unwissenheit und damit "Menschlichkeit" des alttestamentlichen "Gottes", ist das "Herabfahren" nicht nur auf diesen Abschnitt beschränkt. Im 1. Buch Mose, Kapitel 11, Vers 5, begegnen wir ähnlichem:

> Da fuhr der Herr hernieder, daß er sähe die Stadt und den Turm, den die Menschenkinder bauten.

Nicht anders auch im 1. Buch Mose, Kapitel 11, Vers 7:

> Wohlauf, lasset uns herniederfahren und ihre Sprache verwirren.

In den Psalmen Davids, (29. Psalm, Vers 7-9) ist eine solche "Herniederfahrt" auf recht dramatische Weise beschrieben:

> Die Stimme des Herrn sprüht Feuerflammen, die Stimme des Herrn wirbelt die Wüste empor, es erbebt vor dem Herrn die Wüste Kadesch, Eichen stürzen vor dem Herrn, kahl reißt sie die Wälder.

Ähnlich drückt sich auch der Prophet Jesaja in seinem Kapitel 66, Vers 15, aus:

> Denn siehe, der Herr wird kommen im Feuer, und seine Wagen sind wie ein wirbelnder Sturm, indem er seinen Zorn verwandelt in Glut und sein Schelten in Feuerflammen.

Nicht viel anders der 104. Psalm, Vers 3:

> Wolken sind deine Wagen, auf Flügeln des Windes fährst du dahin, Winde laufen vor dir her, Blitz und Donner umgeben dich.

Auch der Prophet Micha hinterläßt uns einen nicht weniger erregenden Bericht (Kapitel 1, Vers 3 und 4):

> Denn siehe, der Herr wird heraustreten aus seiner Wohnung und herabfahren und treten auf die Höhen der Erde, daß die Berge unter ihm schmelzen und die Täler sich spalten, gleichwie Wachs vor dem Feuer zerschmilzt, wie die Wasser, die talwärts stürzen.

Nur wenig verschieden davon liest sich der Bericht einer Landung beim Propheten Nahum (Kapitel 1, Vers 3-6):

> Der Herr ist geduldig und von großer Kraft, vor dem niemand unschuldig ist. Er ist der Herr, dessen Weg in Wetter und Sturm ist; Wolken sind der Staub unter seinen Füßen. Er schilt das Meer und macht es trocken; alle Wasser läßt er versiegen. Basan und Karmel verschmachten, und was auf dem Berge Libanon blüht, verwelkt. Die Berge zittern vor ihm, und die Hügel zergehen; das Erdreich bebt vor ihm, der Erdkreis und alle, die darauf wohnen. Wer kann vor seinem Zorn bestehen, und wer vor seinem Grimm bleiben? Sein Zorn brennt wie Feuer, und die Felsen zerspringen vor ihm.

Mit ähnlichem Vokabular bedient sich auch der 97. Psalm, Vers 2-5:

> Wolken und Dunkel ist um ihn her. Feuer gehet vor ihm her, und zündet an seine Feinde. Seine Blitze leuchten auf den Erdboden, das Erdreich stehet und erschricket. Berge zerschmelzen wie Wachs vor dem Herrn, vor dem Herrscher des ganzen Erdbodens.

Bei Jesaja lesen wir folgende Beschreibung (19. Kapitel, Vers 1):

> Dies ist die Last über Ägypten: Siehe, der Herr wird auf einer schnellen Wolke fahren und nach Ägypten kommen. Da werden die Götzen in Ägypten beben.

Jesaja ist es auch, der in seinem Buch (Kapitel 60, Vers 8), eine interessante Frage stellt:

> Wer sind jene, die heranfliegen wie die Wolken, wie Tauben zu ihren Schlägen?

Auch der Prophet war sich also offenbar nicht ganz im klaren darüber, wer diese "Götter" und "Engel" eigentlich waren und woher sie kamen. Doch vielleicht will er uns einen kleinen Hinweis geben, und zwar in seinem 13. Kapitel, Vers 5:

Sie kommen aus fernen Landen, vom Ende des Himmels.

Die Raumschiffe des alten Indien

All den hier zitierten biblischen und außerbiblischen Schriften liegt eine verborgene Wahrheit zugrunde. Diese Wahrheit zu entschlüsseln, sie aufzudecken, ist uns erst heute möglich, da wir selber uns anschicken, die Sterne zu erobern und die alten Texte daher richtig zu verstehen.

Verständnis können wir auch erst jetzt den Überlieferungen aus einem ganz anderen Kulturkreis entgegenbringen: dem asiatischen. In den heiligen Schriften des Hindu-, bzw. Brahmaismus wimmelt es förmlich von versteckten und offenen Hinweisen auf Luftschiffahrt, Raumfahrt, moderne Waffen und andere Gegenstände einer technischen Zivilisation. Daß die Inder (zumindest die Priesterkaste) bereits vor Zeiten ein hohes Wissen besessen haben müssen, zeigt auch die Tatsache, daß die Brahmanen den Tag so unterteilt hatten, daß der kleinste Teil den einer 300 millionstel Sekunde ausmachte. Keiner der heutigen Forscher weiß, weshalb damals eine derartig kleine Zeiteinteilung vorgenommen wurde, zumal sie ohne Präzisionsmeßgeräte vollkommen wertlos ist. Es gibt allerdings zu denken, daß diese "kastha" genannte Einteilung der Lebensdauer gewisser Mesonen und Hyperonen sehr nahe kommt. Auf der aus dem Jahr 550 v.Chr. stammenden Varahamira-Tafel wird sogar die Größe des Atoms angegeben und auch die Kugelgestalt der Erde war bekannt, wie der griechische Gesandte im Jahr 302 v.Chr. von König Maurya erfuhr. Im Rig-Veda schließlich, dem ältesten Buch Indiens, findet sich die Angabe, die Erde bestünde in Wirklichkeit aus drei Erden, nämlich aus einem Kern, einer Hülle und einer sehr dünnen Rinde.

Wen wundert es da, wenn wir in den gleichen Schriften auch Beschreibungen von Raumschiffsflügen, Starts, Landungen,

Angriffen aus der Luft, ja regelrechten Atomschlachten finden? Von besonderem Interesse ist dabei das Mahabaratha-Epos. Hier zwei Beispiele, die sich ganz offensichtlich auf prä-historische Raumfahrt beziehen:

> Auf Ramas Befehl stieg der herrliche Wagen mit gewaltigem Getöse zu einem Wolkenberg empor.

Und an anderer Stelle:

> Bhima flog mit seiner Vimana auf einem ungeheuren Strahl, der den Glanz der Sonne hatte und dessen Lärm wie das Donnern eines Gewitters war.

Diese Vimanas begegnen uns in zahlreichen altindischen Texten. Im "Samarangana Sutradhara" beispielsweise wird geschildert, daß "mit Hilfe dieser Maschinen Menschen in die Lüfte fliegen und himmlische Wesen auf die Erde kommen konnten". Das "Ramayana" geht noch weiter ins Detail, denn es berichtet von "zweistöckigen, himmlischen Wagen mit vielen Fenstern. Sie brüllen wie Löwen, speien rote Flammen und rasen in den Himmel hinauf, bis sie wie Kometen erscheinen". Durch das Mahabaratha wissen wir, daß es sich um Wagen gehandelt hat, "die von geflügelten Blitzen getrieben wurden... Es war ein Schiff, das sich in die Luft erhob und zu den Regionen der Sonne und der Sterne flog."

Im Ramayana ist uns ein Gespräch der Götter Rama und Vishishara mit der Königin Sita aufgezeichnet, die von beiden zu einem Flug in einem solchen Himmelsschiff eingeladen worden war:

> Rama: "Die Bewegung dieses hervorragendsten aller Wagen scheint verändert."
> Vishishara: "Dieser Wagen verläßt nun die in der Mitte gelegene Welt."
> Sita: "Wie kommt es, daß sogar am Tag dieser Sternenkreis erscheint?"
> Rama: "Königin! Es ist in der Tat ein Kreis von Sternen, aber wegen der großen Entfernung können wir ihn am Tage nicht sehen, da unsere eigenen Augen von den Sonnenstrahlen getrübt werden. Nun ist dies durch den Aufstieg dieses Wagens hinweggenommen und so können wir die Sterne sehen.

Ein Kommentar hierzu erübrigt sich wohl.

Im Auftrag der NASA verfaßte Frau Prof. Ruth Reyna vor einigen Jahren einen Bericht, wonach die Inder vor 3 000 Jahren in den Weltraum starteten, um sich vor einer drohenden Sintflut zu retten. Zu einem ganz ähnlichen Ergebnis kam der indische Professor K. Srinivasa Raghavan, Generalsekretär der "Madras Astronomical Association", der aufgrund von Daten im Mahabaratha berechnete, daß es um das Jahr 3067 vor Chr. zu einer Schlacht im Weltraum gekommen sein muß. Nach Ansicht des indischen Wissenschaftlers müssen dabei Atomwaffen zum Einsatz gekommen sein. Der Krieg soll auch auf die Erde übergegriffen und große Verwüstungen angerichtet haben. In der Tat fallen auch Sand- und Steinverglasungen (wie sie nur durch die bei Atombombenexplosionen freiwerdenden Hitze entstehen können) in der Wüste Gobi und in Südamerika, sowie die Vernichtung der beiden biblischen Städte Sodom und Gomorrha in diese Zeit.

Zurück zu den "Vimanas"! In einem Abschnitt des "Drona Parva" heißt es:

Vimana, die fliegenden Maschinen, hatten Kugelgestalt und flogen durch die Luft dank dem Quecksilber, das einen heftigen, vorwärtstreibenden Wind erzeugte. Die Männer, die in Vimanas saßen, konnten so große Entfernungen in wunderbar kurzer Zeit zurücklegen. Der Steuermann konnte die Vimana nach seinem Willen lenken; er konnte von unten nach oben, von oben nach unten, vorwärts und rückwärts fliegen, je nach Stellung des Motors und seiner Neigung.

Fast glaubt man sich angesichts solcher Beschreibungen in unser Zeitalter der modernen Düsenjets versetzt, heißt es doch auch im Ramayana:

Das Vimana ist unbehindert in seiner Bewegung, von gewünschter Geschwindigkeit, unter völliger Kontrolle, dessen Bewegung ständig dem Willen dessen, der es fliegt, unterworfen ist, ausgestattet mit Fenstern in den Gemächern und vorzüglichen Sitzen.

In Indien existieren viele Schriften von einzelnen Priestern, Sehern, Mönchen usw., die oft Kommentare zu den heiligen Texten darstellen. Eines dieser Beifügungen ist das "Madhawa" von Bahwabhuti, in dem wir u.a. lesen können:

> Ein Luftwagen, der Pushpaca, bringt viele Leute zu der alten Hauptstadt von Ayodyâ. Der Himmel ist übersät mit wunderbaren fliegenden Maschinen, schwarz wie die Dunkelheit, auf denen gelbliche Lichter erscheinen.

Es hat den Anschein, als sei die Fliegerei damals etwas ganz alltägliches gewesen, und mit der Raumfahrt verhielt es sich nicht anders:

> Der Wagen, in dem Bhima flog, leuchtete so hell wie die Sonne und dröhnte wie der Donner. Der fliegende Wagen funkelte wie eine Flamme am nächtlichen Sommerhimmel. Er flog vorbei wie ein Komet. Es sah aus, als schienen zwei Sonnen. Da erhob sich der Wagen und der ganze Himmel begann zu leuchten.

Kap Kennedy? Baikonour? 20. Jahrhundert? Nein, Indien, 2000 Jahre vor der Zeitwende. Man hat zuweilen tatsächlich den Eindruck, als lebten wir in einer Ära der Wiederholungen, in der all das, was bereits einmal erlebte Wirklichkeit war, eine Neuauflage erfährt. Denn die Informationen über die Himmelsschiffe Indiens sind mit dem oben angeführten Material längst nicht erschöpft. Über die Vimanas war zudem unter anderem bekannt, daß sie sich "unter dem Mond, aber über den Wolken" bewegten (genauso wie die Erde umkreisende Weltraumfahrzeuge oder -stationen) und daß von dort oben "das Meer wie ein kleiner Wasserteich aussah".

Die Reise zu den Sternen findet ihren wohl interessantesten Niederschlag im Mahabaratha:

> Und es wünschte Ardjuna, daß ihm nahen möge der Wagen Indras, des Herrn der Himmlischen, damit er ihn besteige wie einst sein Vorfahr Duschmantas, um ihn, die Sternenbahnen durchmessend, heimzubringen in seinen himmlischen Palast. Und mit Mathalis, Indras Wagenlenker, kam plötzlich im Lichtglanz der Wagen an, Finsternis aus der Luft scheuchend, anfüllend all die Weltgegenden mit Getöse, donnergleich.
>
> Auf den Wagen sodann stieg er, glänzend wie der Tage Herr. Mit dem Zaubergefild, dem sonnenähnlichen Wagen, dem

himmlischen, fuhr empor sodann der weiße Sproß aus Kurus Stamm. Als er nun dem Bezirk nahte, der unsichtbar den Sterblichen, Erdenwandelnden, sah Himmelswagen er, wunderschön zu Tausenden. Dort scheint die Sonne nicht, Mond nicht, dort glänzt das Feuer nicht, sondern im eigenen Glanz leuchtet da, durch edler Triebkraft, was als Sternengestalt unten auf der Erde gesehen wird, ob großer Ferne gleich Lampen, obwohl es große Körper sind.

Derartige Feststellungen, zum einen, weit draußen im All könne man Sonne und Mond nicht mehr erkennen, zum anderen, bei den Sternen handele es sich in Wirklichkeit um "große Körper", die wir nur aufgrund ihrer Entfernung nicht als solche erkennen können, machen aus einem bloßen Märchen einen Tatsachenbericht. Solche Dinge konnte nur wissen, wer selbst eine Reise in den Weltraum unternommen hatte oder davon erzählt bekam. Einfach "aus dem Finger zu saugen" sind derartige Informationen nicht.

Ganz genauso verhält es sich auch, wenn Phänomene der Zeitdilatation beschrieben werden. Obwohl wir bereits weiter vorn darauf kurz eingegangen sind, soll hier zum allgemeinen Verständnis noch einmal in wenigen Worten erklärt werden, um was es sich dabei handelt.

Seit Einstein wissen wir, daß Zeit nicht einheitlich ist. Bei sehr großen Geschwindigkeiten, knapp unter der des Lichts etwa, dehnt sich die Zeit. Für einen Astronauten also, der in einem mit fast 100% Lichtgeschwindigkeit (300 000 km/sec.) durch das All rasenden Raumschiff fliegt, vergeht die Zeit langsamer als auf der zurückbleibenden Erde. Er selbst verspürt davon freilich nichts. Er ist z.B. der Meinung, es seien 10 Jahre vergangen, während in Wirklichkeit bereits 100 verstrichen sind. Je näher man der Lichtgeschwindigkeit kommt, desto größer ist die Zeitdehnung, so daß aus wenigen Tagen Tausende oder Millionen von Jahren werden können.

Auch den alten Indern war diese Zeitdilatation bekannt. (1) Im "Vishnu Purana" ist uns eine Geschichte aufgezeichnet, die dies besonders gut veranschaulicht. (2) Wegen ihrer Länge soll sie hier etwas gekürzt und überarbeitet vorgetragen werden:

Einst war König Raibit der Herrscher von Kushasthali. Seine Tochter Rebati war sehr schön von Angesicht, und da er keinen Bräutigam für sie auf Erden finden konnte, entschloß er sich, Gott Brahma zu besuchen und ihn um Rat zu fragen. Als er den himmlischen Wohnort Brahmas erreichte, fand er den Herrn, der sich der Musik der beiden Musikanten Haha und Huhu hingab. Der König und Rebati setzten sich und waren überaus glücklich, ebenfalls der himmlischen Musik zuhören zu dürfen.

Als die Darbietung geendet hatte, verneigte sich der König, küßte die Füße des Herrn und erzählte ihm den Grund seines Besuches. Er schlug die Namen irdischer Prinzen vor und bat den Herrn, den besten von diesen auszuwählen.

Der Herr hörte schweigend zu, dann lachte er und sagte: "Du kannst diese Prinzen vergessen. Jetzt, in diesem Moment, gibt es keine Spur ihrer Stämme mehr auf Erden. Während der kurzen Zeit, die du hier verbrachtest, sind auf der Erde vier Äonen vergangen. Es ist bereits das Dwapar, das Zeitalter des 28. Manu, angebrochen. Keiner deiner Freunde oder Verwandten lebt noch. Jedes der Dinge, die du kanntest, gehört bereits jetzt der Vergangenheit an. So bist du die einzige Person deines Zeitalters, die noch lebt. Aber nun kehre zur Erde zurück und finde einen Bräutigam für deine Tochter."

Zu Tode erschrocken ob dieser furchtbaren Nachricht, küßte der König abermals die Füße des Herrn und sagte mit tränenerfüllten Augen: "Wenn dies der Zustand auf der Erde ist, wen soll ich dann für meine Tochter erwählen?"

Brahma sagte: "Kushasthali, das du in der Vergangenheit regiertest, wird jetzt Dwaraka genannt. Du wirst Balaram als Herrscher vorfinden. Er ist der beste Ehemann für deine Tochter. Gehe und gib sie ihm.

Raibat kam zurück zur Erde und fand Kushastali vollkommen verändert. Genauso wie der wunderbare Stamm der Ikshaku gehörte auch der Stamm der Rebat der Vergangenheit an. Die menschlichen Wesen waren jetzt kleiner und weniger kraftvoll. Da er keine andere Möglichkeit fand, respektierte er Brahmas Worte und verheiratete seine Tochter mit Balaram.

Was uns hier, in Form einer märchenhaften Legende erzählt wird, ist in Wirklichkeit genau die Erfahrung, die ein Raumfahrer haben würde, der nach einem langen Dilatationsflug zur Erde zurückkäme: Keiner seiner Freunde oder Angehörigen würde mehr leben, alle Dinge, an die er sich vielleicht noch gut erinnern könnte, wären längst vergessen. Käme er gar, wie offenbar im obigen Fall, erst nach vielen Jahrtausenden, vielleicht sogar Millionen Jahren zurück, könnte es durchaus sein, daß die menschliche Rasse unterdessen biologische Veränderungen durchgemacht hat, so daß die Menschen ihm dann ebenfalls "kleiner und weniger kraftvoll" erscheinen könnten. All dies also eindeutige Hinweise, Erfahrungswerte gewissermaßen, die man nicht einfach als bloße Märchen beiseiteschieben kann.

Doch kommen wir noch einmal kurz auf die Vimanas und ihren Antrieb zurück. Schon oben wurde einmal kurz angeführt, daß diese mit einer Art Quecksilber-Mischung angetrieben wurden (übrigens arbeitet die NASA zur Zeit an einem neuen Treibstoff, der Quecksilber als dominierenden Bestandteil enthält). Im "Mahavira Charita" wird das ganze sehr ausführlich geschildert. Man glaubt fast, einen technischen Konstruktionsbericht zu lesen:

> Drinnen muß man die Quecksilber-Maschine aufstellen, mit ihrem das Eisen erhitzenden Apparat darunter. Durch die Kraftmittel, die im Quecksilber enthalten sind, das den fahrenden Wirbelwind in Bewegung setzt, kann ein Mann, der drinnen sitzt, eine weite Strecke in den Himmel hineinfahren. Vier Quecksilber-Behälter müssen in die innere Konstruktion eingebaut sein. Wenn diese von kontrollierendem Feuer erhitzt worden sind, entwickelt das Vimana Donnerkraft durch das Quecksilber. Wenn diese Eisenmaschine mit sorgfältig verschmolzenen Fugen mit Quecksilber gefüllt wird, und das Feuer in den oberen Teil geleitet wird, entwickelt es die Kraft, mit dem Gebrüll eines Löwen wird es sofort zu einer Perle am Himmel.

Es wurde bereits weiter oben darauf hingewiesen, daß Indien auch über Berichte von regelrechten Atomschlachten verfügt, die sich vor Jahrtausenden abgespielt haben müssen. Das Mahabaratha weiß dazu zu berichten:

> Cukra schleudert den Donner von allen Seiten auf die drei-fache Stadt. Er schleudert sein Geschoß, das die Energie des Weltalls in sich barg, auf die drei Teile der Stadt. Diese fing an zu brennen. Qualm gleich zehntausend Sonnen, loderte grell in die Höhe.

> Heftige Stürme fingen an zu toben; es regnete in Strömen. Donnergrollen wurde hörbar, obwohl der Himmel völlig wolkenlos war. Die Erde bebte. Die Gewässer schwollen mächtig an. Berggipfel teilten sich. Finsternis setzte ein.

Eine andere Textstelle berichtet von einem ähnlichen Vorfall:

> Es war, als seien die Elemente losgelassen. Die Sonne drehte sich im Kreise. Von der Glut der Waffe versenkt, taumelte die Welt im Fieber. Elefanten rannten wild hin und her, um Schutz vor der entsetzlichen Hitze zu suchen. Das Wasser wurde heiß, die Tiere starben, der Feind wurde nieder-gemäht, und das Toben des Feuers ließ die Bäume wie bei einem Waldbrand reihenweise stürzen. Die Elefanten brüllten entsetzlich und sanken in weitem Umkreis tot zu Boden. Die Pferde und Streitwagen verbrannten. Tausende von Wagen wurden vernichtet, dann senkte sich tiefe Stille über das Meer. Die Winde begannen zu wehen, und die Erde hellte sich auf. Es bot sich ein schauerlicher Anblick. Die Leichen der Gefallenen waren von der fürchterlichen Hitze verstümmelt, daß sie nicht wie Menschen aussahen. Niemals zuvor haben wir von einer solchen Waffe gehört und niemals zuvor haben wir eine so grauenhafte Waffe gesehen.

Über die Schreckenswaffen der Götter Indiens äußert sich auch das "Mausola Parva":

> Es war eine unbekannte Waffe, ein eherner Blitzstrahl, ein gigantischer Todesbote, der alle Angehörigen der Rassen Vrishnis und Andhakas in Asche auflöste. Die verbrannten Leichen waren unkenntlich, Haare und Nägel fielen aus, das Geschirr zerbrach ohne offensichtlichen Grund, die Vögel

wurden weiß. Im Verlauf einer Stunde wurden alle Speisen ungenießbar.

Hiroshima vor 5000 Jahren? Man ist geneigt, diese Frage mit "Ja" zu beantworten - mit einer Einschränkung allerdings: Damals waren es jene Fremden aus dem All, die, aus welchen Gründen auch immer, die totbringenden Bomben zündeten. Heute sind wir Menschen es selbst, die wir das "Spiel mit dem (atomaren) Feuer" nicht lassen können und die Kraft des kleinsten Bausteins der Materie zu unserem Schaden statt zu unserem Nutzen verwenden. Man scheint, zumindest auf diesem Gebiet, seit jenen Tagen nicht allzuviel hinzugelernt zu haben.

Indiens Schriften halten noch eine Reihe weiterer Überraschungen bereit. Da ist z.B. von Nervengas die Rede, von Waffen, "die einschläfern (dj Rimbhaka), in tiefen Schlaf versetzen können (prasvâpana) und einer Feuerwaffe, die das "ganze Heer von Koumbahakarna einzuäschern vermag". In seinem Buch "War of Ancient Indian" vergleicht Ramchandra Dikshistar bereits kurz nach dem Ersten Weltkrieg die Waffen Indiens mit den damals modernen. Er setzt die "mohanastra", die ganze Armeen in Bewußtlosigkeit fallen ließ, mit dem Giftgas gleich, berichtete über ein Nebelgeschoß, das einen dichten Tarnungsnebel erzeugte, und die "tashtra", die "imstande war, eine große Zahl von Feinden zur gleichen Zeit zu töten", entspräche ganz offensichtlich den modernen Explosivgeschossen. Die "Vimanas" schließlich, auch das erkannte er richtig, seien nichts anderes gewesen als die Flugzeuge von heute.

Bereits jetzt neigt eine große Anzahl vor allem indischer Wissenschaftler dazu, die alten Überlieferungen wörtlich zu nehmen. Einer von ihnen ist Prof. H.L. Harijappa von der Universität Mysore, der in einem Essay über das Rig-Veda feststellte, daß in einer ferneren Zeit offenbar "Götter häufig auf die Erde kamen und es das Privileg einiger Menschen war, die Unsterblichen im Himmel zu besuchen". Vielleicht werden wir bald Gelegenheit haben, den "Göttern" von damals einen Gegenbesuch abzustatten, mit unseren eigenen, modernen "Vimanas". Die Chancen dafür stehen noch gar nicht einmal so schlecht...

Die Geheimnisse Tibets

Im Norden des indischen Subkontinents liegt Tibet. Ein kleines, seltsames Land, von den Chinesen okkupiert und gegen den Willen der dort Lebenden in das Riesenreich integriert. Auch in diesem Land, das vom Lamaismus geprägt war, schimmern zuweilen die Erinnerungen an eine ruhmreichere, längst verflossene Vergangenheit durch, die uns ebenfalls mit den "Göttern" aus dem All konfrontiert.

In einem in China entdeckten tibetanischen Manuskript von Tueng Huang finden wir die Königsreihe aufgezeichnet, die in Zeiten lange vor dem Dalai Lama das Land beherrschte. Vom ersten dieser Könige wird berichtet:

> Er kam herunter aus dem Himmel als die Erde befruchtender Regen und erster der Väter des Landes. Zuerst erreichte er die Erde. Dann war er Fürst über alles, was unter dem Himmel ist. Dieser Sohn der Götter herrschte über die Länder der Menschen. Dann kehrte er körperlich in den Himmel zurück.

Auf diesen ersten König folgten noch sechs weitere, die, bis auf den letzten, der es vorzog, auf der Erde zu bleiben, "einem Regenbogen gleich" nach Beendigung ihrer Regierungszeit in den Himmel auffuhren. Die Ankunft des ersten Königs der Tibeter wird auch in einem anderen Mythos sehr ausführlich geschildert:

> Aus dem Unerschaffenen heraus entstand ein weißes Licht, und aus dem Grundstoff dieses Lichtes kam ein vollkommenes Ei hervor: Von außen war es strahlend, es war durch und durch gut; es hatte keine Hände und keine Füße und hatte dennoch die Kraft der Bewegung; es hatte keine Schwingen und konnte dennoch fliegen; es hatte weder Kopf, noch Mund, noch Augen und dennoch erklang eine Stimme aus ihm. Nach fünf Monaten zerbrach das wunderbare Ei, und ein Mensch kam heraus...

In seinem Buch "Als die gelben Götter kamen" beschäftigt sich Peter Krassa sehr ausführlich mit dieser Überlieferung und weist darauf hin, daß eine Assoziierung mit einem landenden Raumschiff durchaus angebracht sei. Das weiße Licht könne sowohl als Beleuchtung, als auch als ausströmendes, glühendes Plasma der Antriebsaggregate verstanden werden. Weiter ist die Rede von einem "guten" Gebilde, womit die äußere Form des Schiffes gemeint sein wird. Es brauchte natürlich weder Hände noch Füße noch Schwingen, um sich zu bewegen und weder Kopf noch Mund noch Augen, um eine Stimme (Motorgengeräusche) aus seinem Innern erklingen zu lassen. Mit dem "Zerbrechen" des Eies und dem darauf erfolgten Heraustreten eines Menschen dürften wohl die äußeren Veränderungen gemeint sein, die mit der Öffnung der Luken, dem Herablassen von Leitern, möglicherweise auch dem Herausfahren von Bodenfahrzeugen, verbunden sind, nachdem die Insassen zuvor die Oberfläche der Erde und deren Atmosphäre erforscht hatten.

Dies sind nur einige wenige Berichte aus z.T. uralter Zeit, die bis zu uns nach Europa gedrungen sind. Wieviel noch in völlig unerforschten Schriften und Büchern im Innern der Klöster Tibets lagern mag, kann man nur erahnen. Wollen wir daher mehr über die Geheimnisse dieses Landes erfahren, müssen wir wieder in unsere nähere Vergangenheit zurückkehren, in der (so berichtet uns Peter Kolosimo in "Woher wir kommen") verschiedene Entdeckungen gemacht wurden, die phantastische Schlüsse zulassen.

Im Jahr 1725 fand der französische Forscher Peter Duparc die Ruinen der Haupstadt des alten tibetanischen Volkes der Hsing Nu, die damals, schon lange von den Chinesen ausgerotet, seit Jahrhunderten der Legende angehörten. Die Hsing Nu lebten in Nordtibet und die Funde, die man in ihrem Gebiet gemacht hat, weisen darauf hin, daß es sich bei ihnen um ein sehr intelligentes Volk gehandelt haben muß, den anderen damals in Tibet ansässigen Stämmen sowohl kulturell als auch technisch überlegen.

Als der Mönch vor etwa 250 Jahren in die Hauptstadt dieses sagenumwobenen Volkes eindrang, konnte er noch mehr als tausend, zum Teil silberüberzogene Monolithe emporragen sehen, entdeckte die Grundmauern eines blauen Porzellanturmes, den Königspalast, in dem sich Abbildungen von Sonne und Mond befanden, sowie eine dreistufige Pyramide. Fasziniert jedoch war er vor allem von dem sogenannten "Mondstein", einem schneeweißen

Block, auf dem Bilder unbekannter Pflanzen und Tiere eingraviert waren.

Pater Duparc dürfte der letzte Europäer gewesen sein, der diese rätselhafte Stadt in ihrem ganzen Umfang hat betrachten können. Denn alle später dort eintreffenden Expeditionen fanden nur noch einige behauene Platten, weil der Sand inzwischen die Überreste und Ruinen der uralten Stadt begraben hatte.

Im Jahre 1952 wurde die letzte derartige Expedition organisiert und durchgeführt. Das einzige, was gefunden wurde, war lediglich das obere Ende eines der spitzen Monolithen. Tibetanische Mönche jedoch wußten noch einiges zu berichten, u.a. klärten sie die Teilnehmer über die Bedeutung der noch von Duparc gesehenen Pyramide auf. Die drei Stufen sollen Sinnbild gewesen sein für:

Die alte Erde, als die Menschen zu den Sternen empor- stiegen;
die mittlere Erde, als die Menschen von den Sternen kamen; und die neue Erde, die Welt der fernen Sterne.

Auch über den alten Tempel und dessen Einrichtungen wußten die Mönche noch gut Bescheid. Auf dem Altar, und hier decken sich die Angaben wieder mit denen Duparcs, soll sich "ein Stein, der vom Mond heruntergeholt" (nicht gefallen, wie bei einem Meteoriten) befunden haben. Es sei ein weißes Gebilde gewesen, auf dem die Tier- und Pflanzenwelt des "Göttersterns" dargestellt worden war. Den Tempel, so bezeugten die Lamas schließlich, hätten einst Obelisken in Form feiner und silberverkleideter Spindeln umgeben.

Über einen anderen Gegenstand, der für die Prä- Astronautik von Interesse sein kann, berichtet Andrew Tomas in seinem Artikel "Dorje - The Heavenly Rod". Es handelt sich um den sogenannten "Dorje", von dem Nachahmungen in jedem buddhistischen Tempel angetroffen werden können und der neben der Glocke, dem sakralen Messer und anderen religiösen Utensilien auf den lamaistischen Altären zu finden ist.

Der Dorje ist ein kleiner Stab, an dessen Enden zwei Kugeln in Form einer Lotusblüte angebracht sind, deren Zusammen- setzung von Messing und Eisen bis zu Silber und Gold variiert. Von den tibetanischen Buddhisten wird erklärt, der Dorje symbolisiere lediglich die Vorherrschaft des Geistes über die Materie, und nur wenige, etwa die Angehörigen der in Sikkim lebenden Karyutpa-Sekte, deren Zeichen ein aus zwei Dorje gebildetes Kreuz ist, kennen sein wirkliches Geheimnis. Denn aufgrund der Verwendung von Kupfer und Zinn in einigen dieser tibetanischen Zepter wird vermutet, daß der Dorje eine Art elektrischer Apparatur ist. Andrew Tomas schreibt hierzu wörtlich:

> Während meiner drei Reisen ins Himalaja-Gebirge in den vergangenen zwanzig Jahren hörte ich beiläufig oft die etwas seltsame Bemerkung einiger jüngerer Lamas über die "Wiederaufladung des Dorje". Wollte ich mehr darüber erfahren, zeigte man mir leider nur ein verschlossenes Gesicht und erklärte: "Uns ist nicht erlaubt, darüber zu sprechen."

> Es ist denkbar, daß das Dorje eine Art Instrument zur Manipulation von Energie ist, über die wir hier im Westen nur sehr wenig wissen... In einem alten Manuskript der Mahayana-Buddhisten sind Passagen wie diese zu finden: "Nach der Waschung im Heiligen Wasser verbreitet das Dorje eine helle Strahlung." Andere Texte geben die rätselhafte Beschreibung lamaistischer Einweihungsriten wieder, bei denen die roten und gelben Kutten der Mönche von glühenden Dorje erleuchtet werden. Diese und ähnliche Phänomene (also Licht, Elektrizität, Elektro-Magnetismus und auch Gravitation) können von einem erfahrenen Lama mit Hilfer des mysteriösen Stabes erzeugt werden.

> Dabei dürfte bereits jetzt erkennbar sein, daß die vorangegangenen Erklärungen nur jene wenige Zepter betreffen, die die wirklichen Eingeweihten benutzen, nicht die vielen Souvenirs oder Tempel-Geräte. Nach der Überlieferung wurden einige Dorje vor vielen Jahrhunderten aus dem Himmel zur Erde gebracht. Noch heute gibt es in Tibet einen Ort mit dem Namen Darjeelig (d.h.: Stätte des Dorje), in dem einer dieser Zepter den Menschen übergeben wurde. Der berühmteste himmlische Dorje soll im Palast von Lamasere in Empfang genommen, später jedoch in das Galdan-Kloster bei Lhasa gebracht worden sein. Es muß

noch hinzugefügt werden, daß der Dalai Lama auch als "Träger des Dorje" bezeichnet wird.

Die Überlieferungen von Tibet sprechen häufig von Lung-ta, einem geflügelten Pferd - Bote der Götter -, das durch das gestirnte Universum reiste. Lung-ta, wahrscheinlich Synonym für ein Raumschiff, wird zugeschrieben, einst mehrere Gegenstände zur Erde gebracht zu haben. Das Dorje war vielleicht eines der außerirdischen Relikte...

Daß diese letzte Hypothese nicht unmöglich ist, beweisen die alten Bücher des Landes, von denen ich Anfang 1976 einige in der indischen Bibliothek des Dalai Lama sehen konnte. Sie dürften Aufzeichnungen über die Besuche der Astronauten der Frühzeit enthalten. Auch die folgenden, 1300 Jahre alten Zeilen weisen auf sie hin, auf diese Besucher aus dem All, die eines Tages zu ihrem fernen Planeten zurückflogen, nur Legenden und einige "Souvenirs", unter ihnen die Dorje-Zepter, zurücklassend:

Sie kamen zur Erde wie der Tag,
Wie die Nacht kehrten sie zum Himmel zurück.
Sie verschwanden gleich dem Regenbogen,
Hinterließen keine Gräber.
Sie waren sieben himmlische Könige.

Eines ist sicher: sollte es irgendwann einmal wirder möglich sein, das heute verbotene Land Tibet zu betreten, es würden sich uns Dinge offenbaren, über die wir hier nichts wissen, ja, von denen wir nicht einmal etwas ahnen...

Nazca - Landeplatz nur für Ballone?

"Das Volk der Maya und Inka", so behaupten die beiden amerikanischen Archäologen Craig und Eric Umland, "kam einst aus dem Weltall. Sie sind Nachfahren von Astronauten, die vor vielen Jahrtausenden auf diesem Planeten landeten."

Auch wenn man nicht so weit gehen will und die in Mittel- und Südamerika lebenden Völker als Nachkommen von Wesen aus

118

dem All zu bezeichnen, so steht doch zumindest fest, daß Mayas und Inkas zu den rätselhaftesten Stämmen der Erde zu zählen sind. Ihre Bauwerke vor allem sind es, die sie dazu machen: Mächtige Pyramiden, Tempel, Städte und Festungen, Tiahuanaco, Sacsayhuaman und Macchu Picchu im Süden, Städte wie Palenque, Chichen Itza, Uxaml und die Pyramidenstadt der Azteken, Teotihhuacan, in Mexiko und Guatemala.

Von all diesen heute verlassenen Orten geht eine merkwürdige Faszination aus. Es ist bereits viel hierzu geschrieben worden, so daß es nicht nötig sein wird, hier näher darauf einzugehen. Wir werden uns daher nur am Rande damit beschäftigen.

Behandeln aber müssen wir die ebenfalls schon häufig rezitierte "Ebene von Nazca", einfach aus dem Grund, weil inzwischen der Versuch gemacht wurde, sie anders als in der von Erich von Däniken und der Prä-Astronautik vorgeschlagenen Weise zu interpretieren. Daher kurz zur Sachlage:

Auf der hoch in den Anden (Peru) gelegenen Pampa-Ebene von Nazca (benannt nach einem kleinen Ort in der Nähe) existieren in den Boden gescharrte, z.T. kilometerlange, parallele, sich schneidende, geometrische Figuren bildende, plötzlich beginnende und ebenso plötzlich endende Linien, sowie eine große Anzahl von stilisierten Tierfiguren (Vögel, Affen, Insekten usw.)

Man hatte zunächst versucht, das ganze als riesigen astronomischen Kalender zu deuten, doch Computerberechnungen haben inszwischen ergeben, daß keine der Linien zu einem auf- oder untergehenden Stern, zur Sonne oder zum Mond weist. Auch die Hypothese, es könne sich vielleicht um Inka-Straßen gehandelt haben, ist abzulehnen, da Straßen wohl kaum plötzlich enden und geometrische Figuren bilden.

Erich von Däniken und andere schlugen daher vor, in der ganzen Anlage einen prähistorischen Flugplatz zu sehen. Es gibt sehr breite, lange Linien, die in der Tat an die Rollbahnen für Flugzeuge, oder, noch treffender, an Landebahnen für den "Space-Shuttle" erinnner.

Zweifellos jedoch sind für einen Landeplatz keine riesigen Spinnen-, Vögel- oder sonstige Zeichnungen nötig. Doch auch hier bietet sich eine Erklärung an: Die Tierfiguren wurden nicht von den außerirdischen Astronauten selbst, sondern später von den dort lebenden Eingeborenen angefertigt, in der Hoffnung, die "Götter" würden sie bemerken und vielleicht zurückkehren. Auch die meisten der langen und sich kreuzenden Linien dürften von ihnen sein, nicht von den prä-astronautischen Raumfahrern.

Von Bedeutung für diese Auslegung eines Flug- oder Landeplatzes ist auch der viele hundert Kilometer entfernte "Dreizack von Pisco", ein ebenfalls in den Sand gescharrter riesiger Kandelaber, der, offenbar für aus dem Weltraum kommende Schiffe, als Einflugzeichen fungierte, zumal er genau nach Nazca weist.

Sehr verdient gemacht um die Erforschung und Erhaltung der Nazca-Zeichen hat sich die seit vielen Jahren dort arbeitende Frau Dr. Maria Reiche. Dennoch war nicht sie es, die jetzt eine Widerlegung der Däniken-Thesen versuchte, sondern die beiden Engländer Jim Woodman und Julian Knott. Übereinstimmend mit der Tatsache, daß man die Nazca-Symbole nur aus der Luft betrachten kann, schlossen sie, daß sich die Inkas tatsächlich über den Boden haben erheben können. Da es damals ihrer Meinung nach aber weder Flugzeuge noch Raumschiffe gegeben haben kann, muß dies auf einem anderen Weg geschehen sein. Die einzige Lösung, die sich anbot: Die Inkas benutzten Heißluftballone!

In der Tat gibt es in altinkaischen Überlieferungen Hinweise darauf, daß man lange vor dem Eintreffen der Spanier mit Ballonen geflogen ist. Woodman und Knott entwickelten daraufhin die These, Nazca habe den Inkas als überdimensionaler Friedhof gedient, von dem aus die toten Inka-Könige mit Ballons der Sonne (die sie bekanntlich anbeteten) entgegenflogen.

Aus alten Stoffresten bastelten sich die beiden Forscher schließlich einen solchen Heißluftballon und erhoben sich für einige Minuten in den Himmel über Nazca. Däniken, so konnte man vielerorts lesen, sei damit widerlegt.

Tatsächlich? Es ist richtig, einiges deutet darauf hin, daß die Inkas Heißluftballone besessen haben und damit geflogen sind. Aber - hat Erich von Däniken oder irgendjemand auf dem Gebiet der Prä-Astronautik jemals behauptet, dies sei **nicht** der Fall gewesen? Wäre dies der Sachverhalt, könnte man meinetwegen behaupten: Däniken widerlegt. Dem ist jedoch nicht so.

Gehen wir etwas näher auf die von Woodman und Knott vorgebrachte These ein. Nazca soll also ein Platz gewesen sein, von dem aus die Priesterkönige der Inkas der Sonne entgegenflogen, um somit (denn sie nannten sich "Söhne der Sonne") in ihre Heimat zurückzukehren. So weit - so schlecht. Denn die Inkas werden wohl kaum so dumm gewesen sein, dies tatsächlich zu glauben. Sie waren sich im klaren, daß ihr Ballon irgendwann (bei Woodmans Konstruktion war es bereits nach wenigen Minuten) zur Erde zurückkehren mußte, vielleicht im Gebirge zerschellen würde oder ins Meer stürzte. - Heimkehr zur Sonne? Sicherlich nicht. Nein, eine solch unwürdige Art der Bestattung haben die Inkas ihren Herrschern nicht angedeihen lassen.

Zudem - seit wann benötigen Ballone Landebahnen? Kann man die in Nazca befindlichen Tiere eventuell noch in irgendeiner Symbolik zum Totenkult verstehen (obwohl es sonst nirgends, auch nicht in Peru, Hinweise darauf gibt), so sind die kilometer-langen Linien ohne Sinn und Zweck, und das, obwohl sie weitaus häufiger auftreten als die Tierfiguren.

Die alten Inkas mögen Ballone besessen haben, Nazca hat damit aber herzlich wenig zu tun. Es ist möglich, daß man auf den Gedanken verfallen war, mit den Ballonen zu den "Göttern" im Himmel zu gelangen, aber ein solches Unterfangen wird man sicherlich sehr schnell wieder aufgegeben haben. Andernfalls hätte man bereits sehr viel früher und häufiger auf Hinweise und Spuren eines solchen Ballon-Kultes treffen müssen. Dies aber ist nicht der Fall.

Palenque - Föhnsturm oder "mythologisches Ungeheuer?"

Auch in einem anderen Fall wurde unterdessen mehrfach versucht, Erich von Däniken zu widerlegen. Gemeint ist das Bildnis auf der Grabplatte zu Palenque. In der Pyramide der Inschriften befindet sich die letzte Ruhestätte eines Mannes, über dessen gesellschaftliche Position man sich noch nicht einig ist. Der Deckel des Grabes ist mit einer reichen Ornamentik verziert. Auf ihr ist ein

Mensch zu erkennen, der ganz offensichtlich in einem Raumschiff sitzt, aus dessen hinterem Ende Feuerbündel schießen, ein Mensch, der Hebel und Pedalen bedient und dessen Nase an ein Sauerstoffzufuhrgerät angeschlossen ist. Natürlich konnte auch diese Interpretation nicht ohne Widerspruch bleiben, und so versuchte bereits 1973 Hans-Henning Pantel, Spezialist für Maya-Zeichen, eine eigene Auslegung zu liefern. Ähnlich wie im vorausgegangenen Fall wurde auch diese von der Fachwelt ohne Widerspruch aufgenommen und entsprechend publiziert. Pantel behauptet, bei dem Toten von Palenque handele es sich um einen Fürsten namens "Adlerklaue", der bei einem Föhnsturm umgekommen sei.

Dies mag stimmen, nur, auch in Pantels Übersetzung wimmelt es wieder von den uns schon bekannten "fliegenden Schlangen", die "Hitzestrahlen aussenden" und "am Himmel auf- und abfliegen". Selbst die in der von Pantel vorgelegten Version erscheinenden "sechs Sonnen" (möglicherweise ein Synonym für startende oder landende Raumfahrzeuge) könnten uns einen Hinweis darauf geben, daß die prä-astronautische Deutung der Grabplatte so unrichtig doch nicht ist.

Inzwischen hat man bereits ein neues Thema für das Bildnis in Palenque gefunden. Plötzlich ist man sich sicher, es handele sich um einen Maya-Prinzen oder eine Prinzessin, der oder die in den geöffneten Rachen eines mythologischen Untiers fällt. Ja - was es alles gibt! Die Maya, die als einziges "mythologisches Untier" die "gefiederte Schlange" kannten, zeichnen auf einmal ein nirgends zuvor aufgetauchtes Monster und lassen, zu allem Überfluß, auch noch einen ihrer Fürsten (der sich, man staune, völlig unversehrt im Grab befindet) darin verschwinden.

So leicht kann man es sich beim besten Willen nicht machen. Schließlich ist es nicht nur der amerikanische Flugingenieur John Sanderson, der Däniken ernst nahm und eine technische Zeichnung der Palenque-Kapsel anfertigte, in der jedes Detail Verwendung fand. Das gleiche hatten bereits Jahre zuvor sowjetische Wissenschaftler versucht - mit dem gleichen Ergebnis wie Sanderson.

In diesem Zusammenhang ist es übrigens interessant, die von Sanderson entworfene Außenverkleidung mit dem vor allem auf Java, aber auch in anderen Teilen Asiens auftretenden "Stupas" zu vergleichen. Es handelt sich um glockenförmige Gebilde, die, beispielsweise auf dem Borubodur-Tempel in Java, eine verblüffende Ähnlichkeit mit der Rekonstruktion des Palenque-Raumschiffs aufweisen. Und auch dies sollte hinzugefügt werden: Der Tempel auf Java und der "Tempel der Inschriften" in Palenque wurden zur gleichen Zeit, etwa im 7. nachchristlichen Jahrhundert erbaut. Von Bedeutung ist fernerhin, daß sich in jeder dieser "Stupas" oder "Dagobas" eine Buddha-Figur befindet, und die Frage, ob sie einen Astronauten in seinem Raumschiff, eventuell sogar den "Fliegenden Gott von Palenque" symbolisiere, sollte nicht so ohne weiteres von der Hand gewiesen werden.

Wir müssen noch einmal auf diesen "Gott von Palenque" zurückkommen. Es gibt nämlich noch weitere, leider nur wenig beachtete Hinweise, die die Richtigkeit der prä-astronautischen Auslegung des Reliefs bestätigen. Eines dieser Indizien ist der Bericht, den der Entdecker des Grabes, der Archäologe Alberto Ruz Lhuiller, über den Toten von Palenque anfertigte:

Wir waren von seiner Statur überrascht, die größer war als die durchschnittlichen Maya von heute, und auch der Umstand, daß seine Zähne nicht abgefeilt oder mit Inkrustationen von Schwefelkies oder Jade versehen waren, da diese Sitte (wie auch die künstliche Deformation des Schädels) bei Personen der oberen sozialen Schichten üblich war... Schließlich kamen wir zu der Auffassung, daß die Persönlichkeit vielleicht nicht dem Mayavolk angehört hatte, obwohl es klar ist, daß sie als einer der Könige von Palenque gestorben ist.

In seinem Buch "Als die gelben Götter kamen" berichtet Peter Krassa sehr ausführlich hierüber, und in einem Gespräch mit dem bekannten Mitglied der Akademie der Wissenschaften der UdSSR, Prof. Alexander Kasanzew, erfuhr der Autor interessante Neuigkeiten, die weitere wichtige Hinweise auf die außerirdische Herkunft des "raketenfahrenden Gottes" geben. In der Sowjetunion nämlich wurde seinerzeit von dem prominenten Archäologen und Skulpturexperten Andanik Dshagarjan eine Rekonstruktion des Gesichts des Toten nach der im Grab gefundenen Maske angefertigt. Wörtlich schreibt Krassa:

Es ist fürwahr erstaunlich, was mir Kasanzew anhand dieser Rekonstruktion zu zeigen hat. Das von Andanik Dshagarjan entworfene Bild von den Gesichtszügen des Palenque-Toten ist, anatomisch gesehen, ungewöhnlich. Die Nase, beispielsweise, beginnt bereits über den Augenbrauen. Sie teilt die Stirn des Unbekannten sozusagen in zwei Hälften. Derartige Rassenmerkmale sind uns bislang auf der Erde unbekannt.

Kasanzew hat jedoch auch noch ein weiteres gewichtiges Argument in der Hand, das die Entzifferung Pantels und anderer zumindest stark entkräftet. Zu Krassa sagte der Wissenschaftler:

Nur sehr wenige Menschen wissen darüber Bescheid, daß unsere Datenverarbeitungsanlagen in Nowosibirsk die Hieroglyphen auf dem Sakrophag von Palenque entschlüsseln konnten. Diese Hieroglyphen haben sich allesamt **als kosmische Symbole** erwiesen... Das bedeutet jedoch, daß es sich bei der Reliefdarstellung weder um den Mais- oder Lebensbaum handelt, noch um angebliche menschliche Überlegungen über die Unsterblichkeit. Vielmehr kann nun die Schlußfolgerung gezogen werden, daß die entschlüsselten Hieroglyphen ausschließlich kosmische Themen behandeln.

Was eigentlich, so bin ich gelegentlich schon gefragt worden, will man noch "bewiesen" haben. Ständig werden irgendwo auf der Welt neue Funde und Entdeckungen gemacht, die die Richtigkeit der prä-astronautischen These bestätigen - etwa in Nordamerika.

Mit dem "Lichtboot" nach Kanada

In der kleinen, ca. 160 km von Montreal gelegenen kanadischen Kleinstadt Churbrook schlagen seit einigen Jahren die Wogen der Erregung hoch. Anlaß ist die geglückte Entzifferung dreier auf ein Alter von 3000 Jahren geschätzter Steintafeln, die schon vor 30 Jahren in einer Grube in der Nähe des Ortes gefunden worden waren.

Daß erst jetzt die Entschlüsselung gelungen ist, liegt daran, daß die auf den drei Tafeln eingeritzten Schriftzeichen zunächst keiner anderen Schrift auf der Erde zugeordnet werden konnten. Erst hielt man sie für die Botschaft eines inzwischen ausgestorbenen Indianerstammes, doch dann meldete sich der russische Professor Putow und erklärte, ähnliche Zeichen gebe es auch auf Tafeln, die in den Höhlen des Ural-Gebirges aufgefunden worden seien. Kurz darauf gab der japanische Professor Ikito bekannt, ein vor 2500 Jahren ausgestorbenes Zwergenvolk in Korea habe genauso geschrieben. Man konnte sich nicht einigen, und der Leiter der archäologischen Lavalle-Universität in Quebec meinte noch vor wenigen Jahren, daß es wohl nie gelingen werde, den Inhalt der Schrift befriedigend zu erklären.

Doch dann entwickelte Prof. Thomas Lee, ebenfalls Wissenschaftler an der Lavalle-Universität, eine neue These, die sich für seine Kollegen allerdings unglaublich und phantastisch anhörte: "Das ist überhaupt keine indianische Schrift. Das sieht eher aus wie die uralte Schrift eines fernen Volkes aus der Gegend des Mittelländischen Meeres."

Von dieser neuen Version fasziniert, reiste ein Professor der Haward Universität, Dr. Howard Fell, nach Kanada und stellte Vergleiche mit anderen Schriften aus den verschiedensten Teilen der Erde an. Nach langen, mühseligen Studien veröffentlichte er schließlich vor etwa viereinhalb Jahren den von ihm entschlüsselten Text der drei Tafeln. Jeder der Steine enthält einen Satz. Der erste lautet:

Expedition im Dienste des Fürsten Hiram, um neue Gebiete zu unterwerfen.

Der zweite:

Niedergeschrieben von Hata, der diesen Fluß herauf-
gefahren ist und sein Lichtboot hier landete.

Und der dritte:

Hanno, Sohn von Tamu, hat diesen Gipfel erreicht und das
Signal für die Heimat gegeben.

Prof. Fell meinte dazu, die Schrift sei auf phönizische
Einwanderer zurückzuführen, die lange vor Columbus und dem
Wikinger Erich dem Roten Amerika entdeckten. Vergleiche böten
sich auch mit in Süd- und Mittelamerika gefundenen Steintafeln an.
In Brasilien beispielsweise wurde eine solche Inschrift gefunden, auf
der man Sätze wie: "Wir sind... von Sidon... Der Handel hat uns an
diese entfernte Küste verschlagen, ein Land von Bergen..." ent-
ziffern konnte.

Dennoch meldete sich der chinesische Professor für
Archäologie und Vorzeitforschung, Tschi-Wu-san aus Schanghei
zu Wort. Er warf Prof. Fell vor, sich nicht genügend um den Inhalt
der entschlüsselten Schrift aus Kanada gekümmert zu haben. Was
zum Beispiel sei mit dem "landenden Lichtboot" und mit dem
"Signal an die Heimat" gemeint?

Der chinesische Wissenschaftler wies darauf hin, daß bereits
1200 v. Chr. das koreanische Volk der Tatiken über die Möglichkeit
verfügt habe, aus Blitzen und Luftelektrizität Energie in "Mineral-
klumpen" zu speichern, eine Methode der Energieerhaltung, die
uns heute vollkommen unbekannt ist. Die Tatiken waren auch vom
Körperbau her sehr ungewöhnliche Menschen, nicht größer als
1,45 m, sehr schmalgesichtig und langköpfig und mit derart schräg-
stehenden Augen ausgestattet, wie es sonst kein Volk auf der
ganzen Erde hatte oder hat. Prof. Wu-san schloß seinen Bericht
hierzu mit, wie ich meine, durchaus treffenden Worten:

Auf die Erforschung derartiger Sensationen wollen sich bis
heute westliche Wissenschaftler nicht einlassen. Sie müßten
nämlich versuchen, die Grenzen ihrer Schulweisheit zu
durchstoßen. Das aber ist selbst uns bisher noch nicht
gelungen. Nur sind wir aufgeschlossener Unerklärlichem
gegenüber.

Das "Lichtboot" und das "Signal an die Heimat" gehören mit zu diesen von Wu-san gemeinten Sensationen. Denn auch auf den viele tausend Jahre alten chinesischen Makan-Tafeln wird ein solches Lichtboot erwähnt. Offenbar handelte es sich um eine Art kombiniertes Wasser- und Fluggerät, das sich vermittels lichthellen Strahlen (Raketenantrieb?) fortbewegte. Noch interessanter ist jedoch, daß auf den gleichen Tafeln ebenfalls Hiram, der "Himmelsfürst", erwähnt wird. Nur ein merkwürdiger Zufall oder mehr? Waren Hiram und Hata vielleicht "nicht näher identifizierbare Himmelsgesandte, über deren Sterblichkeit man rätseln könnte", wie Prof. Wu-san es annimmt?

Die Motoren der alten Völker

Wie dem auch sei, der Hinweise gibt es viele. Kehren wir noch einmal nach Mittelamerika zurück. Auf der zweiten Weltkonferenz der "Ancient Astronaut Society", (3) einer weltumfassenden Organisation, die sich darum bemüht, den endgültigen Beweis für die Richtigkeit der Prä-Astronautik zu erbringen und der vornehmlich Wissenschaftler und Autoren rund um die Welt angehören, 1975 in Zürich, stellte der inzwischen promovierte Dr. Friedrich Egger einen Motor vor, der in der Fachsprache mit dem schlichten Namen "Rotationskolbenmotor" bedacht wurde. Es ist sicherlich nichts außergewöhnliches, wenn Physiker neue Antriebsaggregate entwickeln, doch Eggers Modell hatte zweifellos eine Besonderheit aufzuweisen: Es war aufgrund einer alten Maya-Zeichnung aus dem schon im letzten Kapitel zitierten Troano-Manuskript rekonstruiert worden!

Die Entdeckung des Motors verdankt Egger allerdings zwei anderen Männern. Zum einen dem französischen Schriftsteller Robert Charroux, der in seinem Buch "Die Meister der Welt" Auszüge aus dem Maya-Schriftstück brachte und bereits damals die Zeichnung als "Motor" klassifizierte, und andererseits Eggers Freund Klaus Keplinger, dem, mitten in der Nacht, die Idee kam, man könne doch versuchen, das Gerät wirklich nachzubauen.

Egger machte sich daraufhin an die Arbeit und entwickelte den oben genannten "Rotationskolbenmotor", den eine Insbrucker Tageszeitung bereits ausführlich behandelte und als "Motor der Zukunft" lobte. Nach Eggers Angaben entwickelt der mit Dampf betriebene Motor bei einem Betriebsdruck von 10 Atmosphären schon bei fünfhundert Umdrehungen rund 400 PS - und das bei einem Hohlraumdurchmesser von nur vierzig Zentimetern. In mehreren Ländern wurden bereits Patente erteilt.

Dennoch ist Egger mit Recht nicht bereit, diesen "Maya-Motor" als unumstößlichen Beweis dafür zu werten, daß die mittelamerikanischen Völker tatsächlich ein solches Gerät entwickelt hatten. Schließlich sei noch kein derartiger Motor gefunden worden. Das allerdings dürfte auch nicht ganz leicht sein, denn das den Mayas für den Bau eines derartigen Aggregats zur Verfügung stehende Material war lediglich Holz, und in dem feuchtheißen Klima Mexikos wird es schwierig werden, hiervon noch Überreste zu entdecken. Andererseits gibt es aber auf mexikanischen Steinstelen Abbildungen von Eisenketten, und damit steigt die Hoffnung, daß man eines Tages vielleicht doch einen "Maya-Motor" im Original findet.

Auch in einem anderen Fall ist eine Motor-Rekonstruktion geglückt. In "Meine Welt in Bildern" schreibt Erich von Däniken zu der Zeichnung auf einem toltekischen Tonteller:

Mit Archäologenblick ist es ein "verzierter Tonteller". Ich bitte, meiner Betrachtungsweise einmal zu folgen. Man decke den inneren Kreis mit dem Indianergesicht ab; was übrig bleibt, im äußeren Kreis, vermittelt den Eindruck einer elektrischen Apparatur. Alle Details zum Betrieb sind erkennbar...

Der schwedische Ingenieur Reinhold Carleby beschäftigte sich daraufhin eingehend mit der Tolteken-Gravur. Das Ergebnis: Der rund 2 000 Jahre alte Teller stellt in der Tat einen Elektromotor dar!

Carleby meint, der innere Kreis mit dem Indianergesicht ließe sich leicht als der Rotor eines Elektromotors identifizieren. Der um ihn herum gelegte Ring sei der Stator und das äußere Muster schließlich stelle das Gehäuse des Motors dar.

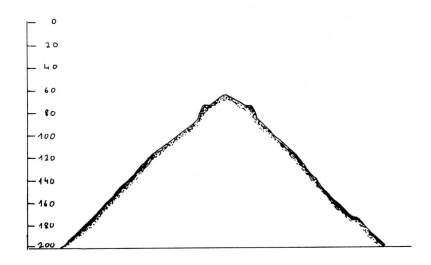

Oben: Die untermeerische Pyramide östlich von Bimini. Sie wurde auf Sonar-Profilen entdeckt und befindet sich etwa 200 Meter unter dem Meeresspiegel.

(Zeichnung nach einer Sonaraufnahme von Gene Condon)

Unten: Rekonstruktion der Atlantis-Insel nach Otto Muck.

(Quelle: Readers Digest)

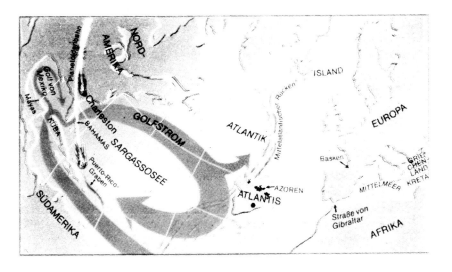

140 Millionen Jahre alte menschliche Fußspuren am Paluxy-River, Texas (zum Vergleich der Fuß eines jungen Mädchens). Spuren wie diese belegen, daß es Menschen schon lange vor den heute angenommenen Zeiten gegeben haben muß.

(Foto: Wolfgang Siebenhaar)

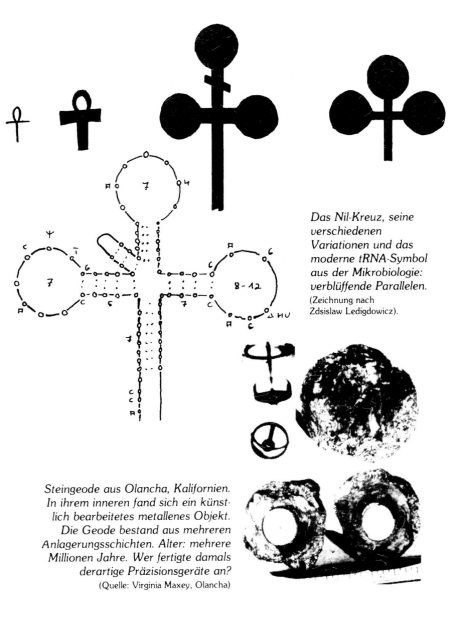

Das Nil-Kreuz, seine verschiedenen Variationen und das moderne tRNA-Symbol aus der Mikrobiologie: verblüffende Parallelen. (Zeichnung nach Zdsislaw Ledigdowicz).

Steingeode aus Olancha, Kalifornien. In ihrem inneren fand sich ein künstlich bearbeitetes metallenes Objekt. Die Geode bestand aus mehreren Anlagerungsschichten. Alter: mehrere Millionen Jahre. Wer fertigte damals derartige Präzisionsgeräte an? (Quelle: Virginia Maxey, Olancha)

Rechts: Felszeichnung aus den Bergen von Bartasar (Armenien). Neben zahlreichen Stern- und Himmelsdarstellungen fand sich auch dieses Abbild der Erde als Kugel.
(Quelle: Ulrich Dopatka).

Rammbock oder panzerähnliches Fahrzeug mit Geschütz-vorrichtung? Die Bibel beschreibt solche Fahrzeuge, wie sie hier auf einem babylonischen Relief dargestellt sind.
(Foto: Erich von Däniken)

Landebahn des amerikanischen Space-Shuttle "Columbia" auf einem ausgetrockneten Salzsee in Kalifornien. Die Parallelen zur Hochebene von Nazca sind unübersehbar.
(Quelle: NASA)

Unten: Die landebahnähnlichen Markierungen auf der Ebene von Nazca.
(Foto: Wolfgang Siebenhaar)

Götterfigur aus Mexiko.
(Foto: M.A. Loef, Mexiko-City)

Oben: Der schwedische Ingenieur Reinhold Carleby mit dem von ihm rekonstruierten Tolteken-Elektromotor.
(Foto: Sundberg)

Nebenstehend: Tolteken-Teller mit technisch anmutenden Gravuren.
(Foto: Erich von Däniken)

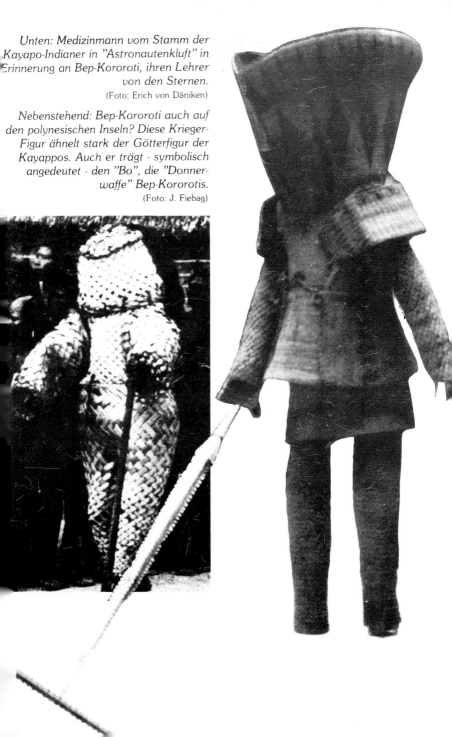

Unten: Medizinmann vom Stamm der Kayapo-Indianer in "Astronautenkluft" in Erinnerung an Bep-Kororoti, ihren Lehrer von den Sternen.
(Foto: Erich von Däniken)

Nebenstehend: Bep-Kororoti auch auf den polynesischen Inseln? Diese Krieger-Figur ähnelt stark der Götterfigur der Kayappos. Auch er trägt - symbolisch angedeutet - den "Bo", die "Donner-waffe" Bep-Kororotis.
(Foto: J. Fiebag)

Mittelamerikanische Götterfigur. Deutlich erkennbar ist der enganliegende Helm und der viereckige Brustkasten. Büste eines außerirdischen Astronauten?
(Quelle: Erich von Däniken)

Die Monumentalanlage von Stonehenge in Südengland. Einst Landeplatz außerirdischer Astronauten?
(Foto: J. Fiebag)

Japanische Tusche-Zeichnung mit einem diskusförmigen himmlischen Objekt und
em seltsamen Menschen mit Flügeln, dem Symbol des Fliegens.

Wiedergabe eines
fliegenden Objekts
aus einem Sagen-
buch des 18. Jahr-
hunderts. Die Dar-
stellung der vier
Propeller erinnert
an das von Josef
F. Blumrich re-
konstruierte
Ezechiel-
Raumschiff.

*Elias verläßt in einem "feurigen Wagen" die Erde. Nur ein
"mythologisches Gleichnis" oder reale Heimkehr zu den Sternen?*
(Quelle: Space Club)

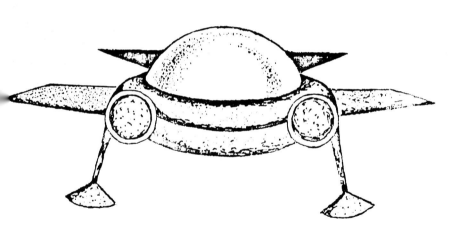

Babylonische Flugscheibe (oben) und moderne Interpretation.
(Quelle: Mario Bosniak)

Die Grabplatte von Palenque und die moderne, technische Interpretation.
(Quelle: Lazlo Toth, Ungarn)

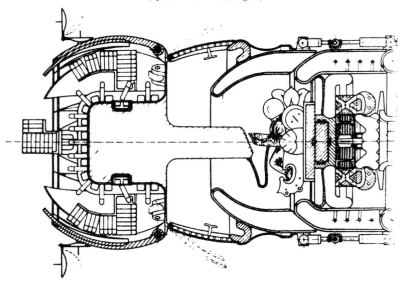

Sowjetische Rekonstruktion des Gesichts des Toten von Palenque. Die Rassen-merkmale sind auf der Erde unbekannt.
(Quelle: Peter Krassa)

Foto unten: Der "Tempel der Inschriften" in Palenque. Hier befindet sich die berühmte Grabplatte des "fliegenden Gottes".
(Foto: Wolfgang Siebenhaar)

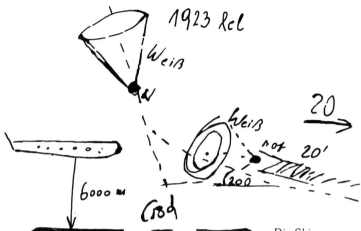

Die Skizze von Flugkapitän A. Raab, die dieser nach seiner UFO-Sichtung vom 18. März 1972 über Österreich anfertigte.

(Zeichnung nach A. Raab)

Oben: Darstellung des aztekischen Regengottes - oder Abbildung einer technischen Apparatur mit Kabeln, Schläuchen und Zahnrädern? Wandmalerei aus Teotihuacan, Mexiko, vermutlich um 700 n.Chr.
(Foto: J. Fiebag, Völkerkundemuseum, Berlin)

Nebenstehend: Indischer Götterwagen. Auch er besitzt Räder, wie sie vom Ezechiel-Raumschiff her bekannt sind.
(Foto: J. Fiebag, Völkerkundemuseum, Berlin)

UFO-Fotoserie von M.A. Giannuzzi. Die Sichtung erfolgte im März 1975 über Lecce (Italien).
(Fotos: CSFC, Valverde, Italien)

*Fotoserie eines ge-
landeten UFOs mit
einem das Schiff ver-
lassenden Außer-
irdischen, auf-
genommen von dem
Italiener E. Monguzzi.*
(Foto: Lou Zinsstag,
Basel)

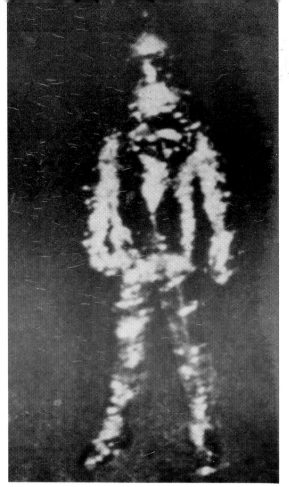

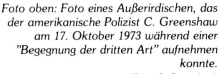

Foto oben: Foto eines Außerirdischen, das
der amerikanische Polizist C. Greenshaw
am 17. Oktober 1973 während einer
"Begegnung der dritten Art" aufnehmen
konnte.

(Foto: C. Greenshaw)

Graphik: So soll die Mehrzahl der in der
Umgebung von UFOs beobachteten Extra-
terrestrier aussehen: Klein, mit großem
Kopf, großen Augen, angedeuteten Nasenlöchern und dünnlippigem Mund. Besucher
von den Sternen?

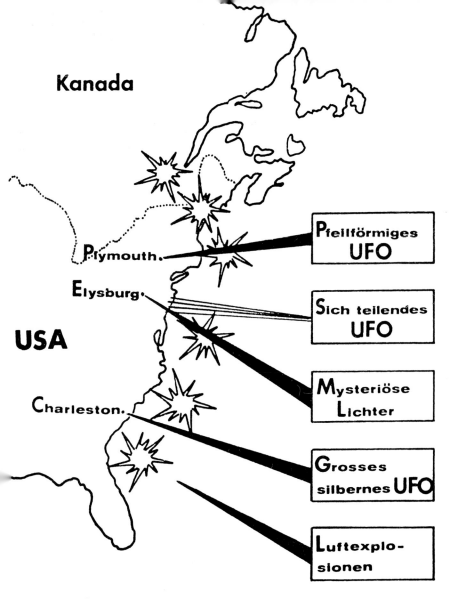

Die Ostküste der Vereinigten Staaten und Kanadas. Hier wurden im November/Dezember 1977 - ähnlich wie zuvor über der Bundesrepublik mysteriöse Luftexplosionen registriert.

(Zeichnung: P. Fiebag)

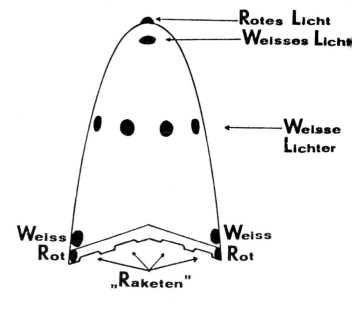

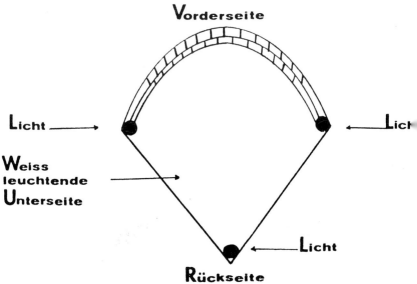

Rekonstruktion des "pfeilspitzenförmigen" Objekts der Plymouth-Sichtung vom 2. Dezember 1977, die in engem Zusammenhang mit den Himmelsexplosionen in Amerika steht.

(Zeichnung: Peter Fiebag)

Der Geologe Dr. Harrison Schmitt im Taurus-Littrow-Gebiet auf dem Mond. Entdeckten die Astronauten hier Spuren außerirdischer Besucher? (Foto: NASA)

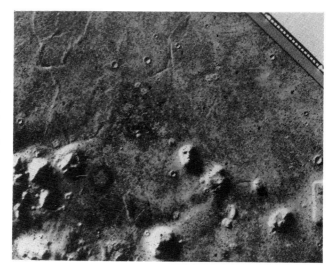

Das berühmte "Mars-gesicht" - wahr-scheinlich eine optische Täuschung, die durch das Spiel von Licht und Schatten hervor-gerufen wird. Bemerkenswert ist dagegen die recht-eckige Struktur auf der östlichen Bildseite. (Foto: NASA)

Rekonstruktionsmodell eines Außerirdischen (Hopkinsville-Fall).
(Foto: Wolfgang Siebenhaar)

Oben: Ein Coelacanth, ein Quastenflossler, den man seit 345 Millionen Jahren für ausgestorben hielt. Seine Existenz beweist, daß auch heute noch Tiere unsere Welt bevölkern, die man eigentlich längst der Sagenwelt zugeordnet hatte.

Unten: Ein "Drache" nach einem mittelalterlichen Kupferstich. Sind solche Wesen nur Produkte der menschlichen Phantasie, oder beruhen Berichte über sie auf tatsächlichen Begebenheiten?

Ein Drach

Der schottische See Loch Ness. Im Wasser bewegt sich - deutlich erkennbar - ein gewaltiges Objekt. Nach Aussagen des Fotografen und anderer Zeugen das Ungeheuer von Loch Ness.
(Foto: P.A. Macnab, Schottland)

Das wohl bekannteste Foto des Loch-Ness-Ungeheuers. Geschickte Fälschung oder geglückte Zufalls- aufnahme?
(Foto: Limes-Verlag)

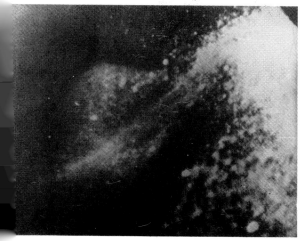

Flosse des Urzeit- Sauriers von Loch Ness. Die Aufnahme gelang während der von Dr. Rhines im Jahr 1976 geleiteten Expedition.
(Foto: Syndication International Ltd., London)

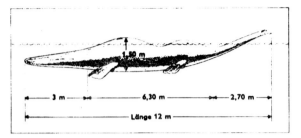

Rekonstruktion des Ungeheuers von Loch [wie sie sich aus zahlrei übereinstimmenden Sic tungen ergibt.
Quelle: Tim Dinsdale

Ein kaukasisches Schneemenschen-Weibchen (Modell-rekonstruktion).
Quelle: "Technica Molodjoschi"

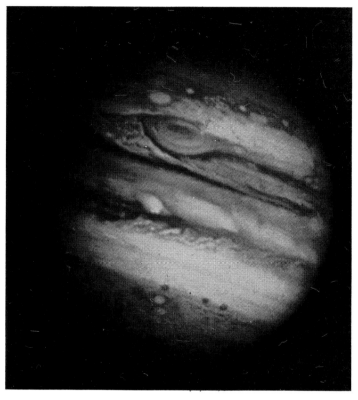

Planet Jupiter, aufgenommen von der Raumsonde "Voyager 1". Er war Ziel eines interessanten PSI-Experiments.

(Foto: NASA)

Oben: Seltenes meteo-
rologisches Phänomen
oder "Aufriß der
Dimensionen" über der
Costa Brava im Jahr
1976?
(Foto:
Hellmuth Hoffmann)

Der Graf von Saint-
Germain, ein Mann,
der unsterblich war,
der uns Raumfahrt-
berichte hinterließ und
offenbar über ein
unermeßliches Wissen
verfügte. Bote aus
einer fernen Zeit?
(Nach einem Kupferstich
von A. Thomas, 1783).

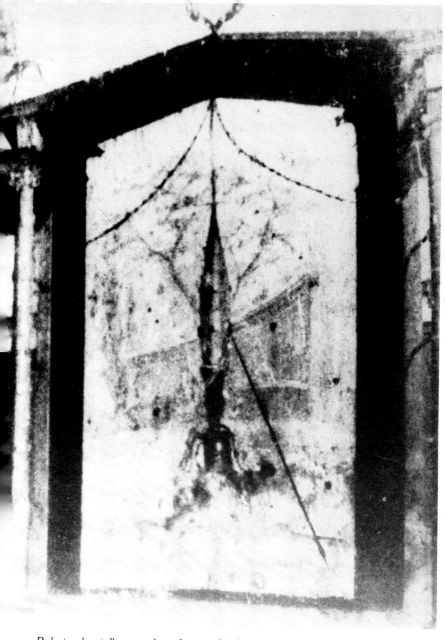

Raketendarstellung und modern-architektonisches Gebäude auf einer römischen Wandzeichnung. Signal von Reisenden aus der Zukunft?
(Foto: ARGOSY, New York)

*Friedhofsgitter bei Chicago mit durch Hitze verbogenen Eisenstäben.
Nach Aussage von zwei Polizisten hatte sich im Mai 1976 ein junges
Mädchen mit "glühenden Händen" an dieser Stelle durch den Zaun
gezwängt. Später stellte sich heraus, daß die Beschreibung auf eine
21jährige Frau zutraf, die wenige Tage zuvor hier beerdigt worden
war. Besuch aus dem Jenseits?*

(Foto: Wolfgang Siebenhaar)

Oannes-Darstellung aus dem sumerischen Raum (2600 v.Chr.), heute aufbewahrt im irakischen Museum, Bagdad.

Unten: Felszeichnung aus den "Cerro-Mascaras-Bergen" im NE der argentinischen Provinz Cordoba. Offiziell handelt es sich um eine "Person hohen Ranges", die Ähnlichkeit mit einem Astronauten unserer Tage ist jedoch mehr als auffällig. (Quelle: Louis Altamira, Cordoba)

Nach traditioneller Sichtweise handelt es sich bei diesen Objekten um kultische Darstellunge von Vögeln oder fliegenden Fischen aus dem südpazifischen Raum. Tatsächlich erscheint jedoch die Annahme, es handle sich um primitive Flugzeugnachbildungen, wahrscheinlicher. Gleiches kennt man auch aus Ägypten und Peru.
(Quelle: J. Fiebag, Völkerkundemuseum, Berlin)

Trotzdem ist der skandinavische Ingenieur der Auffassung, der abgebildete Elektromotor habe nicht als Antriebsquelle gedient, da er nur für sehr kurze Zeit in Betrieb genommen worden sein konnte. Überhaupt ist der Motor recht primitiv, dafür aber, und das ist entscheidend, sehr gut dazu geeignet, technisch Unverständigen die Funktionsweise einer solchen Maschine näherzubringen.

Carleby vermutet, daß die Teller-Gravur nach weit älteren Konstruktionszeichnungen oder einem Modell angefertigt worden sei. Denn Kritikern kann er ein gewichtiges Argument entgegenhalten:

Ich fertigte ein Modell an, und das Ergebnis war ein funktionierender Elektromotor.

Als Bep-Kororoti kam

Wer es war, der vor vielen Jahrtausenden den Vorfahren der mittelamerikanischen Stämme erklären wollte, wie Motoren arbeiten, wie sie herzustellen sind und wie man mit ihnen umgeht, diese Frage zu beantworten fällt nicht schwer, insbesondere dann nicht, wenn man die vielen Mythen der mittel- und südamerikanischen Völker hierzu kennt. Einer dieser in Brasilien beheimateten Stämme ist der der Kayapo-Indianer. Dieses Volk besitzt eine ausgeprägte Tradition, die ganz offensichtlich auf das Einwirken eines außerirdischen Astronauten zurückgeht. Noch heute kleidet sich ein Medizinmann bei besonderen Zeremonien in ein Strohgewand, das verblüffend unseren modernen Astronautenanzügen ähnelt. Hier die Legende der Kayapos:

Unser Volk lebte auf einer großen Savanne, weit von diesem Gebiet entfernt, von wo aus man die Gebirgskette Pukato-Ti sehen konnte. Eines Tages ist Bep-Kororoti, vom Gebirge kommend, zum ersten Mal ins Dorf gekommen. Er war mit einem Bo, der ihn von Kopf bis Fuß bedeckte, bekleidet. In der Hand trug er einen Kop, eine Donnerwaffe. Alle aus dem Dorf flüchteten voll Angst in den Busch, die Männer suchten Frauen und Kinder zu beschützen, und einige versuchten, den Eindringling zu bekämpfen. Aber ihre Waffen waren zu schwach. Jedesmal, wenn sie mit ihren Waffen die Kleidung von Bep-Kororoti berührten, fielen sie in Staub zusammen.

Der Krieger, der aus dem All gekommen war, mußte über die Zerbrechlichkeit derer, die ihn bekämpften, lachen. Um ihnen seine Kraft zu zeigen, hob er seinen Kop, deutete auf einen Baum und einen Stein und vernichtete beide. Alle glaubten, daß Bep-Kororoti ihnen damit zeigen wollte, daß er nicht gekommen war, um Krieg mit ihnen zu machen. So ging das eine lange Zeit.

Es war ein großes Durcheinander. Die mutigsten Krieger des Stammes versuchten, Widerstand zu leisten. Aber auch sie konnten sich zuletzt nur mit der Gegenwart von Bep-Kororoti abfinden, denn er belästigte sie nicht. Seine Zärtlichkeit und allen zugewandte Liebe schlug allmählich alle in Bann, und alle bekamen ein Gefühl der Sicherheit. Und so wurden sie Freunde.

Bep-Kororoti war klüger als alle, und darum begann er, die anderen mit unbekannten Sachen zu unterrichten. Er leitete die Männer zum Bau eines Ng-obi an, dieses Männerhaus, das heute alle unsere Dörfer haben. Darin erzählten die Männer den Jünglingen von ihren Abenteuern, und so lernten sie, wie man sich in Gefahren zu verhalten hat und wie man denken muß. Das Männerhaus war eine Schule, und Bep-Kororoti war ihr Lehrer.

Im Ng-obi kam es zur Entwicklung von Handarbeiten, zur Verbesserung unserer Waffen, und nichts wurde, was wir nicht dem großen Krieger aus dem All verdankten. Er war es, der die "große Kammer" gründete, in der wir die Sorgen und Nöte unseres Stammes besprachen.

Oft leisteten die Jüngeren Widerstand und gingen nicht zum Ng-obi. Dann zog Bep-Kororoti seinen Bo an und suchte die Jüngeren. Sie konnten dann keinen Widerstand mehr leisten und kehrten schnell in das Ng-obi zurück.

Wenn die Jagd schwierig war, holte Bep-Kororoti seinen Kop und tötete die Tiere, ohne sie zu verletzen. Immer durfte der Jäger das beste Stück der Beute für sich nehmen. Bep-Kororoti, der nicht die Nahrung des Dorfes aß, nahm nur das Nötigste für die Ernährung seiner Familie, denn er hatte von uns ein Mädchen zu sich genommen.

Eines Tages versammelte er seine Familie und sagte, er breche auf. Die Tage vergingen, und Bep-Kororoti war nicht zu finden. Plötzlich aber erschien er wieder auf dem Dorfplatz und machte ein fürchterliches Geschrei. Alle dachten, er wäre irre geworden und wollten ihn beruhigen. Es kam zu einem fürchterlichen Kampf. Bep-Kororoti benutzte seine Waffe nicht, aber sein Körper zitterte und wer ihn berührte, fiel wie tot zu Boden. Die gefallenen Krieger konnten bald wieder aufstehen und sie versuchten immer wieder, Bep-Kororoti zu bezwingen. Da geschah etwas Ungeheuerliches, das alle sprachlos werden ließ. Rückwärts ging Bep-Kororoti bis an den Rand des Pukato-Ti. Mit seinem Kop vernichtete er alles, was in seiner Nähe war. Bis er auf dem Gipfel des Gebirges war, waren Bäume und Sträucher zu Staub geworden. Dann aber gab es plötzlich einen gewaltigen Krach, der die ganze Region erschütterte, und Bep-Kororoti verschwand in der Luft, umkreist von flammenden Wolken, Rauch und Donner. Durch dieses Ereignis, das die Erde erschütterte, wurden die Wurzeln der Büsche aus dem Boden gerissen und die Wildfrüchte vernichtet. Das Wild verschwand, so daß der Stamm anfing, Hunger zu leiden.

Nio-Pouti, eine Tochter des himmlischen Bep-Kororoti, sagte ihrem Mann, daß sie wisse, wo man Nahrung finde. Im Gebiet von Mem-baba-kent-kre setzte sie sich auf einen ganz besonderen Baum und bat ihren Mann, die Äste des Baumes solange zu biegen, bis die Spitzen den Boden berührten. In dem Augenblick, da diese Berührung zustande kam, ereignete sich eine große Explosion, und Nio-Pouti verschwand zwischen Wolken, Rauch und Staub, Blitz und Donner. Nach einigen Tagen wollte der Ehemann vor Hunger sterben, als er plötzlich einen Krach hörte und sah, daß der Baum wieder an der alten Stelle stand. Seine Frau war da und mit ihr Bep-Kororoti, und sie brachten große Körbe voller Nahrung, wie er sie nicht kannte und nie gesehen hatte.

131

Nach einiger Zeit setzte sich der himmlische Mann wieder in den phantastischen Baum, und nach einer Explosion verschwand er in der Luft.

Es steht außer Frage, daß es sich bei diesem "phantastischen Baum" weniger um eine natürliche Pflanze als vielmehr um ein Fahrzeug uns unbekannten Typs gehandelt haben muß. Was hingegen der Grund für Bep-Kororotis seltsames Verhalten nach seinem mehrtägigen Verschwinden war, bleibt schleierhaft. Dennoch zählt gerade diese Überlieferung, nicht zuletzt, weil sie ihre Lebendigkeit durch das Tragen von aus Stroh gefertigten "Astronautenanzügen" bewahrt hat, zu den bestdokumentiertesten Erinnerungen an die einstigen Begegnungen zwischen Erdenmenschen und Wesen aus dem All.

In uralten Gräbern - Astronauten von den Sternen

Im Herbst 1976 wurde in Mexiko das Skelett eines menschlichen Wesens gefunden. Es hat eine Wirbelsäule, Schulterknochen, Arm-Ansätze wie bei einem Menschen, aber: Einen hundeähnlichen Schädel! Der Leiter des Anthropologischen Museums von Mexiko City gab zu, daß es sich um kein auf der Erde bekanntes Lebewesen handele, zumal es noch den Ansatz eines Rüssels aufwies. Um was also dann?

Im Jahr 1828 meldeten die Zeitungen in Tennessee, daß in Sparta (Tennessee, USA) zahlreiche Begräbnisfelder in einer Größenordnung zwischen einem halben und einem ganzen Morgen entdeckt worden waren. In den gefundenen Steinsärgen befanden sich sehr kleine Menschen, alle nicht größer als 50 cm. Die Knochen aber waren kräftig und im Verhältnis zur Gesamtgröße fast überproportioniert, so daß es sich nicht um Kinderleichen handeln konnte. Ähnliche Gräber sollen 1853 auch in Kentucky gefunden worden sein.

Erst vor wenigen Jahren hingegen hat man im US-Bundesstaat Virginia geradezu sensationelle Entdeckungen gemacht. Es handelte sich ebenfalls um menschliche Kreaturen, die jedoch versteinert waren und ein Alter von 400 Millionen Jahren aufwiesen. Sie stammen somit aus einer Zeit, in der es auf Erden nicht einmal Wirbeltiere gab. Die Wissenschaftler stehen vor einem Rätsel und der Schluß, bei den Fossilien müsse es sich um außerirdische Raumfahrer handeln, die hier vielleicht abstürzten und nicht mehr zu ihrer Welt zurückkehren konnten, wird auch von ihnen nicht mehr vollständig abgelehnt.

Dieser Meinung war übrigens auch der in Chile lebende belgische Pater Gustavo Le Paige, der seit 20 Jahren Forschungsarbeiten als Archäologe betrieb. Der inzwischen verstorbene Missionar hat in dieser Zeit über 5000 Gräber freigelegt, in denen Leichen gefunden wurden, die seiner Meinung nach mehrere hunderttausend Jahre alt sind. Le Paige:

Ich glaube, daß in den Gräbern außerirdische Wesen mitbeerdigt wurden. Einige der Mumien, die ich fand, hatten Gesichtsformen, wie wir sie auf der Erde nicht kennen. Man würde mir nicht glauben, was ich sonst noch in den Gräbern gefunden habe. Ich will darüber nicht sprechen, um die Welt nicht zu beunruhigen.

Das einzige derartige Relikt, das Le Paige der Öffentlichkeit bisher vorgestellt hat, ist eine Holzfigur, die einem Astronautenhelm auf zylindrischem Rumpf verblüffend ähnlich sieht und die der Pater in einem Grab an der Nordgrenze Chiles gefunden hat.

Auch in einem ganz anderen Teil der Welt konnten bereits vor einigen Jahren Funde gemacht werden, die allen offiziellen Aussagen der Archäologen Hohn sprechen. Gemeint sind die Ausgrabungen im chinesisch-tibetanischen Grenzgebiet nahe des Ortes Baian-Kara-Ula. Dort fand man neben merkwürdigen runden und mit Hieroglyphen versehenen Steintellern auch kleine Wesen mit sehr großen Schädeln. Erich von Däniken hat dieses Thema in "Zurück zu den Sternen" und Peter Krassa in "Als die gelben Götter kamen" sehr ausführlich behandelt, aber ich halte es für wichtig genug, in diesem Zusammenhang zumindest darauf hinzuweisen. Die Entzifferung der Steinteller bestätigt nämlich die Behauptung, daß es sich bei den gefundenen Skeletten um die sterblichen Überreste außerirdischer Wesen handelt: Die eingeritzte Schrift spricht von Angehörigen des Volkes der "Dropa", die im Himalaja mit ihrem Schiff notlanden mußten und keine Möglichkeit mehr zur Rückkehr fanden. Wegen ihrer Häßlichkeit wurden sie von der einheimischen Bevölkerung gemieden, gejagt und getötet. Ein Schicksal, das auch unseren Raumfahrern eines Tages widerfahren kann.

Nicht bestätigt hat sich dagegen eine "Entdeckung", die vor kurzem in prä-astronautischen Kreisen große Aufmerksamkeit erregte. Angeblich hatte man auf der französischen Insel Hoedic (Bretagne) dreizehn menschenähnliche Skelette gefunden, die anthropomorphisch nirgends einzureihen waren. Aber Erich von Däniken, der sich persönlich um diese Angelegenheit kümmerte, mußte leider feststellen, daß man hier wohl einer Falschmeldung aufgesessen war.

Dennoch gibt uns die Bretagne gewissermaßen das Stichwort. Denn dort, insbesondere bei Carnac, ist uns ein geradezu erstaunliches Zeugnis neolithischer Kultur erhalten geblieben: Die kilometerlangen Menhirreihen, über deren Sinn man sich bis heute noch nicht im klaren ist. Eine Verbindung zu den anderen großen Resten der Megalithkultur dürfte dagegen als gesichert gelten.

Es ist nicht bekannt, was die Menschen der Jungsteinzeit, angefangen vom Norden Englands, hinunter über Frankreich bis ins Mittelmeergebiet, und, wie man seit kurzem weiß, auch in Nordamerika, dazu antrieb, gigantische Leistungen dieser Art zu vollbringen. Menschen, denen man lediglich ein Hirten- oder Nomadendasein zubilligt, errichteten plötzlich und ohne ersichtlichen Grund gewaltige Steinpfeiler, sogenannte Menhire, tischähnliche Steinsetzungen (Dolmen), Steinkreise, Steinreihen und schließlich das berühmteste Monument von ihnen allen - Stonehenge.

Niemand weiß, warum Stonehenge da steht, wo es steht. Zwei Kilometer westlich von Amesbury (Ebene von Salisbury, Südengland), ragen die Steinkolosse in den meist wolkenverhangenen Himmel. Die beiden britischen Professoren Hawkins und Thorn konnten unterdessen nachweisen, daß Stonehenge einst - ähnlich wie viele andere Steinsetzungen auch - astronomischen Zwecken diente, daß mit seiner Hilfe die gelehrten Priester Mond- und Sonnenfinsternisse, Auf- und Untergänge, Winter- und Sommersonnenwende, Planetenkonstellationen und andere interessante Himmelsvorgänge bestimmen und vorhersagen konnten. Ob dies allerdings der alleinige Zweck des gewaltigen Steinringes gewesen ist, bleibt fraglich.

Ein Großteil der in Stonehenge verwendeten Steine kommt aus dem Gebiet der Preseli Mountains in Südwest-Wales, mehr als 200 km Luftlinie vom jetzigen Standort entfernt. Bei einem Gewicht von bis zu 50 Tonnen pro Block (immerhin wiegt ein vollbesetzter Jumbo-Jet auch nicht weniger) eine respektable Leistung. Folgt man altenglischen Mythen, so sollen - wen wundert's - die Steine einst von den Priestern schwerelos gemacht und an ihren Standort geflogen worden seien (ähnlich wird ja auch - wie bereits berichtet - der Bau der ägyptischen Pyramiden, des salomonischen Tempels, der Statuen auf den Osterinseln und anderen antiken Gebäuden in den Mythen beschrieben).

Interessanterweise wird die Errichtung von Stonehenge mit dem weisen Magier Merlin in Verbindung gebracht. Merlin spielt eine entscheidende Rolle in der Arthus-Sage, und es ist schwer zu sagen, wann er wirklich gelebt hat. Der Legende nach konnte er fliegen und lebte zeitweise in einem "Palast" auf dem Meeresgrund. Alles in allem eine rätselhafte Gestalt, vielleicht tatsächlich der eigentliche Bauherr von Stonehenge.

Die Anlage wurde in insgesamt drei Perioden errichtet. Zu Beginn - vor etwa 4000 Jahren - handelte es sich lediglich um einen etwa 100 Meter durchmessenden runden Erdwall und um einen im Durchmesser nur wenig geringeren Kreis aus Löchern, die heute kaum mehr zu erkennen sind. Wozu diese Löcher dienten, was in ihnen steckte, ist bis heute unbekannt. Aber wenn die Anlage - wie manche vermuten - tatsächlich in einem irgendwie gearteten Zusammenhang mit den "Göttern" von den Sternen stand - wäre es dann so unsinnig zu vermuten, Stonehenge könnte in seiner ursprünglichen Bedeutung vielleicht ein Landeplatz für die Astronauten der Frühzeit gewesen sein? Enthielten die insgesamt etwa fünfzig Löcher möglicherweise Signalleuchten, Positionslichter, die für die von den Sternen herabkommenden Piloten ein Zeichen waren: "Landet hier!"? Errichteten spätere Generationen, lange nach dem Start der "Götter" zu ihrem Planeten, an diesem geheiligten Ort eine astronomische Anlage, um auf diese Weise die unter Umständen sogar versprochene Rückkehr der "Sternengötter" vorauszuberechnen? Eine Spekulation, gewiß. Aber vielleicht sollte man die Erbauung von Stonehenge einmal unter diesem Aspekt prüfen. Möglicherweise käme man zu interessanten Resultaten.

Das unglaubliche Sirius-Wissen

Im Jahr 1950 veröffentlichten die beiden Ethnologen Marcel Griaule und Germaine Dieterlen in der französischen Fachzeitschrift "Journal de la Société des Africanistes" ihren Artikel "Un système soudanais de Sirius" (Ein sudanesisches Sirius-System). Sie konnten nicht ahnen, daß sie darin damals eine "Zeitbombe" verpackt hatten, die früher oder später explodieren mußte.

Worum geht es? Die beiden Völkerkundler waren in den vierziger Jahren dieses Jahrhunderts erstmals mit dem afrikanischen Stamm der Dogon in Kontakt gekommen. Die Dogon leben im heutigen Mali, im nördlichen Teil des schwarzen Kontinents. Marcel Griaule und Germaine Dieterlen blieben jahrelang unter den Negern, nahmen ihre Sitten und Gebräuche an, feierten ihre Feste, sprachen ihre Sprache.

Dabei stellten sie fest, daß sich das gesamte religiöse Leben des Stammes um das sogenannte "Sigui-Fest" dreht, das nur alle fünfzig Jahre einmal gefeiert wird. Während die einfachen Stammesangehörigen nur ungenügend darüber informiert waren, warum diese Zeiteinteilung gewählt und welches System ihr zugrunde lag, vertrauten die Priester der Dogon ihr Wissen damals zum ersten Mal Fremden an.

Das Ergebnis war erstaunlich. Die Zauberer des Stammes erzählten den Ethnologen von einem Stern, der den Sirius einmal in 50 Jahren umkreisen soll. Daher die Einteilung der Feste. In der Tat weiß man heute, daß es einen solchen Stern gibt. Er wurde allerdings erst Ende des letzten Jahrhunderts entdeckt und Fotografien gibt es noch nicht lange von ihm. Mit anderen Worten: Der Stern ist dem bloßen Auge überhaupt nicht zugänglich, für jeden "unbewaffneten" Beobachter auf der Erde ist er unsichtbar!

Doch das ist noch nicht alles. Die Dogon wissen nicht nur von der Existenz des Sternes an sich, sie kennen auch seine genaue Umlaufzeit (50 Jahre), eine Zahl, die erst von der modernen Astronomie bestätigt wurde. Sie wissen weiterhin, daß "Sirius-B" den Hauptstern ellypsenförmig umläuft (die Erkenntnis, daß Weltenkörper andere in ellypsenförmigen Bahnen umkreisen, haben wir erst seit Johannes Kepler) und daß es sich bei ihm um einen ungeheuer schweren Stern handelt. Eine Handvoll seiner Materie, so erklären sie es, wöge mehr als alle Sandkörner am Meeresstrand. "Sirius-B" ist tatsächlich ein sogenannter Zwergstern, der einst zusammenschrumpfte und dessen Materie komprimiert wurde.

Was die beiden Forscher angeht, so standen sie augenscheinlich vor einem für sie nicht lösbaren Rätsel. In ihrem Bericht schreiben sie:

Was uns angeht, so haben wir uns... zu keinerlei Hypothesen verleiten lassen, und auch dem Ursprung der betreffenden Angaben sind wir nicht nachgegangen... Noch ungelöst ist die Frage, wie Menschen ohne astronomische Instrumente über Bewegungen und Eigenschaften von Himmelskörpern Bescheid wissen konnten, die kaum sichtbar sind. Unter den obwaltenden Umständen schien es uns dringlicher, einfach das Material auszubreiten.

Im Jahr 1965 fiel dieser Bericht dem damals Indologie und Orientalistik studierenden, heute in England lebenden Robert K.G. Temple in die Hände. Zunächst skeptisch, genügte ihm jedoch die bloße Darstellung des von den Ethnologen veröffentlichten Dogon-Wissens nicht. Er stellte Recherchen an und erfuhr zunächst, daß sich M. Griaule und G. Dieterlen in einem Punkt geirrt hatten: "Sirius-B" ist nämlich nicht nur "fast unsichtbar", er ist überhaupt nicht zu sehen.

Dadurch mißtrauisch geworden, ging er in jahrelanger mühseliger Kleinarbeit der Frage nach: Woher hatten die Dogon ihr absolut richtiges Wissen? Wie kam ein primitiver Stamm in Afrika zu derartigen astronomischen Kenntnissen? Wer hatte es ihnen übermittelt?

Zehn Jahre später, 1975, legte Temple die Ergebnisse seiner Arbeit in Form eines Buches vor. Sie waren faszinierend und für viele erschreckend zugleich. Denn der Autor von "The Sirius-Mystery" behauptete nicht mehr und nicht weniger, als daß Wesen von einem Planeten des Sirius-Systems vor Jahrtausenden die Erde besucht und den Menschen das Wissen von den Sternen gebracht hatten.

Anhaltspunkt für diese Vermutung war vor allem die Dogon-Überlieferung von "Nommo", der einst in einer "Arche" vom Himmel zur Erde herabgestiegen war. Noch heute wissen ihre Erzählungen zu berichten:

Die Arche landete auf dem trockenen Land des Fuchses und versetzte einen Haufen Staub, den der von ihr erzeugte Wirbelwind hochriß.

Wer war "Nommo"? Die Dogon können sich noch gut erinnern. Demnach muß es sich bei ihm um ein merkwürdiges Zwitterwesen, halb Mensch, halb Fisch, gehandelt haben, das zwar tagsüber die Erdenmenschen belehrte, es nachts aber vorzog, sich in nahegelegene Gewässer zurückzuziehen. Dies mag sich auf den ersten Blick seltsam, ja befremdend ausnehmen, doch führte gerade diese Überlieferung zu einem anderen Hinweis, der in die gleiche Richtung zielt.

Seltsam nämlich ist, daß auch die Sumerer (man bezeichnet sie häufig als erste Hochkultur überhaupt) behaupten, ihnen habe ein Amphibienwesen namens "Oannes", das in einer vom Himmel auf das Meer gefallenen schimmernden Perle lebte, das Wissen gebracht. Ähnlich wie der Nommo der Dogons zeigte Oannes den Menschen am Tage allerlei Nützliches, lehrte sie die Schrift, eine ihrem Wissensstand entsprechende Technik usw., ging aber Nachts ins Meer zurück. Zufall?

Wohl kaum. Denn es zeigen sich noch mehr verblüffende Parallelen zwischen den alten Kulturen des Mittelmeergebietes (Sumer, Babylonien, Ägypten und Griechenland) und den Dogon. Sie alle verehrten in irgendeiner Weise den Sirius, ja, sie alle kannten in irgendeiner Weise das Geheimnis dieses Sternes.

Für die Ägypter war Sirius der wichtigste Himmelskörper des Firmaments überhaupt. Symbolisiert durch die Göttin Isis

zeigte er durch seinen Aufgang nicht nur die jährliche Nil-
überschwemmung an. Er war zugleich Zentrum der offiziellen und
geheimen Religionen des alten Ägyptens. Anders als bei den Dogon
aber zogen es die Völker des Mittelmeerraumes vor, ihr Wissen zu
verschlüsseln, es geheimzuhalten. Insofern ist es heute nicht mehr
ganz leicht, es wieder aufzuspüren, zu rekonstruieren.

Doch Temple, fasziniert von der Möglichkeit eines Besuchs
außerirdischer Sirius-Bewohner, scheute keine Mühen. In einer in
seiner Art sicherlich umfangreichsten, aber dennoch äußerst
wissenschaftlichen Kleinarbeit wies er nach, daß sowohl Ägypter
als auch Sumerer, Babylonier und Griechen das gleiche Wissen
besaßen wie die Dogon noch heute. In zahlreichen Sagen, die in
leicht veränderter Form in allen diesen Ländern zu finden sind
(insbesondere die Argonauten-Sage, die auf Teile des Gilgamesch-
Epos der Sumerer zurückgeht und auch den Ägyptern nicht
unbekannt war), spielt in Zusammenhang mit Sirius die Zahl 50 eine
bedeutende Rolle. Bekannt war ihnen auch die enorme Dichte des
Sirius-Begleiters. Noch heute benennen die Araber einen sicht-
baren Stern in der Nähe der hellsten Sonne am Fixsternhimmel mit
dem Namen "Gewicht". Wahrscheinlich war die Bezeichnung
ursprünglich für "Sirius-B" gedacht, wurde aber in späterer Zeit, als
man das eigentliche Geheimnis bereits vergessen hatte, auf diesen
anderen, Sirius scheinbar sehr nahe gelegenen Stern, übertragen.

Es verwundert nicht, daß Temple zu der Auffassung
gelangte, auch die Dogon müssen ursprünglich im Mittelmeergebiet
gelebt haben. In der Tat weisen neueste Forschungen darauf hin,
daß es sich bei den Dogon um einen Volksstamm aus Griechenland
handelt, der sich einstmals in Libyen ansiedelte. Einige Sippen
wurden schließlich nach Süden abgedrängt und vermischten sich
mit den dortigen Negerstämmen. Noch heute wissen die Priester
der Dogon, die das Sirius-Geheimnis bewahrten, daß Mali nicht ihre
eigentliche Heimat ist.

Überliefert haben sie auch andere interessante Informationen, die sie kaum selbst "erfunden" haben können. Etwa,
wenn sie von unserem Mond sagen, er sei "trocken und tot wie
trockenes und totes Blut", wenn sie den Planeten Saturn mit einem
Ring umgeben darstellen, wenn sie Planeten überhaupt als "Sterne,
die sich drehen" bezeichnen, dabei aber sehr genau wissen, daß

diese Drehung um die Sonne, nicht um die Erde erfolgt. Denn in ihren Überlieferungen heißt es: "Jupiter folgt Venus, indem er langsam um die Sonne kreist." Von Jupiter wissen sie noch ein anderes Detail, das wir erst seit der Erfindung des Fernrohrs durch Galilei kennen: Die vier großen Monde des Riesenplaneten. In ihren Überlieferungen berichten die Dogon:

> Als der Fuchs verstümmelt wurde, floß noch Blut. Das Blut seiner Genitalien tropfte zu Boden, doch Amma ließ sie als vier Satelliten zum Himmel aufsteigen, die dana tolo (Jupiter) umkreisen...

Das Wissen des afrikanischen Negerstammes reicht weit über unser Sonnensystem und das des Sirius hinaus. Sie sind bestens über die Struktur unserer Galaxis informiert, die sie als "Spiralsternenwelt" bezeichnen und die aus zahlreichen, sich in Spiralen bewegender Sterne besteht, zu der auch unsere Erde gehört. Daneben, so berichten die Dogon wahrheitsgemäß, existieren noch andere Galaxien:

> Die Bezeichnung Yalu ulo gilt unserer eigenen Milchstraße. Sie umfaßt die Sternenwelt, der auch unsere Erde angehört und rotiert auf einer spiralförmigen Bahn... auf spiralförmigen Bahnen wirbelnde Welten erfüllen das All - unendlich und doch meßbar.

All dies ist mehr als ungeheuerlich, und die eindeutigen Beweise, die Temple vorlegt, sind in der Tat nicht mehr zu entkräften. Selbstverständlich gab und gibt es auch hier Skeptiker, doch Temple schreibt:

> Es wurde von Missionaren geredet, denen die Dogon angeblich alles verdanken, was sie wußten. Doch nachdem mein Buch erschienen war, habe ich mich vergewissert: Vor 1949 gab es keine Missionare im Dogon-Gebiet, während die Völkerkundler ab 1931 dort waren. Und 1949, als sich tatsächlich Missionare ins Dogonland aufmachten, waren die Dogon-Überlieferungen, aufgezeichnet von Griaule/Dieterlen, bereits im Druck.

Zudem: Die Neger fertigen bei jedem der alle 50 Jahre stattfindenden Feste religiöse Gegenstände an, die nur einmal gebraucht, dann aber aufgehoben werden. Auf diese Weise konnte man ermitteln, daß die Dogon das Geheimnis des Sirius seit wenigstens 800 Jahren kennen müssen.

Es wundert kaum, wenn Temple, wie selten ein anderer Autor auf dem Gebiet der Prä-Astronautik vor ihm, Bestätigung auch von Seiten der Fachwelt erfährt. So äußerte beispielsweise der Ethnologe Francis Huxley, Experte für die in Afrika lebenden Dogon:

> Warum nicht? Temple kann durchaus recht haben. Die Dogon besitzen eine außerordentliche mathematische und philosophische Kultur. Es kann durchaus sein, daß sie Erinnerungen an einen Kontakt mit anderen Welten besitzen.

Auch Astronomen, bislang sehr vorsichtig, wenn es um den Besuch von Wesen aus dem All ging, stimmen zu. Professor W.H. McCrea von der Universität Sussex regte an:

> Die zentrale Frage sollte man sehr sorgfältig prüfen.

Begeistert zeigte sich auch Professor John Taylor von der Universität London; der resümierend feststellte:

> Die Ergebnisse... sind faszinierend.

Und selbst Prof. Irving W. Lindenblad vom U.S. Naval Observatorium, dem 1970 erstmals ein Foto von "Sirius-B" geglückt war, stimmt zu:

> Es ist durchaus möglich, daß dieses Wissen von einem solchen Besuch außerirdischer Wesen herrührt.

Die Frage, ob uns einst Astronauten eines Planeten des Sirius-Systems besuchten, können wir daher bereits heute in Übereinstimmung mit all diesen Experten eindeutig positiv beantworten. Anders sind die vielen damit in Zusammenhang stehenden Rätsel nicht zu lösen. Es gibt keine andere Möglichkeit als die des Besuchs Außerirdischer, die den Dogon und den Kulturen des Mittelmeerraumes das Wissen von den Sternen brachten.

Die Experten stimmen zu - Prä-Astronautik etabliert sich

Es ist erfreulich, daß sich bereits jetzt zahlreiche Wissenschaftler zu dieser Möglichkeit bekennen. Etwa Prof. Luis E. Navia, der in seinem Buch "Unsere Wiege steht im Kosmos" u.a. schreibt:

Die Theorie von den prähistorischen Astronauten ist kein pseudowissenschaftliches Gift, gegen das die Wissenschaft Gegenmittel entwickeln sollte. Die Theorie ist eine vernünftige, mögliche und sehr wahrscheinliche hypothetische Erklärung für zahllose Informationen, die wir bisher noch nicht völlig verstehen.

Daß sich die Wissenschaft in zunehmendem Maße mit dieser Prä-Astronautik auseinandersetzt, zeigen zahlreiche Beispiele, von denen einige hier angeführt werden sollen. Vor etwa fünf Jahren veröffentlichte der Nobelpreisträger und Molekularbiologe Prof. Francis H.C. Crick zusammen mit dem Biologen L.E. Orgel im amerikanischen Fachblatt für Astronomie die Ergebnisse ihrer Untersuchungen über den genetischen Code der Menschheit und kamen zu dem Schluß, daß die irdische Fauna und Flora von außerirdischen Astronauten gezüchtet worden sein muß. Crick und Orgel nehmen an, das Leben sei mit Raumschiffen zur Erde gebracht worden, seine Entfaltung von den Urhebern überwacht und genetisch gesteuert worden.

Dieser Meinung ist auch Prof. Thomas Gold von der Cornell University, an der er als Astronom tätig ist:

Das Leben hier könnte von Raumfahrern begonnen und verbreitet worden sein, die vor Milliarden von Jahren die Erde besuchten. Aus den von ihnen zurückgelassenen mikrobiologischen Abfällen könnten die ersten eigenständigen biologischen Formen entstanden sein, die sich dann bis zur Ausbildung intelligenter Wesen weiterentwickelt haben.

Eine Entdeckung aus jüngerer Zeit machte der sowjetische Wissenschaftler Prof. Dr. Selimkhonow vom Historischen Institut der Akademie der Wissenschaften. Bei einer Untersuchung prähistorischer Metallfunde fand er Spuren der Verarbeitung von Arsen - eine Methode zur Metallhärtung, die nur schwer in eine Zeit paßt, in der an Metallhärtung überhaupt noch kein Gedanke war.

In einem Brief an Erich von Däniken erläuterte der Direktor des Natural History Museums von Australien, Dr. Rex Gilroy, seine Meinung gegenüber der Prä-Astronautik. Wörtlich schreibt er:

Ich habe Ausgrabungen unternommen, bei denen eine große Anzahl fremdartiger menschlicher Figuren zum Vorschein kamen. In den vergangenen Jahren habe ich Ihre Bücher mit großem Interesse gelesen, und ich stimme voll mit Ihren Theorien über unsere Vorgeschichte überein.

Die beiden Geologen Prof. John Tatch und Dr. James White stießen bei Untersuchungen oberhalb der alten Inka-Stadt Macchu Picchu auf eine Gesteinsaushöhlung, die harte Infrarotstrahlen reflektierte. Ihrer Meinung nach wäre die Konstruktion eines solchen Spiegels und seine exakte Ausrichtung erst nach der analytischen Geometrie von Descartes um 1600 möglich gewesen. Es war ihnen unfaßbar, wie Menschen ohne höhere mathematische Kenntnisse einen solchen Reflektor gebaut haben könnten.

Der durch die Vorbereitungen zum amerikanischen Viking-Projekt bekanntgewordene US-Astrophysiker Prof. Dr. Carl Sagan hatte schon vor Jahren erklärt:

Unser winziger Winkel im Universum kann während der vergangenen Jahrmilliarden Tausende von Malen besucht worden sein. Wenigstens einer dieser Besuche mag in historischer Zeit stattgefunden haben. Es ist keineswegs ausgeschlossen, daß von diesen Besuchen her noch Gegenstände oder Werkzeuge existeren oder sogar irgendeine Art interstellarer Landeplatz (möglicherweise automatisch funktionierend) innerhalb des Sonnensystems aufrecht erhalten wird, um nachfolgenden Expeditionen als Ausgangsbasis zu dienen.

Der gleichen Meinung ist auch der bekannte englische Wissenschaftsjournalist Arthur C. Clarke. In seinem Buch "Mensch und Weltraum" schreibt er:

Es ist nicht ausgeschlossen, daß oftmals Fremdlinge unseren Planeten im Laufe seiner milliardenjährigen Evolution betreten und sogar immer noch vorhandene Spuren in den Erdgesteinen hinterlassen haben.

Auch schon früher hatte man sich über die Rätsel unserer Geschichte Gedanken gemacht. Der russische Dichter und Philosoph Walerij Brjussow legte bereits 1920 nieder:

> Der Ursprung der Kulturen, die so verschieden voneinander und räumlich so verstreut waren wie die ägäische, ägyptische, babylonische, etruskische, indische, aztekische und pazifische weist Ähnlichkeiten auf, die nicht allein durch Anleihen des einen Volkes beim anderen und durch Nachahmungen erklärt werden können. Man müßte jenseits der Antike nach einem "X" suchen, das den Motor, den wir kennen, in Gang gebracht hat. Die Ägypter, die Babylonier, die Griechen und die Römer waren unsere Lehrmeister. Aber wer waren die Lehrmeister der Lehrmeister?

Eine Antwort auf diese Frage versuchte schon 1963 der deutsche Raketenpionier Eugen Sänger zu geben. In seinem Buch "Raumfahrt heute, morgen, übermorgen" schreibt er:

> Es gilt als nicht völlig ausgeschlossen, daß bei der unabsehbar großen Zahl von Planeten, die als bewohnbar angesehen werden können, sich auf vielen von ihnen auch intelligentes Leben... entwickelt hat. Es mag gut sein, daß unsere hypothetischen, schon etwas früher raumfahrenden Sternenbrüder die Menschheit in ihrer frühesten Jugend schon einmal besuchten und ihr den Glauben an himmlische Götter, an ewige Leben und einen hohen Olymp in die Herzen pflanzten, und an die Möglichkeit, selbst dahin zu gelangen.

Zum Schluß wollen wir auch Prof. Dr. Herman Oberth zu Wort kommen lassen. Er, der berühmte Lehrer Wernher von Brauns, schreibt:

> Erich von Däniken hat meines Erachtens bewiesen, daß es früher eine höhere Kultur gab, und daß diese offenbar von Wesen getragen wurde, die, wenn sie nicht Menschen waren, doch so aussahen wie Menschen.

Kamen die Götter von den Sternen? Waren es fremde Astronauten? Verdanken wir unsere Intelligenz ihrem Eingriff? Wir werden um diese Fragen nicht mehr herum kommen.

Die Zeit ist reif - reif für eine unkonventionelle Erforschung unserer Vergangenheit, ohne Vorurteile und ohne Dogmen. Der Mensch bricht (wiedereinmal?) auf, den Weltraum zu erobern. Er verläßt seine Wohnstatt, die Erde, um das Universum zu erstürmen. Denn dort, irgendwo zwischen den Sternen, liegt seine Heimat...

Kapitel III

Die Rückkehr der Götter

Horatio! Es gibt mehr Dinge zwischen Himmel und Erde als Eure Schulweisheit sich träumen läßt.

Shakespeare

Ein Begriff wird geboren - UFOs während des Mittelalters - Die Diskussion beginnt - Flugzeuge und "Fliegende Untertassen" - Wenn UFOs erscheinen - Die Himmelsexplosionen - Unbekannte Objekte im All - Bruchstücke und andere Funde - Begegnung

mit Wesen aus dem All - Eine Karte wird zum Beweis: Besuch von "Zeta Reticuli"

Ein Begriff wird geboren

Es begann am 10. Juni 1947. Das heißt - richtig betrachtet begann es schon viel früher, aber an diesem 10. Juni sollte eine große Weltöffentlichkeit erstmals von einem Phänomen erfahren, das bis dahin nur wenigen bekannt war: Vom Phänomen der UFOs, der "Unbekannten Flugobjekte", oder der "Fliegenden Untertassen", wie sie bald darauf im Volksmund genannt werden sollten. Was war geschehen an diesem Sommertag des Jahres 1947?

Der US-Pilot Kenneth Arnold hatte sich freiwillig zu einer Suchaktion gemeldet, weil ein Transportflugzeug der USAF verschollen war. Auf dem Rückflug, Arnold pfiff gedankenverloren vor sich hin, gewahrte er plötzlich etwas, das ihn zusammenfahren ließ, etwas, das ihm in seiner ganzen Fliegerlaufbahn noch nicht begegnet war: Da zogen neun merkwürdige Flugobjekte über eine Hügelkette dahin, eines nach dem anderen, im gleichen Abstand. Arnold berichtete später dazu:

> Wie die Gänse flogen sie in einer Reihe hintereinander. Sie mögen vielleicht einen Durchmesser von 15 Metern gehabt haben und sie sahen aus wie umgekippte Teller.

Nicht nur das Pentagon wurde von dieser Meldung benachrichtigt (es hatte bereits seit Tagen ähnliche Berichte erhalten und glaubte zunächst ernsthaft an eine neue sowjetische Geheimwaffe), auch ein Reporter bekam Wind davon, bevor Arnold von der Luftwaffe Redeverbot erhielt. Er schrieb einen seitenlangen Artikel, der sich wenig später als "Knüller" entpuppte und eine Weltdiskussion in Gang setzte, die bis heute nicht geendet hat. Wissenschaftler und

Laien, Piloten und Astronomen, Militärs und private UFO-Forschungsorganisationen versuchen seitdem das Geheimnis zu lösen, das die "Fliegenden Untertassen" umgibt. Von vielen leidenschaftlich als "Sendboten" einer höheren, außerirdischen Zivilisation verteidigt, von anderen als Spinnerei ebenso leidenschaftlich abgelehnt, ist auch bei diesem nunmehr über 30 Jahre anhaltendem Streit kein Ende abzusehen.

Doch wie schon eingangs erwähnt - die eigentliche Geschichte der UFOs fängt nicht erst mit dem Jahr 1947 an, sie beginnt bereits viel früher. Und bevor wir uns den aktuellen Berichten der letzten dreißig Jahre zuwenden, sollte man vielleicht auch einmal auf ältere UFO-Berichte zurückgreifen.

Wer heute an die Existenz dieser "Fliegenden Untertassen" glaubt, ist nach Meinung vieler einer Massenpsychose zum Opfer gefallen. Nicht wenige Wissenschaftler, vor allen Psychologen und Theologen sind der Auffassung, der "UFO-Glaube" spiegele nur den Wunsch des heutigen Menschen wieder, in einer seelenlosen, vertechnisierten Welt einen transzendenten Sinn zu erkennen. UFO-Forschung ist für sie eine Flucht in eine andere Welt, eine Ersatz-Religion. Und auch C.G. Jung, der bekannte Schüler Sigmund Freuds, sah in Sichtungen "Unbekannter Flugobjekte", die sich vor allem in den fünfziger Jahren häuften, lediglich einen modernen Mythos, der mit der oben erwähnten Beobachtung Arnolds entstanden war.

Aber einmal abgesehen von der Frage, was UFOs eigentlich sind und woher sie kommen - es ist ganz einfach falsch zu behaupten, diese seien erst kurz nach dem Zweiten Weltkrieg aufgetaucht, zu einer Zeit also, da eine gequälte Menschheit sich angeblich nach neuen Erlösern umzusehen begann. UFO-Berichte ziehen sich durch die gesamte Geschichte des Abendlandes. Zur Betrachtung der in fernerer Vergangenheit gemachten Beobachtungen muß allerdings eine zeitliche Grenze festgelegt werden, da die Untersuchung sonst endlos sein und in den Bereich eindringen würde, mit dem wir uns bereits im vorangegangenen Kapitel beschäftigt haben. Unsere Nachprüfungen sollen sich daher zunächst mit jenen Sichtungen befassen, die während des Mittelalters bis zum Beginn dieses Jahrhunderts gemacht werden konnten. (1)

UFOs während des Mittelalters

Im Jahr 664 n.Chr. ereignete sich solch ein merkwürdiger Vorfall, den der "Vater der englischen Geschichtsschreibung", der Benediktinermönch Beda Venerabilis in seiner "Historia Exclesiastica Gentis Anglorum" aufgezeichnet hat. Dem Chronist zufolge wurden damals drei Nonnen, die nachts auf dem Friedhof der Abtei Barkong beteten, plötzlich von einem grellen, vom Himmel herabkommenden Licht eingehüllt. Nach einer kurzen Zeit habe sich dieses aber schließlich auf die andere Seite des Friedhofs gewendet, um darauf wieder am Firmament zu verschwinden. Wörtlich schreibt der Mönch:

> Dieses Licht war dergestalt, daß das mittägliche Sonnenlicht neben ihm verblaßt wäre. Am folgenden Morgen berichteten einige junge Leute, seine Strahlen seien mit einer blendenden Helligkeit durch die Tür und Fensterritzen in die Kirche eingedrungen.

Ähnliche Vorfälle ereignen sich auch heute noch im Zusammenhang mit Sichtungen unbekannter Flugobjekte. Die Zeugen sprechen häufig von scheinwerferähnlichen Lichtstrahlen, die aus dem beobachteten Gegenstand heraustraten und sie blendeten. Wir kommen später darauf noch zurück.

Aus dem 8. Jahrhundert sind weitere zahlreiche Beobachtungen sogenannter "fliegender Scheiben" überliefert. Die "Annales Laurissenses" sprechen von "flammenden Schutzschildern", die im Jahr 776 den in der Aeresburg-Festung (Sigiburg) eingeschlossenen Christen zu Hilfe kamen und die angreifenden Sachsen verjagten. Wörtlich heißt es in der Chronik:

> Am gleichen Tag, an dem der Angriff gegen die in der Burg lebenden Christen geplant war, zeigte sich die Güte Gottes in der Kirche, die sich in der Festung befand. Diejenigen, die alles von außen betrachteten - viele von ihnen leben noch - sagten, daß es so aussah, als ob sie das Abbild zweier flammender Schutzschilder erblickten, rötlich in der Farbe oberhalb der Kirche. Und als die Heiden, die draußen waren, dieses Zeichen erblickten, waren sie plötzlich in Verwirrung

gestürzt und wandten sich erschrocken in Panik zu einer ungestümen Flucht...

Die "Angelsächsischen Chroniken" wiederum berichten von einem anderen Phänomen:

> Mächtige erschienen im Jahr 793 über Northumberland und erschreckten die Leute... Es war ein ungewöhnliches Leuchten wie etwa bei Blitzen, und man sah rote Drachen durch die Luft fliegen.

Auch Karl der Große, der erste Kaiser des "Heiligen Römischen Reiches Deutscher Nation" hatte seine liebe Not mit den Himmelserscheinungen. Der Biograph des Monarchen, Einhard, berichtet in seiner "Vita Caroli magni" (32. Kapitel) von einem Vorfall, der sich 810 ereignete. Demnach soll (der Herrscher befand sich gerade auf dem Weg nach Aachen) eine große Kugel vom Himmel gekommen sein, die so stark leuchtete, daß das Pferd Karls scheute und ihn abwarf.

Etwa zur gleichen Zeit zeichnete der französische Abt Mountfaucon de Villars in seinem Buch "Le comte de Gabalais" eine andere merkwürdige Begebenheit auf, die hier nicht fehlen soll:

> Da den Luftwesen klar geworden war, welche Erregung in das niedrige Volk gefahren und welche Feindseligkeit aufgekommen war, gerieten sie dergestalt außer Fassung, daß sie mit ihrem größten Schiff zur Erde kamen, einige von den besten Frauen und Männern an Bord holten, um sie zu belehren und die böse Meinung zu widerlegen... Als jedoch diese Frauen und Männer wieder auf die Erde zurückgebracht wurden, betrachtete man sie als dämonische Wesen, die gekommen waren, um Gift auf die Saaten zu streuen.

Man braucht nicht danach zu fragen, was mit diesen zurückgekehrten Menschen damals geschah. Aber nicht weniger seltsam mutet die im Jahr 950 niedergelegte irische Schrift "Kronungs Skiggsia" an:

> Eines Sonntags, als die Einwohner bei der Messe waren, geschah in der kleinen Ortschaft Cloera ein Wunder. Ein großer, metallischer Anker, der an einer Kette hing, kam vom Himmel herunter; einer seiner Arme war mit einem sehr

spitzen Schnabel versehen und bohrte sich in den hölzernen Pfosten des Kirchentores. Die Gläubigen liefen sofort heraus und sahen am Himmel, am anderen Ende der Kette, ein Schiff, das auf einem nichtwirklichen Ozean zu schwimmen schien. An Bord des Schiffes beugten sich die Männer über die Reling und schienen zu beobachten, was auf dem Grund des Wassers vor sich ging. Da sahen die Einwohner von Cloera einen Seemann auf den Schiffsrand steigen und in die Luft springen, die für ihn Wasser sein mußte. Rund um den Taucher sah man einen feurigen Strahlenkranz. Der Mann wollte ganz ohne Zweifel den Anker wieder losmachen. Als er am Boden angelangt war, umringten ihn die Gläubigen, um ihn gefangenzunehmen, aber der Pfarrer verbot, ihn zu berühren, aus Angst vor einem Verbrechen oder einer Freveltat. Der Taucher schien nicht zu bemerken, was um ihn vorging. Er versuchte, den Anker freizubekommen, doch als es ihm nicht gelang, entschwebte er auf sonderbare Weise zu seinem Schiff, und zwar wieder mit den Bewegungen eines Schwimmers. Dann kappte die Besatzung die Ankerkette und das freigekommene Luftschiff segelte davon und entschwand den Blicken. Aber der Anker blieb jahrhundertelang im Tor stecken und bezeugte das Wunder.

Massenpsychose? War eine ganze Ortschaft einer Halluzination zum Opfer gefallen? Oder hatten die sonntäglichen Kirchgänger auf der irischen Insel nur den Planeten Venus gesehen - eine Erklärung, wie sie heute von der amerikanischen Luftwaffe vielfach für das Erscheinen von UFOs verwendet wird? - Nichts von alldem ist wahrscheinlich, denn sonst hätte sich der Chronist wohl kaum die Mühe gemacht, den Vorgang in allen Details zu beschreiben, und auch der "Anker" spricht eine deutliche Sprache.

Im Jahr 1105 sollen - vor der Zerstörung Nürnbergs durch Heinrich IV - am Himmel zwei Kugeln erschienen sein, die in allen Farben des Regenbogens strahlten und der Sonne glichen. Über eine Sichtung aus dem Jahr 1250 berichtet der Chronist Lycosthenes wie folgt:

Ein wundervoller heißer Lichtstrahl von großem Ausmaß fällt bei Erfurth plötzlich vom Himmel herab zum Boden und verwüstet manche Stelle. Dann dreht er sich und steigt himmelwärts, worauf er eine runde Form annimmt.

Überhaupt muß es während des 12. und 13. Jahrhunderts eine wahre Invasion fliegender Scheiben, Kugeln usw. gegeben haben. Jedenfalls verboten die Päpste und auch verschiedene Fürsten die Verbreitung von Berichten über derartige Erscheinungen. Die Geheimhaltung von UFO-Sichtungen ist also keineswegs eine "Erfindung" dieses Jahrhunderts.

Dennoch haben wir, wie bereits oben angeführt, auch aus dieser für UFO-Beobachter sicherlich nicht leichten Zeit Berichte über seltsame Himmelserscheinungen vorliegen. Ein weiterer stammt aus der Lebensgeschichte des Benvenuto Cellini. Im 84. Kapitel seiner Biographie schreibt er:

Wir ritten nach Rom zurück, es war schon Nacht. Und als wir auf eine kleine Höhe gelangten und nach der Gegend von Florenz hinsahen, riefen wir beide zugleich: Gott im Himmel! Was ist das für ein Zeichen, das über Florenz steht? Es war ein großer Feuerbalken, der funkelte und einen ungeheuren Glanz von sich gab.

Aus der "Puggerschen Chronik" erfahren wir von einer anderen seltsamen Begebenheit. In Feldkirch sei am Dienstag vor Ostern des Jahres 1344 ein, so wörtlich...

...schrecklicher feuriger Klotz... auf die Marktgasse gefallen, welches Wunder das zulaufende Volk mit großer Bestürzung gesehen... aber dieser feurige Klotz, nachdem er ziemlich lang also brennend gelegen, ist im Angesicht aller von dannen wiederum von sich selbst in die Luft und Wolken gefahren.

Über ein feuriges Objekt berichtet auch die 1428 niedergeschriebene "Cronica Albertina":

Im Laufe des vorher besagten Jahres wurde am 3. Tage des März des Nachts um eineinhalb Uhr von vielen Personen, denen man Glauben schenken kann, in der Stadt Forli etwa oberhalb der Fra Menure eine sehr große Flamme in der Form eines Turmes gesehen und darüber eine Säule, die aus Feuer zu sein schien. Das wurde von vielen Leuten aus Forli, von denen einige Ordensleute und einige Laien waren, und anderen aus den Bergen und einigen aus der Ebene gesehen; Signore war zu besagter Zeit der gute Messere F. Domingo Firmanao. Dasselbe Jahr sah man am 3. März in Forli in der Luft eine Lampe aus Feuer, die von ein Uhr bis drei Uhr nachts brannte.

Auch das 16. Jahrhundert war nicht arm an Beobachtungen fremdartiger Objekte und Phänomene. Die Explosion einer flammenden Kugel soll sich 1548 über Thüringen ereignet haben. Dabei, so wird berichtet, habe sich eine Substanz gebildet, die geronnenem Blut geglichen und zur Erde geregnet sei. 1557 wurden über Wien und in Polen verschiedene leuchtende Objekte wahrgenommen, die als "grüne" oder "rote Sonnen" bezeichnet werden. Ebenfalls 1557 konnten die Einwohner Nürnbergs "fliegende Drachen" und "glühende Scheiben" beobachten. Ein Jahr danach dürfte, so die Überlieferung, ein Kampf zweier Scheiben über Österreich stattgefunden haben. Im Rathaus der Stadt Zürich sind sogar einige Drucke des Kupferstechers Wieck zu sehen, die die zahlreichen Sichtungen fliegender Objekte in der Zeit von 1547 bis 1558 zum Motiv haben.

Am 14. April des Jahres 1561 wurden im Luftraum über Nürnberg abermals "schwarze, weiße, rote und blaue Scheiben", sowie zwei spiralförmige Gegenstände gesehen. 1566 beobachtet man über Basel eine Gruppe schwarzer und runder Scheiben. Samuel Coccius verfaßte damals ein Flugblatt, auf dem zu lesen steht:

Vil großer schwarzer kugelen in lufft gesehen worden, welche für die sonnen / mit großer schnelle rund geschwinde gefaren / auch widerkert gegen einander gleichsam die ein streyt führten / deren etlich roht und fhürig worden / volgends verzeert und erloschen.

1697 ist von einer "hell leuchtenden Maschine mit einer Kugel in der Mitte" die Rede, die zahlreiche Städte, darunter auch Hamburg, überflog.

Aus dem 18. Jahrhundert liegen uns weitere schriftlich niedergelegte Beobachtungen vor. Am 18. Mai 1710 sieht Ralph Thresby, Mitglied der Royal Society, ein seltsames Objekt über Leeds, Yorkshire, England:

154

Eine komische Erscheinung, wie eine Trompete, mit dem breiteren Ende voran, flog von Nord nach Süd. Es gab Licht ab, wenn es sich bewegte. Die Leute erschraken, als sie ihren eigenen Schatten sahen, ohne Mond oder Sonne am Himmel... Das Ding war auch in drei anderen Ländern erschienen.

1767 wird in einem schottischen Magazin ein Bericht über ein anderes seltsames Phänomen publiziert:

Über das Wasser kam bei Couper Angus ein dicker schwarzer Rauch, der ansteigend einen großen leuchtenden Körper enthüllte, wie ein brennendes Gebäude. Dieser nahm Pyramidenform an, bewegte sich vorwärts mit großem Ungestüm und raste sehr schnell den Erick-Fluss hinauf. Er trug einen großen Wagen davon, hob einen Reiter in die Luft, betäubte ihn, schnitt ein Haus entzwei und zerstörte einen Bogen an einer neuen Brücke. Dann verschwand er.

Auch Florenz scheint während dieser Zeit nicht selten von unbekannten Flugobjekten besucht worden zu sein. Am 9. Dezember 1781 soll sich sogar, will man den Überlieferungen Glauben schenken, eine Prozession fliegender Gegenstände über der italienischen Stadt vollzogen haben. Neun Jahre zuvor, im Dezember 1772, wurde eine raketenähnliche Erscheinung über dem Steinhuder Meer (Norddeutschland) gesehen, deren Verlauf uns in Form eines Briefes vorliegt:

Ich hoffe, Eure Durchlauchtige Hoheit wird nicht für Übel befinden, daß ich mir die Ehre gebe, Ihnen anzuzeigen, daß eine einer großen Rakete ähnliche Erscheinung am 22., ungefähr um 6 Uhr morgens über dem See erschien, die sich sehr langsam fortbewegte und ein starkes Leuchten sogar für kurze Zeit in den Unterkünften verbreitete. Sie zog anfangs von Norden nach Süden, d.h. bis in die Nähe der Festung, danach wandte sie sich von der Spitze des Ravelins Nr. 3 über die Bastion Nr. 2 bis zu der Bastion Nr. 1, in dem sie auf der Höhe der Wetterfahne des Wilhelmsteines beinah der Kette folgte. Schließlich nahm sie ihren Weg nach der (Buschmann) Landwehr, wobei sie ein dem einer Rakete ähnliches Geräusch von sich gab. Es wird versichert, daß diese Erscheinung ungefähr zur selben Zeit an mehreren anderen Orten beobachtet wurde.

Steinhude, den 24. Dez. 1772

gez. Etienne

Das 19. Jahrhundert hält abermals eine Fülle gut belegter Beobachtungen bereit. Dies beginnt mit dem Jahr 1808. Vor allem Norditalien wurde damals durch zahlreiche Himmelserscheinungen aufgeschreckt. Ähnlich wie einst Karl der Große wird am 12. April bei Carmagnola ein Reiter von einer fliegenden Kugel aus dem Sattel gehoben. Nur drei Tage später sieht man eine "Spindel" über dem italienischen Ort Torre Pellice, die langsam hinter dem Picco Vandalino verschwindet. Abermals drei Tage später wird ein gewisser Signore Simodi aus Torre Pellice von einem summenden Geräusch aus dem Schlaf geweckt. Als er zum Fenster hinausschaut, sieht er eine sich mit großer Geschwindigkeit erhebende Scheibe, die zuvor auf einer in der Nähe gelegenen Wiese gestanden haben mußte.

Formationsflüge unbekannter Objekte konnten am 7.9.1820 über Embrun (Südfrankreich) beobachtet werden. Ebenfalls in Frankreich wurde am 12. Januar 1836 von Cherbourg aus ein Flugkörper gesehen, der "einem Pfannkuchen glich", sich um die eigene Achse drehte und in der Mitte ein Loch zu haben schien. Und am 4. Oktober 1844 berichtet der Astronom Glasher von leuchtenden Scheiben, "die hell flimmernde Lichtstrahlen aussenden". Die heute sehr geläufige Meinung, noch nie habe ein Astronom UFOs beobachtet, ist also bereits durch diesen frühen Fall widerlegt.

Über eine Sichtung auf See berichtet die Besatzung des Dampfers "Victoria", der sich genau ein Jahr darauf, am 4.10.1845, südlich Siziliens befindet. Drei leuchtende Scheiben, etwa fünfmal so groß wie der Mond, seien etwa eine halbe Meile vom Schiff entfernt aus dem Meer aufgestiegen und wie durch Lichtstrahlen miteinander verbunden gewesen. Später meldeten sich weitere Zeugen aus einem Umkreis von etwa 1500 km, die das gleiche Phänomen beobachtet hatten.

Die in Madrid erscheinende Zeitung "Gaceta de Madrid" schreibt mit Datum vom 14. August 1863 zu einer in Spanien gemachten Beobachtung:

156

Eine Art leuchtender Scheibe wurde vorgestern abend gen Osten über Madrid gesehen. Anfangs glaubte man, es handle sich um einen Kometen. Nachdem die Scheibe lange Zeit unbeweglich gestanden hatte, bewegte sie sich schnell waagerecht und senkrecht nach verschiedenen Richtungen.

Eine raketenähnliche Erscheinung konnte im April 1860 ein junger Mann in der Nähe von Ottag, Kreis Ohlau, Schlesien, beobachten. Das Objekt habe einen etwa 20 Meter langen feurigen Strahl hinter sich hergezogen, sei aber völlig geräuschlos geflogen. 1870 und 1874 werden fliegende Gegenstände in der Nähe des Mondes gesehen. Die Londoner "Times" berichtet am 29. September 1870 über eine Art "elliptisches Schiff", das etwa eine halbe Minute lang vor dem Erdtrabanten zu erkennen war. Im gleichen Jahr beschreibt ein Kapitän der Marine der Königlichen Britischen Geographischen Gesellschaft einen Körper, "welcher der Sonne oder dem Mond ähnelte, wenn diese von einem Hof umgeben sind", und der die Vorstellung einer "fliegenden Maschine" geweckt habe. Nachdem er sehr lange am Himmel gestanden habe, sei der Körper schließlich mit sehr hoher Geschwindigkeit fortgeflogen und hinter dem Horizont verschwunden.

Über ein kurioses Ereignis vom 25. Oktober 1870 berichtet die "Sudetendeutsche Zeitung" vom 3.8.1957 unter der Überschrift "Als die Brünner den Teufel sahen":

Es war ein schöner, sonniger Herbsttag. Eine Gesellschaft fröhlicher Menschen hatte sich, einer Einladung folgend, in die Weinberge begeben, um an der Lese teilzunehmen. Nun befanden sie sich auf dem Heimwege. Übermütige Scherze flogen hin und her, übermütiges Lachen ertönte auf allen Seiten. Nun wollten sie den Abend genießen und noch einmal kurze Rast halten. Ein schönes Plätzchen, von dem man eine herrliche Aussicht hatte, wurde ausgewählt; einige Teilnehmer der Gesellschaft hatten sich gesetzt, andere standen bequem umher und besprachen noch einmal den schönen Tag. Da plötzlich ein heftiges Prasseln und Brausen, das alle erschreckt zusammenfahren ließ. In der Richtung, aus der das Getöse kam, sahen sie eine bis an die Wolken reichende, feurig beleuchtete Säule, die einem mächtigen Rauchpilz ähnelte. Die Erschrockenen vermuteten, daß unbemerkt ein Waldbrand ausgebrochen sei; diese Meinung verstärkte sich in ihnen noch mehr, als bald darauf an den Ufern der Schwarzawa und des Mühlgrabens Wasserstrahlen hoch aufstiegen. Das konnte doch nichts anderes sein als das Wasser aus den Feuerspritzen, die zur Bekämpfung des Brandes herbeigerufen worden waren. Doch wer beschreibt den furchtbaren Schrecken, als sich das vermeintliche Feuer plötzlich in Bewegung setzte, über den Mühlgraben hinwegbrauste und auf die erschrockene Gesellschaft zuraste. Eiligst suchten sie Zuflucht in einer nahegelegenen Wächterhütte. Doch kaum wähnten sie sich in Sicherheit, da sauste es auch schon heran und riß ihnen mit unheimlicher Gewalt das Dach vom Kopf weg. In diesem Augenblick erfaßte auch die Tapfersten ein Zittern; vor Schrecken sanken sie zu Boden, umfaßten einander, um nicht durch die Luft entführt zu werden. Als sie sich nach einigen Sekunden grausamer Ängste wieder gefaßt hatten und aufzusehen wagten, sahen sie, daß die Feuersäule sich auf den Spielberg zu bewegte. Oben auf ihr aber, grausig beleuchtet von der Feuerlohe, saß der Leibhaftige und schwang triumphierend eine brennende Pechfackel. Wollte er an der Stadt ein entsetzliches Zerstörungswerk vollbringen? Bleich und gedrückt, froh, noch einmal mit dem Schrecken davongekommen zu sein, machte sich unsere Gesellschaft auf den Heimweg. Lachen und Scherzen war ihr gründlich vergangen.

Teufelsspuk oder abermals eine Massenhalluzination? Wahrscheinlich keines von beidem, sondern die Beobachtung eines Phänomens am Himmel über Brünn, das wir heute zweifellos als UFO-Sichtung einstufen würden.

1874, und zwar am 14. April, beobachtet der Prager Astronom Prof. Schafarik in der Nähe des Erdtrabanten ein "so seltsames Objekt", daß es ihm unmöglich ist, darüber etwas genaueres auszusagen. Der Flugkörper soll funkelnd weiß gewesen sein, und der Astronom erklärte, er habe zwar beobachten können, wie das Objekt sich vom Mond entfernt, nicht aber, wie es sich ihm genähert habe.

Zum Absturz eines Fluggerätes kam es offensichtlich am 29. August 1871. Der Astronom Trouvelet sah damals über Marseille zahlreiche z.T. dreieckige, runde und vieleckige Objekte. Eines davon sei zu Boden gestürzt und zerschellt. Dabei soll es wie eine Scheibe, die durch Wasser sinkt, zu Boden geglitten sein. Über eine Sichtung im Persischen Golf berichtete die Mannschaft des Kriegsschiffes "Vulture" am 13. April 1879:

> Es wurden zwei gewaltige, leuchtende, sich drehende Räder beobachtet, die sich knapp über der Wasseroberfläche bewegten, dann langsam im Wasser versanken und in der Tiefe verschwanden.

Ein weiterer Wissenschaftler, der Astronom Maunder, bestätigte eine Sichtung vom 17.11.1882, deren Zeugen mehrere tausend Engländer gewesen sein müssen:

> Ein großes, von grünem Licht erleuchtetes kreisförmiges Gebilde erschien am Horizont in nord-westlicher Richtung wie ein aufgehender Stern. Und wie ein Stern, doch sehr viel rascher, zog es in steter und linearer Bewegung über den Himmel. Es schnitt unmittelbar unter dem Mond den Meridian und nahm das Aussehen einer stark in die Länge gezogenen Ellipse an, und deshalb beschrieben es viele Leute als ein zigarren-, torpedo- oder spindelförmiges Objekt.

1904 verfolgte die Besatzung eines amerikanischen Schiffes länger als eine Viertelstunde die Bewegung zweier "Scheiben" über dem atlantischen Ozean. Im gleichen Jahr berichtete der amerikanische Astronom F.B. Harris von einem großen schwarzen, länglich geformten Objekt, das er beobachtete, als es an der Mondscheibe vorbeiflog.

Während des 2. Weltkrieges nahm die Aktivität "Unbekannter Flugobjekte" merklich zu. Häufig jedoch hielt man sie für eine Waffe des Feindes und schenkte ihnen nicht die Aufmerksamkeit, die sie vielleicht schon damals verdient hätten.

Die Diskussion beginnt

Dann, nach dem Krieg, kam jener 10. Juni 1947, an dem Kenneth Arnold eine ganze Armada "Fliegender Untertassen" sah, die Presse den Fall aufnahm und zum erstenmal weltweit publik machte.

Damals begannen im US-Verteidigungsministerium fieberhafte Aktivitäten. Man befürchtete zunächst eine Geheimwaffe der UdSSR, und ein eigens ins Leben gerufener Untersuchungsausschuß sollte klären, was es mit den UFOs auf sich hatte. Dieses Projekt mit dem Namen "Sign" (Zeichen) stellte fest, daß "Fliegende Untertassen" aufgrund ihres Verhaltens, z.B. der plötzlichen extremen Bahnänderungen, keine auf der Erde hergestellten Flugzeuge sein können. Das Dokument wurde dem damaligen Stabschef General H.S. Vandenberg vorgelegt, der sich aber weigerte, die Schlußfolgerungen der Öffentlichkeit vorzulegen.

Bereits damals wurde eine Politik erkennbar, die sich bis heute erhalten hat: Die Geheimhaltung von UFO-Berichten durch offizielle Stellen. War dies, wie in zahlreichen Fällen, nicht mehr möglich, wurden Erklärungen herausgegeben, die sich sehr oft als äußerst vordergründig und falsch erwiesen.

Dennoch sah sich die Regierung unter dem starken Druck der Öffentlichkeit schließlich gezwungen, ein weiteres UFO-Untersuchungsprojekt zu starten, genannt "Blue-Book". Erste Ergebnisse wurden 1955 bekannt gegeben. Demnach konnten 21,8% der Sichtungen auf Beobachtung astronomischer Objekte zurückgeführt werden (z.B. aufgehender Mond, Meteore usw.), 21,6% auf Flugzeuge, 15,4% auf Ballone (z.B. Wetterballone), 10,6% auf Sonstiges (z.B. Vögel, Wolken, Raketen, psychologische Ursachen usw.), bei 10,9% seien ungenügende Informationen vorhanden gewesen und 19,7% konnten nicht identifiziert werden.

Ein Fünftel also, das sich nicht in die natürlichen Kategorien einordnen ließ. Um was handelte es sich - nur um natürliche Phänomene, oder tatsächlich um Raumschiffe außerirdischen Ursprungs? In der Luftwaffe selbst hatte man sich damals ganz offensichtlich zu der letzten Möglichkeit durchgerungen, auch wenn offizielle Stellen diesen Eindruck zu verwischen suchten und auch heute noch darum bemüht sind. Das gelang freilich nicht immer. Mit Datum vom 26. Januar 1953 liegt uns ein Brief der Luftwaffe zu einem Buch des amerikanischen Marine Major Donald E. Keyhoe vor, der damals eine der ersten größeren schriftlichen Zusammenfassungen über das Phänomen der UFOs veröffentlichte. Zu der von Keyhoe vermuteten außerirdischen Herkunft der "Fliegenden Scheiben" erklärte der Pressesprecher der Luftwaffe, Albert M. Chop, damals wörtlich:

> Die Luftwaffe hat diese Möglichkeit nie bestritten.

Und an anderer Stelle gibt er unumwunden zu:

> Wenn... die offensichtlich gesteuerten Flugmanöver, die von vielen erfahrenen Beobachtern gemeldet werden, wirklich zutreffen, dann bleibt als einzige Erklärung nur die interplanetare Herkunft der Maschinen (Aus: Keyhoe, Der Weltraum rückt uns näher).

Diese erfreuliche Freigiebigkeit von Informationen dauerte nicht lange an. Von nun an wurde alles mit "leuchtendem Sumpfgas", "Wetterballonen", der "Venus" oder sonstigen Erklärungen abgetan. Dabei spielte keine Rolle, wieviele Zeugen, ob Astronomen, Piloten oder andere erfahrene Beobachter an einer Sichtung beteiligt waren. Selbstverständlich war man sich darüber im klaren, daß eine derartige Lösung alles andere als vorteilhaft und zutreffend war. In einem bemerkenswerten Aufsatz in der Fachzeitschrift "Flugwelt", Jahrgang 1954, schreibt Rolf Tondorf zu diesem Problem:

> Die Wahrscheinlichkeit, daß etwa Hunderte von Flugzeugführern und anderen Sachverständigen, die örtlich Tausende von Kilometern getrennt sind, sich verabreden um ihrer Regierung Märchen aufzutischen, ist wahrlich gering; die Wahrscheinlichkeit, daß das menschliche Auge und ein Radargerät gleichzeitig Störungen haben, und zwar die selben Störungen im selben Bruchteil des Gesichtsfeldes, ist noch geringer.

Unterstützung hingegen bekam die Luftwaffe bei ihren Erklärungsversuchen von einer überwiegenden Zahl von Wissen-

schaftlern, die das ganze als eine Art "Kriegspsychose", "Massen-
hysterie", "Kollektivillusion" usw. erklären wollten. Den Grund
dafür beschrieb der inzwischen verstorbene Prof. Dr. McDonald,
einst Mitarbeiter am Institut für atmosphärische Physik der Universität von Arizona. Als Spezialist für UFO-Fragen führte er am
29.7.1968 vor dem Komitee für Luft- und Raumfahrt im Repräsen-
tantenhaus der USA aus:

> Ich habe mich überzeugt, daß die wissenschaftlichen
> Vereinigungen dieses Landes und der ganzen Welt fallweise
> einen Gegenstand von ungeheurer wissenschaftlicher
> Bedeutung als "dummes Zeug" ignoriert haben... Ich ver-
> stehe diese Haltung nur zu gut. Ich war einer mehr von jenen
> Wissenschaftlern, die glaubten, so etwas könne nicht
> existieren, ein Staatsbürger, der beinahe überzeugt war, daß
> die staatlichen Bestätigungen über die Nichtexistenz eines
> handgreiflichen Nachweises für die Realität der UFOs
> stimmen. Das UFO-Problem ist so unkonventionell, birgt
> derart unvoraussehbare Phänomene, daß es Erklärungen an
> Hand unseres technischen Wissens einfach unmöglich
> macht... Wir Wissenschaftler dagegen, als ein Ganzes
> betrachtet, sind nicht geneigt, Probleme aufzugreifen, die
> dicht an den Grenzen unseres Wissens liegen.

Unter dem daraufhin wieder wachsenden Druck der Bevölkerung entschloß sich die amerikanische Regierung Ende der
sechziger Jahre erneut, einen nicht-militärischen Untersuchungsausschuß ins Leben zu rufen. Geleitet wurde er von Prof. Condon,
und die Ergebnisse der Erforschung einer Reihe unerklärlicher
Sichtungen wurden schließlich 1969 unter dem Namen "Condon-
Report" veröffentlicht. Tenor der Untersuchung:

> 1. Fliegende Untertassen stellen keine militärische
> Bedrohung für die Vereinigten Staaten dar.
> 2. Daraus resultiert, daß eine weitere wissenschaftliche
> Untersuchung nicht gerechtfertigt sei und daß
> 3. Besuche außerirdischer Wesen erst in einer fernen
> Zukunft, vielleicht in einigen Millionen Jahren, zu erwarten
> seien.

Schon bald regte sich Widerspruch am Condon-Report.
UFO-Forscher in aller Welt kritisierten das ihrer Ansicht nach völlig

unwissenschaftliche Vorgehen der Ausschußmitglieder, die nur solche Fälle ausführlich behandelt hätten, die von vornherein als Täuschungen, Halluzinationen usw. feststanden, sich mit Sichtungen jedoch, die von Piloten und anderen sich mit Phänomenen am Himmel auskennenden Fachleuten gemacht worden oder bei denen eine ganze Anzahl von Menschen übereinstimmend ausgesagt hatte, nur sehr oberflächlich und ungenügend befaßt hätten. Als schließlich bekannt wurde, daß zwei Wissenschaftler, die während der Arbeit im Ausschuß zu der Ansicht gekommen waren, UFOs existierten wirklich und stellten offenbar Raumflugzeuge einer außerirdischen Zivilisation dar, den Condon-Mitarbeiterstab verlassen mußten, warf man den verbleibenden Forschern offen Unseriösität vor. Auf die Seite der Kritiker stellte sich schließlich auch das "Amerikanische Institut für Aeronautik und Astronautik". Es führte eine eigene Untersuchung des Condon-Reports durch und kam zu dem Schluß, daß 30% (!) aller im Ausschuß behandelter UFO-Sichtungen in Wirklichkeit **nicht** auf natürliche Ursachen zurückgeführt werden konnten. In der November-Ausgabe 1970 der "Astronautics and Aeronautics", dem offiziellen Organ der AIAA, faßt die Organisation ihre Kritik mit folgenden Worten zusammen:

> Die einzige Möglichkeit, das UFO-Problem zu ergründen, ist das stete Bemühen, auf Grund ständig verbesserter Unterlagen durch objektive Mittel eine hochqualifizierte wissenschaftliche Analyse zu erstellen. Es ist unannehmbar, die beträchtlich hohe Zahl ungeklärter Beobachtungen einfach zu ignorieren und die Akten auf der Basis vorgefaßter Meinungen zu schließen.

Und tatsächlich zeigte sich, daß dem Condon-Report zum Trotz auch nach dessen mit einem negativen Urteil abschließenden Bericht das UFO-Problem nicht aus der Welt geschafft worden ist. Ganz im Gegenteil konnten gerade in der ersten Hälfte der siebziger Jahre überall in der Welt Sichtungen gemacht werden. Doch damit wollen wir uns später noch befassen.

Welche Verwirrung das UFO-Problem auf regierungsamtlicher und militärischer Seite auslöste, zeigen auch die sich widersprechenden Meldungen, Erklärungen, Dementis usw., die im Laufe der Zeit dazu abgegeben wurden. Es ist zuweilen recht amüsant zu lesen, wie die einzelnen Experten bemüht waren, zu vertuschen und "herunterzuspielen". So erklärte beispielsweise Dwight D. Eisenhower am 16. Dezember 1954:

> Fliegende Untertassen existieren nur in der Einbildung derer, die sie sichten.

Seltsam dann die Meldung, die der DAILY NEWS, Washington, am 25. Juli 1952 veröffentlichte:

> Das Verteidigungsministerium gibt Befehl, UFOs abzuschießen, falls sie eine Landung verweigern, nachdem sie dazu aufgefordert wurden.

Also Einbildungen des Verteidigungsministeriums? Wohl kaum. Dr. Urner Liddel vom Forschungsamt der Marine schrieb in der Februar-Ausgabe 1951 des LOOK MAGAZIN u.a.:

> Es gibt keinen einzigen verläßlichen Bericht über die Sichtung einer Fliegenden Untertasse, die nicht einem gewöhnlichen Wetterballon zugeschrieben werden kann.

Wenn es tatsächlich nur "gewöhnliche Wetterballone" waren, ist allerdings der Befehl unverständlich, der 1954 im OPERATION BULLETIN vom Staatssekretär der Marine an alle Flotteneinheiten herausgegeben wurde und der mit zwei UFO-Zeichnungen illustriert war:

> Vorschriften für die Frühwarnung zur Verteidigung des Nordamerikanischen Kontinents (Merint) durch Funktelepathie. Aufzuhängen im Funkraum und auf der Brücke. Meldet Flugzeuge, Kondensstreifen, Unterseeboote und Unidentifizierbare Fliegende Objekte (UFOs). Gebraucht das internationale Dringlichkeits-Signal, um die Leitung freizumachen.

Auf einer Pressekonferenz der Luftwaffe am 29. Juli 1952 erklärte General Sanford, UFOs seien nichts anderes als Wetter-Phänomene. Offenbar ahnte er nichts von dem Befehl, der am 24. Dezember des gleichen Jahres vom Generalinspekteur der Luftwaffe an die Kommandeure der Luftbasen herausgegeben wurde und der sich für die Beobachtung von "Wetter-Phänomenen" ein wenig umständlich und kostenspielig anhört:

Von Luftstützpunkten abgeordnete Untersuchungsbeamte für UFOs sollen mit Ferngläsern, Kamera, Geigerzähler, Vergrößerungsglas und Behältern für Beweisstücke ausgerüstet sein.

Am 19. Januar 1961 veröffentlichte das amerikanische Magazin NEW RELEASE einen Bericht über UFOs, der offenbar vom Verteidigungsministerium inspiriert war und in dem es u.a. hieß:

...und schließlich gibt es keinen physikalischen oder materiellen Beweis für die Existenz der sogenannten "Fliegenden Untertassen" oder eines Raumschiffes, ja man hat nicht einmal ein winziges Bruchstück davon gefunden.

Dagegen erklärte im November 1961 Wilbert B. Smith, der Leiter des offiziellen kanadischen UFO-Forschungsprogramm freimütig:

Ich zeigte Admiral Knowles ein kleines Stück einer Fliegenden Untertasse, das mir die Luftwaffe freundlicherweise im Juli 1952 zur Überprüfung überließ.

Widersprüchliche Meldungen zeichneten sich auch innerhalb der Luftwaffe ab. Richard Horner, Assistent des Staatssekretärs der Luftwaffe für Entwicklung und Forschung schrieb in einem Brief vom 3. Juli 1958:

Wir sind daran interessiert, in Bezug auf Sichtungsberichte die Wahrheit zu erfahren. Dabei sind wir uns völlig unserer Verantwortung bewußt, die Öffentlichkeit über diese Dinge informiert zu halten.

Anders hingegen Captain G.H. Oldenburgh, Informations-Offizier des Luftwaffenstützpunktes Langley (Virginia), in einem Brief vom 23. Januar 1958:

Die öffentliche Verbreitung von Unterlagen über Unbekannte Fliegende Objekte widerspricht den Richtlinien und Anordnungen der Luftwaffe.

Die Doppelzüngigkeit einiger offiziell am UFO-Forschungsprogramm beteiligter Personen wird auch aus einem Briefwechsel von Generalmajor Joe Kelly, US-Luftwaffe, deutlich. In einem

Schreiben an den Abgeordneten Peter Freylinghuysen versuchte er glauben zu machen:

> Berichte über Fliegende Untertassen sind nicht zurückgehalten worden. Als Leiter des NICAP hat Major Donald E. Keyhoe alle in Händen der US-Luftwaffe befindlichen Informationen erhalten.

Dagegen gestand er in einem Brief vom 15. November 1957 an das NICAP (einer von Keyhoe gegründeten UFO-Studienorganisation) (2) ein:

> Ich versichere Ihnen, daß die Luftwaffe niemals beabsichtigte, Ihrer Organisation die mit der Beschränkung "Nur für den offiziellen Gebrauch" einem bestimmten Personenkreis vorbehaltenen Akten (über UFOs) zu überlassen.

Daß genügend Informationen auch zu einer Sinneswandlung beitragen können, zeigt das Beispiel des Dr. Hugh Dreyden, Leiter des Nationalen Beirates für Luftfahrt, der am 19. Februar 1957 in einer Rede vor dem Bewilligungs-Komitee des Kongresses erklärt hatte:

> Es gibt keine Objekte wie Fliegende Untertassen, überhaupt nichts dergleichen.

Vor einer Pressekonferenz am 24. Februar gestand er, nachdem sich das NICAP mit ihm in Verbindung gesetzt hatte, dagegen ein:

> Meine Herren, ich bedauere, daß ich die erwähnte Bemerkung über Fliegende Untertassen gemacht habe. Es war nur meine persönliche Meinung, sonst nichts.

Wir wollen es dabei belassen und uns nun den UFO-Fällen an sich zuwenden, den Berichten über eines der erregendsten Phänomene unserer Zeit. Auch hierbei kann natürlich nur eine kleine Auswahl getroffen werden, denn unterdessen existieren einige hunderttausend Sichtungsberichte, und es würde den Rahmen eines Buches sprengen, sie alle behandeln zu wollen.

Flugzeuge und "Fliegende Untertassen"

Beginnen wir mit jenem tragischen Fall, der sich am 7. Januar 1954 ereignete. In der Befehlszentrale des Militärflughafens Godman, Kentucky, läutete an jenem Tag das Telefon Sturm. Die Staatspolizei war am Apparat und meldete, mehrere Highway-Polizisten hätten ein seltsames scheibenförmiges Objekt mit orangerotem Feuerkranz durch die Luft fliegen sehen. Auch der Militärposten Fort Knox und die Militärverwaltung in Lexington bestätigten kurz darauf die Meldung. Der Platzkommandant von Godman entschloß sich daraufhin, drei P-51-Maschinen zur Erkundung in die Luft zu schicken.

Es ist 14.56 Uhr, als die Militärmaschinen von der Landebahn abheben. Einer der Piloten ist Captain Thomas F. Mantell, ein erfahrener Jagdflieger mit 3 600 Flugstunden

Die drei Maschinen werden von den Radarschirmen aus genau beobachtet. Durch den Lautsprecher des Kontrollraums klingt die Stimme Mantells:

"Sehe noch nichts... drehe in Richtung Ohio River Falls ab."

"Höhe 31.000 Fuß... noch nichts zu sehen."

Dann, um 15.11 Uhr meldet sich Mantell wieder. Seine Stimme klingt aufgeregt:

"Jetzt - da ist das Ding!... Form wie eine Scheibe... es ist enorm groß... schwer zu schätzen... würde sagen ungefähr 80 yards (72 m, Anmerk. d. Verf.)... hat einen Ring und eine Kuppel an der Oberfläche... scheint rasend schnell um zentrale Vertikalachse zu rotieren... Höhe 31.500 Fuß... Ende."

Auch im Kontrollraum herrscht Aufregung. Alles blickt gebannt zum Bildschirm, auf dem man sowohl die riesige Scheibe, als auch die drei Flugzeuge sehen kann, die sich ihr nähern. Um 15.12 meldet sich der rechte Flügelpilot:

"Ich kann die Scheibe sehen... ich fotografiere... Mantell ist ihr auf den Fersen..."

Der linke Flügelpilot unterbricht:

167

"Es ist knapp 200 Fuß über mir... versuche ranzukommen."

Um 15.14 Uhr meldet sich Mantell wieder:

"Bin auf 1.000 yard ran... habe doppelte Geschwindigkeit... erwische es auf jeden Fall... sieht metallisch aus... glänzt... ist in hellgelbes Licht gehüllt... wird rot, orangerot... Entfernung jetzt knapp 400 yards... das Ding wird schneller... versucht mir zu entkommen... Steigwinkel schätzungsweise 45 Grad... Ende."

"Mantell ist beinahe dran... kann sich nur noch um wenige yards handeln... Scheibe wird schneller... ich kann nicht mehr mit."

Captain Mantell und das UFO verschwinden in einer Wolkendecke; die beiden Flügelpiloten Hammond und Clements können sie nicht mehr sehen und geben auf. Sie bitten um Landeerlaubnis. Um 15.18 Uhr meldet sich Mantell wieder

"Das verrückte Ding ist irrsinnig schnell... jetzt, jetzt..."

Er unterbricht sich einen Augenblick, sein Atem geht plötzlich keuchend, dann schreit er förmlich ins Mikrofon:

"Mein Gott, ich sehe Menschen in diesem Ding..."

Dann ist Stille. Die Kontrollstation bekommt keinen Kontakt mehr. Um 16 Uhr werden, im großen Umkreis verstreut, die ersten Trümmer von Mantells Maschine gefunden. Er selbst hatte sich nicht mehr retten können, und niemand wird je erfahren, was an jenem 7. Januar 1948 im Luftraum über Kentucky wirklich passiert ist.

War es nur eine Illusion, der Mantell nachjagte, ein Wetterballon vielleicht oder gar die Venus, wie ein offizieller Sprecher zuerst bekanntgab? Zu fadenscheinig sind all diese Ausreden, als daß man sie angesichts des Todes von Mantell ernst nehmen könnte. Was Captain F. Mantell sah, war mit Sicherheit keine Täuschung und kein Wetterballon. Mantell muß mit etwas sehr massivem zusammengestoßen sein, mit etwas, das zu unglaublichen Flugmanövern in der Lage war und in dem sich nach Mantells letzten Worten "Menschen" befanden. Möglich, daß es Mantells eigene Unvorsichtigkeit war, die ihn zu nahe an das unbekannte Objekt kommen ließ. Aber wer will ihm einen Vorwurf machen?

Es blieb nicht nur bei Mantells Absturz. Am 9. Januar 1956 wiederholte sich praktisch am gleichen Ort das gleiche Unglück. Wieder waren unbekannte Flugobjekte gesichtet worden und wieder stiegen Flugzeuge auf, diesmal allerdings vom Landeplatz der nationalen Wachmannschaft in Louisville, Kenntucky, nur 30 Meilen von Godman entfernt. Wiederum war es eine P-51-Maschine, mit der Colonel Lee Merkel die Verfolgung aufnahm. In 30 000 Fuß Höhe meldete er, es sei ihm jetzt möglich, das rotleuchtende Objekt zu sehen und daß er sich ihm nähere. Dies war die letzte Funkmeldung Merkels. Wenige Minuten später explodierte seine Maschine und stürzte auf eine Farm, die fast völlig zerstört wurde. - Abermals nur Halluzinationen oder Wolkenformationen?

Zwei orangefarbene Objekte waren offenbar auch Schuld an dem Absturz einer C-118-Maschine am 1. April 1959. "Wir sind mit etwas zusammengestoßen", vernahmen die Männer in den Funkstationen des US-Bundesstaates Washington gegen 19.45 Uhr die angsterfüllte Stimme des Piloten, "oder etwas ist mit uns zusammengestoßen..."

Was dieses "Etwas" war, wird niemand mehr feststellen können, denn es gab keine Überlebenden bei dieser Katastrophe. Allerdings wiesen die aufgefundenen Trümmer tatsächlich auf einen massiven Körper hin, mit dem die C-118 zusammengestoßen sein mußte.

Bemerkenswert ist auch, daß bereits Stunden zuvor im besagten Gebiet zahlreiche Sichtungen "Unbekannter Flugobjekte" gemeldet wurden. Offenbar hatte man auch im Luftwaffenstützpunkt McChord-Field davon erfahren, denn das Absturzgebiet zwischen den Orten Sumner und Orting wurde von der Armee sofort hermetisch abgeriegelt, Zeugen wurden befragt und Untersuchungsbeamte nahmen eine in dieser Form fast zu gründliche Analyse vor. Auch Vertreter der APRO, einer großen amerikanischen UFO-Studienorganisation, waren kurz nach dem Unglück am Ort des Geschehens und erfuhren auf diese Weise von den beiden "orangefarbenen Objekten", die dem Flugzeug folgten. Später wurden die Zeugen mit Redeverbot belegt, eine Maßnahme, die zeigt, wie unsicher offizielle Stellen derartigen Geschehen gegenüber sind.

Diese Unsicherheit wird auch durch ein anderes Detail sichtbar. Kurz nach Einlaufen der ersten Meldungen und der Erkenntnis, daß an dem gesamten Vorfall UFOs offenbar nicht unschuldig waren, gab der Sprecher des Luftwaffenstützpunktes McChord-Field bekannt, bei den gesichteten Objekten habe es sich lediglich um Fallschirmkugeln gehandelt, die kurz zuvor vom nahegelegenen Fort Lewis aus abgefeuert worden seien. Fort Lewis aber, und das zeigt, wie leicht man es sich bei der "Aufklärung" der Bevölkerung macht, hatte an diesem Tag weder Leuchtkugeln, noch andere Geschosse, Raketen oder dergleichen gestartet.

Geradezu unheimlich erscheinen jene beiden Fälle, die sich in den letzten Jahren ereigneten. Ende 1972 befanden sich drei Abfangjäger der Canon-Air-Force-Basis auf einem Übungsflug in der Nähe von Clovis. Plötzlich bemerkte eine Radarstation westlich von Pueblo in Colorado ein UFO im Vorauskurs der drei Maschinen. Auch die Kirtland-Luftwaffenbasis außerhalb Albuquerques, sowie Stationen in Utah und Nevada bestätigten wenig später die Meldung. Die Piloten erhielten die Positions-anweisung und bekamen den Befehl, dem unidentifizierbaren Objekt zu folgen.

In der Nähe befand sich auch ein Tankflugzeug, dessen Besatzung das UFO bereits mit bloßem Auge erkennen und den drei Piloten über Funk weitere Angaben mitteilen konnte. Beim Eintreffen der Maschine beschleunigte das Unbekannte Flug-Objekt und verschwand in einer Wolke, wenige Sekunden nach ihm auch die drei Maschinen.

Da geschah etwas seltsames: Während man auf den Radarschirmen die Bahn des UFOs weiterhin genau verfolgen konnte, verschwanden die Punkte der drei Abfangjäger vom Bild. - Sie sind bis heute nicht wieder aufgetaucht...

Derartige Vorkommnisse sind jedoch offenbar keine Seltenheit. In einem Gespräch mit dem UFO-Forscher Tom Camella äußerte sich Hauptfeldwebel O.D. Hill, der lange Jahre am "Projekt Bluebook" mitgearbeitet hatte, 1961:

Ich muß gestehen, daß die Berichte wahr sind: Flugzeuge unserer Luftwaffe sind wiederholt auf mysteriöse Weise verschwunden. Fälle dieser Art kommen auch heute noch vor.

Was "Bluebook"-Mitarbeiter Hill 1961 feststellte, sollte sich erst in jüngster Zeit auf dramatische Weise bestätigen. Am Sonntag, den 22. Oktober 1978, befand sich der 20 Jahre alte Pilot Frederick Valentich mit seiner einmotorigen "Cessna 182" auf dem Flug von Melbourne nach King Island, 210 Kilometer südlich der australischen Hauptstadt Canberra. In Höhe von Cape Otway meldet sich Valentich plötzlich über Funk. Seine Stimme ist erregt:

"Meine Maschine wird von einem Objekt mit einem grünen und einer Art von metallischem Licht an der Außenseite verfolgt. Höhe 4 500 Fuß."

Im Kontrollraum in Melbourne sind zu dieser Zeit - es ist 19.06 Uhr - jedoch keine Maschinen in einer Höhe unter 5 000 Fuß bekannt. Valentich jedoch weiß, was er sieht:

"Es hat vier helle Lichter, vielleicht Landescheinwerfer. Das Objekt hat mich eben in einer Höhe von tausend Fuß über mir überholt."

Kontrollturm: "Können Sie das Flugzeug identifizieren?"

Valentich: "Es ist kein Flugzeug! Es ist..."

Die Verbindung ist für Augenblicke unterbrochen. Um 19.08 Uhr meldet Valentich sich mit heiserer Stimme wieder:

"Melbourne, es nähert sich mir jetzt vom Osten her... Es scheint eine Art Spiel mit mir zu treiben... Es fliegt mit einer schwer schätzbaren Geschwindigkeit... Es ist kein Flugzeug. Es ist..."

Kontrollturm: "Bitte identifizieren Sie das Flugzeug..."

Valentich: "Es ist vorbeigeflogen. Es hat eine längliche Form. Mehr als das kann ich nicht identifizieren. Jetzt kommt es mir entgegen..."

Wieder bricht die Funkverbindung zusammen. Um 19.10 Uhr berichtet Valentich:

"Es scheint sich jetzt nicht zu bewegen. Ich fliege im Kreise und das Ding fliegt über mir im Kreis. Es hat ein grünes und eine Art von metallischem Licht an der Außenseite."

Um 19.14 Uhr meldet sich Valentich zum letzten Mal mit dem Satz: "Es ist kein Flugzeug...", dann vernehmen die Angestellten des Kontrollturms in Melbourne ein metallisches Kratzen - und seitdem hat man von Frederick Valentich nichts mehr gehört. Er blieb bis auf den heutigen Tag verschwunden.

Natürlich fehlte es auch hier nicht an "einleuchtenden" Erklärungen, u.a. sollte es - wieder einmal - die Venus gewesen sein, die Valentich gesehen hatte. Venus aber stand zu dieser Zeit am Abendhimmel im Westen, nicht im Osten, wie Valentich durchgegeben hatte, und Venus wird wohl auch kaum dazu in der Lage sein, hier auf der Erde metallisches Kratzen an Flugzeugen zu verursachen.

Die Venus oder "Scheinwerfer von Fischerbooten" sollten angeblich auch Schuld sein an jenen UFOs, die am Abend des 30.12.1978 von einem australischen Fernsehteam gefilmt worden waren. Bereits am 21. Dezember waren Unbekannte Flugobjekte über Neuseeland beobachtet worden, und am Abend dieses vorletzten Tages des Jahres tauchten sie auf den Radarschirmen des Wellington-Flughafens erneut auf.

Zur gleichen Zeit befand sich eine Filmcrew unter Führung des Fernsehreporters Quentin Fogarty auf dem Flug zwischen Wellington und Christchurch im Süden Neuseelands. Fast zur gleichen Zeit wie auf dem Flughafen tauchten auch auf dem Bordschirm eine größere Anzahl seltsamer Objekte auf. Insgesamt konnten Mannschaft und Passagiere des "Argosy"-Flugzeuges 25 Flugkörper zählen - und filmen. Die in alle Welt versandten und von zahlreichen Fernsehstationen ausgestrahlten Aufnahmen zeigen mehrere kugelförmige, gelblich-rötlich strahlende Objekte, die sich deutlich gegen den dunklen Nachthimmel abheben. Pilot Bill Startup, seit 14 Jahren im Dienst, zu der UFO-Sichtung:

"Es können keine Flugzeuge gewesen sein. Ein Flugzeug könnte niemals die Beschleunigung dieser Dinger erreichen! Die Objekte kamen erst auf etwa 20 Kilometer an unsere Maschine heran, näherten sich dann auf 16 Kilometer, als wir auf 4 300 Meter stiegen. Wir flogen eine scharfe Linkskurve, und die Dinger hielten unvermindert ihre Distanz."

Nicht immer also nehmen Begegnungen zwischen UFOs und Flugzeugen ein tragisches Ende. Meist handelt es sich "lediglich" um Beobachtungen, die allerdings zuweilen recht gefährlich werden können. So etwa am 1. Juli 1954.

Am Radarschirm des Luftwaffenstützpunktes Griffith im US-Staate New York hatte sich am Mittag ein Unbekanntes Flugobjekt abgezeichnet. Eine Düsenmaschine vom Typ F-94-Starfire mit zwei Mann an Bord wurde zur Verfolgung gestartet. Schon zwei Minuten nach dem Abheben hatte der Pilot ersten Sichtkontakt mit dem Objekt, das sich noch einige tausend Meter über dem Jäger befand. Er riß die Maschine hoch und steuerte das UFO an. Die Distanz verringerte sich zusehens, denn das Objekt hatte seinen Flug gestoppt. Plötzlich und ohne jeden ersichtlichen Grund fielen die Motoren und Geräte des Flugzeuges aus, der Funkkontakt zur Bodenstation wurde unterbrochen.

Im selben Moment brach im Cockpit die Hölle aus. Dem Piloten schoß etwas wie der Hitzestrahl eines Schneidbrenners über das Gesicht, obwohl die Anzeige kein Feuer meldete. Er schrie auf und rief, nach Luft ringend, seinem Radarmann zu, er solle aussteigen. Von der Hitze fast wahnsinnig geworden, betätigten beide die Automatik und wurden hinausgeschleudert. Flüchtig, halbblind vor Schmerzen, erhaschten beide noch einen Blick auf das Objekt: Es war riesengroß und rund.

Die Piloten konnten sicher landen. Das Flugzeug hingegen raste in ein Wohnhaus und ein Auto. Zwei Erwachsene und zwei Kinder fanden den Tod.

Glimpflich verlief dagegen ein Beinahe-Zusammenstoß, der sich am 19. Oktober 1953 ereignete. Eine DC-6 der American-Airlines befand sich auf dem Weg von Philadelphia nach Washington, als der Pilot J.L. Kidd und sein Kopilot ein glänzendes Objekt, das die Mondstrahlen reflektierte, in der Nähe der Maschine erkannten. Es tauchte zuweilen in die Wolkenfetzen ein, reagierte aber in keiner Weise auf das Flugzeug und hatte auch keine Positionslichter. Kidd drosselte die Geschwindigkeit, als das Objekt, das sich jetzt vor die Maschine gesetzt hatte, die Beschleunigung verringerte und dann stoppte. Der Kapitän befahl, die Gurte anzuschnallen und schaltete die Landescheinwerfer ein.

In diesem Moment griff ein blendender Lichtstrahl aus dem Objekt zum heranrasenden Flugzeug. Kidd riß die Steuersäule nach vorn, die große Maschine ging im Steilflug nach unten. Obwohl die Passagiere die Gurte angeschnallt hatten, wurden einige hochgeschleudert und verletzt. In 1 500 Meter Höhe ging Kidd wieder in Normalflug über und meldete den Vorfall bei der zuständigen Station. Dort bekam er zur Antwort, daß sich zur Zeit keine anderen Flugzeuge in diesem Gebiet aufhielten.

Als das Flugzeug landete, standen an der Rollbahn bereits Krankenwagen und Feuerwehrfahrzeuge bereit. Es brauchte aber nur Erste Hilfe geleistet zu werden. Die meisten Passagiere und die Besatzung waren noch einmal mit dem Schrecken davongekommen.

Die häufigsten Begegnungen zwischen irdischen Flugzeugen und UFOs verlaufen weniger dramatisch, dennoch aber nicht minder interessant. Am 15. Februar 1967, etwa 10 bis 15 Minuten vor der Landung in San Franzisco, sieht die Besatzung einer Luftwaffen-Maschine in geringer Entfernung ein Objekt von etwa 10 Metern Durchmesser, das grell leuchtet und eine Weile neben dem Flugzeug schwebt. Die Besatzung gibt ihre Beobachtung später an die Universität Colorado weiter, die in Ermangelung einer besseren Erklärung ein herabfallendes Stück einer ausgebrannten Rakete als Lösung anbietet. Der Flugkapitän erklärt daraufhin, er sei nach über zwei Millionen Flug-Kilometern erfahren genug, um ebensowenig wie seine Kollegen glauben zu können, daß es sich nur um herabfallende Metallteile gehandelt habe. Dies sei schon aus dem Grund ausgeschlossen, weil die Besatzung das Objekt mehr als eine dreiviertel Stunde hat beobachten können.

27. April 1950: Eine Propeller-Maschine der TWA vom Typ DC-3 befindet sich auf dem Flug nach Chicago. Die Flughöhe beträgt 3 000 Meter, die Maschine überfliegt gerade die Stadt South Bend in Indiana, es ist 20.25 Uhr Ortszeit.

Da bemerkt Flugkapitän Robert Addickes ein "seltsames rotes Licht", das schräg hinter dem Flugzeug auftaucht und schnell näher kommt.

Dabei nimmt es an Größe zu und macht den Eindruck eines "Klumpen glühenden Metalls". Der Besatzung erscheint es wie "ein riesiges Rad", das "eine Straße hinunter rollt".

Der Kapitän steuert seine Maschine genau auf die Erscheinung zu, doch der unbekannte Flugkörper weicht aus, behält dabei aber konstant den gleichen Abstand.

Noch mehrmals versucht Addickes das UFO anzufliegen, aber stets mißlingt ihm das Manöver. Schließlich bittet er die Stewardess, die Passagiere auf das Objekt aufmerksam zu machen, damit sie die Sichtung bezeugen können. Alle elf Passagiere und die Besatzung haben später den Vorfall tatsächlich beeidet.

Daß es UFOs nur in den seltensten Fällen darauf angelegt haben, mit Flugzeugen zu kollidieren, zeigt auch der Vorfall vom Februar 1971, über den die Züricher Zeitung "Der Blick" mit Datum vom 25.2.1971 berichtet:

> Rom. Nur um Haaresbreite entging gestern ein Düsenjäger von Typ Boing 707 der amerikanischen Fluggesellschaft TWA in 1 000 Meter Höhe über der italienischen Provinz Piemont einer Katastrophe: Ein unbekanntes Flugobjekt (UFO) schoß wie ein riesiger Feuervogel, mit der Spitze nach vorn, auf die Verkehrsmaschine zu. Der TWA-Pilot meldete um 19.45 Uhr schreckensstarr der Bodenstation: "Es kommt direkt auf uns zugeflogen! Wir können nicht ausweichen! Gott sei Dank, jetzt hat es die Richtung gewechselt - es läßt einen langen Feuerschweif hinter sich. Jetzt... Jetzt stürzt das Ding ab! Nun schlägt es auf dem Boden auf - ich sehe Flammen."

Die erste Reaktion war, es habe sich vermutlich um einen Meteoriten gehandelt. Doch steht dies in krassem Widerspruch zu der Aussage des Piloten, das Objekt habe kurz vor dem Zusammenprall plötzlich die Richtung gewechselt und sei der Maschine ausgewichen, eine Aktion, die ein Meteorit wohl kaum vollziehen würde. Seltsamerweise fand man trotz tagelangen Suchens weder eine Spur des angeblichen Meteoriten, noch sonst irgendeines Gegenstandes, obwohl der Aufprall kilometerweit zu hören gewesen war. Später meldeten sich weitere Zeugen, die erklärten, das Objekt sei keineswegs, wie bei einem Meteoriten gradlinig, sondern im Zick-Zack-Kurs geflogen. Auch der italienische Privatpilot Attilo Zimek, der, aus Paris kommend, nach Turin flog, konnte den Absturz des Objektes beobachten:

Vor mir, 15 Grad gegen Osten, sehe ich ein leuchtendes Objekt. Es strahlt blendendes Licht aus. Nun fällt es mit großem Tempo. Es gleicht einer Apollo-Kapsel. Es stürzt mit dem spitzen Teil voran schneller und schneller ab. Jetzt prallt es auf. Ich sehe Flammen hochschießen.

Das Rätsel um das möglicherweise wegen einer plötzlichen Richtungsänderung abstürzende unbekannte Flug-Objekt ist bis heute nicht geklärt worden. Es bleibt schleierhaft, wie man trotz übereinstimmender Zeugenaussagen keinerlei Überreste hat finden können.

Die Welt feiert die Neujahrsnacht 1971/1972. Flugkapitän Oddmund Karlsson, der mit einem Urlauberjet von Las Palmas aus nach Norwegen zurückkehrt, macht sich über Bergen zur Landung bereit. Da erkennt er über sich sieben gleißende weiße Punkte, die mit ihm in Formation zu fliegen scheinen. Später berichtete er:

Über uns flogen formationsartig gestaffelte sieben gleißend weiße Punkte. Die vier vordersten leuchteten am stärksten. Ich schätze ihre Flughöhe auf 20 000 Meter. Auch einige unserer 121 Passagiere sahen sie.

Der Formationsflug der "Fliegenden Untertassen" wird in dieser Nacht noch von anderen Ortschaften Schwedens aus beobachtet. Der Luftüberwachung hingegen war es unmöglich, die Objekte auf ihren Schirmen ausfindig zu machen. Major Erling Hornven vom norwegischen Oberkommando gab zu:

Wir haben rund 20 Berichte mit absolut glaubwürdigen Beschreibungen. Fast immer war die Rede von sieben stark leuchtenden runden Flugkörpern, die sich sehr schnell von Nordwest nach Südost fortbewegten. Wir haben keine Erklärung für das Ganze. Es ist ausgeschlossen, daß es sich um ein Flugzeug oder einen zur Erde zurückkehrenden Satelliten handelte.

Natürlich versuchte man auch hier, alles herunterzuspielen und scheute sich nicht, Spiegelungen, Reflexe oder einen Meteoritenschwarm für die Lichterscheinung verantwortlich zu machen. Aber angesichts des von zahlreichen Zeugen, darunter Piloten, bestätigten Formationsfluges der sieben Objekte kann man diesen Erklärungsversuch wohl nicht allzu ernst nehmen.

Nur knapp ein Vierteljahr später, am 18. März 1972, konnten Piloten abermals ein UFO sichten, diesmal im Luftraum über Österreich. Gegen 19.25 Uhr stellte der Pilot einer DC-9 der österreichischen Luftverkehrsgesellschaft AUA eine unerklärliche Kompaßabweichung um 7 Grad fest. Die Maschine befand sich in 3 600 Meter Höhe etwa über Linz, als der Kapitän und sein Ko-Pilot ein fliegendes Objekt sichteten:

> Es war ein genau abgezirkelter Kegel, dessen Spitze etwa 50 Grad erdwärts zeigte. Der Kegel strahlte ein gleißendes Licht aus, das sich mit wechselnder Stärke rötlich verfärbte. Das UFO zog mit einer enormen Geschwindigkeit eine flache Bahn von etwa 20 Grad in Richtung Westen. Die Leuchtspur der Flugbahn konnte man noch 20 Minuten später erkennen.

Kurz darauf meldete ein deutscher Lufthansa-Pilot, daß er das Objekt ebenfalls sehen könne. Bereits fünf Minuten später wurde der Flugkörper nochmals über Genf und Montreaux gesehen, um dann nach Frankreich hin zu verschwinden. Der Leiter der Flugverkehrszentrale Wien, der die Funksprüche der Piloten entgegengenommen hatte, erklärte später:

> Insgesamt haben drei Flugkapitäne das UFO um 19.25 Uhr im Luftraum über Linz gesehen.

Ein weiterer Fall einer glimpflich verlaufenen UFO-Verfolgung ereignete sich am 19.10.1976. Zwei persische Phantom-Jäger waren aufgestiegen, um ein nichtidentifizierbares Objekt zur Landung zu zwingen, das die Radarstationen über Teheran ausgemacht hatte. Als Sichtverbindung bestand, änderte das UFO seinen Kurs, setzte sich hinter die Maschinen und verfolgte nun seinerseits diese. Die Piloten versuchten das Feuer zu eröffnen, mußten jedoch zu ihrem Entsetzen feststellen, daß alle Waffensysteme versagten. Von dem Objekt löste sich ein kleineres Segment, landete für kurze Zeit in der Nähe Teherans, stieg dann wieder auf, vereinigte sich mit dem riesigen Flugobjekt, um dann zusammen mit diesem mit großer Geschwindigkeit zu verschwinden. Nach Teheraner Zeitungen soll die Landestelle bereits kurz danach abgeriegelt und genauestens untersucht worden sein.

Drei Tage später gab die Flugsicherung Lissabon bekannt, daß es fast zu einem Zusammenstoß zwischen einer Boing 707 und einer "strahlend blau schimmernden fliegenden Untertasse" gekommen wäre. Kapitän Eloy hatte die Maschine vom Flughafen Lissabon gestartet und war gerade dabei, Höhe zu gewinnen, als er und sein Ko-Pilot das helle Objekt sahen, das von weißen und roten Blinklichtern umgeben war. Der Ko-Pilot riß die Maschine geistesgegenwärtig nach rechts, während das Objekt nach links abtrieb und sich plötzlich in Nichts auflöste. Die Maschine landete später wie vorgesehen in Johannesburg.

Zwei Flugsicherer bestätigten, auch sie hätten die Scheibe sehen können. Zu ihrem Erstaunen hätte sie sich jedoch nicht auf den Radarschirmen abgebildet. Kurz nach dem Beinahe-Zusammenstoß meldete sich der Pilot einer von Westen her über den Atlantik kommenden Verkehrsmaschine und gab die Warnung durch, er hätte einen untertassenförmigen Flugkörper mit Blinklichtern in "Richtung Europa" fliegen sehen.

Erst im Mai 1977 hingegen wurde ein Fall bekannt, der sich am 30. Juli des vorangegangenen Jahres ebenfalls in der Nähe Lissabons abgespielt hatte. Es war gegen 20 Uhr gewesen, als der Pilot einer von London kommenden Verkehrsmaschine vom Tower in Lissabon den Auftrag erhielt, nach unbekannten Flugobjekten Ausschau zu halten. Tatsächlich konnte die Besatzung bereits wenig später eines von ihnen ausmachen. Kapitän Wood, seit 20 Jahren erfahrener Flieger:

Westlich von uns beobachteten wir ein glänzendes, weißes, rundes Objekt. Es war kein Satellit, kein Ballon und kein Stern. Die Besatzung einer 'Tristar', die über uns flog, hat es auch gesehen und uns das bestätigt.

Ko-Pilot Colin Thomas berichtete, was weiter geschah:

Als wir das helle Licht beobachteten, bildeten sich daraus zwei zigarettenförmige Objekte - 200 bis 300 Meter lang, groß wie Schlachtschiffe.

Auch auf dem Rückflug nach London waren die beiden Objekte noch zu beobachten, dann jedoch verschwanden sie von den Radarschirmen, genauso spurlos, wie sie dort aufgetaucht waren.

Ein nicht uninteressanter Vorfall ereignete sich am 5. Mai 1977 über Kolumbien (Südamerika). Auch hier wäre es beinahe zu einem Zusammenstoß gekommen. Der Pilot einer einmotorigen Maschine war von einem ihm entgegenkommenden, nicht zu identifizierenden Objekt so stark geblendet worden, daß er für kurze Zeit erblindete. Er mußte dem Kontrollturm in Bogota signalisieren, daß er nichts sehen und keine Flugmanöver mehr ausführen könne. Vier andere Maschinen stiegen daraufhin auf, um das Flugzeug sicher zur Erde zu geleiten. Der Pilot, er hatte einen Nervenschock erlitten, wurde in ein Krankenhaus eingeliefert. Was seine plötzliche Erblindung hervorrief, ist bis heute ein Rätsel geblieben.

Der letzte in diesem Zusammenhang zu zitierende Fall ereignete sich am Abend des 11. November 1980 über Spanien. Dabei wurden insgesamt sieben verschiedene Verkehrsflugzeuge von Unbekannten Flugobjekten verfolgt. Eine Maschine mit über 100 Menschen an Bord mußte kurz vor der Landung in Barcelona im Sturzflug niedergehen, weil eines der Objekte es sonst gerammt hätte. Einer der Piloten beschrieb das Phänomen so:

Es waren grün schimmernde Kugeln. Sie versuchten uns zu rammen. Dann haben sie uns überholt und wurden immer schneller.

Die meisten Sichtungen selbstverständlich werden nicht im Luftraum, d.h. vom Flugzeug, sondern vom Boden aus gemacht. Ich hatte es mir erlaubt, die oben wiedergegebenen Berichte voranzustellen, aus dem einfachen Grund, weil sie von Männern gemacht wurden, die sich mit Phänomenen am Himmel auskennen, von Piloten, die z.T. jahrelange Flugerfahrungen haben und die mit Sicherheit weder unter Alkoholeinfluß standen noch an irgendwelchen Halluzinationen litten.

Wenn UFOs erscheinen

Es ist der 3. September 1965, nachts gegen 2.20 Uhr. Norman Muscarello, offenbar kurz vor einem Nervenzusammenbruch stehend, stürzt in die Polizeiwache von Exeter im Staate New Hampshire (USA). Der diensttuende Polizist Reginald Toland wartet, bis Muscarello sich beruhigt hat und hört ihm dann aufmerksam zu.

Der Mann war per Anhalter von Amesbury in Massachusetts kommend nach Exeter unterwegs gewesen. Wegen des schwachen Autoverkehrs jedoch war ihm nichts anderes übrig geblieben, als den größten Teil des Weges zu Fuß zurückzulegen. Es war zwei Uhr morgens, als er plötzlich einen riesigen Gegenstand aus dem Himmel auf sich zukommen sah. Das Ding hatte einen Durchmesser von etwa 25 Metern, war von strahlend hellen, roten, flackernden Lichtern umgeben und torkelte wie ein Blatt im Wind, ohne ein Geräusch, auf den einsamen Wanderer zu. Dieser glaubte, die Erscheinung habe es auf ihn abgesehen und sprang, zitternd vor Schreck, in den Straßengraben.

Das Objekt zog sich daraufhin ebenso lautlos wieder zurück und verschwand hinter einem einsam gelegenen Farmerhaus. Muscarello faßte sich ein Herz, rannte über die Straße und pochte laut gegen die Tür, rief, pochte wieder, doch niemand meldete sich. Von weitem hörte er ein Auto. Er lief zurück auf die Straße, das Auto hielt und ein Ehepaar in mittleren Jahren nahm ihn mit zur Polizeiwache in Exeter.

"Ich weiß", sagt er zu Toland, "daß Sie mir nicht glauben. Das nehme ich Ihnen auch nicht übel. Aber Sie müssen jemanden mit mir dorthin zurückschicken."

Fünf Minuten später fährt Wachtmeister Eugene Bertrand mit Muscarello zum Ort des Geschehens. Er berichtet, daß er etwa drei Kilometer von Exeter entfernt eine Frau getroffen habe, die ihr Auto am Straßenrand geparkt hatte und eine Geschichte über eine "Fliegende Untertasse" erzählt habe. Das Ding habe sie kilometerweit verfolgt und sich immer in nur sehr kurzem Abstand hinter ihr gehalten. Erst als sie in eine Seitenstraße eingebogen wäre, sei das Objekt abgedreht und verschwunden. Bertrand hatte ihr natürlich kein Wort geglaubt: "Ich dachte, die spinnt. Deshalb habe ich nichts davon weitergemeldet."

Es ist bereits gegen halb drei Uhr, als der Wagen den Platz erreicht, an dem Muscarello das unheimliche Objekt gesehen hatte. Die Nacht ist klar, hell glimmen die Sterne am Firmament, die Sicht wird durch nichts beeinträchtigt.

Bertrand parkt seinen Wagen an der Seite. Er meldet zu Toland, daß Muscarello noch immer so aufgeregt sei, daß sie jetzt zum Feld hinübergehen würden um nach möglichen Spuren zu suchen. Die beiden steigen über den Zaun und der Polizist leuchtet die Gegend ab, findet jedoch nichts. Er ist der festen Überzeugung, Muscarello hätte wahrscheinlich einen Hubschrauber gesehen, doch der widerspricht: Er kenne alle geläufigen Flugzeug- und Hubschraubertypen. Dieses "Ding" war etwas ganz anderes!

Etwa hundert Meter entfernt befindet sich eine Pferdekoppel. Bertrand leuchtet den nahegelegenen Waldrand ab, als die Pferde plötzlich auszuschlagen und zu wiehern beginnen. Muscarello dreht sich um und schreit: "Da, da ist es!"

Hinter zwei hohen Fichten erhebt sich auf der anderen Seite der Koppel langsam ein leuchtender, runder Gegenstand. Völlig geräuschlos schwebt er empor. Alles ist plötzlich von einem roten Licht überflutet. Bertrand greift zur Pistole und zerrt Muscarello zum Auto zurück. Er schaltet das Funkgerät ein und schreit: "Ich sehe das verdammte Ding selbst!"

Etwa 30 Meter über ihnen steht der schwebende Körper. Noch immer wiegt er hin und her, wie ein Blatt im Wind, ohne irgendein Geräusch von sich zu geben.

Dann, nach einigen Minuten, entfernt sich das Objekt. In diesem Moment stoppt ein weiteres Polizeifahrzeug. Wachtmeister David Hunt, der die Funkgespräche mitangehört hatte, steigt aus und kann die leuchtende Scheibe ebenfalls erkennen. Sie fliegt jetzt ruckhaft, entgegen allen Gesetzen der Aerodynamik, und verschwindet schließlich wieder hinter dem Wald. Hunt später:

Ich habe die flatternden Bewegungen gesehen. Ich habe die flackernden Lichter gesehen und die Pferde drüben im Stall

181

schlagen hören. Als das Ding verschwunden war, flog eine B-47 über uns weg. Ein deutlicher Unterschied: Gar nicht zu verwechseln.

Wenig später klingelt bei Wachtmeister Toland das Telefon. Eine Nachtdiensttelefonistin ist am Apparat und berichtet, ein Mann habe sie soeben angerufen, der vor Aufregung kaum sprechen konnte. Sie hätte lediglich verstehen können, daß der Mann sich in Todesgefahr glaubte und eine "Fliegende Untertasse" auf sich zukommen sehe. Dann sei die Verbindung unterbrochen worden.

Insgesamt waren es über 60 Personen, die in dieser Nacht den "Besucher vom anderen Stern", wie sie sich übereinstimmend ausdrückten, gesehen hatten. Die von der Luftwaffe eingeleiteten Beobachtungen ergaben, daß sich das Objekt vorwiegend in der Nähe von Stromleitungen aufgehalten hatte, woraus einige schlossen, es könne sich vielleicht um ein elektromagnetisches Phänomen, etwa um einen Kugelblitz, gehandelt haben. Dies wurde von den Beobachtern jedoch völlig ausgeschlossen, da das Objekt sich sehr zielstrebig und offenbar gesteuert bewegte. Schließlich sei auch die Aussage des 16jährigen Oberschülers Joseph Jalbert hinzugefügt, der beobachtet hatte, wie von dem Objekt aus eine Art metallischer Arm ausgefahren, dieser die Stromleitung berührte und dann wieder eingezogen wurde. Ein Kugelblitz wäre dazu wohl kaum in der Lage gewesen.

Bodensichtungen sind selbstverständlich nicht immer so spektakulär wie im Exeter-Fall. Doch darf man auch hier davon ausgehen, daß zahlreiche Beobachtungen entweder nicht gemeldet (häufig aus Angst, verlacht und verspottet zu werden), oder von den offiziellen Stellen zurückgehalten werden. Daß dies nicht immer gelingt, davon zeugen die zahlreichen Veröffentlichungen, Berichte, Aussagen, die UFO-Forschungsorganisationen in der ganzen Welt bisher gesammelt haben.

Da ist zum Beispiel der Fall vom 16. Januar 1958. Das brasilianische Forschungsschiff der Marine, die "Almirante Aldanha", hatte sich am "Internationale Geophysical Year Project" beteiligt. Gegen 12 Uhr mittags lichtete es in Trinidad die Anker. Neben der Besatzung nahmen der brasilianische Luftwaffenoffizier i.R., Kapitän Th. Viegas, Wissenschaftler, hochqualifizierte

Marineforscher und der Unterwasser-Photoexperte Almira Barauna an der Expedition teil.

Der Kapitän befand sich mit verschiedenen Wissenschaftlern und Besatzungsmitgliedern an Deck, als plötzlich ein "saturnförmiges Gebilde" am Himmel auftauchte. Alle sahen es zur gleichen Zeit. Das Objekt kreuzte die Insel von Osten her, nahm dann Direktkurs auf Desjado Peak, drehte und raste in Richtung Ost-Nord-Ost davon. Man hatte sofort nach Barauna gerufen, der mit seiner Kamera nach oben stürzte. Trotz der Aufregung gelangen ihm einige hervorragende Aufnahmen. Nach gründlicher Analyse der Bilder und Negative durch die Marine, wurden die Fotos schließlich mit Zustimmung des damaligen brasilianischen Präsidenten als echt zur Veröffentlichung freigegeben.

Es sei in diesem Zusammenhang vielleicht einmal eine Bemerkung zu UFO-Fotos im allgemeinen erlaubt. In der Tat ist es so, daß man grundsätzlich jedes Bild einer "Fliegenden Untertasse" fälschen kann. Aus eigener Erfahrung weiß ich, wie leicht dies ist, da ich bereits selber einige solcher Trick-Fotos hergestellt habe, die von vielen als absolut echt angesehen wurden. Ein gesundes Mißtrauen ist insofern also gegen alle UFO-Bilder angebracht.

Es existieren aber vielleicht zwei Dutzend authentische Fotos. Als echt kann man sie vor allem dann bezeichnen, wenn eine Reihe weiterer unabhängiger Zeugen das abgelichtete Objekt gesehen hat und dies bezeugen kann. Fotos dürften auch dann nicht gefälscht sein, wenn Schatten, Größe des Objekts, Blickwinkel, Körnung der Aufnahme usw. genau übereinstimmen. Doch Vorsicht ist auch hier geboten.

Anders im oben aufgeführten Fall, bei dem wir eine große Anzahl von Zeugen hatten und bei dem zudem alle oben aufgeführten Kriterien übereinstimmten, bestätigt von den Labors der brasilianischen Marine. Die "Teneriffa-Aufnahmen" dürften tatsächlich zu den wenigen echten UFO-Fotos zählen, die es auf der ganzen Welt gibt, wobei jene Bilder ausgeklammert werden müssen, die noch heute gut verwahrt in den Panzerschränken des US-Geheimdienstes und der Luftwaffe liegen.

Fahren wir weiter fort in der Berichterstattung. Der Funker des Papyrusbootes RA-2, mit dem der norwegische Forscher Thor

Heyerdahl den Atlantik überquerte, meldete bei einem Treffen mit dem Forschungsschiff "Calmar" Anfang 1970, die Besatzung des Bootes habe bereits zum dritten Mal ein unbekanntes Flugobjekt beobachtet. Norman Baker:

> Bei der Nachtwache habe ich ein flaches, kreisförmiges leuchtendes Objekt gesehen. Heyerdahl und der mexikanische Anthropologe Santiago Genoves beobachteten das Phänomen über zehn Minuten lang gemeinsam mit mir.

In Clearwater im amerikanischen Bundesstaat Florida wurden gleichzeitig ähnliche Meldungen über die Sichtung von UFOs gemacht. Später konnte die Beobachtung auch von Bewohnern der Inseln St. Thomas und St. Croix in der Karibischen See bestätigt werden.

Wir haben bereits weiter vorne berichtet, daß ein Pilot bei der Sichtung eines UFOs vorübergehend erblindete. Ein ähnlicher Fall hatte sich Anfang September 1970 in Brasilien abgespielt. Der 31jährige Polizeibeamte Almiro Martins befand sich auf einem Rundgang in dem kleinen Städtchen Barreira do Funil (Staat Rio), als er gegen 21.30 Uhr nahe einem Steilufer eine Reihe rötlich-blauer und andersfarbiger Lichter erkannte. Er zog den Revolver und näherte sich dem Objekt bis auf etwa 15 Meter.

In diesem Moment vernahm er einen Knall ähnlich dem eines die Schallmauer durchbrechenden Düsenflugzeuges, der ihn fast taub machte. Er drückte dreimal den Revolver ab. Die Reaktion war ein gleißender Lichtstrahl, der, vom Objekt kommend, genau in sein Gesicht traf. Der Polizist taumelte zurück und merkte im gleichen Augenblick, daß er erblindet und zum Teil gelämt war. Dann verlor er das Bewußtsein.

Wenig später erreichten einer seiner Kollegen und ein Autofahrer das Ufer und transportierten Martins in ein in der Nähe gelegenes Krankenhaus, wo er aus der Ohnmacht erwachte. Das Objekt hatten die beiden Helfer nicht mehr sehen können. Sie bestätigten allerdings, daß sich dort, wo Martins später die Landestelle des UFOs angab, ein kreisrunder trockener Fleck befand, obwohl es die ganze Nacht über geregnet hatte.

Etwa zwei Wochen zuvor waren über Brasilien Sichtungen von in Formation fliegenden Objekten gemeldet worden. Am 14.8. gegen 5.30 Uhr morgens konnten mehrere Personen, die sich auf dem Weg zur Arbeit befanden, mehrere leuchtende Gegenstände beobachten, die von einem etwas größeren Apparat, der grün-blaue Lichtblitze von sich gab, angeführt wurden.

Eine Verbrennung im Gesicht bemerkte auch ein junger Landarbeiter aus Argentinien nach einer UFO-Sichtung. Wie der 19jährige berichtete, befand er sich am 19. September 1971 auf dem Weg zu seiner Verlobten, als ihm plötzlich ein sehr heller "Stern" auffiel, der sich bewegte und dann mit rasender Geschwindigkeit über die Felder flog und Staubwolken aufwirbelte. Der junge Mann wollte die Hände aus den Taschen nehmen, war jedoch zu keiner Bewegung fähig. Erst als das UFO außer Sicht war, löste sich die Erstarrung, und in seinem Gesicht bemerkte er Schmerzen wie nach einem starken Sonnenbrand.

Entgegen der landläufigen Meinung wurden in den letzten drei Jahrzehnten auch über Deutschland zahlreiche Sichtungen "Unbekannter Flug-Objekte" gemacht. Am 16. Juli 1971 berichtete Polizeiobermeister Heinrich K. aus Bühl (bei Offenbach), wie er wenige Tage zuvor zusammen mit seiner Frau auf der Heimfahrt nach Oberachern, nachts gegen 23.30 Uhr, eine große, rosarot hell leuchtende Scheibe über sich bemerkte. Heinrich K.:

> Es war unheimlich. Ich blieb mit meinem Wagen auf der Landstraße stehen, wir stiegen aus und sahen dann, wie sich diese Scheibe langsam von uns in Richtung zum Bahnhof Achern entfernte, dann den Kurs wechselte, die Bahnlinie entlangflog, erneut schwankte und in Richtung Gebirge verschwand.

Seine Frau ergänzte:

> Mir war ganz unheimlich zumute, als ich dieses Ding sah, das erst lautlos über uns stand. Das ist ja auch das Unheimliche an der Sache, sie war ja plötzlich und groß vor uns; es war, als wenn jemand im Dunkeln das Licht anknipst.

Auf der Scheibe glaubte Polizeiobermeister K. einen kuppelartigen Aufbau zu erkennen. - Die Sichtung wurde später von dem 32jährigen Kraftfahrer Franz W. aus Großweier, der zu dieser Zeit ebenfalls mit seinem Wagen unterwegs war, bestätigt. Er hatte nur wenige Meter neben dem Ehepaar gehalten, um das Objekt beobachten zu können.

Zwei andere Polizisten konnten am 12. Juni 1976 ein UFO über Deutschland beobachten. Hauptwachtmeister Heinz-Werner N. und Obermeister Ulrich R. fuhren auf der Straße zwischen Ennepetal und Schweflinghausen (Nordrhein-Westfalen), als sie eine seltsame Erscheinung über sich bemerkten. In ihrem Bericht an das Innenministerium schreiben sie:

> 200 m enfernt und 50 m hoch bewegte sich ein greller Feuerball. Er hatte einen Durchmesser von 20 m. Er stand 20 Minuten über einem Wäldchen, umgeben von grellem Licht. Unten kamen weißblaue Lichtstrahlen hervor und suchten das Gelände ab. Plötzlich flog die Kugel mit ungeheurer Geschwindigkeit davon.

Die beiden Polizisten, es ist genau 1.45 Uhr nachts, fordern Verstärkung an, doch als diese erscheint, ist das seltsame Objekt bereits verschwunden. Ein Helfer der Johanniter-Unfallhilfe, der zufällig am Ort des Geschehens eintrifft, kann die Kugel jedoch noch sehen und bestätigt die Angaben der beiden Polizisten. Die Flugsicherung, die das Objekt auf dem Radarschirm nicht bemerkt hatte, konnte dagegen nur erklären: "Wir haben keine Eintragung über ein Unbekanntes Flug-Objekt".

Auch in der Sowjetunion sind zahlreiche UFO-Sichtungen gemacht worden, allerdings unterliegen sie einer noch strengeren Geheimhaltung als beispielsweise in den Vereinigten Staaten. Trotzdem gelangen zuweilen Berichte über Beobachtungen in den Westen, die mit den hier gemachten Sichtungen übereinstimmen und die Vermutung bestätigen, daß es sich um ein weltweites Phänomen handelt.

Am Abend des 26. Juli 1965 beobachten die drei sowjetischen Astronomen Robert Witolniek, Esmeralda Witolniek und Jan Melders in Orge (Lettland) den Sternenhimmel, als ihnen ein sich bewegender Stern auffällt. Die Forscher richten ihr Teleskop auf das Objekt. Robert Witolniek berichtet später:

> Wir sahen eine linsenförmige Scheibe von etwa hundert Meter Durchmesser, in der Mitte war eine kleine Kugel zu

erkennen. Drei weitere solcher Kugeln rotierten langsam um die große Scheibe. Alle vier Kugeln waren mattgrün gefärbt. Das Objekt nahm langsam an Größe ab, als ob es sich von der Erde entferne. Nach etwa zwanzig Minuten lösten sich die äußeren Kugeln von der Scheibe. Die Kugel inmitten der Scheibe schien ebenfalls wegzufliegen. Um zweiundzwanzig Uhr waren alle Objekte außer Sicht.

Auch der inzwischen mit Redeverbot belegte sowjetische Raumfahrtexperte Dr. Felix U. Ziegel vom Moskauer Institut für Flugtechnik äußerte in einem Artikel des Magazins "Smena" im April 1967:

> Tatsächlich haben sowjetische Radarstationen unbekannte fliegende Objekte bereits seit zwanzig Jahren erfaßt.

Sowjetische Piloten sind genauso wie ihre amerikanischen Kollegen bereits mehrmals mit Unbekannten Fliegenden Objekten zusammengetroffen. 1956 berichtete der russische Pilot Walentin Akkuratov, Chefnavigator auf Polarflügen, über eine derartige Begegnung:

> Wir waren zu einer strategischen Erkundung des Eispanzers um Grönland eingesetzt, kamen aus den Wolken in klares Wetter und bemerkten plötzlich ein unbekanntes Flugzeug, das links neben uns flog. Da wir glaubten, es sei ein uns unbekannter amerikanischer Flugzeugtyp, flogen wir in die Wolken zurück, um eine Begegnung zu vermeiden. Nach vierzig Minuten Flug endeten die Wolken. Auf unserer Backbordseite war immer noch dasselbe seltsame Objekt. Wir sahen keine Tragflächen, keine Luken, kein Leitwerk, auch keine Kondensstreifen. Da entschieden wir, uns das Ding näher anzusehen und änderten unvermittelt den Kurs, um näher heranzukommen. Als wir aber den Kurs änderten, änderte der unbekannte Flugapparat auch den seinen. Er flog immer parallel mit uns. Nach etwa fünfzehn Minuten schoß das Objekt voraus und in den Himmel hinauf. Dann verschwand es. Es flog mit einer, wie es uns schien, unmöglichen Geschwindigkeit.

Abschließend zu diesem Komplex sollte vielleicht noch jene Episode erwähnt werden, die sich angeblich im Frühjahr 1970 im

Bereich der sowjetisch-chinesischen Grenze abgespielt haben soll. Da die Berichte hierüber lediglich aus Gerüchten und Informationen bestehen, deren Quellen angezweifelt werden müssen, sollte man der Geschichte nicht allzuviel Bedeutung beimessen. Zwar berichtet Peter Krassa in seinem Buch "Als die gelben Götter kamen" über die im folgenden zu behandelnden Zwischenfälle, doch mahnt auch er zur Vorsicht. Aber wie es sich bei derartigen, sich bildenden Erzählungen verhält, vielleicht ist auch hier irgendwo ein Körnchen Wahrheit enthalten.

Der amerikanische Journalist Dix Lester verfaßte damals einen Artikel für die Zeitschrift "Saga", in dem er über eine wahrlich phantastische Begebenheit berichtete. Er habe, so legte Lester dar, die Tonbänder der japanischen Ham-Radio-Empfangsstation abhören können, die der dortige Operateur Kasi-Ku aufgenommen hatte. Auf ihnen sollen die letzten Worte eines sowjetischen MIG-Piloten zu hören gewesen sein, der ein UFO angegriffen habe und daraufhin selbst vernichtet wurde. Den Bericht des Piloten gab Lester mit folgenden Worten wieder:

> "Habe Sichtkontakt mit fliegender Scheibe. - Es handelt sich um ein großes rundes Fahrzeug mit länglichen Luken, bläulich glühend."

Als das UFO näher kommt, geht der Flieger in Angriffs-stellung: "Raketen abgefeuert", vernimmt die japanische Station. "Nichts! - Raketen explodieren 600 Meter vom Flugzeug entfernt!" Ein kurzes Knacken im Kanal, dann die erschrockene Stimme des sowjetischen Piloten in panischer Angst: "Es... hat... rechten Winkel gewendet... Auf Kollisionskurs!... Keine Zeit zu..."

Dies seien die letzten Worte gewesen, die die japanische Station aufnehmen konnte, aber damit begann nach Lester erst eine Reihe weiterer angeblicher Beobachtungen, die, wenn sie stimmen sollten, beinahe zu einem Krieg zwischen China und der Sowjetunion geführt hätten. Jedenfalls kursierten in den folgenden Tagen die unglaublichsten Gerüchte über Massenlandungen Unbekannter Flug-Objekte auf der nördlich von Japan gelegenen, unter sowjetischem Protektorat befindlichen Insel Sachalin. Fischer berichteten von einer ganzen UFO-Armada und von Angriffen auf Dörfer. Ganze Familien sollen gekidnappt und entführt worden sein.

Unterdessen, so wurde weiter berichtet, seien riesige Militärkolonnen von Moskau aus an die sowjetisch-chinesische Grenze beordert worden, da sich hier die UFO-Sichtungen angeblich häuften und man die Basis, von der die Objekte aus operierten, nahe der chinesischen Grenze vermutete. Es soll zu zahlreichen Luftzwischenfällen gekommen sein. Ein englischer Korrespondent in Moskau habe angeblich berichtet, es seien bereits riesige zigarrenförmige Objekte in der Nähe der sowjetischen Hauptstadt gesehen worden, aber eine Bestätigung hierfür liegt nicht vor. Dix Lester will auch mit einer Gruppe von Schülern aus der "DDR" gesprochen haben, die sich zur fraglichen Zeit in der Mongolei aufhielten und die von Bombenangriffen sprachen. Von sowjetischer und chinesischer Seite wurde damals offiziell lediglich von "Grenzzwischenfällen" gesprochen.

Was soll man von der ganzen Sache halten? Wahrscheinlich wird sie nie ganz geklärt werden und man ist auch weiterhin auf Mutmaßungen angewiesen. Sicher ist lediglich, daß UFOs in allen Teilen der Welt gesehen wurden. Ob es dabei zu derart massiven Zwischenfällen gekommen ist, wie sie sich 1970 an der sowjetisch-chinesischen Grenze abgespielt haben sollen, bleibt dagegen zweifelhaft.

Die Himmelsexplosionen

Es geschah im November des Jahres 1977: Vornehmlich über Südniedersachsen und Nordhessen wurden in der Zeit zwischen dem 1. und 10.11. große Gebiete entlang der innerdeutschen Zonengrenze von gewaltigen mysteriösen Doppelknallen überschüttet. In fast regelmäßigen Abständen ließen die explosionsähnlichen Geräusche Fenster und Türen klirren, Bilder von den Wänden fallen und das Geschirr in den Schränken scheppern. Erschreckte Menschen wandten sich an Polizei, Feuerwehr und Zeitungsredaktionen - beständig klingelte das Telefon. Mangels anderer Erklärungen vermutete man Maschinen der Luftwaffe, und die "Hessisch-Niedersächsische Allgemeine" schrieb am 8.11.:

Die Bevölkerung von Nordhessen und Südniedersachsen ist beunruhigt: Das Doppelknallen - verursacht durch Militärmaschinen, die die Schallmauer durchbrechen - scheint kein Ende zu nehmen.

Und am 9.11.1977:

Die Militärflüge im Überschallbereich haben - wie berichtet - nicht nur in Nordhessen, Südniedersachsen und Ostwestfalen, sondern auch im Raum Hamburg zur Verärgerung der Bevölkerung geführt. Explosionsartige Erschütterungen lassen immer wieder Wände erzittern und Scheiben klirren.

Das eigentliche Rätsel des Vorfalls waren jedoch weniger die übermäßig starken Knalle - es war die offensichtliche Unwissenheit des Bonner Verteidigungsministeriums, um was für Militärmaschinen es sich eigentlich handelte. Dort konnte man sich offenbar keine Vorstellung machen, und in ihrer Meldung vom 8.11. schreibt die HNA:

Das Bundesverteidigungsministerium in Bonn gestern auf Anfrage unserer Zeitung: "Kein Kommentar"... Der Kasseler Standortälteste, Oberst Heistermann, hat die Vorfälle der vergangenen Tage als Disziplinlosigkeit bezeichnet. Er bedauerte, trotz mehrfacher Anfragen immer noch keine Antwort vom Luftwaffenamt in Köln zu haben."

Auch am folgenden Tag war die Ratlosigkeit nicht gewichen. Nicht nur "der Mann auf der Straße", auch Bonn wußte offenbar noch immer nicht, was da entlang der Grenze eigentlich vor sich ging. Das Verteidigungsministerium rätselte (HNA vom 9.11.):

Das Durchbrechen der Schallmauer durch Militärmaschinen, das in den vergangenen Wochen entlang der innerdeutschen Grenze einen donnerähnlichen "Knallteppich" verursachte, sei nicht auf Maschinen der Bundeswehr zurückzuführen. Das erklärte der Luftwaffensprecher des Bundesverteidigungsministeriums in Bonn gestern "definitiv"... Der Militärsprecher betonte, es handelte sich bei den Überschall-Militärmaschinen "mit Sicherheit um keine aus dem Ostblock".

Hilfesuchend wandte man sich an die amerikanische Luftwaffe, in der man den "Schuldigen" zu erkennen glaubte:

Man (das Verteidigungsministerium) habe das Oberkommando der Alliierten Luftstreitkräfte Europa-Mitte in Ramstein (Pfalz) erneut gebeten, die Vorfälle zu überprüfen und die Belästigungen zu vermeiden. Bis gestern abend hatte das Bonner Ministerium jedoch noch keine Antwort aus Ramstein."

Dann, am 11. November, schien das Rätsel gelöst. Die HNA berichtete:

Eine superschnelle amerikanische Aufklärungsmaschine des Typs Lockheed "SR 71" ist Schuld an der rätselhaften Überschallknallerei, die in den vergangenen Wochen die Bevölkerung von Nordhessen und Südniedersachsen beunruhigte. Das teilte gestern abend offiziell der Luftwaffensprecher des Bundesverteidigungsministeriums in Bonn mit."

Der "Sündenbock" schien gefunden, das Geheimnis gelöst, die Bevölkerung beruhigt. Aber mit dieser Erklärung begann das Rätselraten erst. Denn in der Meldung vom 11. November wird betont:

Die US-Maschine, die zwischen Nordhessen und dem Raum Flensburg mehrfach die Schallmauer durchbrach, sei im Rahmen einer NATO-Mission geflogen, hieß es.
Dies macht stutzig: Bekanntlich ist auch die Bundesrepublik NATO-Mitglied - sollte das Bonner Verteidigungsministerium tatsächlich nicht benachrichtigt worden sein, als die amerikanische Luftwaffe derartige Aufklärungsflüge durchführte? Dies erscheint unwahrscheinlich, insbesondere dann, wenn - wie in diesem Fall -die Flüge offensichtlich in einer Höhe von über 12000 Metern stattgefunden haben, dieser Luftraum also nur "in Ausnahmefällen - nach Anmeldung - zur Verfügung" steht (HNA-Meldung vom 9.11.1977). Keine NATO-Mission dürfte so geheim sein, daß nicht einmal die Regierung des betreffenden Mitgliedslandes darüber informiert würde.

Es ist auch fernerhin kaum anzunehmen, daß die Militärstationen auf beiden Seiten der Grenze die Flugaktivität nicht

verfolgt haben. Auch der schnellste "Superjet" ist gegen Radar-
tätigkeit nicht immun und bildet sich sowohl auf den hiesigen als
auch auf den Geräten der "DDR" ab.

Es scheint also, als habe es sich bei der Meldung, die Knalle
seien durch Aufklärungsflüge der amerikanischen "SR 71"
hervorgerufen worden, nur um eine Ausrede gehandelt. Diese
Meinung wird bestärkt durch Berichte aus den USA, wonach die
gleiche Art von Luftexplosionen Ende November und Anfang
Dezember auch die amerikanische Ostküste bis hinauf nach
Kanada erschütterte. Einer der Zeugen, Herr Hans Neumann aus
Kitchener, Kanada, beschrieb sie als...

...Explosionen, wie sie beim Durchbrechen der Schallmauer
entstehen, jedoch von viel tieferem, uns schwer
erklärlichem, blechernen Grollen.

Interesssant ist nun, daß man in Amerika die Version eines
"Aufklärungsfluges" nicht aufrechterhalten konnte. Dies ist
verständlich, denn im eigenen Lande dürfte es kaum irgendwelche
militärischen Ziele geben, die einen solchen Flug rechtfertigen
würden. Insofern verwundert es nicht, wenn sich die offiziellen
Stellen ratlos zeigten, etwa das Verteidigungsministerium:

Wir haben keine Ahnung und keine Erklärung für die
berichteten Explosionen über der Ostküste.

Ähnlich die Küstenwache:

Wir wissen nichts über sie (die Knalle). Wir haben keine
Ahnung, was es gewesen sein könnte und sind nicht in der
Lage, es zu erklären.

Auch die NASA wußte nichts:

Wir haben keine Ahnung.

Die "Nationale Behörde für Meeres- und Atmosphären-
forschung" (National Oceanic and Atmospheric Administration)
schloß sich dem an:

Wir wissen nichts über sie (die Explosionen) und haben zur
Zeit keine Erklärung dafür.

Das Innenministerium bekannte seine Unwissenheit auf
Umwegen:

192

Das Innenministerium kann keine andere Erklärung als die des Geological Survey (Geologisches Erfoschungsamt) abgeben.

Und dieses gab offen zu:

Sie (die Knalle) können nicht erklärt werden.

Die Verwirrung ist offensichtlich. Konnte man in der Bundesrepublik noch eine einigermaßen glaubhafte Version präsentieren, war dies in den USA nicht mehr möglich, denn mit den Vorfällen dort hatte man zweifellos nicht gerechnet. Noch mysteriöser erscheint die ganze Angelegenheit durch die Berichte mehrerer Zeugen, die die Knalle in einen Zusammenhang mit UFO-Sichtungen bringen. Zum ersten Mal wird dies in der Nacht zum 23. November deutlich, als eine explosionsartige Erschütterung die im Staat New York gelegene Ortschaft Plymouth überrascht und mehrere Einwohner ein seltsames Objekt beobachten, das sich mit einem lauten Geräusch fortbewegt. Einer dieser Zeugen ist der Farmer Tom Colledge, der gegen 0.45 Uhr von dem Knall aus dem Schlaf gerissen wird und zum Fenster rennt. Neben seiner Scheune, etwa 45 Meter über dem Boden, entdeckt er ein seltsames, ihm völlig unbekanntes Flugobjekt. Colledge:

Ich habe niemals zuvor etwas ähnliches gesehen. Man konnte sogar die Atmosphäre rund um das Ding von dem schrecklichen Geräusch krachen hören. Es war weniger das Geräusch eines Jets als das einer Rakete. Das Objekt hatte die Form einer Pfeilspitze und es schien, als ob es vier Motoren an der Unterseite besaß. Man konnte das orange Feuer in ihnen sehen.

Die Maschine, so berichtete Colledge weiter, habe etwa einen Durchmesser von 22 und eine Länge von 25 Metern gehabt:

Und da waren diese oszillierenden Lichter, ähnlich wie die Lichter eines Polizeiwagens, vielleicht vier oder sechs rote, eines lief um das Ding herum... Und diese grellen gleißend weißen Lichter, die nach unten stahlten."

Colledge und seine Frau beobachten, wie das seltsame Fahrzeug über ein Tal, etwa 180 Meter von ihnen entfernt, schwebt und schließlich hinter einem Berg verschwindet.

Gegen 1 Uhr, also nur wenige Minuten später, vernehmen über drei Meilen entfernt Bob Traver, seine Frau Margaret und ihr Sohn Tom ebenfalls ein donnerndes Geräusch. Erschreckt rennen sie zu den Fenstern und sehen ein Objekt, das etwa 150 Meter über dem Boden schwebt. Bob Traver:

> Es war fast so groß wie ein Haus. Die Form war mehr oder weniger die einer Pfeilspitze. Es hatte zwei oder drei Reihen viereckiger Fenster.

Und seine Frau ergänzt:

> Es besaß rote und grüne und strahlend weiße Lichter, die den ganzen Boden erhellten.

Erkundigungen bei der "Hancock-Luftwaffen-Basis", die etwa 50 Meilen nordwestlich von Plymouth liegt, ergaben, daß sich zum angegebenen Zeitpunkt weder militärische noch zivile Flugzeuge im Luftraum über Plymouth befanden.

Am 2. Dezember erschütterten die mysteriösen Luft-explosionen die Küste von New Jersey und South Carolina. Gegen 21.30 Uhr wird der 25jährige Mechaniker William James Herrmann in Charleston von einem mächtigen Knall geweckt:

> Ich sah ein großes, strahlendes, rundes, silbernes Objekt. Es schien, als ob es über einem Elektrizitätsmast, etwa 150 Meter entfernt, aufgehängt war. Es glitzerte und schien sich genau über dem Turm zu befinden.

Sechseinhalb Stunden vergehen - und wieder wird New Jersey von einem rätselhaften Knall überrascht. Um 5.30 Uhr am Morgen des 3. Dezember beobachten Mrs. Phyllis Crowl und ihre Tochter ein unbekanntes Flugobjekt, das sich vor ihrem Wagen in etwa 60 Metern Höhe über die Straße bewegt. Mrs. Crowl:

> Es hatte strahlende weiße Lichter an der Vorderseite und ein gleißendes blaues Licht hinten.

Während sie das seltsame Gefährt beobachten, geschieht etwas völlig unvermutetes: Das Objekt teilt sich! Das blaue Licht entfernt sich in die eine und die weißen Lichter in eine andere Richtung, bis Mrs. Crowl und ihre Tochter sie aus den Augen verlieren.

194

Am Abend des 4. Dezember sehen der Farmer Geroge W. Richard und seine Frau in der gleichen Gegend abermals ein ungewöhnliches Flugobjekt:

Es war etwa gegen 17.30 Uhr. Ich sah ein starkes, grelles Licht über den drei Baumspitzen über dem Tal. Es sah aus wie eine Kabine mit drei Fenstern, die unterteilt war. Die Fenster waren quadratisch und übereinander angeordnet. Zwei rote, blitzende Lichter waren an der Vorderseite, ebenfalls übereinander.

In der Nacht vom 15. auf den 16. Dezember donnern erneut Serien von Explosionsgeräuschen die Ostküste der USA entlang. Zwei Nächte zuvor konnten die beiden Polizisten John Scott und Robert Snyder aus Long Beach, New Jersey, seltsame Lichter am Himmel sehen. Scott:

Ich beobachtete sie immer wieder, zuletzt eine dreiviertel Stunde lang, während ich auf Patrouille war. Ich hatte früher einen Pilotenschein, und ich würde es eindeutig nicht als Flugzeug beschreiben.

Nicht selten werden Sichtungen unbekannter Flugobjekte als "kollektive Massenpsychose" verworfen. Die mysteriösen Knalle wird man auf diese Weise allerdings nicht aus der Welt schaffen, denn sie wurden sowohl hier in Deutschland als auch in den USA auf Tonband aufgenommen. Dort von den Geräten des geologischen Lamont-Doherty-Observatoriums der Columbia-Universität, New York. Dr. William Donn, Vorsitzender des Atmosphären-Erforschungs-Programms des Observatoriums, betonte, die Geräusche stammten weder von nuklearen Explosionen noch von dem Überschallflugzeug CONCORDE:

Es sind Explosionen einer uns unbekannten Art, keine Meteoriten. Zum jetzigen Zeitpunkt habe ich keine Erklärung.

Nach seinen Aussagen seien es die lautesten Geräusche gewesen, die von den Instrumenten des Observatoriums jemals aufgenommen wurden. - Eine Erklärung hat auch Prof. Robert Creegan von der Universität New York nicht. Er betont jedoch:

195

Der Zusammenhang zwischen diesen mysteriösen Erschütterungen und UFOs ist die erregendste Entwicklung auf diesem Gebiet. Hier haben wir die Möglichkeit zu einem Durchbruch in der UFO-Forschung, auf den wir ge- und den wir erwartet haben.

Ähnlich äußerte sich auch Dr. James Harder, Professor an der Universität von Californien:

Ich glaube, daß es durchaus möglich ist, einen Zusammenhang zwischen UFOs und den Explosionsgeräuschen zu sehen.

Und Dr. George Agogone von der "Eastern New Mexico University" gesteht ein:

Wenn diese merkwürdigen Geräusche in einer Beziehung mit UFO-Sichtungen stehen, erhalten sie dadurch eine große Bedeutung. Und es besteht die Möglichkeit eines Zusammenhanges.

Ein Zusammenhang zwischen UFOs und mysteriösen Lufterschütterungen auch über der Bundesrepublik? Es wäre nicht das erste Mal, daß die amerikanische Luftwaffe eine Falschmeldung in Bezug auf UFO-Sichtungen und damit zusammenhängende Phänomene verbreiten läßt. Am 13. August 1960 beispielsweise hatten die beiden Polizisten Stanley Scott und Charles A. Carson südlich des amerikanischen Ortes Red Bluff ein großes, ovales Objekt beobachtet, das sich ihren Angaben zufolge "sehr niedrig" bewegte, dabei etwas "wie ein Suchlicht" über den Boden gleiten ließ und sich schließlich sehr schnell entfernte. Wenige Tage später gab der US-Luftwaffensprecher Oberstleutnant Tacker folgende offizielle Erklärung ab:

Die Zeugen sahen eine Spiegelung des Planeten Mars und die zwei hellen Sterne Aldebaran und Beteigeuze.

Berechnungen von Walter N. Webb, Dozent für Astronomie im Charles-Hayden-Planetarium in Bosten, ergaben jedoch folgendes Ergebnis:

1. Mars und die beiden angeführten Sterne befanden sich nicht sichtbar unter dem Horizont, als die beiden Polizisten das Objekt gegen 23.45 Uhr sahen.

2. Mars erschien erst gegen 00.45 Uhr, also eine Stunde später, Aldebaran gegen 1.00 Uhr und Beteigeuze gegen 3.00 Uhr über dem Horizont.

Derartige Fehlinformationen sind keine Einzelfälle, sondern treten immer dann auf, wenn rätselhafte Erscheinungen nach Möglichkeit "vertuscht" werden sollen. Der angeführte Vorfall diente lediglich als Fallbeispiel.

Im Gegensatz zu den Vorkommnissen aus den USA liegen mir aus der Zeit Anfang bis Mitte November 1977 keine UFO-Sichtungen aus den betroffenen Gebieten vor - was freilich nicht heißen muß, daß es solche nicht gegeben hat. Dagegen gibt es interessante Beobachtungen aus der Nacht vom 31. Dezember auf den 1. Januar 1978. Zwar sind Sichtungen Unbekannter Flugobjekte in der Silvesternacht für gewöhnlich nicht geeignet, eine nähere Nachforschung zu gerechtfertigen, denn nicht selten sind angebliche "Raumschiffe von fremden Planeten" auf Leucht-kugeln, Raketen und andere Feuerwerkskörper zurückzuführen. Dennoch aber scheint es, als habe es zu dieser Jahreswende tatsächlich mehrere durchaus ernstzunehmende UFO-Beobachtungen gegeben, und zwar zum Teil im angesprochenen Gebiet.

Die erste Meldung liegt uns aus Südniedersachsen vor. In der 35 000-Einwohner-Stadt Northeim (Harzvorland) konnte gegen 23.50 Uhr von mehreren Zeugen ein feuriges, kreisrundes Objekt gesehen werden. Die Höhe der rotleuchtenden Kugel oder Scheibe wird mit drei- bis vierhundert Metern angegeben. Anders als bei Silvesterraketen üblich, konnte der Flugkörper (er bewegte sich langsam von NNW nach SSO) über zwei Minuten lang beobachtet werden. Aufgrund der völligen Geräuschlosigkeit, mit der er durch die Luft glitt, schließen die Zeugen, die an Sportflugzeuge, Hubschrauber und Linienmaschinen gewöhnt sind, diese Möglichkeit aus. Auch eine Verwechslung mit Himmelskörpern sei kaum anzunehmen, da in dieser Nacht eine geschlossene Wolkendecke über dem Gebiet lag. Die Größe des Objekts wird mit einem Zehn-Pfennig-Stück verglichen, das man in der ausge-streckten Hand hält. Im Inneren der Scheibe habe sich, so mehrere Zeugen übereinstimmend, ein etwas abgegrenzter, dunklerer Ring befunden.

Gegen 00.10 Uhr wird das Objekt über Düsseldorf beobachtet. Ein Zeuge, Herr G. (4), beschreibt es als rot-orange und sich langsam und rotierend fortbewegend. Ein weiterer Beobachter, Herr H.M. sah es zuerst in süd-östlicher Richtung. Während der Sichtung beschrieb es einen Bogen und flog schließlich in annähernd östlicher Richtung davon. Auch hier die gleichen Beobachtungsmerkmale: Scheibe oder Kugel, rotleuchtend, für eine Silvesterrakete zu lange in der Luft.

Es ist zwischen 00.20 und 00.45 Uhr, als das Flugobjekt erneut gesehen wird, diesmal von der Zeugin D. G. über Dortmund. Sie und ein Freund können beobachten, wie das seltsame Objekt aus Süd-Westen (also aus Richtung Düsseldorf) kommend, über Dortmund eine fast absurde, vollkommen eckige "Kurve" vollzieht und nach Süd-Ost abbiegt, wo es schließlich verschwindet. Und auch hier die gleichen Kriterien: Ein runder, feuerrot glühender Körper mit einer dunkleren Abgrenzung in der Mitte, der sich vollkommen lautlos und entgegen allen bekannten Gesetzen der Flugmechanik bewegt.

Die Möglichkeit eines Zusammenhanges zwischen den mysteriösen Knallen und UFO-Sichtungen kann also auch über Deutschland nicht völlig ausgeschlossen werden. Interessant ist auch, daß rätselhafte Luft-Explosionen bereits in früherer Zeit vorkamen und in Chroniken schriftlich niedergelegt worden sind. Etwa am 15.1.1869 über Swaffham, England. Mehrmals hörten die Einwohner "mysteriöse Explosionen, die nichts mit Meteoren zu tun hatten". Eine Herde von einigen hundert Schafen, so wird berichtet, sei daraufhin in wilder Flucht auseinandergestoben. - 1896 hörte man ebenfalls in England, in der Nähe von Harlton bei Cambridge, Donnerschläge und am nächsten Tag bei Colchester. Gewitter oder Erdbeben hatten zur fraglichen Zeit nicht stattgefunden und auch sonst konnte keine Erklärung gefunden werden.

In der Höhe Grönlands nahe der Jan-Meyen-Insel vernahm die Mannschaft des Dampfers "Resolute" am 30. Juli 1883 unerklärliche Explosionsgeräusche im Atlantik. Kapitän W. Deuchars schrieb in sein Logbuch:

Sechs gewaltige Kanonenschüsse oder Donner im Westen, das Wetter ist schön und kein Schiff in Sicht.

An ein Seemanöver oder an ein neues Düsenflugzeug, das bei Testflügen die Schallmauer durchbricht, dachten die Mannschaftsmitglieder eines japanischen Handelsschiffes, als sie im Sommer 1965 unweit der von der Sowjetunion occupierten japanischen Insel Sachalin regelmäßige mysteriöse Detonationen hörten. Nachforschungen ergaben jedoch: Zur fraglichen Zeit fanden weder Übungen noch Testflüge in dem besagte Gebiet statt.

Eine gewisse Berühmtheit haben in dieser Beziehung bereits die "Kanonen von Barisal" erlangt. Barisal, ein kleines Dorf in Bengalen, etwa 180 Kilometer östlich von Kalkutta (Indien), ist seit Jahrhunderten Schauplatz eines fast unheimlichen Geschehens. Man braucht nicht lange zu warten, um die Donnerschläge, die, von nah und fern, zuweilen vom Land, zuweilen vom Meer, vereinzelt oder zu ganzen Serien, ertönen zu hören. Niemand weiß, woher sie kommen. Man hat über explodierendes Sumpfgas spekuliert oder über Geräusche von Wind und Meer, aber keine dieser Möglichkeiten hat sich als richtig herausgestellt.

Einen sehr eindrucksvollen und ausführlichen Bericht über die "Kanonen von Barisal" lieferte der Indien-Forscher G.B. Scott:

Ich hörte die Kanonen von Barisal zum erstenmal im Dezember 1871, als ich auf meiner Reise von Kalkutta nach Assam die Sunderbunds durchquerte. Das Wasser war ruhig und heiter, ohne das geringste Anzeichen einer Störung. Tagsüber konnte man wegen des Lärms an Bord keine anderen Geräusche hören. Aber wenn wir nachts in dem einen oder anderen engen Kanal im Gebiet von Barisal, Morelunge oder noch weiter vor Anker lagen, weitab von Dörfern oder bewohnten Gegenden, ringsum meilenweit von grasbewachsener Ebene umgeben, so man nichts hörte als das Auf- und Abwogen der trägen Wellen und das Plumpsen der Erdschollen, die von den Ufern ins Wasser fielen, da vernahm man in regelmäßigen Abständen einen dumpfen, tiefen Widerhall wie von Kanonen. Manchmal war es nur ein Knall, manchmal waren es zwei, drei oder mehr hintereinander; nie aus der Nähe, sondern immer aus der Ferne, aber so als käme es nie aus derselben Entfernung.

1828 vernahm auch der australische Entdecker Charles Sturt unerklärliche Explosionen in der Luft. Er schreibt:

Es war kein irdisches Geräusch, obgleich es der Entladung eines schweren Artilleriegeschützes glich.

Mysteriöse Geräusche über Westaustralien konnte 1908 auch H.L. Richardson aus Hillsprings bei Carnarvon wahrnehmen:

Ich hörte drei Explosionen sehr hoch oben in der Luft, denen ein Geräusch folgte, das dem Zischen entweichenden Dampfes glich; es dauerte mehrere Sekunden.

Erwähnt seien vielleicht auch noch jene Knalle, die im November 1905 tagelang die Gegend von Porthmouth (England) heimsuchten. Die britische Regierung war ratlos und konnte nur bekanntgeben, daß während dieser Zeit keine Kriegshandlungen geschehen seien, weder zu Land noch auf dem Meer. - Offizielle Stellen hatten also auch schon vor siebenundsiebzig Jahren ihre liebe Not, die erschreckte Bevölkerung zu beruhigen.

Zusammenfassend kann zu diesem Komplex folgendes festgestellt werden:

1. Die Meldung der amerikanischen Luftwaffe, bei den Erschütterungen über Südniedersachsen und Nordhessen im November des Jahres 1977 habe es sich um Überschallknalle des US-Superjets "SR 71" gehandelt, ist offenbar lediglich eine Ausrede gewesen, die unter dem Druck der Öffentlichkeit abgegeben werden mußte.

2. Nur wenige Wochen nach den hiesigen Vorfällen suchten die gleichen unerklärlichen Luft-Explosionen die amerikanische Ostküste heim. Weder das dortige Verteidigungsministerium, noch die NASA, die Küstenwache, das Innenministerium oder andere offizielle Stellen wußten, um was es sich handelte.

3. Die Luft-Explosionen in den USA stehen offensichtlich mit UFO-Sichtungen in einem Zusammenhang. Unter diesem Aspekt erscheint es verständlich, daß das hiesige Bundesverteidigungsministerium von den Vorfällen nichts wußte, eine Erklärung der in dieser Beziehung erfahrenen US-Luftwaffe überließ und diese auf die schwer nachprüfbaren angeblichen Aufklärungsflüge des "schnellsten Flugzeuges der Welt" zurückgriff.

4. Die berichteten Knalle über Deutschland und den USA stellen keine Einzelfälle dar. Ähnliche oder gleiche Phänomene wurden bereits in früherer Zeit - als es noch keine Überschallknalle verursachende Flugzeuge gab - wahrgenommen und schriftlich niedergelegt. Es handelt sich also um ein zeitlich und räumlich nicht begrenztes Phänomen.

Es bleibt abzuwarten, ob ähnliche Vorfälle sich auch in Zukunft wiederholen. Dann allerdings sollte man - aufgrund der gewonnenen Erfahrungen und Erkenntnisse - eine wirkliche Erforschung des Phänomens durchführen. Bei bloßen Ausreden kann und darf es nicht bleiben.

Unbekannte Objekte im All

Nicht selten werden Sichtungen unbekannter Flugobjekte als "atmosphärische Erscheinungen", "Luftspiegelungen", "seltene Wolkenformationen", "Polarlichter" und ähnliches zu erklären versucht. Für manche Meldung mag dies zutreffen - mit Sicherheit jedoch nicht für jene, die draußen im All, also außerhalb der Erdatmosphäre gemacht wurden. Bereits 1954, drei Jahre vor dem Start des ersten sowjetischen Satelliten "Sputnik I", meldete die NEW YORK HARALD TRIBUNE, US-Behörden hätten im Frühsommer 1953 zwei Satelliten in einer Umlaufbahn um unseren Planeten entdeckt.

Als am 2. November 1957 die Weltraumkapsel "Sputnik II" mit der Hündin Laika an Bord gestartet worden war, beobachteten zahlreiche Wissenschaftler aus der ganzen Welt ihren Flug um den Globus. Unter ihnen war auch Dr. Luis Corales aus Caracas (Venezuela). Am Abend des 18. Dezember machte Dr. Corales eine Zeitaufnahme, um den Vorbeiflug von "Sputnik II" auf den Film zu bannen. Nach der Entwicklung mußte er jedoch erstaunt feststellen, daß sich neben der Spur der sowjetischen Kapsel auch noch die eines anderen, völlig unbekannten Objektes abgebildet hatte. Sie lief zunächst im spitzen Winkel auf den Sputnik-Kurs zu, schwenkte dann ab und kehrte schließlich wieder zurück, um den Satelliten bis zum Ende der Aufnahme zu begleiten. Die Frage, um was es sich bei diesem seltsamen Flugkörper handelte, ist bis heute unbeantwortet geblieben.

Dann begann mit dem Flug des sowjetischen Majors Juri Gagarin am 12. April 1961 die Aera des bemannten Raumfluges. Bei einer später in England stattgefundenen Pressekonferenz bemerkte der Kosmonaut:

> Während meines Fluges sah ich außer dem, was alle schon wissen, noch etwas. Es geht über jede Phantasie - und wenn ich die Erlaubnis bekomme, es zu sagen, würde ich die ganze Welt in Verwunderung stürzen.

Laut Radio Wien vom 21.4.1967 soll Gagarin deutlicher geworden sein:

> Astronaut Gagarin teilte mit, daß die fliegenden Untertassen reale Flugobjekte seien, die mit Lichtgeschwindigkeit fliegen und ein ernstes Problem darstellen, das nun erforscht werden müsse.

Auch andere sowjetische Kosmonauten, etwa German Titow und Valerij Bykowski, sollen sich ähnlich geäußert und über Sichtungen Unbekannter Flug-Objekte während ihrer Flüge Anfang der sechziger Jahre berichtet haben. Als die Amerikaner begannen, es mit ihren Mercury-Kapseln den Sowjets gleichzutun, blieben auch sie nicht von derartigen Begegnungen verschont.

Astronaut Gordon Cooper hatte nach eigenen Aussagen bereits als Testpilot in den frühen fünfziger Jahren mehrmals Kontakt mit UFOs. Cooper, damals Flugzeugführer und in der Bundesrepublik stationiert, berichtete im März 1978 gegenüber der amerikanischen Zeitschrift "The Enquirer", wie er und andere Piloten mehrmals aufgestiegen seien, um in den Luftraum eingedrungene "Unbekannte Flug-Objekte" zu verfolgen. Cooper betonte auch, er wisse von zahlreichem Material, das in den Archiven der NASA geheimgehalten werde, und daß es an der Zeit sei, eine seriöse UFO-Forschung in die Wege zu leiten. Bereits vor Jahren hatte sich Cooper ähnlich geäußert:

> Es gibt zu viele unerklärliche Fälle nicht identifizierter Flugobjekte über unserer Erde, als daß wir die Möglichkeit ausschließen können, daß Leben in irgendeiner Form außerhalb unserer eigenen Welt existiert.

Während des Fluges von Gemini 4 im Juli 1965, an dem als Kommandant James McDivitt und als Pilot Edward White (er unternahm den ersten amerikanischen "Weltraumspaziergang" und verunglückte später bei dem tragischen Unfall von Apollo 1) teilnahmen, wurden ebenfalls mysteriöse Objekte gesehen. McDivitt berichtete darüber im November 1973 im amerikanischen Fernsehen (5):

Ich flog mit Ed White. Er schlief zur Zeit, so daß ich keinen habe, der meine Geschichte bezeugen kann. Wir glitten im All dahin. Die Kontroll-Motoren waren abgestellt und alle Instrumente außer Betrieb gesetzt, als plötzlich vor dem Fenster ein Objekt erschien. Es hatte eine bestimmte Form - ein zylinderartiges Objekt.

Es war weiß, mit einem langen Arm, der sich aus seiner Seite erstreckte. Ich kann nicht sagen, ob es sich um ein sehr kleines Objekt aus naher Sicht oder um ein sehr großes Objekt aus weiter Sicht heraus handelte. Es gab einfach keinen Maßstab, nach dem ich mich richten konnte. Ich weiß wirklich nicht, wie groß es war.

Wir hatten zwei Kameras bei uns, die zur Zeit im Raumschiff schwebten. Ich griff nach einer und machte eine Aufnahme von dem Objekt, und dann ergriff ich auch die zweite und machte noch ein Bild. Dann stellte ich das Kontroll-System der Rakete wieder ein; denn ich hatte Angst, wir könnten mit dem Objekt zusammenstoßen. Wir glitten zur Zeit dahin - ohne Überprüfung konnte ich nicht feststellen in welche Richtung - aber als wir ein wenig weiterschwebten, schien die Sonne auf die Scheibe des Raumschiffs. Die Scheibe war verschmutzt, genauso wie beim Auto, man konnte nicht hindurchblicken. Sobald die Sonne auf die Scheibe schien, verschwand das Objekt. Zu diesem Zeitpunkt hatte ich die Kontroll-Motoren der Rakete wieder eingeschaltet und das Raumschiff so weitergeleitet, daß sich das Fenster wieder in der Dunkelheit befand. Das Objekt blieb verschwunden. Später habe ich mich mit Mission-Control in Verbindung gesetzt und von dem Geschehnis berichtet. Sie haben dann alle Aufzeichnungen vorhandener Bruchstücke, die im Weltall herumliegen, überprüft. Aber wir haben nie herausfinden können, um was es sich wirklich gehandelt hat.

Der Film wurde an die NASA zurückgeschickt und von einigen NASA-Filmtechnikern untersucht. Einer von ihnen wählte die Aufnahme aus, über die wir, wie er glaubte, gesprochen hatten. Das war bevor ich überhaupt Gelegenheit hatte, alles zu überprüfen. Es war aber nicht das Bild; es war eine Aufnahme einer Sonnenspiegelung auf der Fensterscheibe. Später habe ich mir den Film, Rahmen für Rahmen, angesehen. Es gab nichts dabei, das dem, was ich im Weltall gesehen hatte, auch nur ähnlich war. Die Kameras müssen nicht richtig eingestellt gewesen sein oder es stimmte mit der Belichtung etwas nicht oder sonst irgend etwas anderes.

Die Besatzungen von Gemini 5, 7, 10 und 11 meldeten ebenfalls Begegnungen mit fremdartigen Objekten. Astronaut Richard F. Gordon, Pilot von Gemini 11, schrieb später in der Zeitschrift "Science and Mechanics" (Juli 1969) hierzu:

Wir waren auf Süd-Ost-Vorwärtskurs, Kopfteil voraus. Es kam von links unten, mit anderen Worten: Wir sahen es von unserem linken Fenster aus vorausfliegen. Es sah gerade so aus wie ein fliegendes Raumfahrzeug. Wir wußten, es mußte ein anderes Raumfahrzeug sein, aber wir hatten keine Ahnung und machten schnell einige Schnappschüsse davon. Es war etwa gelb-orange, etwa so, wie hier oben die Sonne von Metall wiederspiegelt. Es muß aus einem metallischen Material gefertigt gewesen sein, um solches Licht zu reflektieren. Irgendeine Form konnten wir nicht ausmachen, da es etwa 50 Meilen weit entfernt war.

In der gleichen Zeitschrift wurde als Titelbild eines der von Gordon gemachten Fotos abgedruckt. Es zeigte ein scheibenförmiges Etwas, das zweifellos Ähnlichkeit mit den auch auf der Erde beobachteten "Fliegenden Untertassen" aufweist.

Bis dahin hatten sich die gesichteten Objekte immer passiv verhalten. Anders jedoch bei der ersten Reise zum Mond im Dezember 1968. Damals flog Apollo 8 zum Erdtrabanten, umkreiste ihn zehnmal und kehrte dann zurück. Zunächst verlief alles völlig normal, bis die Mannschaft (Frank Borman, James Lowell und William Anders) sich auf die zweite Nacht an Bord der

Kapsel vorbereitete. Flugdirektor Keith Wyatt gab damals zunächst bekannt:

> Wir wußten, daß irgend etwas nicht stimmte, aber wir dachten, es sei kosmische Strahlung, eine Situation, die entweder durch den Computer ausgeglichen oder bald wieder normal sein würde.

Später aber sollten ganz andere Dinge bekannt werden. Während des Fluges zum Mond schienen plötzlich die Leit- und Navigationsgeräte, die elektrische Ausrüstung und der Raketenantrieb nicht mehr richtig zu funktionieren. Und dann sahen die Astronauten eine weißglühende Scheibe neben der Kapsel auftauchen, die das Raumschiff über eine längere Zeit hinweg begleitete. Die Raumfahrer klagten über Ohrenschmerzen, weil sie sich offenbar unerklärlichen Ultraschallwellen ausgesetzt fühlten. Einige Zeit später verschwand das Objekt mit großer Geschwindigkeit im All, die Schmerzen hörten auf.

Dennoch stellten sich Nachfolge-Erscheinungen ein. Die Astronauten litten unter Kopfschmerzen, Handzittern und Brustschmerzen. Als das Raumschiff in die Mondumlaufbahn einschwenkte, begann das Drama erneut. Diesmal geriet die ganze Kapsel ins Schleudern, wankte hin und her und kam so weit vom Kurs ab, daß sie der Boden-Computer nicht mehr zurücksteuern konnte. Flugkontrollüberwacher Russel Holcombe gab zu:

> Wir wußten nicht, was dort oben los war, wir wußten nur, daß die Flugsicherheit ernstlich gefährdet war.

Als das UFO, ebensoschnell wie es aufgetaucht, wieder in den Weiten des Alls verschwunden war, korrigierten die Astronauten den Kurs, obwohl sie unter starken Kopfschmerzen und Gedächtnisverlust litten. Es wurde mit der Bodenstation vereinbart, nichts über den Vorfall verlauten zu lassen. Über Drittpersonen kam er Jahre später jedoch zur Veröffentlichung.

Während aller Apollo-Flüge war seltsamerweise eine Zwei-Minuten-Sperre im Funkverkehr eingebaut. Erst danach konnten die zensierten Gespräche zwischen den Kapseln und der Bodenstation zur Veröffentlichung freigegeben werden. Trotzdem gab es rund um die Welt Amateurfunker, denen es möglich war, durch direkten Empfang diese Sperre zu umgehen und den

Originalton mitzuhören. In der kanadischen Wochenzeitschrift "National Bulletin" vom 29.9.1969 wurde ein Artikel veröffentlicht, der einen Auszug aus einem solchen, offiziell nicht bekanntgegebenen Gespräch zwischen Armstrong und Aldrin (die ersten beiden Männer, die während des Unternehmens Apollo 11 den Mond betraten) und der Bodenstation in Housten wiedergeben soll. Ein Amateur-Funker hatte es auf Tonband mitschneiden können:

"Was ist es, was zum Teufel ist es? Mehr will ich ja nicht wissen!"

"Diese kleinen Dinger sind riesig, sie sind enorm... Nein, nein, das ist gerade eine Flächenverzerrung. Oh, Himmel, sie werden es nicht glauben."

"Was... was... was zum Donnerwetter geht dort vor? Was ist mit euch los, Jungens?

"Sie sind da, unter der Oberfläche."

"Was ist da? (verzerrt) "Funkstörung... Kontrolle ruft Apollo 11".

"Roger, wir sind da, aber wir sahen einige Besucher, ja sie waren eine Weile hier, um die Einrichtung zu betrachten."

"Auftragskontrolle... wiederholt die letzte Meldung!"

"Ich sage, daß da andere Weltraumfahrzeuge waren. Sie stehen in Reihen ausgerichtet an der hinteren Stelle des Kraterrandes."

"Laßt uns diesen Umlauf abtasten und dann nach Hause... in 625 zum 5. ...Automatisches Relais eingestellt... meine Hände zittern so stark, ich kann nicht. Filmen? Himmel, ja die verflixten Kameras hatten (danebed?) aufgenommen."

"Habt ihr irgend etwas?"

"Hatte keinen Film zur Hand (verzerrt), drei Schuß der Untertassen oder was es sonst war, können den Film vernebelt haben."

"Auftragskontrolle - hier ist die Auftragskontrolle. Seid ihr unterwegs? Was ist mit dem Lärm über UFOs? Ende."

"Sie haben sich dort abgesetzt. Sie sind auf dem Mond und beobachten uns."

"Die Spiegel, die Spiegel... habt ihr sie gesetzt?"

"Ja, die Spiegel sind an ihrem Platz. Aber wer solche Weltraumfahrzeuge gebaut hat, kann sicherlich herüberkommen und sie morgen wieder aus dem Boden ziehen..."

Der Nobelpreisträger und Präsident der amerikanischen Atomenergie-Kommission, Dr. Glenn Seaborg, schrieb in einem Artikel in der Zeitschrift "Valeurs Actuelles" (Nr. 1725) unter dem Leitthema "Die Unbekannten des Mondes" hierzu u.a.:

> Verschiedene Wahrnehmungen der Astronauten von Apollo 11 und 12 deuten darauf hin, daß zu einem nicht näher zu bestimmenden Zeitpunkt auf dem Mond schon andere, nichtirdische Besucher gelandet sind. Einige bis heute nicht veröffentlichte Fotos, die von Apollo 11 gemacht worden sind, zeigen an verschiedenen Stellen des Mondes deutliche Spuren, deren Begrenzungslinien außerordentlich scharf verlaufen. Möglicherweise haben sich dort schon früher einmal andere Fahrzeuge niedergelassen und den Mond als Relaisstation benutzt.

Beim Flug des Raumschiffs Apollo 12 zum Mond ereignete sich ebenfalls ein mysteriöser Zwischenfall, der später von der NASA offiziell bestätigt wurde. Am 15. November 1969 gab die Mannschaft (Charles Conrad, Richard Gordon und Alan Bean) zur Bodenstation durch:

> Seit gestern werden wir von einem anderen Flugobjekt begleitet, das wir durch unsere Fenster sehen, wenn der Rollwinkel des Schiffes 35° ist. Was könnte es sein?

Die Kontrollstation in Housten wußte es auch nicht. Überprüfungen mit Hilfe der Computer ergaben, daß es sich nicht um ein Teil der zuvor abgesprengten obersten Stufe der Saturn-V-Rakete handeln konnte. - Auch bei der Rückkehr beobachtete die Mannschaft über der Erde ein "Geisterlicht", größer als die (scheinbare) Venus, das schließlich aber verschwand. Sowohl die Astronauten als auch die Techniker im Kontrollraum konnten es sich nicht erklären. Später berichtete Charles Conrad in einem Interview für die rumänische Zeitung "Scinteia" über die Mondexkursion:

> Im allgemeinen machte die Mondoberfläche einen sehr rauhen Eindruck. Hier und da jedoch schien der Boden wie umgepflügt zu sein. An zwei oder drei Stellen dieser Art bemerkten wir Abdrücke, die als Spuren von Fußstapfen gedeutet werden könnten. Wir haben diese Felder mit Abdrücken .fotografiert, und unsere Wissenschaftler untersuchen diese Fotos zur Zeit.

Seltsame Spuren auf der Mondoberfläche fanden auch die Astronauten von Apollo 15, David Scott und James Irwin, in der Nähe der Hadley-Rinne südöstlich des Mare Imbriums. Der über die seltsame Entdeckung geführte Funkverkehr zwischen den Astronauten und Mission Control in Housten lautete wie folgt:

Scott: "Es verläuft wie eine Pfeilspitze von Ost nach West."

MC: "Roger, verstanden."

Irwin: "Richtig, wir sind... Wir glauben, es ist ein leidlich guter Weg. Wir richten uns nach 320, treffen die Bergkette auf 413... Ich kann diese Linien nicht überschreiten."

Scott: "Ich auch nicht. Das ist wirklich erstaunlich."

Irwin: "Und dabei sehen sie wunderbar aus."

Scott: "Sag etwas über die Anordnung!"

Irwin: "Es sind die bestangelegtesten Strukturen, die ich jemals gesehen habe."

Scott: "Es ist... so gleichförmig in der Breite."

Irwin: "Nichts von dem, was wir zuvor gesehen haben, hat eine solche Gleichförmigkeit gezeigt wie diese Spuren von oben bis hinunter zum Grund."

Waren derartige wiederholte Beobachtungen vielleicht der wirkliche Grund dafür, daß die NASA statt der ursprünglich geplanten neun Landungen nur sechs Raumschiffe zum Mond schickte? Sah man sich einer möglichen Gefahr nicht gewachsen und brach das Mond-Unternehmen ab, um Raumschiffe lediglich wieder in die Umlaufbahn zu schicken? Will man erst abwarten, bis man dort große Stationen errichtet und bessere Raumschiffe auf den Weg zum Erdtrabanten schicken kann, um dieser möglichen Gefahr besser gegenüberstehen zu können? Fast scheint es so, denn auch den letzten Mondflug von Apollo 17 zeichneten wieder eine Reihe seltsamer Zwischenfälle aus. Während seine beiden Kollegen Eugene Cernan und Harrison Schmitt sich auf der Oberfläche des Mondes befanden, entdeckte Ronald Evans aus dem im Orbit kreisenden Mutterschiff seltsame Vorgänge im Bereich des Mare Orientale:

Evans: "Heh, ich kann einen grellen Fleck im Landegebiet sehen."

MC: "Roger, interessant. Sehr... geh auf Kilo, Kilo."

Evans: "Hey, es ist jetzt grau und dehnt sich aus."

MC: "Roger, haben verstanden. Und wir nehmen es hier unten sofort auf. Geh auf Kilo, Kilo."

Evans: "Das geht nach HM. Der Recorder ist aus. Habt ihr den letzten Teil der Meldung verstanden? Okay, da ist Bravo, Bravo, Select Omni. Hey, wißt ihr, ihr werdet das niemals glauben. Ich bin jetzt genau über dem Rand von Orientale. Ich sah gerade hinunter und sah das Licht wieder aufblitzen."

MC: "Roger. Verstehe."

Evans: "Genau am Ende der Rille."

MC: "Gibt es eine Möglichkeit zu...?"

Evans: "Es ist im Osten von Orientale."

MC: Könnte es Vostock sein?"

Evans: "Verdammt. Ich werde dieses Licht in die Karte eintragen."

Was diesen Sichtungsbericht - neben der eigentlichen Beobachtung - interessant macht, ist die offensichtliche Verwendung von Codewörtern wie "Kilo, Kilo", "Bravo, Bravo", "Select Omni" und schließlich

"Vostock". "Vostock" war bekanntlich die Bezeichnung für jenen Raumschifftyp, mit dem die Sowjets 1961 erstmals einen Menschen ins All beförderten, niemals aber dazu geeignet, zum Mond zu fliegen und dort zu landen. Für was also war "Vostock" in diesem Fall die Tarnbezeichnung? Gleiche und ähnliche Codewörter wurden auch anläßlich eines kurzen Funkgesprächs zwischen Apollo-17-Astronaut Dr. Harrison Schmitt und der Bodenstation gewechselt, nachdem dieser - genau wie bei Apollo 15 - Spuren auf dem Mondboden entdeckt hatte:

Schmitt: "Ich sehe Spuren - sie laufen den Wall des Kraters völlig gerade hinauf."

MC: "Deine Kamera zeigt genau zwischen Bohrer und Erbsen. Erbsen Bravo, geh auf Bravo, Whisky, Whisky, Romeo."

Man fragt sich, was Begriffe wie "Erbsen", "Whisky" und "Romeo" in einem normalen wissenschaftlichen Dialog über die geologische Beschaffenheit des Mondbodens zu suchen haben - es sei denn, es handelt sich um Codewörter, die immer dann Verwendung fanden, wenn Dinge zur Beschreibung anstanden, die eben nicht in gewöhnliche Kategorien einzuordnen waren.

Im Gegensatz zum oben angeführten, von der NASA offizell weitergegebenen Gespräch, ist das folgende nie über die Sender der berichtenden Radio- und Fernsehstationen gegangen. Wir verdanken es abermals Funkamateuren, die das Glück hatten, den von der amerikanischen Weltraumbehörde "gestrichenen" Text direkt aus dem Weltall zu empfangen. Die beschriebene Szene spielte sich während der ersten von insgesamt drei Exkursionen der beiden Astronauten Eugene Cernan und Harrison Schmitt ab:

Cernan: "Seltsam, da ist noch so ein Block - gerade im Norden dieses Überhanges. Es ist eine Pyramide. Nein, eine Dreiecksformation im Kreuz-Querschnitt. Heh, ich steh' jetzt auf einer Geröllblockspur. Was sagst du jetzt...? Was sind das für Dinger, die über uns wegfliegen? Was ist das, Jack? He, hier ist etwas beschädigt worden. Was zersprang hier? Was ist das?

Schmitt: "Oh, oh, deine Antenne - eine Explosion am Hoch-
antennenseil. Was schlug da ein?"

Cernan: "Mein Gott, sie ist zersprungen?"

Schmitt: "Ja, explodiert. Etwas flog über uns, gerade
bevor... Es ist noch... Ich gaube, wir sind getroffen
worden von einem... Schau dir das Zeug an, es
fliegt noch immer über unseren Köpfen... Sieh mal,
da drüben..."

MC: "John (gemeint ist John Young, Kommandant von
Apollo 16, Anmerk. d. Verf.) sagte, es explodierte
auch während seiner Mission etwas."

Auf rätselhafte Weise durch die Zensur kam dagegen ein
Satz Harrison Schmitts (er wurde sogar im Deutschen Fernsehen
übersetzt, die Beachtung, die er verdient hatte, währte man ihm
jedoch nicht), der bei der Arbeit an einem der großen Felsbrocken
im Mondgebirge bemerkte, es schiene ihnen, als habe bereits vor
ihnen jemand hier gearbeitet. Jahre nach seiner Mission zum Mond
wies der Apollo-17-Kommandant Eugene Cernan darauf hin, daß
bei den Mondlandungen Erkenntnisse gesammelt worden seien, die
der Weltöffentlichkeit noch immer vorenthalten würden. Wörtlich
sagte er:

Vielleicht kann der Mond uns etwas über das
Vorhandensein einer uralten Zivilisation erzählen, die sich
nicht notwendigerweise auf der Erde befunden haben muß.
Möglicherweise befand sie sich auch nicht auf dem Mond,
mit Sicherheit aber in unserer eigenen Galaxis.

Dem stimmt auch der Pilot von Apollo 17, der Astronaut
Ronald Evans, zu. Er bezeugte, daß die NASA zahlreiche Fotos
aufbewahre und unter Verschluß halte, die die US-Raumfahrer auf
dem Mond hatten machen können.

Bereits lange vor den Mondflügen hatten zahlreiche
Astronomen und Amateur-Sternenforscher seltsame Lichter-
scheinungen ähnlich der von Evans berichteten auf dem
Erdtrabanten erkennen können. Im allgemeinen werden sie heute
als "Moonblinks" bezeichnet, und man nimmt an, daß es sich dabei
um Vulkanausbrüche oder aus dem Mondboden austretende

leuchtende Gase und Lava handelt. Diese Erklärung mag für viele derartige Beobachtungen zutreffen. Aber tatsächlich für alle?

Da berichtet beispielsweise der amerikanische Astronom F.B. Harris, er habe im Jahr 1912 ein riesiges Objekt von schätzungsweise 80 km Durchmesser über der Mondoberfläche schweben gesehen. Es muß dem Boden dabei sehr nahe gewesen sein, denn Harris gab an, er habe den Schatten auf der Oberfläche beobachtet.

Bereits im Jahr 1869 hatte der Forscher Mädler nahe dem Krater Fontenelle eine vollkommen viereckige Einfriedung gesehen und sie mit folgenden Abmessungen aufgezeichnet: Jeder der vier geraden Wälle sei ca. 104 km lang und etwa 1,6 km breit bei einer Höhe zwischen schätzungsweise 80 und 125 Metern gewesen. Andere Astronomen, z.B. Webb und Nelson, sahen sie ebenfalls. Nelson berichtete, die Mauer im Nordwesten sei später verschwunden und statt dessen hätte er dort eine auffällig aufgetürmte Masse, ungefähr 32 km von der Einfriedung entfernt, gesehen.

Am 26.11.1956 filmte der Astronom Robert H. Curtiss die Gegend von Fra Mauro (später landete Apollo 14 dort) mit einem hochempfindlichen Film. Nach der Entwicklung entdeckte er ein hell leuchtendes Kreuz im Nordwesten des Kraters Fra Mauro. Jeder Arm des Kreuzes sei mehrere Kilometer lang, alle jedoch von gleicher Größe gewesen. Sie seien im rechten Winkel zusammengetroffen.

Drei Jahre zuvor, am 29. Juli 1953, hatte der Amateur-Astronom John O'Neill am Rande des Mare Crisium zwischen zwei steilen Bergen, etwa 18 km voneinander entfernt, ein Gebilde wie eine Brücke beobachten können. Unter ihr erkannte er deutlich den Schatten, den sie warf. Der Astronom Dr. H.P. Wilkins bestätigte diese Entdeckung im August 1953 und wenig später auch ein anderer bekannter Astronom, Prof. Patrick Moore. Aber seitdem sind sowohl die Brücke am Rande des Mare Crisium als auch das weiße Kreuz im Fra-Mauro-Gebiet nicht mehr gesehen worden.

Interessant ist es in diesem Zusammenhang, auch einige mysteriöse Vorgänge bei der Viking-Mission zum Mars im Sommer des Jahres 1976 zu erwähnen. Rätselhaft sind bis heute Begebenheiten geblieben, die sich während und nach der Landung von VIKING II am 4. September ereigneten. Zunächst hatte man die ursprüngliche Landestelle (genau wie bei VIKING I) nach Nahaufnahmen als nicht geeignet fallenlassen müssen. Man entschied sich schließlich für das Gebiet "Utopia Planitia", weil man auf den aus dem Orbit übermittelten Fotos dort riesige Sanddünen zu erkennen glaubte - eine Landung also ungefährdet erschien.

In der Tat funktionierte die Datenübermittlung während des Abstiegs zur Oberfläche hervorragend. Doch mit dem Aufsetzen waren sämtliche Verbindungen unterbrochen. Keine Bilder, keine Messungen, nichts wurde zur Erde übermittelt. Die Wissenschaftler standen vor einem Rätsel.

Dann, nach neun Stunden, schaltete sich das Landegerät automatisch wieder ein - ohne daß von der Erde aus der Befehl dazu gegeben worden war. Das Erstaunen über das recht eigenmächtige Handeln des Gerätes steigerte sich jedoch, als auf den übermittelten Fotos von der Marsoberfläche nicht die von allen erwarteten Sanddünen, sondern, ähnlich wie schon bei VIKING I, eine endlose Steinwüste zu erkennen war.

Durch Messungen, die der umkreisende VIKING-II-ORBITER durchführte, konnte ermittelt werden, daß die Sonde tatsächlich das vorgesehene Gebiet erreicht hatte. Warum aber dort die Landschaft ganz anders aussah als aus der Umlaufbahn heraus, ist bis heute ein Rätsel geblieben.

Verwunderung löste jedoch nicht nur dieser Zwischenfall aus. Auf einem anderen Bild der vom VIKING-I-ORBITER aufgenommenen Marsoberfläche ist deutlich ein Gesicht zu erkennen, das wie eine riesige Skulptur in den Himmel blickt. Es mag sein, daß dies nur auf Licht- und Schattenwirkungen bestimmter Oberflächenstrukturen zurückzuführen ist - aber kann man tatsächlich noch von Zufall sprechen, wenn sich auf dem gleichen Foto ein absolut rechteckiger Hügel abbildet? Derartige geometrische Figuren können (genauso wie das Kreuz im Fra-Mauro-Gebiet) auf natürliche Weise kaum entstehen und die Frage, ob sich hier vielleicht ein uraltes, inzwischen vom Marssand fast verdecktes Gebäude befindet, ist so abwegig nicht.

Ungelöst ist bis heute auch die Frage nach Leben auf dem Mars. Einige der durchgeführten Experimente wiesen eindeutig in diese Richtung, andere zeigten lediglich chemische Reaktionen an. Leben auf dem Mars ist wahrscheinlich so andersartig, daß unsere auf irdische Bio-Formen abgestimmten Meßgeräte nur widersprüchliche Angaben liefern **müssen**. Bereits vor der Landung hatte sich Prof. Carl Sagan in dieser Richtung geäußert:

> Die Experimente könnten negativ verlaufen, während Organismen gemütlich die Zirkoniumfarbe am Landegerät abfressen.

Bruchstücke und andere Funde

Kommen wir vom Mond und Mars zurück zur Erde. Häufig wird man gefragt, ob es nicht handgreiflichere Beweise für die Existenz von UFOs gebe, nicht nur Zeugenaussagen und zumindest zum Teil recht zweifelhafte Fotos. Konnte nicht vielleicht irgendwelches Material gefunden werden, das UFOs hinterlassen, abgeworfen haben oder das bei der Explosion eines solchen Objektes zurückgeblieben ist?

Derartige materielle Beweise gibt es in der Tat, nur werden auch sie größtenteils in den Geheimarchiven rund um die Welt unter Verschluß gehalten. Wir hatten schon weiter vorn kurz berichtet, daß der Leiter des offiziellen kanadischen UFO-Forschungsprogramms, Wilbert B. Smith, dem amerikanischen Admiral Knowles ein "kleines Stück einer Fliegenden Untertasse" gezeigt habe, das ihm 1952 von der Luftwaffe übergeben worden war.

In den Besitz eines UFO-Bruchstückes geriet die APRO (Aerial Phenomena Research Organization), neben der NICAP die zweite große um vollständige Aufklärung bemühte Gesellschaft in den USA, im Jahr 1957. Am 14. September dieses Jahres hatte die in Rio de Janeiro erscheinende Tageszeitung "O Globo" den Brief eines Lesers abgedruckt, der an den Redakteur Ibrahim Sued gerichtet worden war. Der Leser berichtete in seinem Schreiben von der Explosion und dem Absturz einer fliegenden Scheibe, die er und einige Freunde am Strande von Ubatuba (Sao Paulo) beobachtet hatte. Einige der vielen kleinen feurigen Fragmente seien ins seichte Wasser gefallen und es gelang, ein paar davon zu bergen. Dem Brief war eine solche Probe beigelegt.

Da die Unterschrift aber völlig unleserlich war und der unbekannte Absender auch keine Anschrift genannt hatte, kamen viele zunächst zu der Auffassung, da habe sich irgendjemand nur einen Scherz machen wollen. Aber dann setzte sich der Vertreter der APRO in Brasilien, Dr. Olaves Fontes, mit Sued in Verbindung und bat darum, die mitgeschickte Probe genauer untersuchen zu dürfen. Sued und Fontes trafen sich in der Wohnung des Journalisten.

Die mitgeschickten Teile erschienen wie Metall, waren dunkelgrau und sehr fest. Sie machten einen rauhen und unregelmäßigen Eindruck und an einigen Stellen waren sie von einer puderähnlichen Substanz bedeckt, die sich leicht entfernen ließ. Da Sued keine Verwendung für die Proben hatte, überließ er sie Fontes mit der Bitte, ihm das Ergebnis einer genaueren chemischen Analyse mitzuteilen.

Dr. Fontes seinerseits gab die Funde an das brasilianische Regierungslaboratorium weiter. Dort untersuchte sie Dr. David Goldschein, der zunächst die Meinung vertrat, es könne sich möglicherweise um einen Meteoriten handeln. Die eigentliche Hauptuntersuchung wurde dann im Rahmen einer spektrografischen Analyse von Frau Dr. Luisa Maria Barbosa durchgeführt.

Sie stellte fest, daß die Probe zwei Teile einer metallischen Substanz grauer Farbe, geringer Dichte und geringen Gewichts (etwa 0,6 g) enthielt. Wörtlich heißt es in ihrem Bericht:

Die spektrographische Analyse zeigt die Anwesenheit von Magnesium in einem hohen Grad von Reinheit und unter Abwesenheit jedes anderen metallischen Elements.

Später fügte Frau Dr. Barbosa in einem ergänzenden Bericht noch hinzu:

Ich fand alle gewöhnlichen und ungewöhnlichen Spektrallinien des Elements Magnesium. Es waren keine Anzeichen eines anderen Metalls vorhanden, auch nicht von den sogenannten Spurenelementen, die man gewöhnlich in Metallproben findet.

Tatsächlich gibt es Magnesium in einer derartigen Reinheit, wie es bei den Untersuchungen u.a. auch mit Röntgenstrahlen festgestellt wurde, in der Natur nicht. Und sogar das reinste Magnesium, das zur Zeit auf der Erde künstlich hergestellt werden kann, enthält nachweisbare Spurenelemente, was bei dem in Brasilien gefundenen Metallstück nicht der Fall war.

Behandeln müssen wir an dieser Stelle auch die immer wieder in allen Teilen der Welt gefundenen stählernen Kugeln, über deren Herkunft man sich nicht einigen kann. Im April 1974 fand die in Florida (Jacksonville) lebende Familie Betz auf dem Grundstück ihres Hauses eine Kugel, die, wie sich bald herausstellte, aus nichtrostendem Metall bestand. Untersuchungen ergaben fernerhin, daß sie sich nur mit Mühe beschädigen ließ, daß sie ein Magnetfeld besaß und Wellen unbekannter Art ausstrahlte. Angeblich soll sich die Kugel auch von selbst bewegt haben können.

Nur zwei Tage später fand ein 21 jähriger Mann, Terry Matthews, ebenfalls in Florida eine völlig gleichartige Kugel. Daraufhin meldete sich eine Frau, die zwei Wochen zuvor bei der US-Marine angerufen und von einer identischen Kugel berichtet hatte, die sich angeblich von selbst bewegte.

Kugeln dieser Art sollen bereits 1968 in Australien und in der Tschecheslowakei gefunden worden sein. Die Experten nahe des Fundortes Preßburg hatten damals festgestellt:

Stahl von dieser Härte ist auf der Welt unbekannt. Das Material ließ sich nicht einmal mit Diamanten zerkratzen.

Rätsel gibt auch jenes Metallstück auf, das 1966 der Besitzer einer Autoreparaturwerkstatt beim Baden in der Isar gefunden hatte. In der Annahme, es sei Silber, nahm er es mit nach Hause. Bald jedoch fiel ihm die geringe Schwere des Stückes auf, die eher an Aluminium erinnerte, obwohl der Brocken nach wie vor wie Silber glänzte.

In der Materialprüfungsabteilung der Firma Bölkow wurde das Stück eingehenderen Analysen unterzogen. Es stellte sich heraus, daß die Legierung keine der bekannten war und daß die Elemente, die es enthielt, den Brocken sehr wertvoll machten.

Diese Legierung besteht zwar zu 91,6% aus dem billigen Element Kalium, dagegen aber zu 7,5% aus dem sehr wertvollen Edelmetall Palladium. Weiter wurde Chrom mit 0,8%, Kupfer mit 0,1%, sowie Spuren von Eisen und Magnesium nachgewiesen.

Interessant ist, daß eine derartige Legierung, eine derartige Verbindung, in der Natur nicht vorkommt. An der Oberfläche weist der Fund typische Abschleiferscheinungen auf, die darauf hinweisen, daß er bereits Jahrzehnte oder Jahrhunderte im Wasser gelegen haben muß. Die untersuchenden Wissenschaftler bestätigten indes, daß das Material hervorragend zum Bau von Flugzeugen und Raumschiffen geeignet wäre.

Ein direkter Zusammenhang zwischen UFOs und später gemachten Analysen ließ sich dagegen in einem anderen Fall herstellen. Am Morgen des 27. April 1961 hatten zahlreiche Zeugen am Onega-See (nordöstlich von Leningrad, Sowjetunion) beobachtet, wie eine fliegende Scheibe die Küstenlinie kurz berührte und dann wieder im Himmel verschwunden war. Da die Ränder des Sees um diese Jahreszeit gefroren und mit Eis bedeckt sind, erfolgte schon wenig später eine Untersuchung durch ein Team aus zivilen und militärischen Forschern unter Führung von Armee-Ingenieur Major Anton Kopekin und dem Umweltforscher Fjodor Denidow. Sie sammelten zunächst Augenzeugenberichte. Insgesamt waren es 25 Anwohner, die aussagten, ein blau-grünes ovales Objekt von der Größe eines Jets gesehen zu haben, das schnell, aber lautlos nach Osten geflogen sei. An der Stelle, an der das UFO den mit Eis bedeckten See berührt hatte, fanden die Forscher einen 15 m langen und 3 m tiefen Graben. In seinem Bericht schreibt Major Kopekin:

> Das Eis auf dem See war aufgebrochen. Die Unterseite der Eisschollen war hellgrün. In den geschmolzenen Eisproben waren Reste von Magnesium, Aluminium, Kalzium, Barium und Titanium festzustellen. Es wurden auch ein merkwürdiges Stück Metall und kleine schwarze Körner sichergestellt, die eine geometrische Form aufwiesen und die aus Eisen, Silikon, Natrium, Lithium, Titanium und Aluminium

bestanden. Die Körner widerstanden der Auflösung in Säure und hohen Temperaturen.

Diese Körner wurden auch dem Geophysiker Dr. Wladimir Sharanow vom Leningrader Technologischen Institut zur Analyse übergeben. Er stellte fest:

Die Herkunft der schwarzen Körner läßt sich gegenwärtig nicht erklären - sie sind aber eindeutig künstlich erzeugt worden... Das Objekt kann weder ein Meteor noch ein Flugzeug gewesen sein. Kein Flugzeug hätte einen so heftigen Aufprall auf dem gefrorenen Boden überstanden.

Es gibt neben solchen Funden noch eine weitere Art materieller Beweise. Gemeint sind Spuren, die ein gelandetes Objekt hinterlassen hat. Auch derartiges ist registriert worden.

Es war am 5. Mai 1967, als der Gemeindevorsteher des kleinen französischen Ortes Marlians an der Côte d'Or, Monsieur Malliotte, in einem Kleefeld, 632 Meter von der Straße entfernt, ein seltsames Loch entdeckte. Es hatte fünf Meter Durchmesser und war 30 Zentimeter tief. Von diesem Kreis aus führten 10 Zentimeter tiefe Furchen in alle Richtungen. Am Ende dieser Furchen befanden sich abermals kleinere, 35 cm tiefe Löcher. In den Furchen selbst hatte sich ein merkwürdig feiner, violett-weißer Staub abgesetzt. Niemand wußte eine Erklärung, um was für einen Abdruck es sich hier handelte, und die Möglichkeit, eines der in aller Welt gesichteten "Unbekannten Flug-Objekte" sei hier gelandet, war so leicht nicht von der Hand zu weisen.

Am 5. März 1964 gegen acht Uhr morgens bemerkte der Farmer Alfred Ernst aus Barnesville, Minnesota, USA, in etwa 500 Meter Entfernung ein hell leuchtendes Objekt. Plötzlich erhob es sich vom Boden, auf dem es offenbar gestanden hatte, und verschwand in nur fünf Sekunden hinter dem Horizont. Mr. Ernst und sein Bruder, Leo A. Ernst, warteten nicht lange und sahen sich die Landestelle an. Sie entdeckten ein kraterähnliches Gebilde mit einem Durchmesser von etwa einem Meter, in dessen Mitte sich ein 10 cm großes Loch befand. Vier weitere, drei Zentimeter große Löcher, bildeten die Eckpunkte eines Quadrats, das das große Loch als Zentrum hatte. Am Rand bemerkten die beiden Brüder eine feine weiße Substanz, die sich später als Alkalisalz identifizieren ließ, ein Material, das in der schwarzen Erde dieser Gegend überhaupt nicht vorkommt.

Im Oktober 1972 entdeckte der Bauer René Merle bei einem Spaziergang nahe des südfranzösischen Dorfes Montauroux ein 110 Quadratmeter großes völlig verwüstetes Feld. Bäume und Mauern in der Nähe schienen wie von einer Riesenhand niedergewalzt, die z.T. 60 Zentimeter dicken Stämme waren wie Bindfäden umeinandergewickelt, Baumwurzeln aus der Erde herausgerissen. An Steinen konnte man Schleifspuren erkennen. Landarbeiter berichteten, sie hätten bereits seit mehreren Tagen häufig einen "Feuerball" beobachten können. Die untersuchenden Wissenschaftler wurden sich dagegen nicht einig. Fest stand lediglich, daß es sich weder um einen Meteoriten, noch um einen Wirbelsturm oder eine Windhose gehandelt haben kann.

Ähnliche Fälle gibt es zahlreiche, zu viele, als daß sie im Rahmen dieses Buches behandelt werden könnten. Zuweilen, dies sei vielleicht noch kurz bemerkt, findet man auch Felder, auf denen das angebaute Getreide auf einer kreisrunden Stelle plattgedrückt und wie nach einem Wirbelsturm gedreht erscheint, ohne daß diese natürliche Ursache bei derart exakt abgezirkelten Flächen in Betracht käme.

Begegnung mit Wesen aus dem All

Wir wollen uns nun dem letzten Themenkreis dieses Kapitels zuwenden, jenen Berichten, die über Kontakte mit Insassen der gesichteten Objekte sprechen. Dazu jedoch zunächst einige allgemeine Anmerkungen. In den letzten dreißig Jahren ist gerade auf diesem Gebiet derart viel Unfug getrieben worden, daß man entsprechende Berichte nur mit allergrößter Vorsicht bewerten kann. Da gab es Propheten, die behaupteten, auf anderen Planeten (vornehmlich Mars und Venus) gewesen zu sein, mit den dortigen Bewohnern gesprochen zu haben. Diese hätten ihnen aufgetragen, der Menschheit die Botschaft zu bringen, endlich mit den Kriegen aufzuhören. Einmal abgesehen von dem vielleicht edlen Motiv, sind diese Art von Berichten zuweilen von einer ausgesuchten Naivität, Unnatürlichkeit und Phantasielosigkeit, daß man sie recht schnell als Lügengeschichten entlarven kann.

Der erste dieser "Propheten" war der amerikanische Würstchenverkäufer George Adamski vom Mount Palomar, der aufgrund des Umstandes, daß sich dort das größte Teleskop der Welt befindet, häufig fälschlicherweise auch als der "berühmte Astronom vom Mount Palomar" von seinen Anhängern gefeiert wurde.

Adamski nun behauptete nicht mehr und nicht weniger, als mit Marsianern, Venusiern und Saturn-Menschen in persönlichem Kontakt zu stehen und von ihnen Botschaften für die Menschheit zu erhalten. Er selbst sei an Bord eines Venusschiffes gewesen, habe Aufnahmen der landenden Fahrzeuge und deren Mutterschiffe machen können usw. usw.

In einem Artikel zum Thema "Irrtümer in der Erforschung 'Fliegender Untertassen'" weist der Bremer UFO-Forscher Dieter von Reeken auch auf merkwürdige Gemeinsamkeiten zwischen den Beschreibungen Adamskis und der Beschreibung eines fiktiven Mondbewohners in Jacques Morlins 1947 erschienenen utopischen Romans "Le Voyage Fantastique de H.C. 3" hin. Hier zunächst das Urmanuskript:

> Der Selenit (Mondbewohner) war genauso gebaut wie die Erdbewohner, ein wenig kleiner allerdings als die Durchschnittsmenschen, auch machte er einen schwächlichen Eindruck. Er trug volles langes Haar, das so hell war, daß man es eher als weiß denn als blond bezeichnen konnte. Das Gesicht war schön, regelmäßig, mit weichen Zügen, die gleichwohl Energie verrieten; die Hände waren schmal und gepflegt.

Und hier Adamskis Kopie, diesmal einen Venusier beschreibend und in den Fünfziger Jahren veröffentlicht:

> Er war ungefähr 1,65 Meter groß und wog nach unseren Begriffen etwa 135 Pfund. Sein Alter schätze ich auf 28 Jahre; möglich, daß er etwas älter gewesen sein mag... Das

Haar war sandfarbig und floß in schönen Wellen bis auf seine Schultern herab; der Glanz seiner Haare war schöner, als ich ihn jemals bei einer gepflegten Frau gesehen habe.

All seine Berichte, die er in Form von Schriften und Büchern veröffentlichen ließ, wollte Adamski als reine Wahrheit verstanden wissen. Wenig bekannt dagegen ist, daß er im Jahr 1949 der "Library of Congress" ein Manuskript mit dem Titel "Imaginäre Reise zum Mond, zur Venus und zum Mars" als "Werk der Dichtung" zum Abdruck angeboten hatte.

Durch den Erfolg Adamskis, den dieser bei gutgläubigen Menschen hatte, angespornt, tauchten plötzlich, wie die Pilze aus dem Boden, weitere "Kontaktler" auf, wie sie sich nannten. Da war zum Beispiel der amerikanische Farmer Buck Nelson, der im April 1955 von interplanetarischen Raumfahrern angeblich zu einer zweitägigen Rundreise quer durch unser Sonnensystem eingeladen worden war. Zuerst ging es zum Mond, wo er von dessen "Präsidenten" begrüßt wurde. Dann weiter zu Venus und Mars, wo man ihn ebenfalls sehr liebenswürdig empfing. Nelson berichtete über die große Anzahl von Erdenbürgern, die bereits das Vorrecht besäßen, auf dem Morgenstern zu leben und andere interessante Neuigkeiten. Schade nur, daß Nelson es versäumt hatte, seinen Fotoapparat mitzunehmen, denn auf diese Weise hätten uns sicherlich Portraits von Mars-, Mond- und Venusbewohnern gezeigt werden können.

Elary Willsie war ein weiterer "Kontaktler". Auch er wurde, diesmal im März 1965, von einem Raumschiff abgeholt und zunächst zum Mond gebracht. Man flog ihn auf dessen Rückseite und, man höre und staune, dort gab es Bäume und Flüsse und in den Vertiefungen atembare Luft. Dann ging es zum Mars, wo ihm ein irdischer Kontaktmann vorgestellt wurde, der dort in einer Stadt mit seiner ganzen Familie lebt. Daraufhin flog man ihn nach "Clarion", einer Art Anti-Erde, die die Sonne auf der gleichen Bahn umkreist wie unser eigener Planet und dem menschlichen Auge daher unsichtbar ist. Schließlich landete man noch auf der Venus mit ihren riesigen Meeren und tropischen Urwäldern. Aber das ist noch nicht alles. Zur Erde zurückgekehrt, flog man Willsie durch ein aufschiebbares Loch in der Nähe des Nordpols, das ins Innere unseres Planeten führte und wo eine künstliche Beleuchtung das

Wachsen riesiger Wälder, malerischer Landschaften mit großen Wildherden und drei Meter großen Menschen ermöglicht. Am Ende seiner Reise setzte man Willsie wieder in seinem Heimatort ab. Leider hatte auch er vergessen, seine Kamera mitzunehmen und einige Fotos von Mars, Venus und "Clarion" zu machen.

Ihre Aufnahmegeräte nicht vergessen hatten dagegen die sowjetischen und amerikanischen Sonden, die unterdessen auf Venus und Mars gelandet sind. Seltsamerweise aber fanden sie weder "große Meere" und "Urwälder" auf der Venus, noch Städte auf dem Mars. Venus enthüllte sich den beiden sowjetischen Raumkapseln VENUS 9 und VENUS 10 als einzige Steinwüste, zwar wesentlich heller als angenommen, aber jedenfalls ohne jede sichtbare Vegetation, von auf eine Zivilisation schließende Anlagen einmal ganz abgesehen. Ganz genauso auf dem Mars. Auch er ist eine rote, große Steinwüste, auf dem sich keinerlei Zeichen jetzt existierenden höherentwickelten Lebens befinden. Der weiter vorn angesprochene mögliche Gebäudekomplex ist, wenn es sich um einen solchen handelt, bereits uralt. Mit den sagenhaften "Marsmenschen" aber ist es nichts.

Die anderen Planeten unseres Systems fallen für höherentwickeltes Leben in unserem Sinne (und das soll es nach Adamski, Nelson und anderen ja gewesen sein) außer Betracht. Merkur ist eine einzige Gluthölle, Jupiter ein Planet ohne einen festen Kern (er besteht nach neuesten Erkenntnissen wahrscheinlich nur aus gasförmigem und flüssigem Methan, Ammoniak und Wasserstoff und wird sich in einigen Millionen Jahren in eine zweite Sonne verwandeln), ähnlich Saturn, von den noch weiter draußen liegenden Planeten Uranus, Neptun, Pluto und einem möglichen Transpluto ebenso zu schweigen wie von unserem eigenen Mond.

Berichte dieser Kontaktler, die trotz der offensichtlichen Tatsachen noch immer zahlreiche Anhänger in aller Welt haben, sind als Lügengeschichten entlarvt. Niemand bestreitet, daß einige von ihnen, etwa die von Adamski, auf wahre Quellen zurückgehen **könnten.** Möglicherweise hat er tatsächlich einmal ein UFO gesehen, es sogar fotografiert, aber der "Rest", die angebliche Zusammenkunft mit Venusiern und anderen seltsamen Gestalten ist Schwindel. Derartige Berichte haben einer seriösen UFO-Forschung weitaus mehr Schaden zugefügt als die ständigen

Dementis der offiziellen Stellen. Das z.T. negative Image der UFO-Forschung ist auf solche unseriösen Geschichten zurückzuführen, die sehr schnell als Lügen entlarvt werden können, als Geschäftemacherei. Denn die meisten dieser "Kontaktler" scheuten sich nicht, ihre Erzählungen in Buchform niederzulegen und für teures Geld zu verkaufen.

Diese betrübliche Episode (zum Glück ist das Heer der "Kontaktler" in den letzten Jahren zurückgegangen) sollte uns aber nicht davon abhalten, jene Fälle näher zu betrachten, in denen, wie von untersuchenden Forschern festgestellt, es tatsächlich zu Begegnungen von Menschen unseres Planeten mit Außerirdischen gekommen ist. Es dürfte von Interesse sein zu vermerken, daß die Beschreibungen, die wir als echt ansehen können, in vielen Details übereinstimmen und sich dabei vor allem zwei Gruppen von Extraterrestriern herausschälen: Zum einen sehr häufig geschilderte, etwa 1,5 Meter große Wesen, zum anderen "Riesen", in der Regel zwischen zwei und drei Metern groß. Zuweilen treten auch völlig menschenähnliche Wesen auf, doch ist ihre Anzahl offenbar gering. Begegnungen mit "Weltraummonstern", wie sie in einigen Science-Fiction-Filmen manchmal aufzutreten pflegen, sind dagegen kaum oder gar nicht zu vermelden.

Beginnen wir bei unserer Darstellung mit einem Fall, der sich in den frühen Morgenstunden des 28. November 1954 in Venezuela abspielte. Die beiden Händler Jose Ponce und Gustavo Gonzales befanden sich auf dem Weg nach Petare, um ihren Wagen dort mit Waren zu beladen, die sie auf dem Markt in Caracas verkaufen wollten. Es ist gegen zwei Uhr morgens, als ihnen die Straße plötzlich von einem glühenden, scheibenförmigen "Etwas" versperrt wird, das ca. eineinhalb Meter über dem Boden schwebt.

Gonzales stoppt den Wagen. Beide Männer steigen aus und nähern sich dem Objekt bis auf etwa acht Meter, als sie eine zwergenhafte Gestalt gewahren, die ihnen entgegenkommt. Gonzales verliert die Beherrschung, ergreift sie und hebt sie hoch. Später gab er zu Protokoll, sie müsse etwa 35 Pfund gewogen haben.

Doch der Zwerg, der sich offensichtlich angegriffen fühlt, löst sich aus dem Griff und versetzt Gonzales einen derart harten

Stoß, daß dieser auf den Rücken fällt. Ponce gerät in Panik und rennt davon, um Hilfe zu holen.

Unterdessen wird Gonzales erneut attackiert. Dabei bemerkt er, daß die Augen des kleinen Wesens im Licht der Scheinwerfer hell glühen. Schließlich gelingt es dem Mann, sich aufzurichten und sein Messer zu ziehen. Als ihn die Gestalt abermals angreift, habe er, so Gonzales später, versucht, ihm das Messer in die Schulter zu stoßen, die Klinge sei aber wie auf Stahl abgeglitten. Gonzales bemerkt auch, daß der Zwerg eine Art Schwimmhaut zwischen den drei Fingern hatte und daß diese in Krallen ausliefen. Die beiden kämpfen immer noch miteinander, da springt ein zweites Wesen aus dem über dem Boden schwebenden Objekt und richtet einen gleißenden Lichtstrahl auf Gonzales. Dieser ist völlig geblendet. Als er wieder sehen kann, steigt das Flug-Objekt steil in die Höhe und verschwindet in der Nacht.

Die Polizei, die zunächst vermutete, die beiden Männer hätten einfach zu viel getrunken, mußte feststellen, daß dem nicht so war. Am nächsten Tag meldete sich ein Zeuge, ein angesehener Arzt aus Caracas, der den Vorfall hatte beobachten können.

Da wir gerade bei kleinen, zwergähnlichen Wesen sind, ist es vielleicht ganz angebracht, in diesem Zusammenhang auch jene Berichte näher zu beleuchten, von denen seit einiger Zeit aus der Umgebung von La Spezia (Italien) berichtet wird. In den letzten zehn Jahren sollen dort nicht weniger als 1 400 UFO-Beobachtungen gemacht worden sein, wobei die meisten allerdings auf die durch die plötzliche Popularität angereizte Phantasie der Einwohner zurückgehen dürften.

Trotzdem liegen uns aus dem Jahr 1976 mehrere Sichtungen vor, die wir als absolut glaubwürdig einstufen können. Am 13. Januar dieses Jahres, abends nach 19.30 Uhr, befindet sich Ermanno Asso, Wächter auf dem Turm des italienischen Fernsprechdienstes auf dem Monte Verugoli, zusammen mit seinem Vater, seiner Schwester und seinem Schwager auf der Straße oberhalb La Spezias. Plötzlich bemerken alle ein seltsames Kribbeln. Stelio Asso, der den Wagen fährt, hält an und die vier Insassen steigen aus. Was dann weiter geschah, darüber berichtete Ermanno Asso später der italienischen Tageszeitung "La Nazione":

Wir wurden unvermittelt von einem eigenartigen Gefühl ergriffen. Der ganze Raum um uns herum befand sich in einem Zustand absoluter Anormalität. Die Luft schien völlig unbeweglich und drückend. Besonders unheimlich wirkte die vollkommene Stille um uns herum, ein um diese Uhrzeit ungewöhnliches Phänomen. Die sonst für diese Zone charakteristischen Laute von hier lebenden Kleintieren und Nachtvögeln und die Geräusche der zu unseren Füßen liegenden Stadt, die sonst immer bis hier heraufklingen, waren nicht zu hören. Es breitete sich eine fast beängstigende Stimmung aus. Aus dieser mir heute seltsam anmutenden Gemütsverfassung heraus beschloß ich, eine Fotografie zu machen. Ich holte jedenfalls meine Kamera aus dem Wagen und steckte einige Blitzlichter ein.

In diesem Moment geschah es. Urplötzlich sahen wir es alle. Das vor uns liegende Gebüsch wogte von raschen Bewegungen. Trotz der Dunkelheit konnten wir einen Moment lang eine leicht gebückte Gestalt erblicken, die mit großer Hast davoneilte. Einen Augenblick lang war ich wie vor Schreck gelähmt. Dann aber drückte ich, ohne genau hinzusehen, auf den Auslöser meiner Kamera. Das unheimliche Wesen aber war ebenso schnell verschwunden, wie es aufgetaucht war.

Obwohl sie nicht wissen, was sie von der ganzen Angelegenheit halten sollen, suchen die vier Zeugen die Umgebung ab - zunächst ohne Erfolg. Sie wollen die Fahrt bereits fortsetzen, als die Gestalt erneut erscheint:

Während wir noch erschrocken hinschauten, sahen wir deutlich, wie sich die Gestalt langsam auflöste. Erst wurden die Füße und dann der ganze Körper unsichtbar; zuletzt auch der Kopf. Wir zitterten vor Erregung. Dann aber faßten wir uns ein Herz und gingen gemeinsam auf die Stelle zu, wo das Wesen auf so mysteriöse Weise verschwunden war. Und dann hörten wir es, leise zwar, aber doch unverkennbar: Regelmäßiges Ein- und Ausatmen. Es war jedoch kein natürliches Atmen, sondern es hörte sich so an, als erfolge das Atmen durch ein Mundstück, vielleicht auch durch einen Schlauch oder durch etwas ähnliches.

Auf dem entwickelten Foto zeigt sich leider nur undeutlich eine dunkle Gestalt vor einem ebenfalls dunklen Hintergrund - kein Beweis, um diese fast unglaubhaft klingende Geschichte für Skeptiker überzeugend zu machen. Zu denken geben aber sollte immerhin, daß sich die Zeugen zunächst nur an die Polizei gewandt hatten. Diese versuchte, den Bericht geheimzuhalten und erst durch die Indiskretion eines Beamten wurde er bekannt. Nur auf Effekthascherei und Publizität bedachte "Kontaktler" hätten zunächst mit Sicherheit die Zeitungen konsultiert.

Dann kommt der Herbst des Jahres 1976. Am 8. September befindet sich eine Gruppe von fünfzehn Geologie-Studenten unter Leitung von Professor Santozzi auf einer Studienexkursion in der Nähe La Spezias. Neben einer alten Ruine haben sie ihre Zelte aufgeschlagen. Professor Santozzi erinnert sich: "Wir waren bester Stimmung. Meine Studenten erbrachten gute Leistungen. Ich kontrollierte die mikroskopischen Beobachtungen und die Tagebucheintragungen jedes einzelnen. Dann beschlossen wir, nicht gleich ins Hotel zu marschieren."

Die Gruppe sitzt noch gemütlich beim Lagerfeuer. Anna Maria Namelli, eine 23jährige Studentin, ist die einzige Frau unter den Teilnehmern. Sie hatte offenbar zu viel gegessen und entschuldigte sich, weil sie sich nicht wohl fühlte. Sie erhob sich, um für einige Minuten durch die alte Burg zu schlendern. Später berichtete sie:

Ich hörte ein Rauschen und unnatürliches Sausen in der Luft. Ich zuckte zusammen und blickte nach oben. Doch ich konnte nichts erkennen. Und dann fiel mir ein bläulicher Lichtschein hinter einer der Mauern auf. Ich trat näher und prallte zurück: Da kam ein Zwerg aus den Ruinen hervor und wandelte an mir vorbei. Ich glaubte, den Verstand verloren zu haben.

Langsam begibt sie sich, zitternd und mit Schweißtropfen auf der Stirn, zum Lagerfeuer zurück. Zuerst will ihr niemand glauben, aber einer der Studenten, Emanuel Sporri, der sie schon längere Zeit kannte, bemerkt, daß sie es ernst meint. Er springt auf und eilt mit ihr davon. Auch die anderen folgen. Der Professor gab später zu:

Ich nahm die Sache natürlich nicht ernst. Und ich hätte sie niemals geglaubt, wenn nicht alle fünfzehn Studenten Zeugen dieser ungewöhnlichen Erscheinung geworden wären. Sie alle sahen den geheimnisvollen Besucher aus einer anderen Welt und verspürten dabei Angst und Grauen.

Unterdessen haben die Studenten die Ruinen erreicht. Auch sie erkennen jetzt das bläuliche Licht. Das Mädchen flüstert: "Dort, seht nur den Schatten. Gleich kommt die Gestalt wieder hinter der Mauer hervor!"

Und tatsächlich! Sekunden später erscheint das zwergenhafte Wesen mit tänzelnden Schritten vor den erschrockenen Studenten. Emanuel Sporri beschrieb den Vorgang so:

Die Situation war äußerst makaber. Das Männlein war etwa 1,20 bis 1,30 Meter groß. Es wirkte grazil und machte schnelle nervöse Bewegungen. Es war mit einem schwarzen, glänzenden Overall bekleidet, der wie eine Plastikmasse wirkte. Über dem dicken, runden Kopf saß eine ebenso schwarze glänzende Haube, in der sich zwei schräge Schlitze befanden, vermutlich Öffnungen für die Augen.

Als die Studenten bereits glauben, der Zwerg würde sich wieder zurückziehen, geschieht etwas noch seltsameres: Das Wesen spreizt die Beine, hebt eines davon und schwebt nur noch auf einem dahin. Und dann greift es mit seinen Händen zum Kopf und nimmt diesen einfach ab.

Verständlicherweise vertragen nicht alle Studenten diesen Anblick. Zwei von ihnen fallen ohnmächtig um, während Emanuel Sporri und einer seiner Freunde, die dem Wesen am nächsten stehen, plötzlich wild mit den Armen zu gestikulieren beginnen und schreien: "Es ist so schrecklich heiß! Ich verglühe!" Sie reißen sich fast alle Kleider vom Leibe, hetzen davon, hinaus auf ein steiles Plateau, von dem sie sich nicht mehr herunterwagen.

Die anderen bleiben stehen und starren das Wesen wie gebannt an. Sie erinnern sich:

Plötzlich löste sich der Zwerg in Luft auf und war verschwunden. Doch jeder von uns hat ihn genau gesehen. Es gab ihn also wirklich.

Später mußten die beiden völlig verängstigten und zitternden Studenten mit einem Hubschrauber von ihrer Zufluchtstelle heruntergeholt werden. In Decken eingehüllt lieferte man sie in ein Krankenhaus ein. Der Schock wirkte noch lange nach. Immer wieder riefen sie, sich die Hände vor das Gesicht haltend:

Er hat sich seinen eigenen Kopf abgerissen. Das war kein Mensch.

Halluzination? Studentenulk? Professor Santozzi ist von der Aufrichtigkeit seiner Studenten überzeugt, obwohl er selber das Wesen nicht gesehen hat. Er wies auf die Angst und das Grauen hin, das sie alle verspürt hatten. Und genau dies ist es, was diese außergewöhnliche Geschichte glaubhaft macht: Die natürliche, nicht vorgetäuschte Angst, die die Studenten noch lange nach ihrem Erlebnis zeigten. Sie beweist besser als alle Bekundungen: Den Zwerg von La Spezia hat es tatsächlich gegeben!

Aufsehen erregte auch jener Vorfall, der sich am zweiten November 1967 gegen 21.30 Uhr abspielte. Die beiden Navajo-Indianer Guy Tossie und Willie Begay befanden sich mit ihrem Wagen auf der Bundesstraße 26 nach Ririe in Idaho (USA).

Da sehen sie ein kleines, kugelförmiges Objekt dicht vor ihnen auf einem Feld niedergehen. Der Motor des Autos schaltet sich automatisch aus - ein nicht seltenes Phänomen bei Sichtungen "Fliegender Objekte".

Die beiden Männer wissen nicht, wie ihnen geschieht. Von dem UFO weisen gleißende Lichtstrahlen zu ihnen herüber. Bei dem leuchtenden Ding öffnet sich eine Art Luke und ein kleines Wesen mit zerfurchtem Gesicht und großen, fast häßlichen Ohren springt heraus und kommt auf den Wagen zu.

Das Wesen springt zur Tür hinauf und öffnet diese. Verängstigt zwängen sich die beiden Männer auf der anderen Seite zusammen. Der Zwerg kommt herein und im gleichen Augenblick setzt sich der Wagen wieder in Bewegung, fährt über das Stoppelfeld genau auf das gelandete UFO zu und hält schließlich zwanzig Meter von der Straße entfernt, ohne daß irgendjemand die Schaltungen bedient hätte.

Tossie hält es nicht länger aus. Er öffnet die Wagentür und läuft zur Straße zurück. Begay hingegen bleibt sitzen und das

Wesen beginnt, ihn mit einer hohen, zirpenden Stimme anzusprechen. Der Mann, zu Tode erschrocken, versucht, einen solchen Laut nachzuahmen, bringt aber nichts zustande.

Ein zweiter UFO-Insasse erscheint, der erste steigt wieder aus und beide gehen zu ihrem Fahrzeug zurück. Die Luke schließt sich, das Objekt verschwindet im Nachthimmel.

Kurz darauf nähert sich ein Auto. Es ist Guy Tossie und der Farmer Willard Hammon, den der Indianer überredet hatte, mitzukommen. Begay sitzt noch immer im Wagen, zitternd und völlig verängstigt. Hammond und die beiden Indianer fahren zur Polizei, um den Vorfall zu melden. Der diensttuende Beamte, Tom Harper, bestätigte, die beiden Männer seien ganz offensichtlich völlig verstört gewesen.

Später wurden noch andere Begleiterscheinungen festgestellt. Einer der sich des Falls angenommenen Polizeibeamten, Sergeant Ricks, stellte fest, daß zur fraglichen Zeit eine in der Nähe weidende Rinderherde wild geworden und Hunde gebellt hätten. Wörtlich sagte er:

Bei Mrs. Mann sind die Tiere durch eine Stahlrohrpforte durchgebrochen und zwei Meilen weit gelaufen. Nachdem man sie zurückgetrieben hatte, brachen sie erneut aus.

Es fanden sich auch weitere Zeugen der UFO-Sichtung, z.B. Mrs. Ealine Quinn. Ricks berichtete an das NICAP:

Mrs. Quinn wohnt etwa sechs Meilen östlich von Ririe. In der Nacht zum 2. November war ihr Kind krank, und kurz vor Mitternacht verließ sie ihr Haus, um von einer Bekannten Medizin zu holen. Da sah sie ein orangefarbenes Licht über dem Tal, etwa zwei Meilen entfernt. Es schien zu rotieren und flog im Zickzack. Zu dieser Zeit wußte sie von dem Erlebnis der Indianer noch nichts. Aber Farbe, Rotation, Zickzackflug und Zeit sind von beiden gleicherweise geschildert worden.

Ein anderer, sehr glaubwürdiger Fall, machte im Jahr 1973 weltweit auf sich aufmerksam. Es ist der 12. Oktober, abends gegen 21 Uhr. Die beiden Werftarbeiter Charles Hickson und Calvin Parker sitzen am Pasgagoula-River und geben sich ihrem Lieblings-

hobby hin: dem Angeln. Was dann plötzlich geschieht,, das wird
den beiden für immer unvergeßlich bleiben. Hickson erinnert sich:

Ich fluchte leise vor mich hin, ich fluchte, weil mir der Köder
verlorengegangen war. Ich lehnte mich zurück, um in meiner
Angelbox nach einem neuen Wurm zu greifen - da sehe ich
über meiner linken Schulter dieses grellblaue Licht, von
oben kommend, auf uns zufliegen. Ich weiß nicht, was das
sein soll, es fliegt schnell, immer tiefer kommend - es hatte
die Form einer dicken Zigarre, eines Zeppelins vielleicht, und
plötzlich war es dicht bei uns.

Das Ding landete nicht etwa, es schwebte vielmehr wie ein
Hubschrauber knapp über dem Boden. Dann ging eine Art
Klappe auf, und heraus schwebten - ja: schwebten drei Gestalten. Das Ding und die Figuren waren vielleicht fünfund-
zwanzig, dreißig Meter von uns entfernt. Beim Niedergehen
hatte das Fahrzeug einen summenden Ton von sich
gegeben. Ich war vor Todesfurcht wie gelähmt und Calvin
fiel einfach in Ohnmacht...

Dann ergriffen die Gestalten den Angler. Hickson fährt fort:

Sie hatten mich an den Armen berührt, aber ich fühlte gar
nichts. Ich schwebte, schwerelos... im Inneren des Dings
schwebte ich weiter. Dann legten mich die Fremden in dem
völlig leeren Raum schwebend in die Luft - wieder völlig
schwerelos. Dann sah ich ein, ja... ein Auge, würde ich
sagen, mit irgendetwas hintendran. Das bewegte sich
langsam über mir, wie mich abtastend, hin und her... ich war
dem Wahnsinn nahe.

Nach etwa einer halben Stunde ist die makabre Prozedur
beendet. Hickson wird wieder hinausgebracht und neben Calvin
gelegt, der gerade, schluchzend und zitternd, zu sich kommt.
Niemand weiß, ob auch er untersucht wurde.

Obwohl am Rande eines Nervenzusammenbruchs, entschließen sich die beiden Männer, zur Polizei zu gehen. Zunächst
glaubt man ihnen nicht, aber als Hickson darauf besteht, einem
Lügendetektortest unterzogen zu werden, bemerken die
Polizisten, daß es sich um keinen Scherz handeln kann. Sie ver-

ständigen die Presse, die das Geschehen am nächsten Tag in ausführlichen Berichten schildert.

Auf diese Weise erfährt auch der Chikagoer Astronom Prof. Allan Hynek (6) von der Angelegenheit. Hynek, ehemals Mitarbeiter der Luftwaffe beim "Projekt Bluebook", hatte sich von diesem abgewandt und leitet seither eine eigene, wissenschaftlich arbeitende Forschungsgruppe. Ohne lange zu überlegen, entschloß er sich, nach Pasgagoula zu fahren und traf bereits am nächsten Tag in dem kleinen Ort ein.

Ebenfalls dort eingetroffen war Prof. James Harder, der sich gleichfalls für die Angelegenheit interessierte und zusammen mit Hynek und dem Schriftsteller Ralph Blum, nahm er zunächst mit dem Sheriff des Ortes Verbindung auf. Fred Diamond, der diesen Posten innehatte, war gewillt, den drei Forschern die Wahrheit zu sagen:

> Beide wollten sich als erstes einem Lügendetektortest unterziehen. Charlie, der war schwer durcheinander. Man sieht nicht leicht einen 45jährigen weinen, wenn nicht was Schlimmes passiert ist. Und Calvin - ich habe den Jungen beten gehört, als er sich allein glaubte. Die Sache hat die beiden mächtig mitgenommen.

Der Sheriff führte den Männern ein Tonband vor, das aufgenommen worden war, während sich Hickson und Parker allein glaubten. Ihren Stimmen nach zu urteilen mußten sie tatsächlich etwas Furchtbares erlebt haben:

> Parker: "Ich muß nach Hause und ins Bett oder zum Arzt oder sonstwas."
>
> Hickson: "So was hab' ich noch nie gesehen. Ich kann's einfach nicht glauben. Kein Mensch glaubt einem das."
>
> Parker: "Meine Arme waren wie erstarrt und ich konnte mich nicht rühren. Als wäre ich auf eine Klapperschlange getreten."
>
> Hickson: "Ich weiß, mein Junge, ich weiß..."

Hickson verließ daraufhin den Raum und Parker war allein:

"Nicht zu glauben, o Gott, es ist schrecklich... Ich weiß, es gibt einen Gott da oben..."

Dann begann er zu beten, und seine Worte wurden unverständlich. Später führte Hickson aus:

Ich muß immer daran denken, was wohl wäre, wenn sie uns mitgenommen hätten. Vielleicht hätte man im Fluß nach uns gebaggert und uns dann vergessen. Ich habe nachts draußen gelegen in den Kämpfen gegen Nordkoreaner und Chinesen und weiß, was Angst ist. Zwanzig Monate und sechzehn Tage im Koreakrieg im Einsatz, aber nie habe ich solche Angst gesehen wie in Calvins Gesicht.

Ein Angestellter der Firma, bei der die beiden Männer arbeiten, gab auf einer wenige Tage nach dem Vorfall stattgefundenen Pressekonferenz Calvin Parker und Charles Hickson recht:

Es sind einfache Burschen vom Lande. Keiner von beiden hätte die Phantasie, so eine Geschichte auszubrüten, oder die Nerven, entsprechend aufzutreten.

Hickson wurde am 30. Oktober tatsächlich einem Lügendetektortest unterzogen. Scott Glasgow, der das Gerät bediente, faßte das Ergebnis wie folgt zusammen.

Hickson hat die Wahrheit gesagt, als er behauptete, er habe erstens seiner Ansicht nach ein Raumschiff gesehen, er sei zweitens seiner Ansicht nach an Bord dieses Raumschiffes gebracht worden und er habe drittens seiner Ansicht nach drei Lebewesen aus dem All gesehen.

Obwohl die beiden Männer diese Wesen mit großen Ohren, grauer Haut und klauenartigen Händen beschrieben hatten, hegten Hynek und Harder jetzt keine Zweifel mehr. Harder, der Hickson zusätzlich noch in einer Hypnose-Rückversetzung untersucht hatte, teilte mit:

Was die beiden Männer erlebt haben, haben sie erlebt. Es ist so gut wie unmöglich, in der Hypnose ein derart starkes Angstgefühl vorzutäuschen. Ich muß daraus schließen, daß wir es hier mit einem außerirdischen Phänomen zu tun haben. Das ist, was mich angeht, über jeden Zweifel erhaben.

Und Hynek fügte ergänzend hinzu:

Ich hege nicht den geringsten Zweifel, daß diese Männer ein sehr wirkliches, schreckliches Erlebnis hinter sich haben... Woher sie (die fremden Lebewesen, Anmerk. d. Verf.) kommen und warum sie hier waren, ist eine Sache für Mutmaßungen, aber die Tatsache, daß sie auf diesem Planeten waren, steht über jedem vernünftigen Zweifel. Unter keinen Umständen sollten die beiden Männer lächerlich gemacht werden.

Daß dies dennoch (u.a. im Zweiten Deutschen Fernsehen) geschah, zeugt von der Intoleranz, die man besonders hier in Europa und speziell in Deutschland derartigen Dingen gegenüber noch immer zeigt. In den Vereinigten Staaten sieht man solche Vorfälle in der Öffentlichkeit inzwischen mit wesentlich objektiveren Augen an. Hickson wurde sogar die Gelegenheit gegeben, sich im Fernsehen offen zu seinem Erlebnis zu bekennen und fast alle waren von seiner Aufrichtigkeit überzeugt. Hier wäre ein solcher Vorgang undenkbar, ganz einfach, weil an den entsprechenden Stellen der Abteilung "Wissenschaftsinformationen" Redakteure sitzen, denen die Aufrechterhaltung ihres mühsam zusammengebastelten Weltbildes über alles geht und die auch nicht stört, daß sich der damals 19jährige Parker noch immer in ärztlicher Behandlung befindet, weil er das Erlebnis von 1973 nicht überwunden hat. Ein Scharlatan, über den man sich lustig machen sollte? Wohl kaum.

Ähnlich verhält es sich auch in einem anderen Fall, der versucht wurde, ins Lächerliche zu ziehen, obwohl dazu nicht der geringste Anlaß besteht. Aber auch er hatte in gewisser Weise ein Vorspiel, ähnlich, wie wir es bereits aus dem La-Spezia-Fall kennen.

Ende September 1974 werden auf der kleinen Canaren-Insel "El Hierro" mehrfach von verschiedenen Zeugen "Fliegende Untertassen" beobachtet. Oberhalb des Tales von "Valle de Golfo" sehen zwei Insassen eines Personenwagens eine kreisrunde Scheibe, die in hellem Licht strahlt und unterhalb der Wolkendecke am Himmel "hängt". Das UFO bewegt sich schließlich völlig lautlos in Richtung der Nachbarinsel La Gomera. Über der Wasseroberfläche verharrt es für einige Zeit, um dann mit unglaublicher Geschwindigkeit im Himmel zu verschwinden. - Am nächsten Morgen beobachten vier junge Männer beim Baden im Meer offenbar das selbe Objekt.

Plötzlich sahen wir über uns eine große runde Scheibe am Himmel stehen, die sich langsam nach unten senkte.

Die Männer geraten in Panik und verlassen fluchtartig den Strand. Sie können noch beobachten, wie sich das UFO ebenfalls mit enormer Geschwindigkeit nach Norden entfernt.

Zwei Jahre vergehen, nichts geschieht. Dann kommt der 22. Juni 1976, ein Tag, den man auf Gran Canaria sicherlich nicht mehr vergessen wird. Es ist gegen 20 Uhr, als der Astronom Balayo vom Astronomischen Observatorium in Izana etwas seltsames entdeckt:

Es waren zwei Flugkörper, die wie ein Komet von der Insel Gomera her angeflogen kamen. Ich bin 16 Jahre im Observatorium und habe so etwas noch nie gesehen; ich dachte zuerst, ein riesiger Meteor sei ins Meer gefallen.

Um 21.50 Uhr klingelt bei dem in Guia wohnenden Taxifahrer Paco Estéves Garcia das Telefon. Am Apparat ist der in der Gegend besonders geschätzte Arzt Dr. Julio Padron y Leon. Er besitzt keinen anderen Wagen und bittet Garcia, ihn noch zu einem Krankenbesuch nach El Hornillo zu fahren. Acht Minuten später treten beide die Fahrt an. Um den Ort zu erreichen, müssen sie in einen kleinen Feldweg einbiegen. Und damit beginnt für sie das Abenteuer ihres Lebens.

In der deutschen Boullevard-Presse erschien eine Menge darüber, was sich damals ereignet haben soll. Die Berichte bezogen sich vor allem auf die Aussagen des Taxifahrers, der allerdings ein wenig übertrieben haben dürfte. Nach langem Zureden fand sich später allerdings auch der Arzt bereit, den Reportern der spanischen Zeitung "La Provinzia" ein Interview zu geben. Und was er zu berichten weiß, ist noch immer so phantastisch, daß dieses Erlebnis wohl trotz aller Übertreibungen und Gerüchte, die später in Umlauf gebracht wurden, zu den markantesten Begegnungen mit Wesen aus einer anderen Welt zählt.

Hinter einer Straßenkurve, vielleicht sechzig Meter von ihnen entfernt, entdecken sie etwas für sie völlig Fremdartiges: Ein großes, graublaues Licht ausstrahlendes "Etwas", in der Form einem überdimensionalen Kompaß nicht unähnlich.

Beim Näherkommen schätzen sie das Objekt auf die Größe eines dreistöckigen Hauses. Oben befindet sich eine Glaskuppel, denn sie können die Sterne hindurchschimmern sehen. Und im Innenraum: Zwei seltsame Gestalten, hoch gewachsen und mit etwas glänzend Rotem bekleidet. Sie scheinen keine Finger zu haben, eher Flossen, mit denen sie Hebel vor sich bedienen. Auf dem Kopf tragen sie Helme.

Beiden Männern läuft es bei diesem Anblick kalt über den Rücken und der Taxifahrer beginnt zu zittern. Sie registrieren, daß ihr Radio verstummt ist und daß bei dem gelandeten Objekt etwas wie ein Rohr herausgefahren wird, dem blaues Gas entströmt. Beide halten es jetzt nicht mehr aus und fahren, so schnell es ihnen in dieser Situation möglich ist, dem nächsten Haus zu. Dort erfahren sie, daß auch die Fernsehempfänger ausgefallen sind.

Zusammen mit den Bewohnern des Hauses und anliegender Gehöfte beobachten sie, wie das Objekt immer größer zu werden scheint und sich, zunächst langsam, dann aber schneller werdend, vom Boden erhebt und in Richtung Teneriffa davonschießt. Interessant in diesem Zusammenhang wie gesagt die Beobachtung des Phänomens auch durch andere Zeugen. José Luiz Diaz Mendoza ist einer von jenen, die sich mit Namensnennung zu einer öffentlichen Erklärung bereitfanden.

Es war groß und rund, zirka zwanzig Meter hoch, völlig bewegungslos. Im Inneren erkannte man zwei Gestalten von roter Farbe, das Äußere des Objektes war grau. Eine Viertelstunde lang blieb das UFO in Ruheposition. Dann ging es langsam in die Höhe.

Insgesamt waren es etwa sechzig bis siebzig Menschen, die an diesem Abend das UFO und seine Insassen gesehen hatten. Einer von ihnen ist der Arbeiter Claudio Ramos:

Ich habe kurz nach zehn Uhr nachts etwas bemerkt. Ich saß gerade beim Fernsehen, als das Bild ganz schlecht wurde; man sah alles doppelt, und ich brachte kein vernünftiges Bild mehr zustande. Meine Frau war gerade dabei, für meinen Schwager ein Eßpaket herzurichten. Plötzlich hörte ich sie schreien. Dann erklärte sie mir, sie hätte in der Nähe unseres Hauses etwas Seltsames gesehen. Wir gingen hinaus, gerade in dem Moment, als dieses Etwas seinen Standort wechselte.

Ich möchte es gerne noch einmal sehen, dann würde ich mehr auf Details achten. Die zwei Figuren waren von einem leuchtenden Rot und sahen aus, als wären es Menschen.

Unter den Zeugen befand sich auch ein Deutscher, Wolfgang Eberlein, Redakteur bei den "Badischen Neuesten Nachrichten", der gerade Urlaub auf Gran Canaria machte:

Eine Scheibe erhob sich vom Meer - und Wassersäulen stiegen auf. Etwa zehn Minuten schwebte die leuchtende Scheibe über dem Wasser, rotierte um die eigene Achse und stieg dann plötzlich steil hoch. Danach brach der Meeresstrudel in sich zusammen.

Neben den Aussagen der zahlreichen Beobachter, die in dieser Übereinstimmung unmöglich abgesprochen und über einen derart langen Zeitraum hinweg aufrecht erhalten worden sein können, gibt es noch einen handfesten Beweis. Als der Landwirt José Gil Gonzáles am nächsten Morgen das Feld betrat, auf dem in der Nacht zuvor das Objekt niedergegangen war, glaubte er, seinen Augen nicht trauen zu dürfen: Das Zwiebelfeld war auf einer kreisförmigen Fläche von 30 Metern Durchmesser völlig verwüstet, die Pflanzen niedergewalzt und verbrannt, am Rand des Kreises fand sich eine weiß-graue Substanz. Der Landwirt:

Ich kann mir nicht erklären, was in der Nacht geschehen ist. Ich kann nur sagen, daß es sich um etwas völlig Unbekanntes handeln muß. Ich habe die Zwiebeln gestern gegossen, und heute finde ich diesen Kreis völlig zerstört vor; wie man sehen kann, ist der Rest des Feldes in bestem Zustand... bei demselben Klima... Das kann ich mit Sicherheit sagen, daß das, was Sie hier sehen, Verbrennungen der Pflanzen sind, als ob etwas sehr Heißes in ihre Nähe gekommen wäre.

Landete am 22. Juni 1976 ein Raumschiff von einem fernen Planeten auf Gran Canaria? Es gibt zuviele Hinweise für die Richtigkeit diese Annahme, als daß man darauf noch mit einem "Nein" antworten könnte. Die Übereinstimmung der zahlreichen Zeugen, das Auffinden von Landespuren, all das macht diese UFO-Sichtung zu einem geradezu klassischen Fall.

Auch das folgende Ereignis dürfte in diese Kategorie einzuordnen sein. Es ist der 10. November 1975. Die sieben Waldarbeiter Dwayne Smith, Mike Rogers, John Goulette, Steve Pierce, Alan Dalis, Kenneth Peterson und Travis Walton sind auf der Heimfahrt. Alle nicht älter als 25 Jahre, haben sie bis zum Einbruch der Dämmerung im Naturschutzpark des Appalachengebirges (USA) gearbeitet. Sie sind etwa 12 Meilen von der kleinen Stadt Heber entfernt, als ihnen die Straße von einem großen leuchtenden Objekt versperrt wird. Smith erinnert sich:

> Das UFO war glänzend und strahlte ein gelbliches, oranges Licht aus. Wir beobachteten es etwa fünf Sekunden, völlig geschockt, wie wir waren. Dann sprang Travis aus dem Wagen und begann, auf die Untertasse loszugehen. "Komm zurück, du Idiot", riefen wir alle, aber er achtete nicht darauf.

> Er ging ganz nahe an das Objekt heran - dann kam plötzlich ein blauer Strahl von der Untertasse heruntergeschossen und im gleichen Moment verschwand er! Mike Rogers, der den Wagen fuhr, schrie: "Mach die Tür zu", startete den Wagen und fuhr zurück.

> Als wir nach einer Weile bemerkten, daß uns die Untertasse nicht folgte, stoppte Mike den Wagen wieder und wir sprangen alle hinaus. Wir rannten herum, schrien und riefen nach irgendjemand anderem. Die Angst schnürte uns fast die Kehle zu. Dann sahen wir drüben hinter den Bäumen ein Licht und wußten, daß die Untertasse verschwunden war. Wir fuhren zurück zu dem Punkt, an dem die Untertasse gestanden hatte, aber Travis war verschwunden. Er befand sich noch in dem Objekt, daran besteht kein Zweifel.

Die Männer entschließen sich, den Vorfall der Polizei zu melden. Zunächst will auch ihnen niemand glauben, aber dann beantragen sie ebenfalls einen Lügendetektortest. - Das Ergebnis

237

ist für alle verblüffend: Keiner der Zeugen hatte gelogen und lediglich bei Steve Pierce, mit 17 Jahren der Jüngste, erhält man keine Resultate, da er völlig fertig und übernervös ist.

Es vergehen fünf Tage, nichts geschieht. Dann, am 15. November, taucht Travis Walton wieder auf. Unter Hypnose, die abermals Dr. James Harder (er arbeitete bereits am Pasgagoula-Fall mit) durchführt und der als Zeugen die Physiker Dr. Robert Gandelin, Dr. Joseph Saltz und Dr. Howard Kandell, sowie der Psychologe Dr. Jean Rosenbaum teilnehmen, berichtet Walton, was mit ihm an diesen fünf Tagen geschehen ist:

> Als ich erwachte, blendete mich ein starkes Licht und ich hatte zunächst Mühe, es anzufixieren. Mich ergriff Angst, denn ich fühlte einen furchtbaren Schmerz in meinem Kopf.
>
> Dann klärten sich meine Gedanken ein wenig und ich dachte, ich läge in einem Krankenhaus. Ich lag auf einem Bett und drei Gestalten beugten sich zu mir herunter.
>
> Dann wurde mir unheimlich. Diese Gestalten waren nicht menschlich! Sie schauten zu mir herunter und sahen aus wie weiterentwickelte Fötusse. Sie waren etwa fünf Fuß (zirka 1,50 Meter, Anmerk.d.Verf.) groß und trugen dicht-anliegende dunkelbraune Kleidung. Ihre Haut war weiß, ähnlich manchen Pilzen, und sie hatten keine klaren Gesichtszüge. Sie gaben auch keinen Ton von sich.
>
> Ihr Gesicht hatte keine Farbe und sie besaßen keine Haare. Ihre Stirnen waren hochgezogen und ihre Augen sehr groß. Sie hatten lange Finger - aber keine Fingernägel.
>
> Ich geriet in Panik und sprang auf. Dabei schleuderte ich ein durchsichtiges Plastik-Brett, das auf meiner Brust lag, zu Boden. Ich griff nach einer ebenfalls durchsichtigen Tube, um sie als Waffe zu gebrauchen. Ich versuchte, sie auseinanderzubrechen, aber es gelang mir nicht.

Dann muß es erneut schwarz um Travis Walton geworden sein und als er erwachte, lag er auf dem Pflaster einer Straße, etwa eine Viertel Meile von Heber entfernt.

Dr. Harder, der Walton insgesamt acht Stunden "verhörte", war sich danach sicher, daß der junge Mann die Wahrheit sagte. Er wies auch darauf hin, daß Walton nach seinem Auftauchen stark an Gewicht verloren hatte, so als sei er dehydriert, also "entwässert" worden. Auch aus den Ergebnissen einer Urin-Untersuchung ging hervor, daß Travis unmöglich fünf Tage nur durch den Wald gestolpert sein konnte. Dr. Howard Kandell, einer der untersuchenden Physiker, fügte hinzu:

> Und schließlich war da noch eine kleine Punktur, eine kleine Wunde an der Innenseite seines rechten Armes - genau die Art, wie man sie nach einer Blutentnahme vorfindet. Walton aber behauptete, daß ihn niemand mit einer Nadel in den Arm gestochen habe. Das ganze ist für mich sehr verwirrend.

Ein ähnlicher Fall, für die Beteiligten noch unangenehmer, ereignete sich im Januar 1976. Die drei Frauen Elaine Thomas, Mona Stafford und Louise Smith fuhren auf einer Landstraße in Kentucky (USA), als sie plötzlich ein riesiges Flug-Objekt über sich sahen. Das nächste, an das sie sich erinnern konnten, war, daß sie 29 Meilen von zu Hause entfernt, nahe Houstenville, wieder zu sich kamen, nachdem sie etwa, wie sich herausstellte, 80 Minuten lang ohne Besinnung gewesen sein müssen.

Die drei Frauen wandten sich an das MUFON (Mutual UFO Network), einer ebenfalls auf sehr wissenschaftlicher Basis arbeitenden Organisation, die auch in vielen anderen Ländern Sektionen unterhält (7). Der Psychiater Dr. R. Sprinkle wurde gebeten, eine Hypnose-Rückführung vorzunehmen, und zwar bei allen drei Frauen getrennt, so daß sich eventuelle Absprachen schnell herausstellen sollten. Die Ergebnisse jedoch stimmten überein. Unter Hypnose beschrieben sie das riesige Flug-Objekt:

> Es war groß wie ein Fußballfeld, mit einem leuchtenden weißen Dom über dem grauen metallischen Körper, um die Mitte rote Lichter und unten drei oder vier rote und gelbe Lichter.

Das Objekt habe lange Zeit einfach über ihnen in der Luft geschwebt, dann hätte plötzlich der Motor ausgesetzt und das Auto sei wie von selbst weitergefahren. Dann habe man es gestoppt, die Frauen aus dem Wagen geholt und in eine seltsame Kammer gebracht. Hier traten ihnen "dunkle Figuren, schlank, etwa vier Fuß hoch", entgegen. Man unterzog sie einer zum Teil schmerzhaften Untersuchung. Die Frauen schrien, als ihnen ein Instrument gegen die Brust gedrückt und ein seltsamer Ring um den Hals gelegt wurde. Tatsächlich haben sie eine seltsame Verbrennung von wenigen Zentimetern an ihrem Nacken. Noch in der Hypnose-Sitzung weinten und schrien sie, als würde die Untersuchung fortgeführt. Leo Springfield, der Vertreter der MUFON bei der Sitzung, bestätigte hinterher:

Dies ist einer der überzeugendsten UFO-Fälle.

Die bisher hier aufgeführten Vorkommnisse sind, jeder für sich, bereits aussagekräftig genug, um das Vorhandensein nichtirdischer Raumschiffe auf und über unserem Planeten zu bezeugen. Es gibt aber noch einen Fall, der sie alle in den Schatten stellt und der hier zum Schluß behandelt werden soll.

Eine Karte wird zum Beweis: Besuch von Zeta Reticuli

Es geschieht am 19. September 1961. Das amerikanische Ehepaar Barney und Betty Hill befindet sich auf der US-R-Route. Beide haben einen erholsamen Ski-Urlaub in Kanada verbracht und sind nun, es ist bereits Nacht, auf der Rückfahrt. Der Mond scheint hell vom sternenklaren Himmel. Da erregt ein funkelnd strahlender Lichtpunkt die Aufmerksamkeit der beiden. Betty Hill weiß sich zu erinnern:

Es war ein großes, mitunter blendendes Licht, das über dem Bergkamm links von uns erschien. Es flog parallel zu uns, verließ dann aber plötzlich die Berge und setzte sich vor uns, dann landete es - nachdem es fast fünf Kilometer neben uns her geflogen war - etwa einen Kilometer direkt vor uns auf der Straße.

Barney Hill, ein unerschrockener Mann, hält den Wagen an, nimmt den Feldstecher und steigt aus. Was er sieht, ist so haarsträubend, daß er zunächst nicht weiß, ob er träumt oder nicht. Im Fernglas erscheint der Lichtpunkt als große Scheibe (sie wird später auf etwa zwanzig Meter im Durchmesser geschätzt) mit Fenstern - und dahinter: menschenähnliche Gestalten.

Barney flüchtet ins Auto zurück. "Mein Gott", keucht er, "die schnappen uns. Die wollen uns haben, bloß weg hier." Er startet das Auto und biegt in einen Seitenweg ein. Aber er kommt nicht weit. Plötzlich verstummt der Motor, die Scheinwerfer gehen aus und keine zehn Meter von ihnen entfernt stehen fünf menschenähnliche Wesen, die sie offenbar bereits erwarten.

Was oberflächlich betrachtet vielleicht wie eine Szene aus einem Science-Fiction Film mit Horror-Elementen erscheinen mag, wird für Betty und Barney Hill zur grauenhaften Wirklichkeit: Jede Möglichkeit einer Gegenwehr ist ihnen genommen. Gedanken und Bewegungen scheinen von den Fremden kontrolliert und beeinflußt zu werden, willenlos fügen sie sich ihren Anordnungen.

Zwei Stunden danach finden sich die Hills rund fünfzig Kilometer vom Ort des Geschehens entfernt wieder. Das letzte, an das sie sich zu erinnern vermögen, ist die Landung des "Blauen Sterns". Dann besteht eine Lücke von zwei Stunden, von denen sie nicht wissen, was sich abgespielt hat. Aber sie sind sich sicher: Irgendetwas Phantastisches, Außergewöhnliches und Beängstigendes muß geschehen sein, etwas, das ihnen kein Mensch glauben würde.

Zwei Jahre vergehen. Die Hills leiden noch immer unter dem Vorfall. Nachts schrecken sie oft auf, eine unerklärliche Furcht beeinträchtigt ihren ganzen Tagesablauf. Schließlich, als sich bei Barney Hill Magengeschwüre einstellen, die sein Hausarzt als auf psychische Belastung zurückgehend diagnostiziert, vertrauen sie sich endlich einem Psychiater an.

Dieser erkennt sehr schnell, um was für einen ungewöhnlichen, fast unglaublichen Fall es sich handelt und verständigt den auf Hypnose-Behandlung spezialisierten Kollegen Dr. Benjamin Simon. In ebenfalls getrennten Hypnose-Rückführungen erfährt Dr. Simon eine Vielzahl von Details, die seiner Meinung nach unmöglich nur abgesprochen sein können. Er, bisher Skeptiker in Sachen UFOs, ändert seine Meinung.

Denn was Betty und Barney Hill unter Hypnose vollkommen deckungsgleich berichten, ist so realistisch, daß der Arzt nicht umhin kann als zu bestätigen, daß beide in der Tat in ein außerirdisches Weltraumschiff geleitet worden sein müssen.

Bisher sind nur Teile aus den aufgenommenen Tonbandprotokollen dieser Sitzungen bekannt geworden. Warum, erklärte Prof. Dr. Allan Hynek, der wie Harder auch den Pasgagoula-Fall bearbeitete:

> Ich kenne die Bänder, sie haben historischen Wert. Aber sie sind so außergewöhnlich, so beängstigend, daß sie vorläufig nicht für die Öffentlichkeit freigegeben werden sollen. Was der Film "Der Exorzist" zeigt, ist dagegen harmlos.

Teile jedoch sind veröffentlicht worden. Demnach sind Betty und Barney Hill, nachdem sie das Raumschiff betreten hatten, in getrennte Räume geführt worden. Man führte Betty ein Serum in den Bauchnabel ein, entnahm Fingernägel und Hautproben. Auch andere "Versuche" sollen angestellt worden sein, aber sie unterliegen der Geheimhaltung. Mister Hill wurde das Gebiß (er besitzt keine natürlichen Zähne mehr) herausgenommen und analysiert. Dasselbe versuchte man auch bei Betty. Ein Erfolg blieb jedoch aus, da sie noch ihre eigenen Zähne besitzt.

Das Aussehen der Fremden beschreibt Mrs. Hill so:

> Diese Kreaturen waren etwas kleiner als wir, etwa 1,50 Meter groß. Ihre Augen waren viel größer als unsere, sie hatten nur eine angedeutete Nase, ihre Haut war grau.

Und ihr Mann fügt hinzu:

> Sie bewegten den Mund, wenn sie sprachen. Die Wörter waren unverständlich - aber doch begriff ich, was gesagt wurde. Es klang nicht englisch, einfach Töne waren das. Aber ich wußte, was sie wollten und sagten. Wie was vor sich ging, weiß ich nicht.

Dann, nach etwa zwei Stunden, führt man die Hills wieder zum Ausgang. "Aber bevor wir das Raumschiff verlassen durften", wußte sich Betty noch gut zu erinnern, "zeigte mir der Führer der Mannschaft noch eine Sternenkarte. Er wollte wissen, wo unsere Erde auf dieser Karte zu finden sei. Ich konnte es ihm nicht zeigen."

Der ganze Bericht, das ist zuzugestehen, hätte bis hierhin noch immer erfunden sein können. Kritiker vermuteten, die Hills hätten sich vielleicht in einer Art Psychose so in ein erdachtes Geschehen hineinversetzt, daß sie auch in der Hypnose von dessen Echtheit überzeugt waren. Das klingt zwar nicht sehr wahrscheinlich, möglich aber zumindest wäre es gewesen. Aber schon damals betonte Professor Hynek:

> Wiederholte Anwendungen von Hypnose bei den Hills, völlig unabhängig voneinander, geben ein anschauliches Bild von dem rätselhaften Ereignis, obwohl jeder der beiden Ehepartner erst sehr viel später von den Tonbandaufnahmen der Aussage des anderen Kenntnis erhielt. Ihre Aussagen stimmten darin überein, daß sie getrennt an Bord des Raumschiffs geführt worden waren - in einer Art, wie Menschen bestimmte Tiere bei Experimenten behandeln - und mit dem hypnotischen Befehl entlassen wurden, ihr Erlebnis an Bord des Schiffes und den gesamten Zwischenfall zu vergessen. Diese Methodik war jedenfalls für die Tatsache ihres temporären Gedächtnisverlustes verantwortlich, der erst nach der Anwendung der 'Gegenhypnose' aufgehoben werden konnte.

Auch der amerikanische Kernphysiker Stanton T. Friedman, der bei vielen der Hypnose-Rückführungen zugegen war, kommt zu einem ähnlichen Schluß wie Hynek:

> Niemand, der die beiden kennt, kann im Ernst behaupten, daß sie verrückt oder geistesgestört sein könnten.

Bis zum Jahr 1969 dauert der Streit um die Glaubwürdigkeit der Hypnose-Protokolle an, bis sich die aus Ohio stammende Lehrerin und Amateur-Astronomin Marjorie Fish des Falles anzunehmen beginnt. Sie beschäftigt sich vor allem mit der unter Hypnose nachgezeichneten Sternkarte. Lange, intensive und ausführliche Gespräche mit Betty Hill ergeben, daß die Karte dreidimensional, etwa sechzig mal neunzig cm groß war und die Frau zirka einen Meter von ihr entfernt gestanden hatte. Zahlreiche Sterne seien auf dieser Karte zu sehen gewesen, deutlich erinnern konnte sie sich aber nur noch an jene, die durch verschieden starke Linien gekennzeichnet und miteinander verbunden waren. Marjorie Fish vermutete bereits zu Beginn ihrer Untersuchung, daß diese Linien auf den Heimatstern der fremden Besucher hinweisen könnten.

Mrs. Fish begab sich an eine über fünfjährige, schwierige Arbeit. Als hinderlich erwies sich zum einen die Tatsache, daß die Karte nicht von der Erde, sondern von irgendeinem Stern in den Tiefen des Alls aus aufgenommen worden war, zum anderen die ursprüngliche Dreidimensionalität des Bildes. Von Bedeutung dagegen waren die eingezeichneten Linien. Nach den Worten der Fremden stellten die durch mehrfache Verbindungslinien gekennzeichneten Routen Handelsstrecken dar, die einfachen Linien Routen zu Sternen, die von Zeit zu Zeit besucht würden und die gestrichelten Strecken seien Expeditionslinien.

Nach einer mühsamen Arbeit publizierte Marjorie Fish schließlich ihren Rekonstruktionsvorschlag. In ihrem Modell hatte sie die Sterne "Alpha Mensae", "Sirius", "82 Eridiani", "Tau Ceti" und "Zeta Reticuli" als Basiswelt identifizieren können. Aber auch unsere Sonne konnte gefunden werden - ein Stern und Millionen.

Verständlicherweise löste das Modell in den USA eine nicht geringe Aufregung aus. Aber Dr. Walter Mitchell, Professor für Astronomie an der Ohio-State-Universität in Columbus, pflichtete Mrs. Fish bei:

Je mehr ich mich dieser Sache annehme, desto mehr bin ich von den astronomischen Kenntnissen der Marjorie Fish beeindruckt.

Auch Prof. Saunders von der Universität Chicago hält das Modell für annehmbar. Und Mark Steggert (Universität Pittsburgh), überprüfte die Rekonstruktion mit Hilfe eines für die Raumfahrt entwickelten Computerprogramms. Sein Resümee:

Zu meiner großen Überraschung stellte sich heraus, daß das Modell unseres Computers eine große Ähnlichkeit mit den Daten der Mrs. Marjorie Fish aufweist. Ich konnte potentielle Abweichungen feststellen (diese sind auf die Ungenauigkeit unserer eigenen Sternatlanten zurückzuführen), aber keine wirklichen Fehler.

Dr. Frank B. Salisbury von der Universität Utah stimmte nach einer eigenen Überprüfung ebenfalls zu:

Die Karte der Sternkonstellationen von Marjorie Fish hat bemerkenswerte Übereinstimmungen mit der von Betty Hill unter Hypnose gezeichneten Karte. Die Übereinstimmung zwingt dazu, den Hill-Bericht ernstzunehmen.

Die in den USA erscheinende Fachzeitschrift "Astronomy" berichtete im Frühjahr 1977 in einer Sonderausgabe unter dem Titel "The Zeta-Reticuli-Incident" (Der Zeta-Reticuli-Zwischenfall) über einen in diesem Zusammenhang merkwürdigen Zufall: Das offizielle amerikanische OZMA-Projekt hatte es sich zum Ziel gesetzt, mit Hilfe riesiger Radioantennen Botschaften von der Erde ins All zu senden. Bevorzugte Sterne damals - Epsilon Eridiani und Tau Ceti, zwei Sonnen, die auch in der Hill-Karte verzeichnet sind. 1960 hatte man in Amerika mit dem Projekt begonnen, der Hill-Zwischenfall ereignete sich ein Jahr danach. Hatte man die Botschaft von der Erde auf einem der Flüge zwischen den Sternen unseres Bereichs empfangen und war man gekommen, um nachzuschauen, wer da derartig merkwürdige Sendungen in den Weltraum schickte?

Es ist kein Wunder, wenn sich aufgrund solcher beweiskräftiger Fälle Wissenschaftler aus allen Teilen der Welt dazu bekennen, daß Raumschiffe von anderen Planeten zur Erde kommen oder diese Möglichkeit zumindest nicht mehr ausschließen. Über das starke persönliche Engagement der beiden US-Forscher Prof. Hynek und Dr. Harder wurde bereits berichtet. Zum Abschluß dieses Kapitels wollen wir daher noch eine Reihe weiterer Experten, teils Wissenschaftler, teils Militärs, die im Auftrag der Regierung Untersuchungen durchgeführt haben oder daran beteiligt waren, zu Wort kommen lassen.

Einer dieser hohen Militärpersonen war Luftmarschall Lord Dowking, Oberbefehlshaber der Königlichen Luftwaffe von Großbritannien im Zweiten Weltkrieg, der im August 1953 bekannte:

Natürlich sind die "Fliegenden Untertassen" eine Realität und interplanetarischer Herkunft dazu.

Dieser Meinung war auch Konteradmiral Delmar Fahrney von der US-Marine, der in einem Brief an das NICAP im Jahr 1956 bestätigte:

Nicht identifizierte Fliegende Objekte treten mit sehr hoher Geschwindigkeit in unsere Atmosphäre ein und stehen offensichtlich unter intelligenter Kontrolle. Dieses Rätsel müssen wir unverzüglich lösen.

In einem weiteren Brief an das NICAP vom September 1965 gab auch Korvettenkapitän O.R. Pagini, Sonderbeauftragter der argentinischen Marine, die reale Existenz der UFOs zu:

> Daß eines unserer Schiffe bei der Punta Mendoza durch ein UFO Störungen durch Interferenz erlitt, ist nur einer von 15 gleichen Fällen in der Argentinischen Marine seit 1963.

In der Sowjetunion ist es nicht nur Dr. Felix Ziegel, der sich intensiv mit dem Problem der UFOs befaßt. Auch das dortige Militär beschäftigt sich mit dieser Frage. Luftwaffengeneral Anatoli Stoljarow, der einer im Jahr 1967 gegründeten halboffiziellen Regierungsstelle für UFO-Forschung vorstand, erklärte laut "UFO-Investigator" vom März 1968:

> Immerhin kann man annehmen, daß die "Fliegenden Teller" keineswegs ein Erzeugnis der Massenpsychose sind, sondern ein wirklich bestehendes "unerforschtes Phänomen".

Der bereits verstorbene deutsche Raketenforscher Prof. Eugen Sänger schrieb in den fünfziger Jahren unter dem Titel "Wir hoffen auf die Begegnung mit außerirdischen Wesen" u.a.:

> Wir stehen hinsichtlich der interplanetarischen Raketenversuche vor allergrößten Überraschungen. Eine von ihnen wird sein, daß unsere irdische Wissenschaft nicht die Priorität für sich in Anspruch nehmen darf, über alles unterrichtet zu sein, was im Kosmos vorgeht, exakt unterrichtet zu sein. Es gibt wirklich Dinge zwischen Himmel und Erde, von denen sich unsere Schulweisheit nichts träumen läßt.

Ein anderer deutscher Raketenexperte, Dr. Walter Riedel, wurde noch deutlicher. In einem Interview mit der amerikanischen Zeitschrift "Life" vom 4.7.1962 sagte er:

> Ich bin überzeugt, daß die "Untertassen" ihre Basis im Weltraum haben.

In einem anderen Zeitungsinterview der deutschen "UFO-Nachrichten" (8) bestätigte der Präsident des argentinischen

Forschungszentrums für Raumfahrtphänomene, der Ingenieur William Callocay:

> Wir sind fest davon überzeugt, daß es sich allem Anschein nach bei den UFO-Sichtungen um bemannte Flugschiffe aus anderen Welten handelt. Das Forschungszentrum hat erwiesene Gründe, um diese Meldung zu äußern! Das Forschungszentrum ist eine von der argentinischen Luft- und Marine-Waffe, aber auch von einer großen Anzahl nord-amerikanischer Forschungsinstitute anerkannte Organisation.

Professor Frank Halstead, Kurator des Observatoriums der Universität von Minnesota, erklärte im Jahr 1966:

> Ich glaube, daß wir Besucher aus dem Weltraum gehabt haben und wir im Weltraum nicht allein sind. Jahrelang habe ich diese Dinge mit vielen meiner Kollegen diskutiert, und fast ohne Ausnahme stimmten sie mit mir überein.

Ein weiterer, sehr bekannter Astronom, der Direktor der Britischen Astronomischen Gesellschaft auf dem Mondsektor und Mitglied der französischen astronomischen Gesellschaft, Prof. Sir Harold Percy Wilkins, schreibt:

> Eine Sache ist sicher: Wenn die UFOs aus festem Material bestehen und fähig sind, sich nach eigenem Willen zu bewegen, und zwar mit jeder Geschwindigkeit und nach jeder Richtung, dann müssen sie konstruiert, geleitet und kontrolliert sein von Intelligenzen, die den menschlichen überlegen sind.

Prof. Gabriel Alvial vom Cerro-Calan-Observatorium (Chile) versicherte laut Reuter-Bericht vom 26.8.1965:

> Es ist wissenschaftlich bewiesen, daß seltsame Objekte unsere Erde umkreisen. Es ist beklagenswert, daß Regierungen einen Schleier der Geheimhaltung um dieses Thema gelegt haben.

Auch einige deutsche Wissenschaftler haben die Mauer des Schweigens und der Ablehnung der meisten ihrer Kollegen durch-brochen. Der Karlsruher Astronom Prof. Dr. Kritzinger bekannte am 10. Januar 1958:

Die UFOs sind eine Tatsache, mit der wir uns abfinden müssen. Die Behauptung bedeutet einen Bruch des alten Weltbildes. Es fällt schwer, sich zu der Überzeugung durchzuringen, daß über unserer Erde interplanetarische Raumschiffe operieren, die offenbar von intelligenten Lebewesen anderer Himmelskörper gesteuert werden.

Einer der profiliertesten Vertreter dieser deutschen Wissenschaftler ist zweifellos der bereits zitierte Prof. Dr. Herman Oberth. Auf einer Pressekonferenz in Insbruck im Jahre 1954 stellte er fest:

Diese Objekte werden von intelligenten Wesen von hoher Entwicklung konstruiert und gesteuert. Aller Wahrscheinlichkeit kommen sie nicht aus unserem Sonnensystem.

Nicht selten wird man gefragt, warum UFOs, wenn es sie gibt, nicht einfach landen, deren Insassen Kontakt mit den irdischen Regierungen aufnehmen und die Menschheit auf diese Weise einen großen Schritt vorwärts machen lassen. Statt dessen, so wenden Kritiker ein, schnappen sie sich irgendwo einen armen Autofahrer, sezieren ihn und lassen ihn dann wieder laufen, nur, um darauf zu ihrem Lichtjahre entfernten Planeten zurückzukehren. Eine solche Handlungsweise sei völlig unsinnig und zu kostenaufwendig, da kein sichtbares Ergebnis dahinter stünde. Doch auch mit diesem Einwand haben Wissenschaftler sich beschäftigt. In einem Bericht der "Brookings Institution" über außerirdisches Leben in der NEW YORK TIMES vom 15. Dezember 1960 wird dazu wie folgt Stellung genommen:

Wäre die Intelligenz dieser Geschöpfe uns sehr überlegen, würden sie nur wenig, wenn überhaupt, Kontakt mit uns aufnehmen.

Warum, erklärte der englische Astrophysiker Dr. John A. Ball in einem Interview vom 16. Oktober 1973:

Die Bewohner anderer Planeten sind viel weiter entwickelt als wir Menschen. Sie beobachten uns zwar, haben aber noch keinen Kontakt mit uns aufgenommen, weil sie die Erde als eine Art amüsanten Naturschutzpark oder Zoo betrachten, dessen Entwicklung sie nicht stören wollen.

Dies mag vielleicht etwas überspitzt ausgedrückt sein, trifft aber im Grunde den Kern. Bei einem jetzt erfolgenden Eingriff wären wir möglicherweise in der gleichen Situation wie einst die Bewohner Süd- und Mittelamerikas. Obwohl die Außerirdischen, ganz gleich, von welchem System sie kommen, sicherlich nicht aus kriegerischen Motiven hier sind, könnte das Endergebnis ihrer Landung genauso aussehen wie das nach dem Eintreffen der Spanier in der Neuen Welt: Eine Degenartion unserer eigenen Kultur und Zivilisation.

In früheren Jahrtausenden, als Bewohner anderer Planeten (wir haben dies im zweiten Kapitel ausführlich behandelt) die Erde besuchten und der Menschheit den Weg zu ihrem heutigen Stand ermöglichten, sah es etwas anders aus. Damals verstanden wir noch nichts von der wahren Herkunft und Identität der "Götter" und den Möglichkeiten ihrer Technik. Heute ist dem nicht mehr so. Wir würden den gleichen Entwicklungsstand dieser Besucher anstreben und dabei die natürlichen Stufen der Evolution überspringen. Die völlige Auflösung unserer eigenständischen Kultur wäre die Folge.

Vielleicht aber gibt es noch einen anderen Grund. Als die "Götter" vor Jahrtausenden, möglicherweise schon vor Jahrmillionen, ihr "Experiment Menschheit" starteten, dachten sie sicher nicht daran, daß sich aus unseren primitiven Vorfahren einmal ein derart kriegerisches Geschlecht entwickeln würde, wie es heute (leider) auf unserem Planeten existiert. Die Bewohner einer Welt, die nichts anderes im Sinn haben, als sich aufgrund der banalsten Angelegenheiten ständig "in die Haare zu kriegen", eine solche Menschheit ist noch nicht reif dazu, die Vorteile einer oder mehrerer höherentwickelter Zivilisationen in Anspruch zu nehmen.

Bei einigen UFO-Forschern sind Spekulationen darüber angestellt worden, ob Außerirdische im Falle eines die Menschheit vernichtenden Atomkrieges eingreifen würden. Es sind da zum Teil recht ominöse Schriften aufgetaucht, angebliche Botschaften von Bewohnern anderer Welten, die dies zusicherten. Da es sich in den meisten Fällen wieder um "Venusier", "Marsmenschen" und ähnliche Gestalten handelt, sollten diese Blätter mit äußerster Vorsicht zu genießen sein.

Im übrigen gibt es keinerlei Gründe, die einen solchen Eingriff tatsächlich wahrscheinlich machen würden. Wenn die Menschheit nicht dazu in der Lage ist, diese atomare Kraftprobe zu bestehen - ist sie es als Gesamtheit dann wert, gerettet zu werden?

Einige verneinen diese Frage, glauben aber, und beziehen sich dabei wiederum auf die schon erwähnten Schriften, zumindest Einzelpersonen würden von UFOs auf andere Planeten gebracht werden.

Hier jedoch hat man es nicht mehr mit seriöser Forschung zu tun. Das ganze erinnert an eine moderne Version des Jüngsten Gerichts und an den Versuch, aus der Realität der UFOs eine Art Religion zu machen. Das ist nicht Sinn und Zweck einer Forschung, wie sie das Phänomen der "unbekannten Flug-Objekte" verdient hat.

Wird es je zum Kontakt kommen, zum offiziellen Kontakt mit Bewohnern anderer Planeten? - Sicher, aber nur dann, wenn die Menschheit, und zwar aus eigener Kraft, ihre derzeitigen Schwierigkeiten zu lösen vermag, vor allem wenn es ihr gelingt, die noch aus Urzeiten überkommene Aggressivität abzulegen.

Dies hat mit Religion nichts zu tun, dies sind nüchterne, realistische Überlegungen, wie sie inzwischen von zahlreichen Wissenschaftlern in der ganzen Welt angestellt werden. Sie brauchen selbstverständlich nicht richtig zu sein. Wir wissen nichts über die Mentalität und die moralisch-ethischen Einstellungen von Bewohnern anderer Planeten. Die Möglichkeit einer Landung bereits am heutigen Tag kann daher ebenfalls nicht ausgeschlossen werden.

Irgendwann aber, sollten wir uns bis dahin nicht selbst vernichtet haben, wird dieser Kontakt stattfinden. Vielleicht schon morgen, vielleicht erst in tausend Jahren. Dieser Tag wird mit Sicherheit der bedeutendste in der gesamten Geschichte der Menschheit werden. Das alte Weltbild wird zu existieren aufhören und ein neues, kosmisches, wird errichtet werden müssen. Ob es ein schöneres sein wird, muß die Zukunft zeigen, denn das Universum wird nicht nur Gutes für uns bereithalten.

Auf jeden Fall sollten wir uns auf diesen Tag vorbereiten, jeder für sich und die Menschheit als ganzes. Wenn wir den

Besuchern von den Sternen eines Tages gegenübertreten, dürfen wir weder Scheu, noch Unterwürfigkeit oder, was weitaus schlimmer wäre, Überheblichkeit zeigen, nur weil diese Besucher vielleicht den Vorstellungen mancher Erdbewohner nicht entsprechen. Toleranz wird dann das Wort der Stunde sein. Toleranz gegen andere, möglicherweise völlig andersgeartete Lebewesen, Toleranz gegenüber ihrem Denken, Toleranz aber auch gegenüber uns selbst. Bis dahin ist es noch ein weiter Weg und das Ziel hochgesteckt. Aber auch der Mond erschien einmal unerreichbar und allen Skeptikern zum Trotz haben Menschen ihn betreten. Warum sollte der Bewohner des blauen Planeten nicht auch dieses Ziel erreichen? Der Lohn für seine Bemühungen, das steht außer Frage, wird ein unvergleichlicher sein.

Kapitel IV

Giganten aus fernen Tagen

Einer neuen Wahrheit
ist nichts schädlicher
als ein alter Irrtum

Goethe

Die Geschichte von Loch Ness - Die Riesen im schottischen See - Die Erforschung beginnt - Wissenschaftler beweisen: Das Ungeheuer von Loch Ness existiert - Von Seemonstern, Meeresungeheuern und anderen seltsamen Wesen - der "Schneemensch" im Himalaja - "Bigfoot" in Amerika

Die Geschichte von Loch Ness

Von Zeit zu Zeit, häufig in den "Saure-Gurken-Monaten" des Sommers, taucht es in den Spalten der Presse mit erstaunlicher Regelmäßigkeit auf: Das Ungeheuer von Loch Ness. Meist belächelt, als Scherz, Schwindel oder Halluzination abgetan, scheint es sich in dem schottischen See einen Spaß mit den sehnsüchtig wartenden Beobachtern zu machen, zeigt sich ihrer Meinung nach etwa zwanzig Mal im Jahr, nur, um kurz darauf zu verschwinden. Es sorgt dann für Schlagzeilen, die aber schnell vergessen sind, bis schließlich wieder ein Foto gemacht wird, das das riesige Tier zeigen soll.

Gibt es dieses Ungeheuer, oder ist es nur eine Täuschung, ein Wesen, das sich nicht im See, sondern in der menschlichen Seele versteckt hält? Ist es ein Untersuchungsobjekt für Biologen oder lediglich für Psychologen? Die letzteren sind sich einig. Ihre Meinung kann man etwa in dieser Form zusammenfassen: Menschen glauben an Ungeheuer, weil ihre Welt dadurch aufregender, detailfreudiger und kontrastreicher wird. Kinder z.B. leben noch in einer solchen Phantasiewelt, die von allerlei seltsamen, aber nicht wirklichen Wesen bevölkert wird. Mit dem Älterwerden ist man auch weniger leichtgläubig, diese Wesen verschwinden aus dem Bewußtsein und man glaubt nur noch an das, was wirklich bewiesen ist. Manche allerdings, so meinen viele, können diesen Schritt nicht mitmachen. Sie schaffen sich Ungeheuer, um so ihre inneren Ängste zu kompensieren. Auf diese Weise werden sie leichter mit ihnen fertig.

Das Ungeheuer von Loch Ness - Ventil des Unterbewußtseins von schätzungsweise 4000 Menschen, die es bis jetzt gesehen haben? Mit Sicherheit hätten wir dieses Thema nicht im Rahmen unseres Buches bearbeitet, wenn - ja, wenn es nicht tatsächlich eine Reihe glaubwürdiger Berichte gäbe, die das Vorhandensein eines oder wahrscheinlich mehrerer solcher Ungeheuer im Loch Ness vermuten lassen.

Ich möchte Ihnen kurz berichten, wie es dazu kam, daß diese Zeilen heute von Ihnen gelesen werden. Wissen Sie, was ein "Coelacanth" ist? Bis vor wenigen Jahren war auch mir dieser

Name unbekannt. Dann erfuhr ich, daß es sich um einen Fisch handelt, der 1938 erstmals in der Nähe Süd-Afrikas aus dem Ozean geholt worden war. Nun ist es durchaus nichts außergewöhnliches, wenn man im Meer Fische fängt, aber diesen Coelacanth hielt man für seit einigen Millionen Jahren ausgestorben. Und obwohl die Entdeckung seinerzeit wenig Aufsehen erregte, bewies sie doch zumindest eines: Es gibt noch Lebewesen auf unserem Planeten, von denen die Menschheit nichts weiß.

1975 wurde auch eine andere, ebenfalls für längst ausgestorben erachtete Tierart aufgespürt. Gemeint sind die "Thyrodaktiker", kleine "Flugdrachen", die der deutsche Expeditionsfilmer Fred Siebig in Ecuador entdeckte. Bereits im März 1962 hatte man im Pazifik das sogenannte "Ungeheuer von Tasmanien" gefunden, ein ovales Tier, sieben Meter lang und sechs Meter breit, das sich in keine der bekannten Spezies einreihen ließ. Es hatte weder Augen noch Mund, besaß keine Knochen, sein Fleisch war elfenbeinfarbig und gummiähnlich. Es handelte sich um den einzigen Vertreter seiner Gattung, der bisher entdeckt wurde. Aber er konnte angesehen und angefaßt werden, er existierte, obwohl man sicherlich jeden, der vor 1962 für die Existenz eines solchen Wesens eingetreten wäre, kaum für ernst genommen hätte.

All diese Funde beeindrucken und verwirren. Wenn es solche Tiere gab - existierten dann vielleicht tatsächlich irgendwelche seltsamen Kreaturen im Loch Ness, hatten sich die Beobachter doch nicht getäuscht, gab es "Nessy" wirklich?

Bis zu diesem Zeitpunkt wußte ich nicht einmal, wo Loch Ness genau lag. Aber das Thema begann mich zu faszinieren. Ich besorgte mir Material, das in deutscher Sprache jedoch äußerst rar ist. Mein Kollege Axel Ertelt, UFO- und Urtier-Forscher aus Halver, half mir weiter. Bei einer seiner Fahrten zur britischen Insel hatte er sich mit englischsprachiger Literatur zum Thema eingedeckt und schickte sie mir en masse zu. Ich studierte die verschiedenen Bücher und Schriften und war schließlich überzeugt: Das Ungeheuer von Loch Ness existiert, es ist mehr als nur eine Legende oder ein Märchen, vielleicht von cleveren Anwohnern des Sees erfunden, um die Touristik-Zahlen in die Höhe zu treiben.

Es ist unmöglich, all das mir heute zur Verfügung stehende Material im Rahmen dieses Kapitels zu bearbeiten, vor dem Leser

255

auszubreiten und zu analysieren. Die hier vorgestellten Fälle von Sichtungen des Ungeheuers stellen daher nur eine kleine Auswahl dar. Ich hoffe, sie wird dazu beitragen, das Geheimnis, das Loch Ness umhüllt, ein wenig zu klären, es für alle durchsichtiger und verständlicher zu machen.

Häufig ist davon die Rede, das Loch-Ness-Ungeheuer sei erstmals 1933 gesehen worden. Dem ist nicht so. Es gibt bereits wesentlich ältere Quellen, die von seiner Existenz zeugen und damit beweisen, daß es sich keineswegs um eine Erfindung heute lebender Touristikmanager oder Spaßvögel handelt. Den ältesten dieser Hinweise finden wir in der Pergamenthand.chrift "Vita Sancti Columbani", zu deutsch: "Das Leben des heiligen Columbani". Sie wurde im Jahr 565 n.Chr. von dem Benediktinermönch St. Adamnan, Abt des Klosters von Iona, niedergeschrieben und schildert das Leben des Heiligen. Im Buch II, Kapitel 27, ist die oben erwähnte erste Beschreibung des Ungeheuers von Loch Ness enthalten:

VON DER VERBANNUNG EINES WASSER-UNGEHEUERS DURCH DIE KRAFT DES GEBETES DES HEILIGEN MANNES - Zu einer anderen Zeit, als der gesegnete Mann sich wieder für einige Tage im Lande der Picten (schottische Ureinwohner, Anmerk.d.Verf.) aufhielt, befand er es für nötig, den Ness-Fluß zu überqueren; und als er an dessen Ufer kam, sieht er einige Anwohner, die einen armen unglücklichen Mann begraben, der, nach den Worten derer, die ihn beerdigen, kurz zuvor von einem Wasser-ungeheuer mit einem grauenhaften Biß während des Schwimmens angefallen worden war und dessen hilfloser Leichnam von einigen Männern, die mit ihrem Boot zu spät gekommen waren, um noch Hilfe leisten zu können, mit einem Haken aus dem Wasser geholt worden war. Obwohl der gesegnete Mann dies hörte, schickte er einen seiner Gefolgsleute, um zur anderen Seite des Ufers zu schwimmen und das dort angepflockte Boot für ihn herüber-zuholen. Lugne Mocumin vernahm die Worte des heiligen und berühmten Mannes, gehorchte ohne zu zögern, zog sich die Kleider vom Leibe und warf sich ins Wasser. Aber das Ungeheuer, das nicht gesättigt war, lag am Grund des

Flusses. Als es das sich bewegende Wasser bemerkte, tauchte es plötzlich auf und schwamm auf den Mann zu, der sich in der Mitte des Flusses befand; es stürzte mit großem Brüllen und geöffnetem Maul zu ihm hin.

Da schaute der gesegnete Mann auf und während alle, die mit ihm dort standen, seien es die Heiden oder die Bekehrten, vor Schrecken wie gelähmt waren, hob er seine heilige Hand, formte das Zeichen des Kreuzes, sprach den Namen Gottes und befahl dem wilden Ungeheuer: "Bewege dich nicht weiter, noch berühre diesen Mann. Ziehe dich eiligst zurück!" Das Ungeheuer hörte die Stimme des Heiligen, erschrak und flüchtete zurück, schneller als es gekommen war, so, als ob es an einem Seil gezogen würde, obwohl zwischen Lugne und dem Ungeheuer nur noch die Länge einer Ruderstange bestanden hatte. Als die Bekehrten sahen, daß das Boot zurückkam, dankten sie überaus verwundert Gott und dem gesegneten Mann. Und auch die barbarischen Heiden, die anwesend waren, waren von der Großartigkeit des Wunders, das sie selbst gesehen hatten, derart gefesselt, daß auch sie zu dem Gott der Christen beteten.

Es ist schwer zu beurteilen, was von dieser Legende Wirklichkeit und was Mythos ist. Es ist vor allem fraglich, ob das Ungeheuer von Loch Ness einer Tiergattung angehört, die andere Lebewesen anfällt. Von den heute in dem See lebenden Riesen jedenfalls behauptet man eher das Gegenteil. Es handelt sich offenbar um scheue Kreaturen, die nur zeitweilig auftauchen und bei Annäherung wieder im Wasser verschwinden. Von einem Angriff auf einen Menschen ist mir außer dieser alten Erzählung keine andere bekannt.

Interessant hingegen dürfte die Erwähnung eines im Loch Ness, bzw. in dem ihn speisenden Fluß zu der damaligen frühen Zeit überhaupt sein. Und dabei handelt es sich wohl auch um den wahren Kern der Legende: Das Wissen der Menschen seit uralten Zeiten von einem Tier, das eigentlich nicht mehr in unsere Welt paßt.

Die zeitlich folgende Mitteilung, die uns aus historischer Zeit vorliegt, stammt von dem Schotten Duncan Campbell, der sie 1527 niederschrieb und die von Hector Boeca in seiner "History of Scotland" zitiert wird. Die kurze Episode schildert uns erstmals (wir werden noch andere, ähnliche Berichte kennenlernen) von der Möglichkeit der Tiere, an Land zu gehen, was auf ein Amphibienwesen schließen läßt:

> Das schreckliche Monster erhob sich am frühen Morgen eines Tages in der Mitte des Sommers, und mit Leichtigkeit und ohne jede Gewalt und sichtbare Kraftanstrengung warf es drei riesige Eichen mit seinem Schwanz um und tötete mit drei Schlägen drei Männer, die es gejagt hatten. Der Rest der Gruppe rettete sich in die umliegenden Wälder, während das oben beschriebene Ungeheuer in den See zurückkehrte.

Auch hier sollte man die zutagegetretene Aggressivität des Tieres nicht überbewerten, da es sich ohne Zweifel in einer Abwehrsituation befand. - Über ein Ungeheuer in Lochfyne, einem anderen schottischen See, berichtet die "Chronicle of Fortingall" im Jahr 1870:

> Es wurde ein mysteriöser Fisch mit einem sehr großen Kopf im Lochfyne gesehen, und zuweilen erhob er sich über das Wasser, so hoch wie der Mast eines Schiffes; es wird gesagt, daß er auf seinem Kopf zwei Höcker hat.

Wir wissen nicht, inwieweit dieser Bericht auf Wahrheit beruht, zumal niemals mehr eine ähnliche Sichtung im Lochfyne gemacht werden konnte. Auch die Beschreibung des Tieres, das "einen sehr großen Kopf" hatte, entspricht nicht den Schilderungen neuester Sichtungen, die ganz im Gegensatz dazu von einem außerordentlich kleinen Kopf sprechen. Allerdings sind die "zwei Höcker" auch bei Beobachtungen der letzten Jahre beschrieben worden. Wahrscheinlich handelt es sich um eine etwas "aufpolierte" Schilderung einer Beobachtung am Loch Ness, die, ein wenig umgeformt, auf diese Weise Eingang in die Fortingall-Chronik fand.

Die Riesen im schottischen See

Mit dem Jahr 1933 brach jene Zeit an, in der "das Ungeheuer von Loch Ness" für die ganze Welt zum Begriff werden sollte. Ausgelöst durch zwei Sichtungen im Juli und November, war Loch Ness plötzlich zum Gesprächsthema Nummer eins geworden, zumindest auf den britischen Inseln. Im Jahr 1934 konnte das erste Bild gemacht werden und Loch Ness, bis dahin nur wenigen Eingeweihten als Ferienort bekannt, wurde Touristenattraktion.

Aber beginnen wir mit diesem 22. Juli 1933. Das Ehepaar Spicer fährt auf der Straße zwischen Dores und Inverfarigaig oberhalb von Loch Ness, als es "ein ungewöhnliches" Tier sieht, das vor ihnen die Fahrbahn überquert. Diese ist hier etwa 18 Meter vom See entfernt. Die beiden erkennen einen langen Hals (der Kopf ist offenbar bereits vom Gebüsch der anderen Seite verdeckt), der, sich wellend, mehrere Bogen bildet. Die Spicers schätzen den Durchmesser auf dreißig bis fünfzig Zentimeter, etwas dicker jedenfalls als ein Elefantenrüssel. Der Hals nimmt die ganze Breite der Straße ein, dann folgt ein massiver, riesiger schwarzer Körper. In wenigen Sekunden überquert er die Straße und verschwindet zwischen den Sträuchern.

Mr. Spicer gibt Gas. Der Wagen hatte sich zu Beginn der Sichtung etwa 180 Meter vom Ungeheuer entfernt befunden. Er stoppt an der Stelle, an der das Tier die Straße überquert hat, aber das Geschöpf ist nicht mehr zu sehen. Lediglich eine große Lücke im Unterholz, durch die es geschlüpft sein muß, findet sich. Leider versäumen es die beiden, den Motor abzustellen, denn das Geräusch des ins Wasser gleitenden Riesen können sie nicht hören. Seine Größe wird später auf etwa 10 Meter geschätzt.

Diese sensationelle Beobachtung erschien kaum in der Presse, da meldeten sich zahlreiche Leute, die ähnliche Sichtungen bereits früher gemacht haben wollten. Ein wahrer "Monster-Boom" brach aus, und die Zeitungen versprachen bis zu 20 000 £ demjenigen, dem es gelang, entweder ein alle Skeptiker überzeugendes Foto zu machen oder aber eines der Loch-Ness-Ungeheuer zu fangen. Denn daß es sich um eine ganze Familie handeln mußte, die seit vielen Generationen den schottischen See bevölkerte, darüber war man sich relativ früh einig.

Man begann, Pläne zu schmieden. Vorstellungen wurden entwickelt und wieder verworfen. Einige schlugen vor, den See unter elektrischen Strom zu setzen, andere wollten das ganze Wasser ablassen und Loch Ness bis auf den Grund trocken legen. Doch keine der Möglichkeiten ließ sich tatsächlich realisieren.

Dann kam der November. Mr. Hugh Gray, Angestellter bei der British Aluminium Company, ist an diesem Sonntag, dem 13.11.1933, sehr früh aufgestanden und zum See gefahren. Das Wasser ist fast spiegelglatt, Loch Ness ruhig und friedvoll und die Ungeheuer, die es bevölkern sollen, erscheinen in diesem Moment wie unwirkliche Schatten einer jenseits der Realität weilenden Welt.

Hugh Gray geht hinunter zum Strand. Er ist vielleicht noch zehn Meter vom Ufer entfernt, als seine Aufmerksamkeit von der Umgebung des Sees plötzlich zum Wasser hin abgelenkt wird. Keine fünfzehn Meter von ihm entfernt beginnt es zu brodeln und zu schäumen. Wellenringe bilden sich, schlagen ans nahe Ufer. Und dann, Mr. Gray traut seinen Augen nicht, stößt etwas Riesiges, Schwarzes aus dem Wasser, erhebt sich immer weiter in die Höhe. Der Engländer erkennt einen großen runden und glatten Körper und etwas, das wie ein Schwanz aussieht. Hugh Gray reißt seine Kamera hoch, macht ein Bild, dann noch eins und noch eins, sieben im Ganzen. Zwei Minuten hat er Zeit, dann verschwindet das Ungeheuer, genauso schnell und spurlos, wie es aufgetaucht war.

Gray hält es nicht mehr am Ort des Geschehens. So schnell es ihm möglich ist, fährt er nach Inverness, einer kleinen Stadt am nördlichen Ende des Loch Ness. Der Film wird von einem Fotografen entwickelt, doch zur Enttäuschung Grays sind sechs der sieben Bilder völlig unterbelichtet und nur auf einem einzigen ist "etwas" abgebildet, das man mit Mühe als eine "gebogene Gestalt im Wasser" identifizieren kann, das mit Sicherheit aber niemand von der Existenz eines Riesentieres im Loch Ness überzeugt hätte. Dennoch wird es in den britischen Tageszeitungen als erstes authentisches Foto veröffentlicht und Gray schreibt dazu:

Ich kann keine exakte Angabe zur Größe machen, außer, daß es sehr groß war - es war ein dunkles Grau. Die Haut glitzerte und erschien glatt.

Es dauerte nicht lange, da begann das Pendel nach der anderen Seite auszuschlagen. Die anfängliche Begeisterung über das Ungeheuer wandelte sich in Ablehnung, und die Skeptiker gewannen wieder die Oberhand. Fortan schenkte man den Zeugen nur noch wenig Glauben, häufig wurden sie lächerlich gemacht oder für verrückt erklärt. Auch, als im Januar 1934 abermals eine Straßenüberquerung gemeldet wird, findet sie nur noch wenig Beachtung und wird von der Presse nicht abgedruckt. Dennoch dürfte es sich auch hier um eine authentische Beobachtung handeln.

Es ist wenige Tage nach Neujahr, der 5. Januar. Mr. Grant ist an diesem Tag noch spät unterwegs. Gegen ein Uhr nachts kehrt er von Inverness kommend nach Haus zurück. Die Straße am See entlang wird hell vom Mond beschienen und reicht für den Mann auf dem Motorrad aus, die Umgebung gut zu sehen.

Mr. Grant nähert sich Abrichan am nord-östlichen Ufer des Lochs, als er vor sich im Schatten der Bäume etwas großes Dunkles bemerkt. Mr. Grant verlangsamt die Fahrt und hält schließlich an. Dies war sicherlich sein Glück, denn im gleichen Moment bricht ein riesiges Tier mit einem kleinen Kopf, aber einem langen Hals und einem massiven, monströsen Körper aus dem Gestrüpp der rechten Seite, überquert diagonal die Straße, taucht krachend in das Unterholz gegenüber ein und verschwindet schließlich mit einem lauten Platschen im nahen See.

Mr. Grant ist für Sekunden vor Schreck wie gelähmt, dann rafft er sich zusammen, setzt sich wieder auf das Motorrad und fährt hinunter zum Strand. Doch als er das Wasser erreicht, ist von dem Ungeheuer nichts mehr zu sehen. Lediglich ungewöhnlich hohe, sich am Ufer überschlagende Wellen deuten für Sekunden noch darauf hin, daß Mr. Grant keiner Halluzination zum Opfer gefallen ist. Bei seiner späteren Beschreibung des Ungeheuers betonte Grant:

Obwohl ich einiges aus der Naturgeschichte kenne, kann ich sagen, daß ich niemals in meinem Leben etwas wie dieses Tier gesehen habe.

Grant erinnert sich an ein Wesen von etwa fünf bis acht Metern Länge, mit einem kleinen Kopf und einem extrem langen Hals. Der Kopf ragte mehrere Meter über den Boden und in ihm befanden sich zwei große ovale Augen. Der rundliche Körper sei massiv gewesen und habe einen känguruhähnlichen Schwanz besessen, der am Ende gerundet und etwa 3 Meter lang gewesen war. Das Ungeheuer hatte keine Füße, sondern nach Aussage von Mr. Grant zwei unterschiedlich große Flossenpaare.

Im April 1934 fährt Robert K. Wilson von Fort Augustus am südlichen Ende des Sees hinauf nach Inverness. Er ist etwa einhundert Meter vom Ufer entfernt, da sieht er einen sich aus dem Wasser reckenden riesigen Hals.

Wilson springt aus dem Wasser, justiert seine Kamera und macht vier Photos, die ebenfalls in Inverness entwickelt werden. Sie zeigen die bis dahin klarsten Bilder des Ungeheuers vom Loch Ness. Insbesondere auf dem dritten Bild ist deutlich ein langer Hals mit einem kleinen Kopf, der aus dem Wasser ragt, zu erkennen. Die Fotos werden im "Daily Mail" veröffentlicht und regen die Diskussion um Loch Ness wieder an.

Doch es melden sich auch die Kritiker. Mit Recht weisen sie darauf hin, daß die Wellen in Relation zum Körper, zumindest auf dem dritten Bild, viel zu groß erscheinen, es sich also nur um ein kleines Objekt handeln kann, das Wilson aufgenommen hat. Von Fälschung ist die Rede und Betrug. Doch Wilson bleibt bei seiner Auffassung, er habe tatsächlich das Ungeheuer von Loch Ness abgelichtet und keine Trickfotos angefertigt.

Jahre später beschäftigt sich auch der ehemalige Aeronautik-Techniker Tim Dinsdale mit den Bildern. Er entdeckt auf dem dritten Foto ein Detail, das bis dahin niemand aufgefallen war oder für keinen von großer Wichtigkeit zu sein schien. Selbst Wilson hatte nie darauf hingewiesen. Kurz vor dem Hals des Tieres befindet sich ein schwarzer Fleck im Wasser, Dinsdale glaubt in ihm eine der beiden vorderen Flossen erkennen zu können. Auf jeden Fall aber, so der englische Forscher, wäre es einem Betrüger niemals eingefallen, ein derart für das Photo völlig unwichtiges Detail an einem Modell hinzuzufügen. Betrug oder nicht? - Diese Frage wird wohl nie ganz zu klären sein.

Im Juni 1934 wird noch eine andere interessante Beobachtung gemacht, die allerdings wenig Beachtung findet und bei denen, die davon hören, meist nur Hohn und Spott für die Zeugin, die daher ungenannt bleiben wollte, übrig haben. Es handelt sich um eine junge Angestellte der Familie Pimley, die ihr Haus nahe der Turbinen-Anlage der Abtei Fort Augustus hat. Es ist der 5. Juni, früh morgens um 6.30 Uhr. Die Zeugin ist bereits aufgestanden und schaut zum Fenster hinaus. Ihre Augen schweifen zur nahen Borlum-Bay hinüber und dort erkennt sie "das größte Tier, das ich jemals in meinem Leben gesehen habe". Es liegt im seichten Wasser. Die über die Oberfläche ragenden Körperteile unterscheiden sich nicht nur in der enormen Größe von allem, was sie kennt. Sie stürzt zum Schrank, holt ihren Feldstecher heraus und hat die Gelegenheit, mit diesem das Tier 25 Minuten zu beobachten. Die Beschreibung, die sie später abgibt, ähnelt stark vorangegangenen, so daß auf das gleiche oder ein ähnliches Tier geschlossen werden kann.

Die Angestellte beobachtet fasziniert, wie sich das mächtige Wesen auf dem Ufer herumdreht, sich dann aufrichtet und mit mehreren sprung- und ruckartigen Bewegungen im Wasser verschwindet.

Etwa eine halbe Stunde später sind Mr. und Mrs. Pimley an der von ihrer Bediensteten angegebenen Stelle, können aber weder von dem Tier etwas sehen, noch irgendwelche Spuren erkennen. Dies allerdings war auch nicht zu erwarten gewesen, da das Ufer hier von großen Kieselsteinen bedeckt ist, die Spuren selbst massiver Körper nicht sichtbar werden lassen.

Wie bereits geschrieben, dem Fall wurde wenig Beachtung geschenkt, vor allem, weil man der Zeugin vorwarf, keine anderen Personen, etwa die Pimleys, herbeigerufen zu haben. Diese aber bescheinigten ihrer Angestellten Ehrlichkeit und Natürlichkeit und wiesen darauf hin, daß sie kaum dazu in der Lage gewesen wäre, sich eine solche Geschichte auszudenken.

Im Juli des gleichen Jahres wird von Sir Edwald Mountain die erste Expedition zum Loch Ness ausgerüstet. Trotz einiger Augenzeugenberichte, Fotos und einem 16-mm-Film (auf dem allerdings nicht allzuviel zu erkennen ist), fällt das Ergebnis recht mager aus. Bei der Vorbereitung zu einer erneuten Expedition verstirbt Montain.

Vom Oktober 1936 liegt uns die letzte Sichtung des Ungeheuers vor dem Krieg vor. Zeugin war Mrs. Marjory Moir, eine in Inverness geborene Schottin, die später mit ihrem Mann von dort fortgezogen war, aber gern zum Loch Ness zurückkam. Bei einer Fahrt auf der Straße nach Foyers sieht sie, ein Freund der Familie, ihre Schwester und ihre Tochter plötzlich ein riesiges Tier im Wasser. Es ist etwa ein Drittel des Seedurchmessers von ihnen entfernt und hebt sich durch sein dunkles Grau gut als Silhouette vor dem Wasser ab. Das Tier, so Mrs. Moir, habe drei Höcker, einen lagen dünnen Hals und einen kleinen Kopf gehabt. Schließlich sei es in die Mitte des Sees geschwommen und dort verschwunden. Insgesamt vierzehn Minuten dauerte diese Beobachtung, und es ist bedauerlich, daß die Zeugen keinen Fotoapparat dabei hatten, denn ihrer Meinung nach wären es die überzeugendsten Bilder geworden, die je von dem Riesentier im schottischen See hätten gemacht werden können.

Dann wird es lange Jahre still um Loch Ness. Die Öffentlichkeit hat jetzt andere Sorgen, als sich um ein mysteriöses Ungeheuer zu kümmern. In Europa redet man von Krieg, die Lage spannt sich zu und schließlich überschreitet Hitler die deutsche Ostgrenze. Auch England wird in den Konflikt verwickelt und so kommt es, daß erst 1943 erneut die Rede ist vom Ungeheuer im Loch Ness.

Im Mai dieses Jahres ist C.B. Farre, Mitglied des "Royal Observer Corps", mit seiner Abteilung am See stationiert. Aufgabe: Nicht nach Tieren, sondern nach feindlichen Bombern Ausschau zu halten.

Doch genau das Gegenteil trifft ein. Zufällig blickt Farrel zum See hinunter und sieht nur etwa 200 Meter von sich entfernt das Ungeheuer aus der Tiefe auftauchen. Er reißt sein Fernglas hoch und erkennt ein etwa zehn Meter langes Tier. Sein Interesse richtet sich vor allem auf den kleinen Kopf, in dem er zwei große, hervorstechende Augen erkennen kann. Auf dem Rücken des

Tieres sieht er etwas wie einen Buckel oder eine große Flosse. Das Wesen bewegt den Hals wie ein Schwan, auch die Schwimmbewegungen sind ähnlich. Dann taucht es unter, erscheint nochmals, bewegt den Kopf hin und her, um schließlich ganz zu verschwinden. Ohne jedes Geräusch und ohne nennenswert große Wellen hervorgerufen zu haben.

Die Meldung verursacht zunächst einiges Aufsehen, wird aber in den Kriegswirren schnell wieder vergessen. Das ändert sich erst in den fünfziger Jahren, als die eigentliche Erforschung des Loch Ness beginnt und sich die Meldungen über Sichtungen häufen.

Es ist das Jahr 1951, als Mr. Lachlan Steward, ein Waldarbeiter, der für die "Forestry Commission" tätig ist und nebenberuflich eine kleine Landwirtschaft unterhält, gegen 6.30 Uhr morgens seine Kühe melkt. Da entdeckt er, wie sich unten im Loch Ness etwas Großes, Schwarzes bewegt. Er springt auf, rennt in sein Haus und ruft seinem Freund, Mr. May, der gerade gekommen ist, zu, das Ungeheuer sei aufgetaucht. Hay überlegt nicht lange und läuft hinunter zum See. Auch Steward, der seine Kamera geholt hat, ist wenige Sekunden später am Wasser. Es gelingt ihm, ein Foto zu schießen, dann verschwindet das große Tier wieder im Wasser. Die beiden wollen sich bereits abwenden, da beginnt das Wasser abermals zu brodeln, ein langer Hals und ein Höcker erscheinen, doch ehe Steward ein erneutes Foto machen kann, ist das Tier untergetaucht, diesmal endgültig.

Ein Jahr später, am 20. August 1952, berichtet Mrs. Grata Finlay aus Inverness über ihr Erlebnis. Sie hatte vor ihrem Wohnwagen am Ufer gesessen, als sie im Wasser ein Gurgeln und Platschen hörte. Beunruhigt stand sie auf, blickte zum See hinunter und sah tatsächlich etwas, wovon sie annimmt, daß "es sich um das Loch-Ness-Ungeheuer gehandelt" hat. Auch ihr Sohn konnte das Tier beobachten, das einen kleinen Kopf, einen langen Hals und graue Haut besaß. Auf dem Kopf erkannten beide zwei kleine Vorsprünge, die sie an Tropfen erinnerten.

Drei Jahre später ereignet sich auf dem Loch Ness ein tragisches Unglück. John Cock, der englische Rennbootmeister, ist zum See gekommen, um einen neuen Rekord aufzustellen. Zunächst geht alles gut, das Boot rast mit unglaublicher

Geschwindigkeit über das Wasser. Doch dann geschieht es: Völlig unvermittelt, zunächst ohne jeden ersichtlichen Grund, wird das Fahrzeug hochgeschleudert, überschlägt sich, prallt zurück auf das Wasser. Cock ist sofort tot. Niemand kann sich erklären, was geschehen ist. Dann wird der Film, der von der Fahrt gedreht worden war, entwickelt. Er zeigt etwas Sonderbares: Kurz bevor Cock die Stelle des Unglücks erreichte, bildete sich im Wasser ein schwarzer Fleck, Strudel entstanden, in die Cock genau hinein-raste. - Die Frage, ob das Ungeheuer von Loch Ness schuld an diesem mysteriösen Unfall war, wird damals wie heute leiden-schaftlich diskutiert.

1960 berichtete der schottische Pfarrer Reverend W.L. Dobb aus Wimborne von einer Beobachtung. Sie ist vor allem bemerkenswert durch den Beruf des Mannes, da kaum anzunehmen ist, daß sich ein Pfarrer dazu herablassen würde, eine Lügengeschichte in die Welt zu setzen.

Auch er hatte zusammen mit seiner Frau und seinen Söhnen am See gesessen. Sie waren auf einer Fahrt hinauf nach Portsoy und machten am Ufer des großen Gewässers Rast. Pfarrer Dobb kann sich noch gut erinnern, daß sie über das Ungeheuer gescherzt hätten, da keiner von ihnen daran glaubte. Nach dem Picknick hängten sie ihren Wohnwagen wieder an und fuhren weiter, die Straße am See entlang.

Plötzlich, sie waren etwa drei Meilen gefahren, stoppt der Wagen vor ihnen mitten auf der Straße, der Fahrer springt heraus und läuft hinunter zum See. Um einen Zusammenstoß zu vermeiden, muß auch Reverend Dobb bremsen, obwohl er nicht weiß, was eigentlich geschehen ist.

Als er das Auto zum Stehen gebracht hat, blickt er hinunter zum Wasser - und seit diesem Augenblick sind all seine Zweifel wie fortgeschwemmt. Denn unten im See erkennt er "etwas, das wie ein Motorboot das Wasser durchpflügt, nur daß kein Motorboot zu sehen ist". Die Familie läuft ebenfalls hinunter ans Ufer und tatsächlich: Nur wenige Sekunden später erhebt sich ein großer schwarzer "Buckel" aus dem Wasser, taucht, erscheint nochmals. Auch ein zweiter Höcker wird sichtbar. Reverend Dobb und die anderen Zeugen geben später an, die beobachteten Höcker seien ein Teil eines wesentlich größeren Körpers gewesen, der sich noch unter der Wasseroberfläche befunden habe. Auf jeden Fall aber sei es eindeutig ein lebendes Tier gewesen.

Im gleichen Jahr gelingt dem bereits erwähnten Tim Dinsdale der bisher überzeugendste Film vom Ungeheuer von Loch Ness. Mit einer 16-mm-Federwerkkamera mit 135 mm Teleobjektiv filmt er in nur 1200 Meter Entfernung ein sich bewegendes Objekt. Dinsdale sandte den Film an die Luftaufklärungsabteilung des Britischen Verteidigungsministeriums. Dort wurde er peinlichsten und genauesten Analysen unterzogen. Schließlich stellte man fest:

> Es handelt sich um ein bewegliches Objekt, kein Boot, das sich mit 16 km Geschwindigkeit bewegt und zwei Meter lang und 1,5 Meter hoch ist.

Dinsdale war von seinem Erlebnis so fasziniert, daß er beschloß, seinen Beruf eines Aeronautik-Ingenieurs an den Nagel zu hängen und sich ganz der Erforschung des Loch-Ness-Phänomens zu widmen.

Inzwischen darf man ihn als den wohl bekanntesten britischen "Monster-Jäger" bezeichnen, auch wenn zu dieser Jagd nicht mit Gewehren, sondern mit Fotoapparaten und Filmkameras angetreten wird.

Die Erforschung beginnt

1962 wurde das "Loch-Ness-Phänomen-Untersuchungsbüro" gegründet, um endgültig festzustellen, ob und welche mysteriösen Wesen im See leben. Daß es noch nicht gelang, einen alle überzeugenden Beweis zu finden, zeigt die Tatsache, daß das Büro bis auf den heutigen Tag arbeitet, wenngleich ihm in diesen Jahren des Forschens, Überprüfens und Aufklärens bereits einige "dicke Fische" ins Netz gegangen sind. Das Ungeheuer von Loch Ness selbst war leider nicht darunter.

Dafür wurde eine große Sammlung zahlreicher Sichtungsberichte angelegt, etwa die von Miss E.M.J. Keith, einer Lehrerin an der Rothienorm School in Inverness. Am 30. März 1965 ist sie zusammen mit ihrem Schwager auf dem Weg von Inverness nach Dores. Es ist bereits gegen Abend, aber die Konturen heben sich noch deutlich voneinander ab und die Sonne spiegelt sich im Wasser des Sees.

Da sehen beide plötzlich ein großes dunkles "Etwas" durch den See schwimmen, sehr schnell, wie es ihnen scheint, aber ohne nennenswerte Wellen zu verursachen. Sie steigen aus, laufen hinunter zum Ufer und erkennen, daß es sich zweifellos um ein riesiges Tier handeln muß, denn in ihrer Höhe angekommen, verändert es seine Richtung und schwimmt auf die Mitte des Sees zu, wo es schließlich untertaucht und verschwindet. Insgesamt ist das Ungeheuer mehrere Minuten lang zu beobachten.

Aber nicht nur das Sammeln derartiger Berichte gehört zu den Aufgaben des "Loch Ness Investigation Bureau", sondern auch die eigene Forschung. Seit Einrichtung der Organisation werden, vor allem im Sommer, Augen und Kameras unentwegt auf ausgesuchte Teile des Sees gerichtet. Die bedeutendste Errungenschaft der sechziger Jahre war ein Film, der im Juni 1967 von dem 17jährigen freiwilligen Helfer Richard Reiner aufgenommen werden konnte.

Wie schon zuvor bei Dinsdale, kam die britische Luftwaffe, die die Auswertung vornahm, abermals zu dem Schluß, daß es sich um ein bewegtes Objekt von einiger Größe handeln mußte.

Direktor der Organisation war der Parlamentsabgeordnete David James. Nach welchen Kriterien die Organisation arbeitet, erläuterte er wie folgt:

Wir akzeptieren keine Beobachtung, wenn ein Schiff kurz vorher vorbeigekommen war, denn da gibt es sehr merkwürdige Kielwassereffekte, wenn die Wellen zum Ufer laufen. Gesichtete Mehrfachhöcker im Wasser, bis zu einer viertel Stunde, nachdem die Stelle ein Schiff passiert hatte, ließen wir sofort zurück. Wir nahmen auch keine Berichte von Einzelpersonen auf, höchstens von erfahrenen Beobachtern wie Wildtötern oder Marineoffizieren mit Fernglas. Aber selbst unter Anlegung strengster Maßstäbe blieben pro Jahr etwa 20 Sichtungen, die wir einfach nicht ignorieren konnten.

Bereits 1965 hatte man versucht, das Ungeheuer während der Nacht zu jagen. Unter Leitung von David James waren 26 mutige Männer Abend für Abend am See, um mit zwei Armee-Suchlichtern "Nessy" vor die Kamera zu locken, doch ein Erfolg blieb aus. Während des Tages hatten sie dagegen mehr Glück. Sie entdeckten ein schwarzes, sich bewegendes Objekt unter Wasser und bannten es auf einen 35-mm-Film, der später im Fernsehen gezeigt und vier Wissenschaftlern zur Analyse übergeben wurde. Bei ihnen handelte es sich um Spezialisten auf dem Gebiet für Seelebewesen mit speziellen Kenntnissen der Naturfotografie. Das Ergebnis:

> Wir ermittelten, daß es im Loch Ness ein unidentifizierbares lebendes Objekt geben muß, das, ganz gleich, ob es sich um ein Säugetier, ein Amphibium, ein Reptil, einen Fisch oder einen Mollusken von unbekannter Art und Größe handelt, Wert ist, sorgfältig wissenschaftlich untersucht und identifiziert zu werden.

Im Juli des selben Jahres berichtet die "Aberdeen Press and Journal" von der Sichtung des Mr. Hamis Ferguson aus Gulland, Ost-Lothian, der ein großes, buckeliges Tier im Ness-Fluß hatte hinunterschwimmen sehen. Ferguson schilderte der Zeitung:

> Das ganze hat mich außerordentlich beeindruckt. Das Tier war sehr lebendig und sah aus wie eines jener prähistorischen Tiere, die man manchmal in Büchern sieht... Wir erkannten zuerst drei Höcker, ungefähr in der Mitte des Flusses... Die Haut erschien tief zerfurcht, und an einer Stelle sah ich etwas, von dem ich annehme, daß es sich um den Hals des Tieres handelte...

1969 setzte das "Loch Ness Investigation Bureau" erstmals Unterseeboote ein, um brauchbare Bilder zu erhalten. Doch das trübe und moorige Wasser des Sees schloß alle Sichtungsmöglichkeiten aus. Als man die Nutzlosigkeit der kleinen U-Boote erkannte, zog man sie wieder zurück.

Mehr Erfolg hingegen hatte man mit Echolot-Ortungen. Man sandte Töne auf den Grund des Sees, die von den Objekten am

269

Boden reflektiert und von den Geräten an Bord eines Schiffes in Elektrosignale und Zeichnungen umgewandelt werden konnten. Insgesamt drei Mal, im Jahr 1969, 1970 und 1972, hatten Forschungsteams, die den See auf diese Weise erkundeten, Kontakt zu großen, sich bewegenden Objekten.

Daneben blieben natürlich auch die Aussagen von Zeugen, die "Nessy" gesehen hatten, von großer Bedeutung. Mr. Richard Jenkyns, von Beruf Landwirt, bewohnt ein Haus bei Invermorigston nahe am Seeufer. Am 10. November 1973, gegen viertel vor zwölf am Vormittag, ist er mit seinem Traktor unten am See. Das Wetter ist stürmisch, es herrscht ein steifer Nord-West-Wind und auf dem See, von dem er etwa acht Meter entfernt ist, bilden sich bis zu sechzig Zentimeter hohe Wellen.

Mr. Jenkyns will gerade seinen Trecker anspringen lassen, als er im Wasser ein lautes Platschen hört, "als ob jemand von einem sehr hohen Brett flach in den See gesprungen wäre". Er blickt auf, kann aber zunächst nichts sehen. Doch dann, etwa fünfzehn Meter weit draußen, für ihn etwas verdeckt durch einen herunterhängenden Ast, sieht er ein riesiges Tier, das sich langsam über die Wasseroberfläche erhebt. Dann verharrt es regungslos, beginnt erneut vorwärts zu schwimmen und dabei langsam wieder zu versinken.

Erst jetzt wird Mr. Jenkyns bewußt, **was** er da eigentlich beobachtet. Sein Herz beginnt laut zu schlagen und die Haare seines Nackens sträuben sich. Trotz des offensichtlichen Schocks ist er später dennoch in der Lage dazu, das Tier charakterisieren zu können: Schwarz-bräunliche Färbung, keine Schuppen, trotz des kleinen Kopfes ein großes Maul, das aber die ganze Zeit über geschlossen war und darüber ein kleines Loch, blasenartig, vielleicht ein Auge, vielleicht auch ein nüsternähnliches Organ.

Im Jahr 1974 startete der Bostoner Anwalt Robert Rhines, der bereits eine der Echolot-Expeditionen geleitet hatte, ein ehrgeiziges Unternehmen. Rhines versenkte zwei wasserdichte Kameras im Loch Ness in etwa dreißig Meter Tiefe. Die beiden Aufnahmegeräte waren mit zwei starken Scheinwerfern und einem Echorekorder verbunden, der von einem Computer gesteuert wurde. Näherte sich ein über zehn Meter großes Objekt und glitt durch den Suchstrahl, schaltete der Computer automatisch

Scheinwerfer und Kamera ein, die dann jede zehn Sekunden ein Bild machten. Die ganze Apparatur wurde von dem erfahrenen Unterwasserforscher und -spezialisten Dr. Harold Edgerton entwickelt, der auch die Ausrüstung der Jacques Cousteau-Crew zusammenstellte.

Der Trick funktionierte. Es dauerte nicht lange, da ortete der Computer ein großes, sich bewegendes Objekt. Der Kamera im Loch Ness gelang ein Foto, das eine 2,5 Meter lange und 1,20 Meter breite Flosse zeigt, eine Flosse, wie sie sonst kein Tier der Welt besitzt.

Wissenschaftler beweisen:
Das Ungeheuer von Loch Ness existiert

Das Jahr 1976 dürfte in der Geschichte der Loch-Ness-Forschung zum wohl bedeutendsten geworden sein. Denn nicht mehr nur einige Privatforscher, die sich bis dahin redlich um die Lösung des Rätsels bemüht hatten, kamen zum See, sondern auch anerkannte Wissenschaftler aus aller Welt.

Im Sommer 1976 begann die bis dahin kostenaufwendigste, aber auch erfolgreichste Expedition zum Loch Ness. Zwei Expeditionsteams mit insgesamt vierzig Wissenschaftlern, Technikern, Tauchern usw. arbeiteten mehrere Monate lang rund um die Uhr mit modernsten technischen Geräten, deren Bereitstellung eine halbe Million Mark verschlang. Finanziert wurden die Teams von der amerikanischen Zeitschrift "National Geographic" und der Akademie für angewandte Wissenschaften in Boston (USA), sowie der "New-York-Times". Als Wissenschaftler wirkten Zoologen, Paläontologen, Geologen, Ozeanologen, Physiker, Ingenieure, Elektroniker, Spezialisten für Unterwasserforschung, Mikrobiologen, Botaniker und Experten für Gewässerkunde aus den USA, Kanada und Großbritannien mit. An der Vorbereitung des Unternehmens beteiligten sich zahlreiche renommierte Institute der USA, u.a. das berühmte Massachusetts Institute of

Technology, das Smithonian Institute Washington, das Chicago Field Museum, das Institute of Oceanology in Woods Hole (Massachusetts) und die Miami- und Harvard-Universitäten.

Den Forscherteams standen zwei Motorschiffe zur Verfügung, die Yacht "Malaran" und der Fischtrawler "Corsair", der zu einem modernen Forschungsboot umgebaut und mit allerlei technischen Raffinessen eingerichtet worden war. Untersuchungen über die geologische Struktur des Bodens, die ökologischen und biologischen Bedingungen, die Seedynamik und die Gewässerphysik standen neben der Unterwasserortung durch Sonargeräte im Vordergrund.

Diese Unterwasserortung durch ein von Elektronikspezialisten des Institutes of Technology in Massachusetts entwickeltes "Side-scan-sonor", bildete das eigentliche Kernstück des Unternehmens. Es handelte sich um ein Gerät, das eine Art Radarbild vom Boden des Gewässers zu liefern vermochte und bestand aus einem Übertragungsgerät, einem Metallzylinder und der eigentlichen Sonar-Kapsel, die von einem Boot mit einem Stahlseil in zehn Meter Tiefe durch das Wasser gezogen wurde. Ähnlich wie beim Echolot wurden auch hier die ausgesandten Strahlen reflektiert und auf einem Meßband sichtbar gemacht. Die dabei entstehenden Karten zeigen alle Objekte im Wasser, die als dunkle Flecken sichtbar werden. Etwa zwölf Meter unter der Oberfläche wurde ein weiteres Sonargerät fest installiert. Es war mit einer Unterwasserkamera gekoppelt, um, ähnlich wie schon bei der ersten derartigen Expedition Dr. Rhines (er leitete auch diese wieder), Fotos von sich nähernden Objekten zu erhalten.

Schließlich wurde noch eine Apparatur versenkt, die die Ungeheuer von Loch Ness mit Hilfe akustischer Signale, die reiche Nahrung vortäuschten, anlocken sollte. Auch hier waren eine Reihe Kameras und Blitzgeräte eingebaut, die sich bei Annäherung eines größeren Objektes sofort automatisch einschalteten. In der Karibik waren derartige Anlock-Geräte bereits zum Fang großer Raubtiere und Haie benutzt worden.

Aber es sollte vor allem das Sonar-Gerät sein, mit dem die Wissenschaftler die überzeugendsten Beweise für die Existenz eines oder mehrerer riesiger Tiere im Loch Ness fanden. Nach übereinstimmender Aussage aller am Projekt beteiligter Forscher wurde damit die Meinung, beim Ungeheuer von Loch Ness handele es sich lediglich um ein Phantasieprodukt, endgültig zurückgewiesen. Das Sonor-Ortungsgerät meldete aus 15-17 Meter Tiefe mehrmals Kontakt zu einem über zehn Meter großen, offenbar lebenden beweglichen "Etwas". Auch eines über dreizehn Meter Länge konnte angemessen werden und schließlich sogar zwei sich nebeneinander bewegende Objekte. Konturen wie "Vorsprünge", "Rundungen", "Glieder", "Höcker" oder "Flossen" wurden so ebenfalls festgestellt.

Eine der auf diese Weise gewonnenen Aufnahmen zeigte einen kleineren Fischschwarm, der vor einem größeren Objekt flüchtete. Nochmals wurde auch ein Unterwasserfoto von einer rhombischen, sich bewegenden riesigen Flosse gewonnen. Insgesamt gelang es den Wissenschaftlern, an drei verschiedenen Tagen Echos von großen, bisher unbekannten Tieren zu erhalten. Die Meßstreifen wurden später im Massachusetts Institut of Technology ausgewertet und überprüft. Es konnte festgestellt werden, daß alle bisherigen Erklärungsversuche für das Phänomen im Loch Ness nicht ausreichten. Nach Ansicht der Wissenschaftler kommen weder große Fischschwärme, noch irgendwelche unbekannten physikalischen Erscheinungen oder treibende Torfmassen in Frage, um die Sonar-Aufnahmen befriedigend zu deuten. Einer der Mitarbeiter an dieser Expedition, der kanadische Paläontologe Dr. Christopher McGowan äußerte sich nach Abschluß der Arbeiten:

Irgendetwas lebt im See. Wir wissen aber noch nicht, um was für ein Tier es sich handelt.

Zu einem ähnlich positiven Ergebnis kamen auch die anderen Mitarbeiter. Dr. George Zug, Zoologe und Paläontologe am Smithonian-Institute, faßte es so zusammen:

Ich glaube, daß die vorgelegten Daten auf die Gegenwart eines großen Tieres schließen lassen, daß sie aber nicht ausreichen, um das Tier einwandfrei zu identifizieren. Man müßte das ökologische System des Loch Ness näher untersuchen, um weitere Schlüsse ziehen zu können.

Dieser Meinung ist auch Emory Kristof, einer der Teamleiter:

Konnte man die Sichtungen, Fotos und Augenzeugen-berichte übergehen und nicht als Beweis ansehen, jetzt hat sich die Situation grundlegend verändert. Die Sonar-Bilder haben gezeigt, daß sich unbekannte Tiere im See aufhalten. Es sind nicht nur Schatten auf einem Diagramm, die keine klaren Konturen erkennen lassen. Ich war mehr als skeptisch, bevor ich nach Schottland kam. Aber jetzt glaube ich, daß sich die Zoologie auf ein Umdenken in der Loch-Ness-Frage gefaßt machen muß.

Doch Dr. Rhines mahnt vor einer zu großen Euphorie:

Wir wissen jetzt, daß irgendetwas Unbekanntes im See lebt. Aber das ist für uns erst der Ansatz zur Lösung. Wir werden weiterarbeiten, bis das Rätsel gelöst ist. Seit 1970 beschäf-tige ich mich mit dem Loch-Ness-Phänomen. Vielleicht müssen wir noch Jahre warten, bis wir die letzten Fragen beantwortet haben.

Sichtbarste Folge der 76iger Expedition war die Unter-Naturschutz-Stellung des Ungeheuers von Loch Ness durch das britische Parlament. In den deutschen Tageszeitungen leider nur wenig beachtet, fand damit die offizielle Bestätigung eines im Loch Ness lebenden unbekannten Tieres statt. Und nachdem sich die an-gesehene Wissenschaftszeitschrift "Nature" für die weitere Erforschung des Phänomens eingesetzt hat, erfolgte auf diesem Wege auch die wissenschaftliche Anerkennung. Um ein Tier unter Naturschutz stellen zu können, müssen ein Name und Identifika-tionsmöglichkeiten gegeben sein, so jedenfalls schreibt es die britische "Conversation of Wild Creatures and Wild Plants Art" aus dem Jahr 1975 vor. Man einigte sich auf die Bezeichnung "Nessiteras rhombopteryx", und zur eindeutigen Identifikation wurden dem Parlament die gemachten Unterwasserfarbfotos, sowie die Sonar-Meßergebnisse vorgelegt. Die Abgeordneten akzeptierten, und seitdem ist es unter Strafe verboten, ein im Loch Ness lebendes Ungeheuer zu töten.

Eine solch positive Entwicklung hatte man sich sicherlich bereits seit Beginn der wissenschaftlichen Erforschung des Loch Ness im Jahr 1962 gewünscht, daß sie jemals eintreten würde, daran glaubten aber damals wahrscheinlich nur Optimisten. Heute kann es als wissenschaftlich gesichert gelten, daß "irgendetwas großes Lebendiges" im Loch Ness existiert.

Um was für eine Tiergattung es sich handelt, werden spätere Untersuchungen klären müssen. Man spricht von Riesensalamandern und Riesenmolchen, es könnte sich aber auch, wie Tim Dinsdale es bereits zu Beginn seiner Forschung vermutete, um Nachkommen von Plesiosauriern handeln, die vor langer Zeit im See eingeschlossen wurden, als das Land sich hob und seine Verbindung zum offenen Meer verlor.

Eine andere Frage ist, wie es den Tieren gelang, sich eine so lange Zeit fast völlig unentdeckt im See zu halten. Schließlich liegt Loch Ness nicht am Ende der Welt, und es hätte eigentlich schon früher zu greifbaren Ergebnissen kommen müssen. Man vermutet daher, daß es sich bei den Loch-Ness-Ungeheuern um Kiemenatmer handelt, die nur gelegentlich zur Nahrungssuche an die Wasseroberfläche kommen.

Der Loch Ness ist bekanntlich der größte Süßwassersee Großbritanniens. Er erstreckt sich in einer Länge von 36 Kilometern und bis zu 1,5 km Breite von Nord-Ost nach Süd-West. Seine Tiefe ist noch immer nicht genau bekannt. Vor einigen Jahren hatte man sie noch auf etwa 250 Meter geschätzt, neuere Messungen sprechen von 325 Metern. Damit wäre er tiefer als das die britischen Inseln umgebende Meer der Nordsee.

Völlig unbekannt war bisher auch die Bodenstruktur des Gewässers. Jetzt stellte sich heraus, daß sich auf seinem Grund tiefe Risse, Schluchten und riesige Höhlen befinden müssen, die als Unterschlupf für eine dort lebende Saurier-Familie geradezu ideal sind. Hinzu kommt die bereits angeführte Schwärze des Sees, die schon in wenigen Metern Tiefe eine völlige Unsichtbarkeit hervorruft. Schuld daran sind unzählige kleine Torfpartikelchen, die im Wasser des Loch Ness schwimmen und ihm auch von oben ein dunkles, fast unheimliches Aussehen verleihen.

Dennoch ist der See reich an Nahrung. Es wimmelt von Lachsen, Forellen, Barschen und Aalen. Hunger zu leiden brauchen die im Loch Ness lebenden Tiere der Vorzeit sicherlich nicht.

Man darf darauf gespannt sein, was weitere Expeditionen an neuen Informationen erbringen. Daß sie durchgeführt werden, steht außer Frage, denn die bisher gewonnenen Ergebnisse sind so eindeutig, daß man an der realen Existenz eines bzw. mehrerer riesiger Tiere im schottischen Loch Ness heute nicht mehr zweifeln kann.

Von Seemonstern, Meeresungeheuern und anderen seltsamen Wesen

Unter diesem Gesichtspunkt gewinnen auch jene Berichte an Wahrscheinlichkeit, die von Ungeheuern in anderen Seen und Gewässern rund um die Welt sprechen. Eines zumindest findet sich angeblich abermals in einem schottischen See.

Es ist der 21. April 1923. Der vor wenigen Tagen pensionierte Oberst Trimble geht mit seinem Hund, dem Spaniel "Bruce", auf seinem großen Landsitz spazieren. Dieser wird auf der einen Seite vom Loch Watten begrenzt. Da taucht aus den Fluten des Sees ein riesiges Tier auf. Der Oberst hatte nie daran geglaubt, obwohl die Bauern der Gegend an langen Winterabenden nichts anderes zum Gesprächsstoff hatten. Es ist ein großes Wesen mit langem Hals und kleinem Kopf, das den Oberst aus nur wenigen Metern Entfernung anstarrt. Der Rücken, so schätzt der Veteran, mußte etwa fünf bis sechs Meter breit sein. Der Hund reißt sich von der Leine los, springt bellend ins Wasser, das Ungeheuer taucht unter.

Von da an legt sich Oberst Trimble Tag für Tag mit Fotoapparat und Fernglas auf die Lauer, aber er sieht nur einige Bewegungen unter der Wasseroberfläche.

Dann, am 1. Mai, geschieht etwas Trauriges. Der Hund des Oberst hatte sich losgerissen und war in den See hinausgeschwommen. Dort schien sich, weit draußen, ein Kampf abzuspielen, und als das Wasser wieder ruhig wird, ist "Bruce" verschwunden. Dr. McArdish, ein Nachbar, hatte alles mitangesehen und konnte den Vorfall bestätigen.

An diesem Tag schwört der Oberst Rache. Er besorgt sich die großen Fleischstücke eines verendeten Pferdes und hängt sie, an große Haken gespießt, im See auf.

Drei Tage später, am 4. Mai, sagt Trimble seiner Haushälterin Bescheid, daß er vor dem Abendessen noch einmal nach der Angelschnur sehen wolle. Die Stunden verrinnen, der Oberst kehrt nicht zurück. Gegen halb zehn glaubt die Frau Schreie zu hören. Entsetzt verständigt sie den Gärtner und beide eilen hinunter zum See.

Noch am selben Abend finden sie den Oberst. Er liegt im Schilf, ein dicker Eisenhaken, noch an der Schnur befestigt, ragt aus seiner Brust. Trimble war tot. Die Bauern wagen sich noch heute nach Einbruch der Dunkelheit nicht mehr zum Ufer des Sees.

Neueren Datums und weniger tragisch sind die Berichte über ein Meeresungeheuer, das sich seit einiger Zeit vor der Küste Süd-West-Englands herumtreiben soll. Seit Weihnachten 1976 wurde es mehrfach und von verschiedenen Zeugen gesehen, einmal sogar fotografiert und hat in Anlehnung an das fast gleich aussehende Ungeheuer von Loch Ness bereits den Spitznamen "Fessy" weg.

Zum ersten Mal konnte das Tier kurz vor Weihnachten in der Nähe von Falmouth gesichtet werden. Einer der Entdecker ist der 29jährige Duncan Viner. Er berichtet über seine Beobachtung:

> Ich ging auf dem Pfad an der Küste entlang und beobachtete die Seevögel. Als ich die "Schlange" erblickte, dachte ich zuerst, es sei ein Wal, da nur ein dunkler Höcker sichtbar war. Als ich sie aber länger beobachtete, richtete sie sich langsam im Wasser auf, und ein langer Hals wurde sichtbar. Sie schien sich nicht zu bewegen, schaute sich um und sank dann einfach wieder unter die Wasseroberfläche. Sie muß einige hundert Meter vom Strand entfernt gewesen sein.

Das Tier habe ausgesehen wie das Ungeheuer von Loch Ness, und Duncan Viner schätzte die Größe auf etwa 10-12 Meter. Ähnlich erging es auch dem 36jährigen Garry Bennet aus Seworgan in der Nähe von Falmoth, der das gleiche Tier beobachtete:

> Ich sah das "Ding", als ich in Richtung der Mündung des Helfordflusses ging. Es war etwa 50 Meter draußen, und ich

war 20 Meter vom Strand entfernt. Als ich es erblickte, hielt ich es zuerst für einen Wal. Aber dann begann es, sich sanft fortzubewegen. Ich konnte erkennen, daß es kein Wal oder sonst ein Geschöpf war, das ich hier in der Gegend jemals gesehen hatte. Ich schätze, daß der über der Wasseroberfläche sichtbare Teil etwa vier Meter lang war mit einem ausgestreckten Hals. Es bewegte sich sehr schnell. Ich beobachtete es etwa fünf Minuten, während es zur See hinausschwamm. Das Geschöpf war schwärzlich-grau. Es war ungefähr vier Uhr nachmittags und wurde langsam dunkel... Ich finde, man sollte das Phänomen durchaus ernst nehmen.

Eine weitere Zeugin ist Miß Amelia Johnson aus London, die mit ihrer Schwester einen Ausflug nach Falmouth gemacht hatte:

Wir parkten unseren Wagen bei der Hawnan-Kirche und gingen in Richtung Rosemullion. Meine Schwester, die von den alten Bäumen, die hinter der Kirche stehen, völlig fasziniert war, blieb dort. Ich ging allein weiter.

Als ich über das Meer schaute, sah ich, wie sich aus dem Wasser in der Falmouthbucht plötzlich ein seltsames Gebilde erhob. Es war genauso, wie das Ungeheuer von Loch Ness immer beschrieben wird, eine Art von prähistorisch-dinosaurierähnlichem Wesen mit einem Hals, so lang wie ein Laternenpfahl.

Es ist schwer zu beurteilen, ob all diese Berichte tatsächlich der Wahrheit entsprechen oder ob Menschen, durch die Rehabilitierung "Nessys" dazu ermuntert, auch ihre Gegend mit einem solchen Tier "bevölkern" möchten. Sollte dies der Fall sein, bleibt es allerdings ein Rätsel, wie sich bloße Vorstellungen auf einem immerhin existierenden Foto abbilden können.

Ein anderes Foto ging im Juli 1977 durch die Weltpresse. Der japanische Fischtrawler "Zuiyo Maru" hatte zusammen mit anderen Meerestieren ein mehrere Meter langes Reptil aus 350 Meter Tiefe an Bord gehievt. Leider hatte das Tier offenbar bereits einige Wochen tot unter Wasser gelegen, so daß die Mannschaft es wegen des unerträglichen Gestanks und der Meinung, die Fischfracht könne dadurch Schaden nehmen, wieder ins Meer zurückbeförderte. Zuvor jedoch war es dem 39 Jahre alten Michihiko Yano noch gelungen, ein Foto des Ungeheuers anzufertigen, und seither sind die japanischen Paläontologen dabei zu enträtseln, was sich da im Netz des Trawlers verfangen haben könnte. Professor Fujio Yasudo, Saurier-Experte an der Universität von Tokio, stellte zunächst fest:

> Es ist weder ein Wal noch eine Riesenschildkröte, keine Robbe, kein Delphin und kein Hai.

Deutlicher hingegen wurde sein Kollege Prof. Yoshinori Imaizumi, ebenfalls von der Universität Tokio:

> Es ist ein Reptil, und alles deutet auf den Plesiosaurus hin.

Mit Sichtungen lebender prä-historischer Tiere beschäftigt sich der italienische Wissenschaftsjournalist Dr. Peter Kolosimo in seinem Buch "Viele Dinge zwischen Himmel und Erde", und geht dabei speziell auf Berichte aus der Sowjetunion ein. Denn auch in russischen Seen scheinen unbekannte, riesige Tiere zu leben, etwa im sibirischen Labynkyr-See (Jakutien), wo sie von dem sowjetischen Geologen V. Tjerdokherbow erstmals gesehen wurden:

> Der Körper, der triefend aus dem Wasser kam, gleicht einem riesigen, glänzenden Zinnfaß. Am Kopf hat das Ungeheuer zwei sehr ausgeprägte Vorsprünge, die etwa zwei Meter auseinanderliegen. Ich hatte den Eindruck, als wären das die Augen des Tieres.

Seit dieser Sichtung im Jahr 1953 sind mehrere Expeditionen zum Labynkyr-See unternommen worden. Einmal, und zwar 1964, gelang es dabei dem Biologen Prof. Gladkikh, das Ungeheuer zu beobachten. In einem Interview mit der "Komsomol-kaja Prawda" erklärte er:

> An der Wasseroberfläche zeigte sich plötzlich eine große Bewegung, und dann sah ich das furchtbare Ungeheuer auf-tauchen, das einem Ichthyosaurier glich. Es hielt ein paar Sekunden inne, dann schwamm es schnell ans Ufer und drang ins Festland vor.

Auch in den Seen des afrikanischen Dschungels, so berichtet Kolosimo glaubhaft, sollen Ungeheuer leben. Und auch hier wieder die gleichen Merkmale: Großer, massiger Körper, langer Hals und kleiner Kopf. Der britische Forscher Sir Clement Hill ist einer der ersten Europäer gewesen, der ein solches Tier im schwarzen Kontinent gesehen hat. Hill schilderte damals sein Erlebnis wie folgt:

Ich stand auf dem Deck des Dampfers, der über den See fuhr. Bezaubert betrachtete ich die wunderbare Landschaft, als sich plötzlich aus dem Wasser ein Tier erhob, das mir vollkommen unbekannt war. Zuerst erschien ein kleiner Kopf, der am Ende eines überaus langen Halses saß, dieser ging seinerseits in einen scheußlichen Rumpf über. Immer mächtiger begann sich der Hals zu erheben, bis er schließlich die Höhe des Schiffes erreicht hatte und sich ihm näherte. Das Tier versuchte den Posten am Bug zu packen, erst im letzten Augenblick bemerkte der Neger die Gefahr und lief schreiend davon...

Die Episode soll sich am Victoria-See abgespielt haben. Die Eingeborenen dort, so erklärte Hill, kennen das Untier schon seit langen Zeiten und haben es Jaco-Nini genannt. Andere, die Bagandache-Neger, bezeichnen es mit dem Namen Lukwata und die Stämme am oberen Nil mit Lau.

Auch über ein anderes Ungeheuer schwirren in Afrika die Gerüchte. Es soll acht Meter lang sein, eine spitze Schnauze, auf dem Kopf ein Horn zwischen den Nasenlöchern und einen Buckel haben. Man könnte vielleicht ein etwas mißgebildetes Nashorn vermuten, doch der amerikanische Forscher Ivan T. Sanderson schreibt in dem in Arlington (Virginia) erscheinenden "Info-Journal" (März 1968) hierzu, daß die Erwähnung dieses Tieres an jene Reliefs erinnert, die der deutsche Archäologe Prof. Robert Koldewey seinerzeit bei den Ausgrabungen des berühmten Ischtar-Tores von Babylon fand: Abgebildet war ein drachenähnliches Tier mit einem Schuppenleib, langem Hals und Schwanz, Vorderpfoten wie Vogelkrallen, Reptiliengesicht mit einem Horn, Schlangenzunge und faltiger Kehle. Zunächst wollte Prof. Koldewey es einfach als mythologisches Ungeheuer einordnen, kam aber schließlich doch zu einer Auffassung, die der Meinung der anderen Gelehrten zwar widersprach, dennoch aber einiges für sich hat. In alten babylonischen Überlieferungen fand er Hinweise dafür, daß ein solches Tier mit dem Namen "Sirrush" einst von babylonischen Kriegern im Dschungel Afrikas gefangen und dann von den Priestern in der dunklen Höhle eines babylonischen Tempels festgehalten wurde. Auch Fossilienfunde weisen auf ein ähnliches Geschöpf mit langem Horn, und die Tatsache, daß in Zentralafrika babylonische Ziegeln gefunden wurden, gibt der Vermutung Ausdruck, Tierfänger könnten damals tatsächlich so weit vorgestoßen sein. Ivan T. Sanderson schließt seinen Bericht mit den Worten:

> Wenn in jener Zeit in Afrika ein pflanzenfressender, einhörniger Dinosaurier mit Vogelkrallen lebte, ist es leicht möglich, daß ein oder zwei Exemplare nach Mesopotamien exportiert wurden, wo sie große Verwirrung stifteten und zum ausschließlichen Eigentum der herrschenden Priesterklasse wurden. Ihre Anwesenheit als heilige Tiere würde die Darstellung, die man auf bedeutenden Gebäuden gefunden hat, voll und ganz rechtfertigen.

Aber nicht nur die Dschungel Afrikas halten völlig unbekannte Lebewesen verborgen. Ein noch größeres Reservoir scheinen die Weltmeere darzustellen.

Es war der September 1808, als ein bis dahin unbekanntes Geschöpf an den Strand der Orkney-Insel Stronsay geschwemmt wurde. Das Tier, bereits seit einiger Zeit tot, verbreitete einen derartigen Gestank, daß die Einwohner des nahegelegenen Fischerdorfes es wieder zurück ins Meer schleppten. Ihren Aussagen zufolge hatte das "Ding" sechs "Arme", "Füße", vielleicht auch "Flügel" und nichts mit einem Fisch gemeinsam.

Dagegen wurde im Oktober 1883 von mehreren Schiffen das Beobachten eines "schönen" Seeungeheuers gemeldet, das zuweilen vor der panamaischen Küste auftauchte. Sechs bis sieben Meter lang, besaß es einen Kopf ähnlich dem eines Pferdes, hatte vier Flossen und eine dunkelbraune mit schwarzen Flecken versehene Haut.

Um 1900 wurde abermals ein Gerippe an Land gespült, das erbärmlich stank und keiner bisher bekannten Tierart zugeordnet werden konnte. Der Ort des Geschehens war diesmal die Küste Floridas. Der Biologe Professor A.E. Verril untersuchte das Skelett und die übriggebliebenen Hautfetzen und kam zu dem Ergebnis, daß das Geschöpf etwa sechs Meter lang, zwei Meter breit gewesen und sieben Tonnen gewogen haben mußte. Zur Haut des Tieres schreibt er:

Die Haut ist rosa, fast weiß und silbrig in der Sonne. Sie ist so hart, daß ein normal scharfes Messer nicht eindringen kann.

Nicht identifiziert werden konnte auch das Meereswesen, dessen Kopf die Besatzung der "Balmedic" am 26. Juni 1908 aus der Nordsee mitbrachte. Forscher des Britischen Museums kamen zu dem Schluß, das Tier müsse in etwa die Größe eines Elefanten gehabt haben, denn allein die Augenhöhlen waren mehr als dreißig Zentimeter dick, und das Maul beherbergte eine ein Meter lange Zunge.

Ende 1976 sichtete die Besatzung des brasilianischen Forschungsschiffes "Deseado" 250 Seemeilen südlich der Falkland-Inseln und 200 Seemeilen östlich von Feuerland zwei Meeresungeheuer. Es gelang sogar, einen Film zu drehen, dessen Aufnahmen infolge des starken Seeganges aber verwackelt sind. Dennoch halten Filmexperten ihn für echt. Zu sehen sind zwei riesige Tiere, das eine einer riesigen Schnecke, das andere einem überdimensionalen Krokodil nicht unähnlich. Erste Schritte, solche oder ähnliche Tiere einzufangen, sind unterdessen in Vorbereitung.

Am rätselhaftesten unter all diesen Berichten sind jedoch jene Meldungen, die Gordon Bennet in seinem Buch "Blicke ins Unbekannte" gesammelt hat und über die auch Kolosimo (in "Schatten auf den Sternen") und George Langelaan (in "Die unheimlichen Wirklichkeiten") schreiben. Bennet berichtet:

Vor mehr als hundert Jahren, und zwar an einem Wintermorgen des Jahres 1825, wurde England durch die Entdeckung großer, nichtidentifizierbarer Spuren, die man auf den einen großen Teil des Landes bedeckenden Schneeflächen gefunden hatte, in Erstaunen gesetzt. Den Nachforschungen zufolge, die ich darüber sammeln konnte, wurde die Spur dieser erstaunlichen Abdrücke (die wie beträchtliche Vertiefungen aussahen und eher Miniaturgruben als regelrechte Spuren zu sein schienen) zum erstenmal in der Nähe der Ostküste, nahezu sicher in Norfolk und in Lincolnshire bemerkt: Dieselben Spuren sah man dann wieder an verschiedenen Orten, und zwar immer im Verhältnis zum Ausgangspunkt in südwestlicher Richtung. Sie wurden auch von zufälligen Beobachtern, die sich nach Devon begaben, bemerkt und verschwanden dann an der Küste des Ärmelkanals bei Teignmouth.

Bemerkenswert nun ist, daß dieses "Etwas" die Strecke zwischen Norfolk und Teignmouth in einer enorm kurzen Zeit zurückgelegt haben muß - und zwar in einer absolut geraden Linie. Die Spuren führten über Häuser, Mauern, Bäume, Sträucher, Gewässer und Gräben hinweg, so, als ob ihre Überwindung etwas ganz alltägliches gewesen sei. Abergläubische hielten die Fußstapfen als vom Leibhaftigen selbst hinterlassen und übereifrige Wissenschaftler erklärten (selbstverständlich, ohne die Spuren gesehen zu haben) es könne sich nur um Eselsabdrücke handeln. Andere glaubten an Kängeruhs. Eine Erklärung, wie Kängeruhs aus dem fernen Australien übers Meer kommend plötzlich in England derart gerade Strecken in so kurzer Zeit zurücklegen können, fanden sie dagegen nicht. - Einige Jahre später sollen die gleichen Spuren -ebenfalls absolut geradlinig - auch in Holland und den USA entdeckt worden sein. Wer sie hinterlassen hat, diese Frage ist bis heute ungeklärt.

Der "Schneemensch" vom Himalaja

Sind all diese Entdeckungen in der Öffentlichkeit und selbst unter Wissenschaftlern weitgehend unbekannt, gibt es doch ein weiteres Geschöpf, das inzwischen fast die legendäre Berühmtheit des Ungeheuers von Loch Ness erreicht hat. Gemeint ist der "Schneemensch", eine affenähnliche, über zwei Meter große aufrecht gehende Kreatur, die vor allem im Himalaja, im Kaukasus und in den Wäldern Nordamerikas beheimatet sein soll und mit der wir uns zum Abschluß dieses Kapitels ein wenig beschäftigen wollen.

Es ist im allgemeinen bekannt, daß die Religionen der Bergvölker Nepals und Tibets, also der unmittelbaren Himalaja-

Bewohner, erfüllt sind mit Dämonensagen, Erzählungen über furchterregende Ungeheuer usw. Nicht wenige dieser Mythen berichten auch vom "Yeti", dem "Schrecklichen Schneemenschen", der bei den dortigen Bewohnern als böser Geist angesehen wird, den es zu fürchten gilt. Zuweilen, so die Überlieferungen, soll allein der Anblick eines Yeti tödlich wirken.

Die Legenden um den Schneemenschen sind im Himalaja weit verbreitet und uralt. Der wahrscheinlich erste Europäer, der in irgendeiner Weise mit diesem Geschöpf konfrontiert wurde, war der englische Oberst Howard Bury, Leiter einer britischen Expedition zum Mount Everest. Er fand in einer Höhe von 6800 Metern seltsame Fußspuren im Schnee, von denen er überzeugt war, sie dem Yeti zuordnen zu können.

Aber erst 1951 hörten die Menschen in Europa erstmals etwas über das Wesen aus den asiatischen Bergen. Eric Shipton, englischer Bergveteran, hatte damals einen neuen 6000-Meter-Paß entdeckt. Hier, an einer Stelle, an der vor ihm noch nie ein Mensch gewesen war, machte Shipton erstmals Fotos von Spuren eines Yeti. Shipton über die damalige Entdeckung:

> Ich hatte diese Spuren schon oft gesehen, aber bis dahin war ich so eine Art Ungläubiger gewesen. Aber jetzt, mit diesen ganz klaren und frischen Spuren, gab es keinen Zweifel mehr. Es war ein unheimliches Gefühl, dem ganz Unbekannten zu begegnen.

Die Fotos verursachten einige Aufregung und es dauerte nicht lange, bis sich zahlreiche Expeditionen auf den Weg machten, den Yeti zu finden. Die Ausbeute allerdings war spärlich. 1958 fand man ein Lager, das einem Yeti gehören sollte, aber über die Echtheit des Fundes läßt sich streiten. Drei Jahre später entdeckte eine Expedition ein angebliches Yeti-Fell, doch bei späteren Untersuchungen stellte sich heraus, daß es sich lediglich um das eines Bären handelte. Ähnlich verhielt es sich mit einer Hand und einem Schädel, die einem Schneemenschen gehören sollten, letzterer stammte jedoch erwiesenermaßen von einer Antilope.

Einer derjenigen, die nicht an die Existenz des Yeti glauben, ist Sir Edmond Hillary, der mit zu jenen gehörte, die als erste den Mount Everest bestiegen. Auch er hatte eine Expedition geleitet, deren Ziel das Auffinden eines Schneemenschen war. Aber Hillary kam nach Abschluß der Forschung zu einem negativen Ergebnis. Seine Begründung scheint stichhaltig zu sein:

> Ich glaube, die meisten, die den Schneemenschen gesehen haben wollen, sahen in Wirklichkeit den sehr seltenen tibetanischen Blaubären. Ich sage das deshalb, weil jedesmal, wenn wir ein Blaubärfell zeigten, die Sherpas "Yeti, Yeti!" riefen. Denn alle Merkmale paßten genau zu ihren Berichten, wie der Yeti aussehen sollte.

Nun, so ganz stimmt dies nicht, denn nach den Aussagen der Bergvölker ist der Schneemensch etwa so groß wie ein Mensch mit gorillaähnlichem Gesicht. Der Körper ist ganz mit dichtem rotbraunem bis schwarzen Haar bedeckt. Er hat schwere, leicht nach vorn gebeugte Schultern und lange, fast bis zu den Knien reichende Arme. Anders als jeder Bär besitzt er keinen Schwanz, auch sein Gesicht ist flach und haarlos und sieht eher dem eines Menschen als dem eines Tieres ähnlich. Der Yeti soll laute Schreie ausstoßen und zuweilen auch piepsende Geräusche von sich geben. Vor allem aber bewegt er sich auch über lange Strecken nur auf zwei Beinen vorwärts, eine Gangart, die nur der Mensch, nicht aber ein Bär beherrscht.

Hillary beschäftigte sich auch mit den Spuren und meint, sie könnten auf andere, bekannte Tierarten zurückgeführt werden. Beim Schmelzen und Wiedergefrieren vergrößerten sich Spuren oft und würden dann für die eines riesigen Tieres gehalten werden.

Dies mag richtig sein, nur läßt sich auch auf diese Weise nicht klären, wie es eventuellen Affen oder Bären gelang, sich auf zwei Beinen über große Entfernungen hinweg zu bewegen. Den Beweis dafür liefern eben gerade die Spuren, die zudem keine Krallenabdrücke, wie etwa bei Bären, aufweisen.

Und schließlich gibt es zahlreiche Berichte über das Auftauchen eines Yeti. Einer der wenigen Europäer, die ihn bisher beobachtet haben, dürfte der in Griechenland lebende Tom Barci gewesen sein. Bei einer Everest-Expedition 1925 sah er in etwa 300 m Entfernung ein dunkles, behaartes, menschenähnliches Geschöpf, das mit einem Stock in der Erde nach Wurzeln grub.

Auch der indische Sanskritforscher Yogi Naraharinat will den Schneemenschen gesehen haben. Naraharinat berichtete 1975 einer amerikanischen Fernsehgesellschaft von seinem Erlebnis:

Ich sah den Yeti während einer Tour mit 60 Leuten durch den Westhimalaja. Ich war mit meinen Freunden 100 Meter voraus, als ich ein häßliches, schwarzes Geschöpf sah, das wie ein Mensch ging. Es war behaart, nackt und lief sehr schnell.

Nicht immer geht es bei Beobachtungen des Yeti so glimpflich ab. Im Oktober 1974 berichteten nepalesische Zeitungen über eine Begegnung, nach der ein 19jähriges Sherpa-Mädchen, das eine Herde Yaks (Himalaja-Büffel) hütete, von einem Schneemenschen angegriffen worden sei. Das Mädchen:

Plötzlich sprang der Yeti auf mich zu und schleuderte mich in einen Graben. Ich wurde ohnmächtig. Als ich wieder zu mir kam, sah ich, wie der am ganzen Körper behaarte Schneemensch meine fünf Yaks packte und ihnen das Genick umdrehte.

Daraufhin wurden einige Polizisten zum angegebenen Ort ins Gebirge geschickt. Die von ihnen gefundenen 32 Zentimeter langen Fuß- und 27 Zentimer langen Handabdrücke im Schnee bestätigen die Geschichte des Mädchens.

Auch in der Sowjetunion sollen Schneemenschenfamilien leben. Während des Zweiten Weltkrieges ist einer von ihnen gefangen genommen und später hingerichtet worden, angeblich, weil man ihn für einen Spion hielt. Die russischen Soldaten hatten seine Spur und dann ihn selbst gefunden und in eine Scheune gesperrt. Dr. Wasgen Karapetjan, damals Armeearzt, erinnert sich:

Als ich in die Scheune kam, sah ich den Mann im Licht einer Sturmlaterne. Läuse krochen durch seine buschigen Augenbrauen. Ich nahm eine Pinzette und zog vorsichtig ein Haar aus seinem Körper. Dann riß ich ihm ein Haar aus der Nase. Er grunzte, aber verteidigte sich nicht.

Wenige Tage später wurde der Mann erschossen. Karapetjan teilte man mit, er sei geflohen, aber Dr. Igor Bourtsjew, Direktor des Moskauer Darwin-Museums, stellte nach intensiven Recherchen fest:

Er wurde vor ein Erschießungskommando gestellt und hingerichtet.

Nach Ansicht von Dr. Bourtsjew dürften im Kaukasus etwa 200 Schneemenschen leben. Bourtsjew:

Die Bewohner der einsamen Gegend im östlichen Kaukasus streuen Futter für die Bergmenschen aus. Aber sie lassen sie nach alter Tradition ungestört.

”Bigfoot” in Amerika

Bekannter noch als der Schneemensch des Kaukasus ist zweifellos der Riese Nordamerikas. Bereits den Indianern war dieses zwei bis drei Meter hohe, mit dunkelbraunen oder schwarzem Fell bekleidete, aufrecht gehende Wesen unter dem Namen ”Sasquatch” bekannt. Aufgrund der häufig zurückgelassenen riesigen Fußspuren nennt man ihn heute ”Bigfoot” - ”Großfuß”.

Es ist nicht bekannt, wann der erste Weiße die Spuren dieses Affenmenschen gesehen oder ihn selbst beobachtet hat. David Thompson, Gutachter und Händler bei der kanadischen Northwest-Company, berichtete jedenfalls schon 1811 über eine Begegnung mit Bigfoot, und am 9. Mai 1851 druckte der ”National Enquirer” den Bericht einer Begebenheit in Arkansas ab:

Dieses ungewöhnliche Wesen ist in St. Francis, Greene und Poinsett schon lange bekannt, und seit 17 Jahren begegnen ihm auch Jäger aus Arkansas.

Am 30. Juni 1884 sahen die Reisenden eines Zuges, der von Lytton nach Yale fuhr, eine Kreatur, dessen Körper ”mit Ausnahme der Hände (oder Pfoten) und der Füße von einem glänzenden Fell bedeckt war. Es hatte viel längere Unterarme als ein Mensch und verfügte über außergewöhnliche Kräfte”. Angeblich fingen die

Passagiere es ein, stellten es einige Zeit lang in Yale zur Schau, aber über seinen weiteren Verbleib ist nichts bekannt.

1924 war der Holzfäller Albert Ostman in der kanadischen Provinz British Kolumbien auf Goldsuche. Auch er begegnete Bigfoot:

> An das Indianermärchen vom Sasquatch habe ich nicht geglaubt. Mitten im Schlaf wurde ich aufgerüttelt, und ich versuchte gerade, nach meinem Dolch zu greifen, da riß mich ein Tier oder etwas ähnliches gemeinsam mit meinem Schlafsack hoch und warf mich über die Schultern. Wir gingen durch wildes Berggebiet, bis das Ungeheuer mich fallen ließ. Am nächsten Morgen umringte mich eine Schar Zweibeiner, die wie eine Kreuzung zwischen Mensch und Gorilla aussahen. Sie waren am ganzen Körper behaart, nur das Gesicht erschien haar- und bartlos. Sie hatten einen außerordentlich kräftigen Brustkorb und große Hände. Nach einigen Tagen Gefangenschaft konnte ich die Verwirrung ausnutzen, die dadurch entstand, daß einer meine Schnupftabakdose verschluckte und daraufhin krank wurde, und verschwand.

Beliebtester Tummelplatz der "Großfuß"-Wesen scheint das nord-kalifornische Tal des Bluff-Creek zu sein. Hier wurden im Laufe der letzten Jahrzehnte die meisten Sichtungen gemeldet. Es begann mit dem Spurenfund des Arbeiters Gerald Crew, der sie im August 1958 beim Bau einer neuen Straße entdeckte. Sie mußten auf riesige Menschen zurückzuführen sein, denn sie hatten eine Länge von 45 Zentimetern.

1967 gelingt es dem "Bigfoot"-Jäger Roger Patterson, den ersten und möglicherweise bisher einzig authentischen Film von einem "Großfuß" zu drehen.

Es ist Oktober. Patterson und ein Kollege, ein erfahrener Führer und Fährtenleser, durchstreifen zu Pferd das Tal des Bluff Creek. Sie sind auf der Suche nach einem riesigen, behaarten, menschenähnlichen Geschöpf, das erst kurz zuvor hier gesehen worden sein soll.

Plötzlich scheut Pattersons Pferd. Es steigt wild in die Höhe und wirft den Jäger ab. Noch im Fallen erkennt Patterson den

Grund: Ein Bigfoot-Wesen, nicht weit von ihm entfernt. Patterson später:

> Links von mir stand in etwa 40 Meter Entfernung ein Tier von außergewöhnlichen Maßen. Sein Kopf war einem Menschenkopf sehr ähnlich, nur viel flacher. Es hatte eine breite Stirn und große Nasenlöcher. Wenn es ging, reichten ihm die Arme bis zu den Knien. Der Körper war mit Ausnahme des Gesichts von einem braunen Fell bedeckt, das an den Spitzen etwas heller wurde und fünf bis zehn Zentimeter lang war. Es war ein Weibchen mit großen, herunterhängenden Brüsten.

Patterson greift nach seiner Kamera und rennt los. Im Laufen dreht er einige Meter Film, bevor die Gestalt im Dickicht verschwunden ist. Die beiden Männer folgen ihr nicht, da sie einen Angriff befürchten.

Nur wenige Tage später untersucht der ehemalige Tierpräparator Robert Titmus die Spuren des Tieres und macht Abgüsse davon. Titmus, seit 1958 Experte für "Bigfoot"-Abdrücke ist bekannt dafür, daß er Fälschungen sofort von echten Spuren unterscheiden kann. Nach eingehenden Untersuchungen aber kommt er zu dem Schluß:

> Ich kann mir nicht vorstellen, auf welche Weise man diese Spuren hätte fälschen können. Es ist bewiesen, daß sie von einem Wesen stammen, das etwa 275 bis 300 Kilogramm wiegt.

Besonders in den letzten Jahren wurden zahlreiche Beobachtungen gemacht, die einen Zusammenhang andeuten, der zuvor nicht beobachtet oder beachtet wurde und der keineswegs zur Lösung, sondern zur Verwirrung des Problems beigetragen hat. Es ist ein Zusammenhang, der völlig unwahrscheinlich erscheint, der aber dennoch in irgendeiner Weise bestehen muß: Eine Verbindung zwischen "Bigfoot" und den Sichtungen Unbekannter Flug-Objekte.

Bis jetzt weiß kein Forscher zu sagen, wie man beides miteinander in Einklang bringen kann. Denn die Gegensätze, Bigfoot als Angehöriger einer äußerst primitiven Menschenrasse und die Unbekannten Flugobjekte als Vertreter einer hochstehenden

Zivilisation, scheinen unüberbrückbar. Das Rätsel ist zunächst nicht zu entschleiern und das einzige, worauf wir uns beschränken können, ist die Wiedergabe von Bigfoot-UFO-Parallelberichten. Eine Lösung hingegen vermögen wir nicht anzubieten.

Das Landhaus der Familie Doe liegt etwa 1,5 Kilometer vom Youghiogheny-Fluß, 70 Kilometer östlich der Industriestadt Pittsburgh im Vorland der Appalachen. Am Abend des 6. Februar 1974 sitzt Mrs. Doe vor dem Fernsehgerät. Sie ist allein zu Hause, als sie gegen 20.30 Uhr draußen das Klappern von Blechbüchsen hört. Da in der Gegend wilde Hunde gesehen worden sind, nimmt sie ihr Gewehr, lädt es, öffnet die Tür und schaltet das Licht der Veranda ein:

Als das Licht anging, sah ich plötzlich zwei Meter vor mir eine riesige haarige Gestalt stehen, die im selben Augenblick die Hände hochstreckte. Ich nahm an, sie würde nach mir fassen, und schoß sofort auf das Ungeheuer. Da verschwand es in einem Lichtblitz, den man am ehesten mit einem Fotoblitz vergleichen kann. Die zweibeinige Gestalt war von Kopf bis Fuß mit dunkelgrauem Haar bedeckt. Geräusche oder Gerüche habe ich nicht wahrgenommen.

Frau Doe ist vollkommen verstört und stürzt ins Haus zurück. Etwa dreißig Meter entfernt steht ein moderner Wohnwagen, den die Tochter und der Schwiegersohn bewohnen. Dieser hatte die Schüsse gehört und rief sofort an, um sich zu erkundigen, was geschehen sei. Er nimmt daraufhin die Pistole und läuft hinüber zum Haus.

Plötzlich sieht er am nahen Waldrand mehrere dunkle Gestalten. Er geht auf sie zu und leuchtet sie mit einer Taschenlampe an. Erschrocken stellt er fest, daß es sich um riesige, stark behaarte Wesen handelt, die sich unbeholfen, fast wie Urang-Utans bewegen. Auch er hört dabei kein Geräusch.

Den Mann erfaßt Panik. Er gibt zwei Schüsse auf die Gestalten ab, läßt seine Lampe fallen und rennt zum Haus seiner Schwiegermutter. Während er das Jagdgewähr lädt, verständigt die Frau die Polizei.

Unterdessen ist der Mann wieder zum Wald hinaus. Er kann jedoch keines der Wesen mehr sehen. Dafür erkennt er, vielleicht einen Kilometer entfernt, ein helles, blauleuchtendes Licht, von dem er sich nicht erklären kann, woher es kommt. Als die Polizei erscheint, ist das Licht verschwunden. Im Gegensatz zu vielen anderen Beobachtungen finden sie keine Spuren der Wesen, was aber auf den bereits gefrorenen Boden zurückgeführt werden kann. Dennoch glauben die Polizeibeamten den Aussagen der beiden. Einer der mit dem Fall Beauftragten erklärte:

Ich zweifele nicht daran. Es gibt zuviele Berichte um darüber lachen zu können.

Etwa eine halbe Stunde, nachdem die Polizisten wieder fortgefahren sind, hört Frau Doe ein Geräusch, das sie mit dem Brummen eines Hubschraubers vergleicht, nur lauter. Sie erinnert sich, das gleiche Geräusch auch kurz vor dem Auftauchen der Kreatur vernommen zu haben. Zu vermerken ist auch das Verhalten der Hunde, die sich während des Vorfalls jaulend in ihre Hütten zurückgezogen hatten und am ganzen Körper zitterten, obwohl sie normalerweise jeden Fremden sofort anbellen. Auch der sechs Monate alte Enkel weinte die ganze Nacht hindurch, obwohl derartiges bisher nicht vorgekommen war.

Schon früher hatte die Familie unheimliche Vorgänge registriert. Lichter und Lichtkugeln waren in der Nähe des Hauses erschienen, auch das Hubschrauberbrummen hatte man bereits mehrmals gehört. Im Sommer 1973 glaubte Mrs. Doe, irgendwer hätte sie mehrmals im Schlaf berührt, doch immer, wenn sie das Licht einschaltete, war niemand im Zimmer gewesen. Oft hatte sie das Gefühl, intensiv angestarrt zu werden, konnte aber ebenfalls niemanden sehen.

Im November 1973 verschwand eine Katze der Familie auf mysteriöse Weise. Das Tier war zusammen mit zwei anderen, jüngeren Katzen in einem Käfig untergebracht. Am Morgen war das Tier verschwunden, während die beiden anderen nicht angerührt waren. Und obwohl es am Abend zuvor geschneit hatte, fanden sich keine Spuren, weder die eines Entführers, noch die der Katze.

Am 24. Oktober 1973 wird in der Nähe von Uniontown, Pennsylvanien, die Landung eines UFOs beobachtet. Es soll sich um ein riesiges, rotes, ballförmiges Objekt gehandelt haben. Einer der Zeugen, George Kowaldczyk, gab zu Protokoll:

Ich fuhr gerade mit dem Lastwagen, als am Himmel über dem Feld meines Vaters ein orangefarbenes Licht auftauchte.

Kowalczyk holte sein Gewehr und ging mit zwei Nachbarjungen, die das Licht ebenfalls gesehen hatten, auf Suche. Dann sahen sie das UFO:

Das Objekt wechselte die Farbe auf weiß, hatte zirka 30 Meter Durchmesser, so groß wie ein Haus mit einer Kuppel obendrauf. Es war sehr, sehr hell und gab Geräusche wie ein riesiger Rasenmäher von sich.

In diesem Moment sehen die beiden Jungen zwei Wesen an einem nahegelegenen Zaun entlanggehen. Es sind zwei Gestalten, die den 1,90 Meter hohen Zaun noch überragen. Sie sind völlig behaart und ihre Arme hängen tief herunter. Die Augen leuchten gelbgrün und ein unerträglicher Gestank geht von ihnen aus.

Als einer der Jungen vor Angst wegläuft, gibt Kowalczyk einen Schuß ab. Doch die Wesen lassen sich davon nicht erschrecken, sondern kommen jetzt genau auf den Schützen und den verbleibenden Jungen zu. Da entschließt sich Kowalczyk, direkt zu feuern:

Die größere Gestalt stieß einen Klagelaut aus, hob die rechte Hand zu ihrem Begleiter - das Licht und das Geräusch auf dem Feld verschwanden. Langsam zogen sich die beiden Wesen in den Wald zurück.

Auch das Objekt war verschwunden. Aber an der Stelle, an der es gestanden hatte, glühte der Erdboden noch immer stark in einer hellweißen Farbe.

Einige Jahre zuvor, am 4. Dezember 1970, entdeckten die Kinder der Familie Bowers aus Vader im US-Staate Washington, im Schnee große, vierzig Zentimeter lange und fünfzehn Zentimeter breite Fußabdrücke. Drei Tage später konnten Mrs. Bowers und ihre Kinder einen sehr hellen "Stern" beobachten, der sich ihnen näherte:

Er schien eine Kuppel als Zentrum zu haben, um die sich ein großer Kreis drehte. Die Mitte war intensiv orange. Nach außen hin wurde das Licht immer schwächer, es gab aber keinen scharfen Rand. Das Objekt schwebte über den Bonneville-Stromleitungen. Nachdem es die Stromleitungen verlassen hatte, wechselte es die Farbe von orange nach weiß.

Kurz bevor das Objekt verschwand, glauben die Kinder beobachtet zu haben, daß sich ein kleiner grauer Schatten von dem Fluggerät löste und zur Erde fiel. Um was es sich dabei handelte, konnten sie nicht angeben und wir sind lediglich auf Mutmaßungen angewiesen.

Vielleicht gibt uns die Sichtung zweier Mädchen aus Pennsylvanien einen Hinweis, die am 27. September 1973 gegen 20.30 Uhr im Wald spazieren gingen und dabei auf eine weiße, haarige Gestalt, etwa 2,20 Meter groß, trafen. Anders als bei ähnlichen Begegnungen trug das Geschöpf eine leuchtende, hellstrahlende Kugel in der Hand. Die Mädchen konnten flüchten und kamen schreckensbleich zu Hause an.

Werden "Bigfoot"-Wesen aus irgendwelchen Gründen von UFOs abgesetzt, wie manche spekulieren? Oder handelt es sich nur um visuelle, nicht wirkliche Projektionen, die, wie andere meinen, aus ebenfalls nicht bekannten Motiven von außerirdischen Raumschiffen abgestrahlt werden? Wir wissen es nicht. Mit Sicherheit kann man nicht alle Beobachtungen eines "Großfuß", eines Yeti oder eines kaukasischen Schneemenschen mit UFOs in Zusammenhang bringen. In vielen Fällen aber ist eine Verbindung, auch wenn wir ihren Sinn nicht erkennen, durchaus zu vermuten.

Für die nicht-wirkliche, also nur scheinbar reale Existenz der über zwei Meter großen Riesen sprechen die beiden letzten Fälle, die wir im Rahmen dieses Kapitels kurz anreißen wollen.

Es ist in der ersten Augustwoche 1972, als Frau Lou Rodgers, Einwohnerin des kleinen Ortes Roachdale, Indiana (etwa 60 km westlich von Indianapolis), abends das Haus verläßt, um die Fenster ihres Wagens zu schließen. Sie tritt vor die Tür und hört ein brummendes Geräusch in der Dunkelheit. Zunächst achtet sie nicht darauf, als es aber beständig anhält, bekommt sie Angst und kehrt zum Haus zurück.

Ungefähr eine Stunde zuvor hatte einer ihrer Brüder in der Nähe ein großes leuchtendes Objekt gesehen, das für kurze Zeit über einem in der Nähe gelegenen Kornfeld schwebte.

In den folgenden Wochen wird die Familie Rodgers häufig von unbekannten und unerklärlichen Geräuschen belästigt. Randy Rodgers, der Ehemann, erinnert sich:

> Es klang, als ob jemand im Hof herumgehen und an die Fenster klopfen würde. Mit jeder Nacht verstärkte sich der Lärm.

Er besorgt sich ein Gewehr und entdeckt schließlich eine breitschultrige, zweibeinige, etwa 1,80 Meter große Gestalt, die, immer wenn er sich in der Tür oder am Fenster zeigt, sofort im Kornfeld untertaucht. Rodgers:

> Zu einer bestimmten Zeit, so um 22 Uhr bis 23.30 Uhr, kam es jede Nacht. Man konnte es schon vorher fühlen. Dann begann das Klopfen. Das geschah jede Nacht - zwei Wochen hindurch. Ein fauliger Geruch - wie Abfall oder tote Tiere - ging immer von dem Wesen aus.

Und seine Frau fügt hinzu:

> Ich stand in der Küche, da tauchte das Wesen am Fenster auf. Es duckte sich unter dem Fenster und stand dann wieder auf. Sogar auf allen Vieren war es 1,80 Meter groß. Am Tage war es niemals zu sehen - ich ließ sogar die Türen offen. Wir konnten keine Spuren entdecken, nicht einmal, wenn es über Schlamm gelaufen war. Es lief und sprang, als ob es nichts berühren würde. Manchmal schien es, als könne man durch die Kreatur hindurchsehen.

Wurde hier niemandem (von den Klopfgeräuschen und den anderen Belästigungen abgesehen) ein Schaden zugefügt, war dies in einem anderen Fall leider nicht so.

Am 22. August 1972 kommen Carter Burdine und sein Onkel Bill zu ihrer Farm zurück. Bereits von weitem sehen sie, daß der Weg zum Hühnerstall mit etwa sechzig toten Vögeln übersät ist. Aber anders als ein natürlicher Räuber hatte der Mörder der Tiere diese nicht aufgefressen, sondern ihnen nur den Hals aufgeschlitzt.

Die beiden Männer verständigen sofort die Polizei, und wenig später erreicht Sheriff Leroy Cloncs die Farm. In diesem Moment bricht im Hühnerstall ein lautes Gezeter und ein unglaublicher Lärm los. Cloncs springt in den Wagen und fährt den Weg zum Stall hinunter. Da springt "irgendetwas" aus dem Straßengraben, überquert den Weg und verschwindet im gegenüberliegenden Feld. Das ganze läuft so schnell ab, daß Cloncs nichts genaues erkennen kann. Carter und Bill Burdine treffen wenig später an der Stelle ein. Sie entdecken, daß dort, wo das "Etwas" den Zaun überquert hatte, dieser völlig in Grund und Boden gestampft ist.

Inzwischen ist es dunkel geworden. Doch plötzlich sehen die Männer im Scheinwerferlicht ihrer Wagen eine riesige Kreatur in der Tür des Hühnerstalls stehen. Carter Burdine:

Sie füllte die Tür komplett aus - die Tür hat die Maße 1,80 x 2,40 Meter. Die Schultern reichten bis zum oberen Türrahmen. Das "Tier" schaute wie ein Gorilla oder Orang-Utan aus. Es hatte langes Haar, und ich konnte niemals sein Gesicht oder seine Augen sehen.

Eine wilde Verfolgungsjagd beginnt. Aber obwohl die Männer mehrmals genau zielen, zeigt das Wesen keinerlei Reaktion. Es bewegt sich völlig lautlos und hinterläßt keine Spuren. Außer den insgesamt 170 toten Hühnern erinnert nichts mehr an den Riesen, nicht einmal Haarreste konnten gefunden werden.

Wie schon weiter oben angedeutet, haben derartige Sichtungen offenbar nichts mit den Bigfoot-Beobachtungen vor allem in Nordkalifornien, im Himalaja oder im Kaukasus zu tun. Andererseits erhebt sich die Frage nach dem Sinn, nähmen wir einmal an, UFOs stünden damit in einem engen, direkten Zusammenhang. Was zum Beispiel, spekulieren wir einmal, es handele sich tatsächlich um täuschend echte visuelle Projektionen, hätten Insassen eines außerirdischen Raumschiffs davon, derartige Wesen Menschen erschrecken und Tiere abschlachten zu lassen? Hinter all dem ist kein logisch akzeptabler Sinn zu erkennen, zumal derartige Fälle meines Wissens erst zu Beginn der siebziger Jahre auftraten.

Andererseits - wir wissen so wenig über die Unbekannten Flug-Objekte, so wenig über all die Rätsel unserer Welt. Vielleicht gibt es tatsächlich einen für uns nicht, möglicherweise nie erkennbaren Sinn. Vielleicht stehen alle Geheimnisse der Menschheit in einem irgendwie gearteten Zusammenhang, den wir nicht einmal erahnen. Aber - ist es nicht auch beruhigend zu wissen, daß es auf unserer technisierten Welt der Atomenergie und der Raumfahrt noch immer Rätsel gibt, die ungelöst bleiben? Vielleicht wäre es für uns ein unüberwindbarer Schock, wenn wir all die Geheimnisse, die uns umgeben, erfahren würden.

Das bedeutet freilich nicht, daß wir aufhören sollten zu forschen. Eine wissenschaftliche Erkundung des "Bigfoot"-Phänomens, ganz gleich, von welchem Standpunkt aus man es betrachtet, ist dringend notwendig. Es sprechen einfach zu viele Beobachtungen und Spurenfunde für seine Existenz, ebenso wie für andere Ungeheuer auf unserem Erdball, als daß man es sich leisten könnte, sie einfach weiter zu ignorieren. Mit einer solchen Haltung macht man niemandem einen Gefallen, weder den zahlreichen Menschen, die sie gesehen haben, noch der Wissenschaft, deren oberstes Ziel es sein sollte, das Unerforschte zu erkunden, auch wenn es zunächst unglaublich, ja unglaubwürdig erscheint.

Kapitel V

Wunder in Raum und Zeit

Alle Geheimnisse liegen in vollkommener
Offenheit vor uns.
Nur wir stufen uns gegen sie ab, vom
Stein bis zum Seher. Es gibt kein
Geheimnis an sich, es gibt nur
Uneingeweihte aller Grade.

Christian Morgenstern

**Aufbruch ohne Wiederkehr - Wenn
Menschen verschwinden - Von Parallelwelten und Schwarzen Sonnen - Relikte aus anderen Welten - Die Rätsel
der Zeit - Die Menschen vom Mount
Shasta - Reisende aus der Zukunft**

Aufbruch ohne Wiederkehr

Über das Bermuda-Dreieck ist in den vergangenen Jahren viel geschrieben und gesprochen worden. Durch das gleichnamige Buch des amerikanischen Schriftstellers Charles Berlitz wurde eine Weltdiskussion ausgelöst, die bis heute andauert.

Das war nicht immer so. Ich kann mich noch gut an die Zeit erinnern, in der zuweilen hier, zuweilen dort vereinzelt etwas zu hören oder zu lesen war, zum Teil unglaubliche, ja haarsträubende Geschichten über ein Gebiet vor der Küste Amerikas, in dem seit vielen Jahrhunderten Schiffe, Flugzeuge und Menschen auf rätselhafte Weise verschwinden. Bekannt war damals hier in Europa fast nur jener merkwürdige Vorfall, der sich am 5. Dezember 1945 ereignete. Damals verschwanden fünf Torpedoflugzeuge der amerikanischen Luftwaffe, nachdem sie zuvor rätselhafte Funkmeldungen über das Meer, das nicht so aussah, wie es sollte, über die Sonne, die sie nicht erblickten und über offensichtliche Orientierungslosigkeit abgeschickt hatten. Ein großes Suchflugzeug, das ebenfalls verschwand, wurde wie die fünf Torpedobomber nie mehr aufgefunden. Man entdeckte weder Wrackteile noch Schwimmwesten noch Leichen.

Von diesem heute in allen Einzelheiten bekannten Vorfall wußten vor 1975 hier nur sehr wenige. Man hatte auch kaum eine Möglichkeit, Neues in Erfahrung zu bringen, und so blieb man auf zum Teil völlig übertriebene Spekulationen angewiesen.

Dann - wie gesagt - erschien im Jahr 1975 der inzwischen zum Weltbestseller avancierte Titel "Das Bermuda-Dreieck" von Charles Berlitz und veränderte die Sachlage mit einem Schlag. Denn das Thema stieß auf ein unerhörtes Interesse. Zeitungen und Zeitschriften druckten Teile des Buches ab, diskutierten die darin aufgestellten Thesen, versuchten sie zu widerlegen oder stimmten zu. Bis heute hat sich daran nichts geändert. Auch das Fernsehen nahm sich in mehreren Sendungen des Themas an, und so gelang es, das Rätsel des Bermuda-Dreiecks weltweit einer großen Öffentlichkeit bekannt zu machen.

Es hat wenig Sinn, innerhalb dieses Buches erneut die inzwischen bekannten Fälle aufzuzeigen. Sie wurden bereits in anderen Publikationen behandelt. Es wird allerdings unumgänglich sein, zuweilen auf diese Fälle hinzuweisen, wenn wir uns jetzt jenen Vorkommnissen zuwenden, die leider noch zu wenig bekannt sind, die aber dennoch Beachtung verdienen, weil sie helfen, das Bild, das wir uns vom Bermuda-Dreieck machen, zu vervollständigen.

Auf welche Ursachen könnten die hohen Verluste in diesem Gebiet zwischen Florida, den Bermudas und Puerto Rico zurückzuführen sein? Es ist eine Tatsache, daß gerade in jenem Bereich häufig Wetterumschwünge beobachtet werden. War der Himmel soeben noch strahlend blau, kann er sich innerhalb von einer viertel Stunde schwarz verfärbt haben. Orkane von unglaublicher Gewalt, Tornados und Seehosen sind dann der Schrecken aller Seeleute. Nicht wenige der im Bermuda-Dreieck verschollenen Schiffe und Flugzeuge dürften auf diese Weise untergegangen oder abgestürzt sein.

Auch starke Seebeben sind hier, am Rande der "Tounge of Ocean", der "Zunge des Ozeans", verzeichnet worden. Haushohe, plötzlich auftretende Wellen sind wahrscheinlich schon manchem Schiff, vielleicht auch niedrig fliegenden Flugzeugen, zum Verhägnis geworden. Magnetische Störungen, wie man sie hier sehr häufig beobachtet, können auf derartige unterseeische Veränderungen oder auf starke Gewitter zurückgeführt werden. Die verwirrten Piloten schlugen vielleicht eine völlig falsche Richtung ein, und als ihr Treibstoffvorrat verbraucht war, stürzten sie ab.

All diese Erklärungen mögen für viele der heute noch ungeklärten Fälle des Verschwindens von Menschen, Schiffen und Flugzeugen zutreffen, mit Sicherheit jedoch nicht für alle.

Es gibt ein Rätsel des Bermuda-Dreiecks, ein ungelöstes, unheimliches Rätsel, ein gefährliches Rätsel. Küstenwache und Polizei, Regierungen und offizielle Wissenschaft können es bestreiten oder nicht: Das Bermuda-Dreieck hält ein tödliches Geheimnis bereit, verborgen, unsichtbar, latent vorhanden, aber bereit, jeder Zeit und unter den merkwürdigsten Umständen zuzuschlagen.

Der bereits eingangs erwähnte Fall vom 5. Dezember 1945 steht nicht allein. Unter völlig ungeklärten, mysteriösen Umständen verschwanden und verschwinden noch immer im Gebiet vor der Ostküste der Vereinigten Staaten Menschen, Flugzeuge und Schiffe.

Einer der jüngsten dieser unglücklichen Fälle spielte sich im Frühjahr 1977 ab. Am 19. März war die deutsche Luxusjacht "Nordstern IV" von der Karibik-Insel Antigua mit fünf Deutschen und einer Schweizerin an Bord ausgelaufen. Seit diesem 19. März ist das Schiff verschwunden und bisher nicht wieder aufgetaucht. Auch die Nachforschungen eines Mainzer Privatdetektivs blieben ohne Erfolg.

Etwa ein halbes Jahr zuvor, im Oktober 1976, verschwand der panamesische Erzfrachter "Sylvia L. Ossia" im Bermuda-Dreieck. Die von der amerikanischen Marine und Küstenwache eingeleitete Suchaktion blieb ohne Erfolg. Das fast 200 Meter lange Schiff war mit einer Besatzung von 37 Mann ausgerüstet, erfahrene Seeleute. Anders als bei ähnlichen Fällen fand man hier ein kieloben schwimmendes Rettungsboot mit dem Namen des Schiffes. Einen Hinweis auf das Verschwinden des großen Frachters erhielt man dadurch jedoch nicht.

Einen Anstieg der Verlustquote scheint es in der zweiten Hälfte des Jahres 1978 gegeben zu haben. Es verschwanden eine DC 3 mit vier Menschen an Bord, eine "Cessna 172" mit einem Piloten, eine Jacht mit sechs Personen, der Kabinen-Kreuzer "Escorpion" mit drei Menschen und ein Sportboot mit ebenfalls drei Personen an Bord. Bis heute fehlt jede Spur von ihnen.

Eine Liste derartiger Vorkommnisse ließe sich beliebig erweitern und wird wohl auch in Zukunft (leider) fortgeführt werden müssen. Das Meer im Bermuda-Dreieck wird nicht Ruhe geben, solange wir sein Geheimnis nicht gelöst haben.

Aber wie bereits angedeutet ist es nicht nur das Bermuda-Dreieck, in dem seit Jahrhunderten Menschen und Gegenstände auf unerklärliche Weise verschwinden. Die Ozeane der Welt sind ein einziges großes Rätsel, und die Geschichte der verlorenen Schiffe kann ohne die Vorkommnisse in den Meeren des blauen Planeten außerhalb des Bermuda-Dreiecks nicht geschrieben werden.

Aber hier wie dort - die Phänomene gleichen sich: Schiffe, die noch wenige Stunden zuvor von anderen Ozeanüberquerern gesehen oder vom Festland aus beobachtet wurden, sind plötzlich vom Erdboden (oder besser: von der Meeresoberfläche) verschwunden, scheinen sich in Luft aufgelöst zu haben. Ohne ein Notsignal, bei bestem Wetter, ohne jegliche Anzeichen für einen gewaltsamen Eingriff.

Das Motorschiff "Salland" beispielsweise war eines von ihnen. Ein Küstenfrachter, im Jahr 1952 gebaut, mit allen nur erdenklichen Raffinessen ausgerüstet, wurde Ende Januar 1953 letztmals gesehen. Das holländische Schiff, an Bord befand sich der Kapitän, dessen Ehefrau und sieben Besatzungsmitglieder, hatte mit einer Ladung Porzellanerde den Hafen Carr (Cornwall, England) verlassen, um Stockholm anzulaufen. Aber die "Salland" ist nie dort eingetroffen. Zuletzt wurde sie gesehen, als sie mit eingeschalteten Positionslichtern durch die Nacht fuhr. Einen Hinweis auf ein defektes Funkgerät, mit dem man wenigstens einen SOS-Ruf hätte absenden können, gab es nicht.

Am 31. Januar 1953 verschwand auch die erst kurz zuvor vom Stapel gelaufene "Catharina Duyvis" (über 3000 BRT). Ihre Besatzung bestand aus einem erfahrenen Kapitän und sechzehn Matrosen. Zwar war für das betreffende Gebiet ein Sturm angesagt worden, aber die Mannschaft war entsprechend vorbereitet und auch die Sendeanlage funktionierte.

Ähnlich ging es dem erst vor wenigen Jahren verschollenen, mit modernsten Navigationsgeräten ausgerüsteten deutschen Motorschiff "Melanie Schulte" (6300 BRT). Das Schiff war mit einer Eisenladung von Narvik in den Golf von Mexiko unterwegs. Als letzte Meldung hatte die Mannschaft sich westlich der Hebriden wegen des ständig verschlechternden Wetters Sorgen gemacht, aber niemand nahm dies ernst. Denn schlechtes Wetter hatte das Schiff keineswegs zu fürchten. Kein Unwetter hätte auch so schnell hereinbrechen können, daß es nicht einmal mehr gelungen sein sollte, die Funkanlage zu betätigen.

Wenn Menschen verschwinden

Noch rätselhafter sind jene Fälle, bei denen die Schiffe verschont bleiben, die Menschen darauf aber aus unerklärlichen Gründen und für immer verschwinden. Derartiges ist keine Seltenheit. Der berühmteste Fall ist wohl der der "Mary Celeste", die, in der Sargassosee kreuzend, am 5. Dezember 1872 von der "Dei Gratia" aufgefunden wurde: Ohne jede Besatzung. An Bord waren Vorräte für mehrere Wochen, die Segel gesetzt, alles in bester Ordnung. Niemand konnte sich das Rätsel erklären, das durch das Logbuch des Kapitäns noch vergrößert wurde. Er hatte einige Angaben über das wunderschöne Wetter gemacht, aber der letzte Satz war unvollendet geblieben, und so lasen die Männer der "Dei Gratia" nur noch Worte, deren Sinn der Kapitän der "Mary Celeste" als Geheimnis mit sich genommen hatte: "Es geschieht uns etwas seltsames..."

Es ist viel spekuliert worden über das Schicksal der "Mary Celeste". Von Meuterei war die Rede und einer plötzlich ausgebrochenen Tropenkrankheit, von Piraten oder einer mächtigen Welle, die die Besatzung über Bord gespült habe. Eine eindeutige Antwort hingegen ist bis heute nicht gefunden worden, und das Schicksal der "Mary Celeste" gilt als eines der großen ungelösten Rätsel dieser Meere.

Und doch war es kein Einzelfall. Am 28. Februar 1855 sichtete die "Marathon" aus Newcastle wenige hundert Meilen südwestlich der Azoren die Bark "James B. Chester". Eine Entermannschaft unter dem Kommando des Ersten Offiziers Thomas setzte auf das große Segelschiff über und durchsuchte es vom Bug bis zum Heck. Eines wurde sofort ersichtlich: Das Schiff war offenbar in größter Eile, aber ohne erkenntliche Ursache aufgegeben worden. In den Mannschafts- und Offiziersräumen waren die Schubladen herausgerissen und durchwühlt, so, als ob jemand in letzter Minute noch seine Habseligkeiten zusammenraufen wollte. Anwendung von Gewalt, ein Kampf und Blutvergießen hatte aber augenscheinlich nicht stattgefunden. Die Ladung war noch fest vertäut, ausreichend Lebensmittel für viele Wochen an Bord und sämtliche Rettungsboote noch in ihren Davits.

Der Kapitän der "Marathon" stellte ein Prisenkommando zusammen, das die "James B. Chester" nach Liverpool segelte, wo es bereits neugierig erwartet wurde. Die Frage, weshalb erfahrene und hartgesottene Matrosen plötzlich und in aller Eile (und vor allem ohne die Beiboote zu gebrauchen), ihr Schiff, das in bester Ordnung war, verlassen haben, blieb unbeantwortet.

Ähnlich verhielt es sich auch in anderen Fällen. Zwei Tage, nachdem der Schoner "Zebrina" im Oktober 1977 den Hafen von Falmouth verlassen hatte, um nach St. Brieux in Frankreich auszulaufen, wurde er verlassen treibend aufgefunden. Alles deutete darauf hin, daß sich die Mannschaft beim Essen befunden hatte, als "irgend etwas" über sie hereingebrochen war, das ihr völliges Verschwinden bewirkte. Was es war, blieb auch hier ungeklärt.

Im Juli 1941 wurde vor dem Golf von Lion der französische Kutter "Belle Isle" von dem portugisischen Schiff "Islandia" gefunden, das vom Roten Kreuz gechartert worden war. Auch in diesem Fall waren keine Hinweise auf Gewaltanwendung zu finden.

Am 7. Februar 1953 entdeckte der britische Frachter "Ranee" das Motorschiff "M.S. Holchu" zwischen Andamanen und Nikobaren. Eine Entermannschaft fand es in bestem Zustand vor, in der Kombüse war das Essen zum Auftragen fertig bereitet, Vorräte für viele Wochen, Brennstoff und Wasser waren ausreichend vorhanden, die Funkanlage betriebsbereit. Von der Mannschaft jedoch fand sich keine Spur.

Eine ganze Serie derartiger Vorkommnisse ereignete sich im Jahr 1969 im Gebiet der Azoren. Es begann mit der Entdeckung der britischen "Maple-Bank", deren Mannschaft am 30. Juni eine etwa zwanzig Meter lange, jedoch nicht zu identifizierende Jacht sichtete, die kieloben dahintrieb. Wenige Tage später, am 4. Juli, entdeckte ein weiteres englisches Schiff, die "Cotopaxi", abermals eine nicht weiter zu identifizierende Jacht, die ohne Besatzung mit automatischer Steuerung wenige hundert Meter neben ihr das Meer durchschnitt. Zwei Tage danach, am 6. Juli, wird von dem liberianischen Schiff "Golar Frost" die "Vagabond" gesichtet, die dem bekannten Seefahrer William Wallin gehört - aber niemand ist an Bord. Eine zwölf Meter lange, ebenfalls führerlos dahintreibende

Jacht, die nicht identifiziert werden konnte, sichtete am 8. Juli das englische Tankschiff "Helisoma".

Man weiß nicht, wem die drei Segelboote gehörten, die nicht erkannt werden konnten. Zumindest von William Wallin aber und von einem anderen Segler, auf den wir gleich zurückkommen, war bekannt, daß es sich um erfahrene, abgebrühte, mit jedem Wetter fertig werdende Seeleute handelte. Doch es gab keine Stürme in dieser Zeit, Unwetter waren ausgeblieben, ganz im Gegenteil: Im Sommer herrschte ein angenehmes, strahlendes Wetter. Trotzdem geschah Ungewöhnliches in diesen Tagen und der geheimnisvollste Fall widerfuhr dem englischen Weltumsegler Donald C. Crowhurst.

Crowhurst war ein erfahrener Seemann, der sich an der von der englischen Zeitung "Sunday Time" veranstalteten Regatta rund um die Welt beteiligte. Er war so gut im Rennen, daß er sich, bei den Azoren angekommen, für einige Tage ausruhen konnte.

In England rechnete man mit einem überlegenen Sieg Crowhursts. Interviews waren vorbereitet, Verlage an Manuskripten des Seglers interessiert, ein triumphaler Empfang geplant.

Doch seit dem 24. Juni 1969 meldete sich Crowhurst nicht mehr. Die Tage vergingen, ohne daß er ein Lebenszeichen von sich gab. Man begann unruhig zu werden. Was war geschehen? fragte man sich nicht nur in England.

Die Tage wurden zu Wochen. Dann, am 10. Juli, fand die englische "Picardy" das inzwischen als verschollen gemeldete Schiff auf. Es war verlassen, Crowhurst nicht an Bord.

Das Logbuch enthielt lediglich Ungereimtheiten. Einige glaubten, Crowhurst sei vielleicht verrückt geworden, denn er spekulierte über seltsame und phantastische Vorstellungen. Aber so einfach kann man es sich sicherlich nicht machen. Crowhurst war ein erfahrener Mann, und die Tage auf See, dazu in ruhigen Gewässern, dürften seinem Verstand wohl kaum zu schaffen gemacht haben. Andere vermuteten daher, er sei vielleicht ins Wasser gesprungen um zu schwimmen und habe vergessen, sich mit einer Leine zu sichern, so daß er das Boot nicht mehr habe erreichen können. Doch auch hier widerspricht die Erfahrung

Crowhursts. Rätselhaft werden die letzten Sätze des Engländers bleiben, die er seinem Logbuch anvertraut hat:

> Meine Seele hat wieder ihren Frieden gefunden. Ich übergebe Euch mein Logbuch, einzig schön ist nur die Wahrheit, niemand soll und kann mehr anstreben als ihm möglich ist. Es ist das Ende, die Wahrheit ist aufgedeckt, ich gebe mein Spiel um 11.50 Uhr auf.

Die Eintragung war auf den 30. Juni datiert, aber eine Erklärung für das Verschwinden Crowhursts ließ sich daraus nicht ableiten.

Es gibt noch weit seltsamere, unglaublichere und mysteriösere Geschehen, die sich dem Verstand fast entziehen, die aber nichtsdestotrotz so abgelaufen sind, ganz gleich, ob der geplagte rationale Intellekt in uns sie akzeptieren will oder nicht.

Am 20. August 1881 setzt Kapitän Baker zusammen mit vier seiner Männer auf einen verlassenen Schoner mitten im Atlantik über. Sein eigenes Schiff, die "Ellen Austin", hatte sich neben den Schoner gesetzt, als man diesen entdeckte. Mit den Worten "Hallo, ist hier jemand?" dringen Baker und seine Leute auf das Schiff ein, doch niemand meldet sich. Alles ist ordentlich vertäut, das große Hauptsegel schlägt schlaff im Wind, die nicht benutzten Taue sind zusammengerollt und die Takellage in bestem Zustand.

Die Männer untersuchen das fremde Schiff. Es hatte Holz geladen und kam offensichtlich aus Mittel- oder Südamerika, wahrscheinlich aus Honduras. Nichts ist beschädigt, Proviant genügend vorhanden, aber es findet sich kein Hinweis auf die Identität des Schiffes. Nirgends kann der Name des Schoners entdeckt werden. Logbuch und Namenstafeln fehlen.

Da es sich um wertvolle Ladung handelt, beschließt Baker, ein Prisenkommando auf dem Schoner zu belassen, um das Holz selber verkaufen zu können. Zwei Tage lang treiben die Schiffe in einer Flaute nebeneinander her.

Dann, kurz vor Mitternacht des zweiten Tages, schlägt das Wetter so urplötzlich um, daß die beiden Mannschaften kaum Zeit dazu finden, die Sturmsegel zu setzen. Zwei Tage dauert der furchtbare Orkan, dann beruhigt sich das Meer wieder. Doch die

"Ellen Austin" befindet sich allein auf weiter See. Von dem Schoner ist weit und breit nichts zu sehen.

Die Tage vergehen. Am 27. August schließlich wird der Schoner erneut gesichtet. Als die "Ellen Austin" sich ihm nähert, bemerkt jeder an Bord, daß irgendetwas mit dem Schiff nicht stimmen kann. Zudem segelt das Schiff einen völlig unberechenbaren Kurs, so daß eine Stunde vergeht, bis Baker sich an den Schoner heranmanövriert hat.

Abermals geht der Kapitän mit einigen Leuten an Bord. Doch von den Kameraden, die sie vor wenigen Tagen zurückgelassen hatten, fehlt jede Spur. Mehr noch: Nichts deutet darauf hin, daß sie jemals hier gewesen waren! Der Proviant ist völlig unangetastet, in den Kojen hat niemand geschlafen und der Tran für die Laternen ist unverbraucht. Auch das neue Logbuch ist unauffindbar.

Trotz der Proteste seiner Mannschaft entschließt sich Baker, nochmals ein Prisenkommando auf dem Schoner zurückzulassen. Zur Sicherheit läßt er ein weiteres Rettungsboot am Heck vertäuen, das mit Proviant und Waffen ausgerüstet ist. Die Männer, die zurückgelassen werden, sind ebenfalls bewaffnet und haben den Befehl, immer in Sichtweite der "Ellen Austin" zu bleiben. Bei dem geringsten Anlaß sollten mehrere Warnschüsse abgefeuert werden, und auch die zurückgelassene Mannschaft sollte sich nach Möglichkeit immer gegenseitig im Auge behalten.

Abermals vergehen zwei Tage, in denen nichts geschieht. Dann setzt ein leichter Nieselregen ein. Die Sichtweite schrumpft auf eine halbe Meile zusammen, und ehe die Männer auf der "Ellen Austin" begreifen, entschwindet der Schoner ihren Blicken.

Der Kapitän läßt sofort wenden und fährt zu der Stelle zurück, an der das Schiff zum letzten Mal beobachtet wurde. Doch nur das leere Wasser ist zu sehen, und die Rufe der Männer werden lediglich mit dem Schlagen der Wellen an die "Ellen Austin" beantwortet. Unablässig bläst das Nebelhorn, die Schiffsglocke wird in regelmäßigen Abständen geschlagen: nichts geschieht.

Der Schoner und mit ihm ein Drittel der Mannschaft der "Ellen Austin" blieben verschwunden und wurden nie wieder gesehen.

306

Nicht immer werden verlassene Schiffe auf hoher See entdeckt. Eines stürmischen und düsteren Tages im Jahre 1850 sehen Fischer von Easton's Beach bei Newport im US-Staat Rhode Island, wie ein großer Segler auf die Kanalriffe zusteuert. Die Männer springen auf, rufen, schreien. Jeden Moment erwarten sie das Splittern und Krachen des Holzes, doch in diesem Moment dreht der Segler scharf ab, gleitet an den gefährlichen Riffen entlang und setzt dann sanft am seichten Strand auf.

Die Fischer und Dorfbewohner, die dem Manöver gebannt zugeschaut haben, rennen zu dem Schiff hinüber, um dem Steuermann zu gratulieren und die Mannschaft in Empfang zu nehmen. Doch das Schiff ist leer. Außer einem kleinen Hund, der sie neugierig anstarrt, ist niemand an Bord. Die Fischer durchsuchen jeden Raum. In der Kombüse ist der Frühstückstisch für die Mannschaft gedeckt, der Kaffee kocht über dem Herd und in den Räumen liegt ein unverkennbarer Tabakgeruch.

Bei dem Schiff handelte es sich um die "Seabird", die unter dem Kommando von Kapitän Durham, einem erfahrenen Seemann, stand. Die letzte Eintragung wies auf die Sichtung der Riffe hin, über das Verschwinden der gesamten Mannschaft hingegen war nichts aufgeschrieben. Manche vermuteten, die Matrosen wären vielleicht aus Angst, an den Riffen zu zerschellen, ins Wasser gesprungen, aber die Fischer hätten das beobachten müssen. Es wurden auch keine Leichen an den Strand gespült oder Überlebende gefunden. Diese Version klärt auch nicht, wer das Schiff letztlich so sicher auf den Strand gesetzt hat.

Die Ladung wurde später gelöscht und abtransportiert. Einige Monate später kam ein starker Sturm auf und nahm die "Seabird" wieder zurück ins Meer. Dort ist sie bis heute geblieben.

In vielen Publikationen wird nur von Fällen berichtet, bei denen Menschen auf See verschwanden. Dabei übersieht man häufig jene Geschehnisse, die ebenso tragisch sind, sich aber auf Land abspielten.

In seinem Buch "Spurlos" berichtet Charles Berlitz über ein ganzes Regiment, das am 18. August 1915 bei der Schlacht um Gallipol in einer Wolke verschwand und niemals mehr gesehen wurde. Gallipol liegt in der Türkei, und die Briten haben auch nach dem Ende des Krieges nichts über den Verbleib ihrer Soldaten erfahren können.

Dieses Regiment war jedoch nicht das einzige, das verschwand. Im spanischen Erbfolgekrieg 1701 bis 1714 gingen viertausend Soldaten verloren. Sie waren auf einen Marsch durch die Pyrenäen geschickt worden, an ihrem Ziel aber nie eingetroffen. Gefangengenommen wurden sie nicht, denn bei einer derartigen Anzahl hätte man dies früher oder später erfahren. Auch umgekommen können sie nicht sein, denn die Leichen von viertausend Menschen kann man nicht ohne Spur verschwinden lassen. Und selbst wenn sie in eine Falle geraten sein sollten - es ist mehr als unwahrscheinlich, daß nicht ein einziger von ihnen sich hätte retten können. Die zahlreichen ausgesandten Späher jedenfalls fanden von ihren Kameraden nichts mehr - niemand hatte sie auf ihrem Marsch durch das Gebirge gesehen, niemand davon gehört.

Ähnlich erging es auch 3 000 chinesischen Soldaten, die während des Zweiten Weltkrieges im Jahr 1940 verschwanden. Man hatte sie gegen die Japaner geschickt, aber alle späteren Nachforschungen zeigten, daß es zu keiner Berührung mit diesen gekommen war. Auch die Möglichkeit, daß alle 3 000 desertiert sind, wurde überprüft, ebenfalls mit einem negativen Ergebnis.

650 französische Legionäre verschwanden im Jahr 1858 spurlos. Damals waren in dem noch zu Frankreich gehörenden Saigon (Vietnam) Unruhen ausgebrochen, und Paris hatte die Männer, alles erfahrene Soldaten, auf den Weg nach Asien geschickt. Aber angekommen sind sie dort nie, keiner hat je wieder etwas von ihnen gehört.

Nicht viel anders muß es sich auch in Kanada, auf der anderen Seite der Erde, vollzogen haben. Es ist ein rauher Novembertag des Jahres 1930, als Joe Labelle, von Beruf Jäger und Fallensteller, im kleinen Eskimodorf nördlich des Royal-Canadian-Mounted-Police-Stützpunktes ”Churchill” eintrifft. Labelle ist seit langem mit den dort lebenden Eskimos befreundet, und sie freuen sich jedesmal, wenn sie sich wiedersehen.

Bereits von weitem erkennt er die Felle, die vor den Eingängen der Hütten flattern. Doch nirgends sieht er jemanden.

Keine Männer, keine Frauen, nicht einmal Kinder spielen zwischen den Zelten.

Labelle spürt, daß irgend etwas nicht stimmt. Er ruft, aber niemand antwortet. Als er das Dorf erreicht, springt er vom Schlitten und stürzt in das erstbeste Zelt - leer. Immer noch rufend, dringt er in die anderen Behausungen ein, mit dem gleichen Erfolg: Niemand ist da.

Labelle ist ratlos. Er entdeckt Töpfe, mit zubereitetem Essen gefüllt, ein Kinderkleidungsstück, in dem noch die Nadel aus Elfenbein steckt, mit dem die Mutter es zu flicken versuchte, er sieht die heruntergebrannten Lagerfeuer, die aber offenbar schon seit Monaten kalt sind. Von den Bewohnern findet er nichts.

Der Jäger läuft hinunter zum Strand. Dort liegen die Boote der Eskimos - zertrümmert von den Wellen, die sie gegen das steinige Ufer geschleudert haben. Labelle kehrt zum Dorf zurück. Und plötzlich entdeckt er etwas, das er nicht begreifen kann: Die Eskimos haben ihre Gewehre, ihren kostbarsten Besitz, zurückgelassen! Niemand würde mit seinem Stamm in die Wildnis aufbrechen, und müßte dies noch so plötzlich geschehen, ohne die Gewehre mitzunehmen. Und doch war dies augenscheinlich geschehen.

So schnell es ihm möglich ist, fährt Labelle zum Stützpunkt "Churchill". Schon wenig später trifft eine Untersuchungs-kommission ein. Sie entdeckt sieben verhungerte Schlittenhunde, die an einen Baum gebunden waren. Offenbar hatte niemand mehr die Zeit gefunden, sie vor ihrem grausigen Tod zu bewahren. Die Männer finden auch ein Grab, aus dem der dort Bestattete heraus-geholt worden war: Bei den Eskimos eine völlig undenkbare Grabschändung. Auch die Steine sind ordentlich auf beiden Seiten aufgeschichtet - ein Grabräuber hätte sich diese Arbeit wohl kaum gemacht.

Die Polizei, die das Verschwinden auf etwa zwei Monate vor dem Eintreffen des Jägers festlegte, fand kein Anzeichen dafür, wohin die Eskimos gegangen sein könnten. Es ist, genauso wie in den bereits geschilderten Fällen, niemals etwas gefunden worden.

Kein Hinweis auf den Verbleib von etwa achthundert Pilgern fand sich bis heute, die einer Meldung der halbamtlichen

ägyptischen Nachrichtenagentur "Al Achram" zufolge Anfang
März 1975 ebenfalls spurlos verschwanden. Die Gruppe hatte den
islamischen Wallfahrtsort Mekka besucht, keiner der Gläubigen ist
aber je wieder nach Hause zurückgekehrt.

Derart spektakuläre Vorfälle sind allerdings keineswegs die
Regel. Häufiger geschieht es, daß einzelne Menschen
verschwinden, zuweilen sogar vor den Augen ihrer bestürzten
Verwandten oder anderer Zeugen. Wir werden darauf noch
zurückkommen.

Doch zunächst zu jenem Fall, der sich um die Jahrhundert-
wende auf einer winzigen Insel der Äußeren Hebriden zutrug: Auf
Eilean Mor. Der erste Mensch, der nachweislich auf Eilean Mor
lebte, war der Heilige Flannan, einst Bischof von Killaloe, der im 17.
Jahrhundert beschlossen hatte, den Rest seines Lebens als
Einsiedler auf der kleinen Insel zu verbringen. Er baute sich dort
eine Kapelle, die zum Beginn dieses Jahrhunderts, in der unsere
Geschichte spielt, bereits zu einer Ruine zerfallen war.

Im Jahr 1899 ließ die britische Regierung auf Eilean Mor
einen Leuchtturm errichten, der den Schiffen den Weg um die
gefährlichen Klippen andeuten sollte. 1900 bezogen vier Wärter die
Insel, alle ausgediente, aber erfahrene Seeleute, die sich aus ihrer
Einsamkeit nichts machten. Drei Männer waren ständig auf dem
winzigen Eiland, während der vierte für zwei Wochen Urlaub an
Land verbrachte. Thomas Marshall, James Ducat, Donald
McArthur und Joseph Moore hatten sich freiwillig gemeldet. Moore
berichtete über den ersten Tag, den die Männer auf der Insel
verlebten:

> Als das Schiff nach Schottland zurückfuhr, blieben wir allein
> zurück. In dieser Nacht entzündeten wir das große Licht
> und ließen die ersten Strahlen kreisen. Es war ein
> großartiger Anblick. Wir fühlten uns freundschaftlich
> miteinander verbunden; denn wir alle waren zur See
> gefahren und wußten, was es für die Matrosen bedeutete,
> wenn sie das Licht sahen und die gefährlichen Felsen
> umschiffen konnten.

> Doch irgendetwas Unheimliches lag in der Luft, nicht
> schrecklich oder beängstigend, nur eben eine merkwürdige

Stille inmitten des Dröhnens der See, ein unerklärlicher Frieden. Vom Turm her sah man die schneebedeckte Ruine der alten Kapelle. Der Wind heulte. Wir fühlten es alle, glaubten aber, es sei die Eigenart dieses Ortes... das Fremde an ihm.

Die Tage vergehen. Der Winter wird härter und mit ihm die Einsamkeit. Abwechslung bietet nur der zweiwöchentliche Urlaub auf dem Land und die Zeitungen und Briefe, die dann mit dem Schiff herüberkommen.

Doch auch diese Zeit vergeht. Der Frühling bricht an, dann der Sommer. Das Jahr überschreitet seinen Höhepunkt und neigt sich wieder dem Ende zu. Ein neuer, harter Winter steht bevor.

Am 6. Dezember 1900 wird Joseph Moore zu seinem zweiwöchentlichen Landurlaub abgeholt. Am 21. Dezember tritt er wieder die Rückreise an. Doch das Schiff gerät in einen Sturm und erreicht die Insel drei Tage später als geplant. Da der Wellengang noch immer derart stark ist, daß der Kapitän es nicht riskiert, anzulegen, müssen sie nochmals zwei Tage Wartezeit in Kauf nehmen.

Dann schließlich, am Morgen des 26. Dezember, ist die See ruhig. Die "Hesperus" mit Joseph Moore an Bord bewegt sich auf die Anlegestelle zu. Die Signalflaggen sind gehißt und die Sirene ertönt in gleichmäßigen Abständen. Doch vom Leuchtturm her erfolgt keine Reaktion. Weder Flaggen werden gezeigt, noch kommen die Männer die Stufen herunter.

Der Kapitän, die Mannschaft und am meisten Joseph Moore selbst sind verwirrt. Als das Schiff anlegt, klettert der Kapitän zusammen mit Moore die Treppen hinauf. Sie rufen nach den drei Zurückgebliebenen, aber niemand meldet sich.

Die Zimmer sind leer, aber alles ist in bester Ordnung, nichts fehlt. Der Ofen mußte schon längere Zeit unbeheizt sein, denn in den Räumen ist es ungemütlich kalt. Die Matrosen untersuchen währenddessen die gesamte Insel, können die drei Männer aber nirgends entdecken.

Schließlich findet Moore das Logbuch, das in seiner Abwesenheit von Tom Marshall geschrieben worden war. Möglicherweise konnte es Auskunft über das rätselhafte

Verschwinden geben. Die Eintragungen begannen mit dem 12. Dezember, und bereits hier konnten Moore und der Kapitän ihre Überraschung nicht verhehlen. Marshall hatte von einem Sturm geschrieben, der zur damaligen Zeit aber nirgendwo anders registriert worden war:

12. Dezember. Steife Brise Nord zu Nord-Nordwest. Meer ist aufgewühlt. Sturm zieht herauf. Zeit: 21.00 Uhr. Noch nie so einen Sturm erlebt. Brecher unwahrscheinlich hoch. Zerren am Leuchtturm. Sonst alles in Ordnung. Ducat gereizt.

Das war ebenso seltsam wie der Sturm an sich. Ducat war gerade vom Landurlaub zurückgekehrt, er war ausgeruht - warum sollte er gereizt sein? Doch es kommt noch seltsamer: Am selben Tag berichtete Marshall, daß McArthur, der als furchtloser, erfahrener Seemann bekannt war, als ein "alter Seebär", den nichts aus der Ruhe zu bringen vermochte, geweint habe. Moore kann sich das nicht erklären. Er hatte McArhur auch in den schlimmsten Stürmen nicht weinen gesehen. Moore liest:

Mitternacht, noch wütet der Sturm. Wind unverändert. Sturm direkt über uns. Hinausgehen unmöglich. Nebelhorn von vorbeifahrendem Schiff gehört, Licht in den Kabinen war zu sehen. Ducat ruhig. McArthur heult.

Moore glaubt beim Weiterlesen seinen Augen nicht trauen zu dürfen. Marshall berichtet mit Datum vom 13. Dezember, zunächst McArthur und dann auch Ducat und er hätten gebetet. Für Moore war das unglaublich, denn nie hatte er seine Kameraden, die er für gottlos hielt, beten gesehen. Dennoch hatte Marshall es niedergeschrieben:

13. Dezember. Sturm dauerte über Nacht an. Wind drehte auf West zu Nord. Ducat ruhig. McArthur betet. 12 Uhr mittags. Grauer Tag. Ducat, McArthur und ich haben gebetet.

Die letzte Eintragung war am 15. Dezember um 13 Uhr erfolgt. Sie gibt keine Auskunft über die Tragödie, die sich hier abgespielt haben muß:

15. Dezember, 13 Uhr. Sturm hat aufgehört. See ist wieder ruhig. Gott wacht über allem.

Bei der späteren Untersuchung waren sich die Experten einig, daß es in dem besagten Gebiet keinen Sturm gegeben haben konnte. Lediglich ein starker Wind hätte vielleicht aufkommen können. Das Rätsel blieb unlösbar. Die Gummistiefel von zwei Männern fehlten, aber sie waren wahrscheinlich vom Meer fortgespült worden.

Was dagegen mit den drei einsamen Leuchtturmwärtern geschehen war, blieb bis heute ein Geheimnis. Und noch immer stellt man sich die Fragen: Wohin sind sie verschwunden? Was ist überhaupt mit all jenen Menschen, ganz gleich, ob zu Wasser oder zu Lande, geschehen, die nie mehr gesehen wurden?

Von Parallelwelten und Schwarzen Sonnen

Die verschiedenen bisher aufgeführten Beispiele sind in ihrer Gesamtheit zu mysteriös, um nur mit "natürlichen" (d.h. heute von der Wissenschaft akzeptierten) Vorgängen erklärt werden zu können. In einigen Fällen mag dies möglich sein, jedoch nicht in allen. Wir müssen uns daher nach anderen, auf den ersten Blick vielleicht phantastischen Ursachen umschauen, die als Lösungsmöglichkeit in Betracht kämen.

Es ist darüber spekuliert worden, ob UFOs, die vor allem im Bermuda-Dreieck häufig gesehen werden, sich Menschen "einfangen", aus uns unbekannten Gründen. Denkbar wäre das, doch spricht die Logik dagegen. Was hätten Außerirdische davon, seit Jahrhunderten immer neue Massen an Menschen "aufzufischen"? Nur, um sie in einem "kosmischen Zoo", wie manche meinen, auszustellen? Sicherlich nicht. Insbesondere die bereits behandelten Kontaktfälle (drittes Kapitel) sprechen gegen eine solche Handlungsweise.

Die Begleitumstände zahlreicher "Entmaterialisationen" von Menschen deuten auf eine andere Möglichkeit hin. Um sie näher zu erklären, müssen wir allerdings etwas weiter ausholen und eine Kosmologie beschreiben, wie sie nach mathematischen

Gesichtspunkten zumindest theoretisch durchaus denkbar erscheint.

Wir leben in einem Universum, das aus Sonnen und Planeten besteht, die sich insgesamt zu vielen Milliarden Galaxien zusammenfinden. Ein räumliches Ende dieses Alls ist noch nicht gefunden worden, obwohl eine solche Begrenzung nach der heute gültigen "Big-Bang-Theorie" durchaus existieren dürfte - was natürlich nicht die Frage nach dem "Dahinter" beantwortet.

Seit Albert Einstein aber bietet sich eine Lösung an. Einstein ging davon aus, daß unser Raum "gekrümmt" sei, und zwar in eine andere, übergeordnete Dimension hinein.

Dies ist schwer verständlich und läßt sich am besten durch ein Beispiel verdeutlichen. Nehmen wir an, unser Universum sei eine zweidimensionale Scheibe und wir würden sie auf die Oberfläche einer Kugel krümmen. Dann hätten wir ein endliches, aber dennoch unbegrenztes Universum. Genauso, nur um eine Dimension "höher", verhält es sich in Wirklichkeit. Der Raum ist in die vierte Dimension (laut Definition die Zeit) hinein gekrümmt und daher ebenfalls unbegrenzt und dennoch gleichzeitig endlich.

Es besteht dabei die Frage, ob es "neben" unserem Universum nicht weitere, möglicherweise unendlich viele ähnliche oder völlig identische Universen gibt. Diese dürften dann allerdings nicht räumlich (in unserem Sinne) von uns getrennt sein, sie müßten quasi an der gleichen Stelle existieren wie unser eigenes, nur für uns selbst nicht sichtbar, nicht wahrnehmbar, von uns getrennt durch die Schranke der Dimensionen.

Die Möglichkeit derartiger "Parallelwelten" besteht in der Tat. Ihre theoretische Wahrscheinlichkeit läßt sich ableiten durch eine Reihe mathematischer Gleichungen, insbesondere aus der Gaußschen Hypergeometrie, der Lobatschewskischen Pangeometrie, der nichteuklidischen Geometrie Riemanns, sowie der tranfiniten Mengenlehre Cantors. Ihre praktische Wahrscheinlichkeit hingegen wird deutlich durch die zahlreichen Fälle, in denen Menschen aus unserer Welt in derartige Parallelwelten hinüberwechselten.

Wie ist dies möglich? Eine Entdeckung, die zu Beginn dieses Jahrzehnts gemacht wurde, hilft uns weiter. Im März 1971 ortete

314

die italienische Raumsonde "Uhura" eine bis dato unbekannte Quelle von Röntgenstrahlung, die aufgrund ihrer Lage im Sternbild Cygnus (Schwan) den Namen Cygnus-X-1 erhielt.

Das merkwürdige an Cygnus-X-1 war, daß es für die Quelle der pulsierenden Strahlung keinen optischen Sender gab. Man hatte ein neues Phänomen am Himmel entdeckt: Ein "Black Hole", ein "Schwarzes Loch".

Man nimmt heute an, daß ein Stern aus einer Gaswolke kondensiert. Sein Kern erhitzt sich, und die durch die Kondensation entstehenden Gravitationskräfte lassen ihn zusammenschrumpfen. Bei einem durch diese Schrumpfung entstehenden kritischen Hitzegrad tritt der Umwandlungsprozeß von Wasserstoff in Helium (Wasserstoff-Fusion) ein - der Stern beginnt zu strahlen. Sobald die nukleare Antriebskraft jedoch verzehrt ist, schrumpft die Sonne weiter zu einem "Weißen Zwerg", genauso, wie auch unser Zentralgestirn in etwa sechs Milliarden Jahren zu einem "Weißen Zwerg" werden wird.

Bei Sonnenmassen über 1,2 der unseres Fixsternes kommt es nicht mehr zur Entstehung eines "Weißen Zwerges", sondern zur Supernova-Explosion. Bei einer derartigen Explosion kann auch ein Zusammensturz der Materie auf wenige Kilometer Durchmesser der ursprünglichen Sonne eintreten, die Materie wird zu Neutronium verschweißt, ein Neutronenstern oder Pulsar wird geschaffen.

Ist der Stern jedoch größer als das doppelte unseres Sonnenmaßes, so dürfte er weder als "Weißer Zwerg", noch als überdichter Neutronenstern überleben. Sein Schrumpfungsprozeß geht unaufhaltsam weiter, eine totale, katastrophale Verdichtung der Materie ist die Folge - das "Schwarze Loch" entsteht.

Diese "Schwarzen Löcher", "Black Holes" oder "Schwarze Sonnen" genannt, haben aufgrund ihrer ungeheuren Massenverdichtung eine derart starke Gravitation, daß sie alles, was in ihre Nähe kommt, unweigerlich zu sich herunterziehen. Ist einmal der "Schwarzschild-Radius" eines Sterns überschritten, so gelangt nicht einmal mehr das Licht von ihm fort. Bei unserer Erde läge dieser Radius bei etwa einem Zentimeter, d.h. die Erde müßte auf etwa zwei Zentimeter Durchmesser zusammenschrumpfen, dann wäre ihre Dichte so groß, ihre Anziehungskraft so stark, daß auch Lichtwellen nicht mehr von ihr entweichen könnten.

Bedingt durch die überaus hohe Gravitation eines "Black Holes" wird der es umgebende Raum dermaßen gekrümmt (nach Einstein krümmt jede Materie den Raum), daß alle Bestandteile unweigerlich zum Ausgangspunkt, dem "Schwarzen Loch", zurückkehren müssen. Die Grenze, von der an es kein Entkommen mehr gibt, nennt man "Ereignishorizont". Einmal durch ihn hindurchgetaucht, hat selbst das Licht keine Chance mehr zu entweichen.

Innerhalb dieses Ereignishorizonts, der das "Schwarze Loch" völlig von der Umwelt abkapselt, findet eine totale Verdrehung der für dieses Weltall gültigen Gesetze statt. Würde ein Raumfahrer in ein "Schwarzes Loch" fallen, so käme ihm dieser Sturz zwar lang, aber doch endlich lang vor. Irgendwann einmal würde er den Ereignishorizont erreichen und damit aus unserem Universum verschwinden. Anders für einen entfernt befindlichen Beobachter: Er würde den Astronauten immer langsamer fallen sehen, je näher dieser der kritischen Grenze kommt, ja, sein Leben würde nicht ausreichen um mitzuerleben, wie der Astronaut den Ereingnishorizont des "Black Hole" erreicht.

Doch dies ist noch nicht alles. In unserem Universum ist es uns möglich, uns beliebig durch den Raum zu bewegen, nicht aber durch die Zeit. Innerhalb des Ereignishorizontes ist es genau umgekehrt. Die physikalischen Gesetze werden auf den Kopf gestellt. Die Richtung nämlich, in die er vordringt, liegt für den Raumfahrer fest, von ihr gibt es keine Abweichung mehr, er wird auf die "Schwarze Sonne" zugezogen. Anders ist es jedoch mit der Zeit. Es dürfte jetzt möglich sein, sich in ihr vorwärts und zurück zu bewegen. Insofern stellen Ereignishorizonte eines "Schwarzen Lochs" also "Zeitreisemaschinen" dar, doch würde dies einem hypothetischen Zeitreisenden kaum etwas nützen, da er keine Möglichkeit mehr hätte, in sein Universum zurückzukehren.

Noch interessantere Phänomene spielen sich bei einem rotierenden "Schwarzen Loch" ab. Voraussetzung ist allerdings ein Objekt von fast Galaxisgröße. Hier könnte man folgendes Phänomen beobachten: Ein Astronaut, der das Gebiet der Raum-Zeit-Verkehrung innerhalb des Ereignishorizonts verlassen hätte, würde darauf wieder in normale Zonen überwechseln, von der aus es ihm sogar möglich wäre, den Ereignishorizont zu verlassen. Doch befände er sich dann bereits nicht mehr in unserem Universum, sondern in einem anderen, einer Parallelwelt, die mit unserem Weltall jedoch zumindest eines gemeinsam hat: Das "Schwarze Loch". Er könnte also wieder zurücktauchen, hindurch durch die Zone der Zeitverschiebung, in die normale Zone, das Niemandsland quasi, um abermals aufzutauchen. Doch wieder wäre er in einer anderen Welt, niemals würde es ihm gelingen, in sein eigenes Universum zurückzukehren.

Dies sind zwar Hypothesen, denn bis heute ist noch kein Mensch dazu in der Lage gewesen, ein solches Unterfangen durchzuführen. Andererseits würden wir auch in einem solchen Fall die Wahrheit nie erfahren, da es dem mutigen Raumfahrer nicht gelingen könnte, uns über seine Erfahrungen zu berichten.

Aber wie dem auch sei - "Schwarze Sonnen" scheinen allein durch ihre Existenz in anschaulicher Weise die Krümmung des Raums bewiesen zu haben.

Wo aber "etwas" gekrümmt wird (ganz gleich, ob es sich um materielle Gegenstände oder um Raum handelt), treten zuweilen auch Bruchstellen auf, Löcher und Zonen der Instabilität. Und damit sind wir wieder beim Thema. Da jede Materie den sie umgebenden Raum krümmt, ist dies auch bei der Erde der Fall. Nicht in so starkem Maße wie etwa bei den "Schwarzen Sonnen", aber immerhin in einer Konzentration, die genügen könnte, jene Phänomene hervorzurufen, wie wir sie beispielsweise aus dem Bermuda-Dreieck kennen. Der sowjetische Wissenschaftler A. Jelkin hat unterdessen entdeckt, daß die Unglücke sich immer dann sehr häufig ereignen, wenn sich der Mond in seiner engsten Erdnähe (Perigäum) befindet. Dies würde unsere Vermutung bestätigen, da die Massenkräfte der beiden Himmelskörper sich dann gegenseitig stark beeinflussen und an ohnehin gefährdeten Zonen Risse im Raum-Zeit-Gefüge verursachen könnten.

Nicht geklärt wird durch diese Lösungsmöglichkeit allerdings, warum, wie zuvor aufgezeigt, z.T. nur Menschen, nicht aber auch ihre Schiffe, verschwanden. Das Rätsel um das Bermuda-Dreieck und um das Verschwinden von Menschen in allen Teilen der Welt ist also keineswegs restlos geklärt. Es handelt sich lediglich um eine Arbeitshypothese, um mehr leider nicht.

Dennoch erscheint sie mir, auch wenn Einschränkungen sicherlich angebracht sind, am wahrscheinlichsten. Um dies zu belegen, wollen wir uns einigen Fällen zuwenden, bei denen Menschen beobachtet wurden, die "im Nichts" verschwanden.

James Burnes Worson, von Beruf Schuhmacher, lebte im Jahr 1873 in Leamington in Warwichshire (England). Da seine Freunde dem an sich ehrlichen und fleißigen Handwerker immer wieder vorhielten, zu oft zu tief ins Glas zu schauen, schloß er schließlich mit einem von ihnen, Barham Wise, eine Wette ab. Er wollte ohne sonderliche Anstrengung bis zum vierzig Meilen entfernten Conventry laufen, eine Leistung, die ihm seine Freunde rundweg absprachen.

Die ersten Meilen geschah nichts besonderes. Worson schritt hurtig voran, angefeuert von seinen Kameraden, die ihn auf einer Pferdekutsche begleiteten. Doch dann, plötzlich, schien der Schuhmacher über irgendetwas zu stolpern. Er stieß einen Schrei aus - und verschwand. Nicht, daß er etwa hingefallen wäre, vielleicht in den Straßengraben, denn bevor er den Boden berührte, hatte er sich einfach in Luft aufgelöst.

Obwohl die bestürtzten Freunde sofort hinzueilten, wurde James Burnes Worson nie mehr wiedergefunden. Die Zeugen, für ihre Wahrheitsliebe bekannt, legten später einen Eid ab und waren nachweislich nüchtern. Das Verschwinden des Schuhmachers aber bleibt eines der großen rätselhaften Ereignisse dieser Welt.

Clarence O. Dargie, einst Hauptfeldwebel bei der amerikanischen Luftwaffe, berichtete Jahre später von einem seltsamen Vorfall, der sich im Juni 1953 in der Nähe der Otis-Air-Force-Basis abgespielt hatte. Als Angehöriger des Militärs war er damals in diesen Fall verwickelt, und sein Bericht ist durchaus ernst zu nehmen, auch wenn er unglaublich erscheinen sollte.

Kurz nach Einbruch der Dunkelheit waren damals Flugkapitän Suggs und der Radaroffizier Robert Barkoff mit einer F-94 C vom Luftwaffenstützpunkt aus in westlicher Richtung gestartet. Aber die Maschine kam nicht weit. In etwa fünfhundert Meter Höhe fielen sämtliche Motoren aus und das Flugzeug begann zu stürzen.

Zweihundert Meter über dem Boden gab der Pilot den Befehl, sich mit Hilfe des Schleudersitzes hinauszukatapultieren. Suggs selbst betätigte darauf sofort die Schaltung, in der Annahme, auch Barkoff würde das Gleiche tun.

Der Kapitän wurde herausgeschleudert und ging wenig später völlig unverletzt in dem großen Garten eines an die Luftwaffenbasis angrenzenden Wohnhauses nieder. Laut nach seinem Kameraden rufend durchquerte er die Umgebung - gefunden hat er ihn nie. Genauso wie das abgestürzte Flugzeug blieb Robert Barkoff bis auf den heutigen Tag spurlos verschwunden.

Damals, so Clarence O. Dargie, setzte eine der größten, längsten und umfangreichsten Suchaktionen der amerikanischen Luftwaffe ein. Mit Metallsuchgeräten, Radargeräten, Flugzeugen und zu Fuß wurde jeder Quadratmeter des in Frage kommenden Arreals und weite Teile darüber hinaus einer genauen und gründlichen Untersuchung unterzogen. Ohne jeden Erfolg. Bis heute weiß niemand, wo Robert Barkoff geblieben ist und warum kurz vor dem Absprung sämtliche Geräte an Bord ausgefallen sind.

Nie geklärt wurde auch das Geschehen, das sich am 24. Juli 1924 in einer der Wüsten Mesopotamiens abgespielt hatte. Die beiden Fliegeroffiziere W.T. Day und D.R. Steward waren an jenem Tag dort notgelandet. Als man nach wenigen Stunden das Flugzeug fand, war von den beiden Männern weit und breit nichts zu sehen. Ihre Spuren konnten etwa 36 Meter weit verfolgt werden - dann endeten sie abrupt. Es fand sich kein Hinweis, was mit ihnen geschehen sein könnte. Noch mysteriöser wurde die ganze Angelegenheit, als die Helfer feststellten, daß an der Maschine kein Schaden und ausreichend Treibstoff vorhanden war. Eine Landung mitten in der Wüste wäre also überhaupt nicht notwendig gewesen.

Ähnlich wie den beiden Wüstenpiloten muß es auch dem 16jährigen Charles Ashmore gegangen sein, der 1878 zusammen mit seinen Eltern und zwei Schwestern auf einer Farm bei Quincy - (Illinois, USA) lebte. Am 9. November, es ist gegen 21 Uhr, verläßt Charles das Haus, um vom Brunnen einen Eimer Wasser zu holen. Zurückgekehrt ist er nie mehr.

Der beunruhigte Vater und die älteste Tochter gingen hinaus. Da Schnee gefallen war, konnten sie die Fußspuren von

Charles gut erkennen. Doch etwa in der Hälfte des Weges zwischen dem Haus und dem Brunnen hörten diese Spuren plötzlich auf. Die feine Eisdecke auf dem Wasser des Brunnens war noch unberührt, Charles war dort also nie angekommen. Die letzten Fußabdrücke gaben auch keinen Hinweis darauf, daß Charles vielleicht Anlauf genommen und einen großen Sprung gemacht hätte. Sie waren genauso normal wie die Abdrücke zu Beginn der Spur. Die Suche nach Eindrücken auf beiden Seiten des Weges blieb ebenfalls erfolglos: Charles Ashmore war und blieb verschwunden.

Aber dennoch nicht "spurlos". Denn vier Tage später geschah etwas, das unsere Hypothese von einer Parallelwelt, in die Charles Ashmore unversehens geraten sein könnte, und aus der er keinen Rückweg mehr sah, bestätigen würde. Am 13. November ging Charles Mutter zum Brunnen, und auf dem Wege dorthin glaubte sie, die Stimme ihres Sohnes zu hören, der nach ihr rief. Sehen konnte sie ihn allerdings nicht. Man führte dies zunächst auf die große innere Erregung der Mutter zurück, aber auch in den nächsten Wochen vernahmen andere Mitglieder der Familie mehrmals die Stimme von Charles Ashmore, jedesmal leiser als zuvor, bis sie schließlich ganz verstummte.

Nicht viel anders erging es einem anderen Opfer fremddimensionaler Kräfte. Der Farmer David Lang lebte mit seiner Familie in Gallatin, Tennessee. Am späten Nachmittag des 23. September 1880 saß David Lang zusammen mit seiner Frau, seinem Sohn und seiner Tochter auf der Veranda seines Hauses, als ein Stück die Straße hinunter zwei Freunde der Familie mit einem zweisitzigen Pferdewagen heraufkamen. Lang winkte ihnen zu, stand auf, um ihnen entgegenzugehen und benutzte dabei die Abkürzung über eine kleine Wiese. Plötzlich, vor den entsetzten Augen seiner Familie und seiner Freunde, verschwand er. Nach einem Moment des Schreckens stürzten alle auf die Stelle zu, an der sie Lang zuletzt gesehen hatten, konnten aber nichts von ihm entdecken. Der Boden wurde nach Löchern abgesucht, aber nichts dergleichen gefunden. Die ganze Nacht hindurch beteiligten sich zahlreiche Bewohner aus dem nahegelegenen Dorf mit Fackeln an der Suche, aber Lang blieb unauffindbar.

Einen vollen Monat dauerten die Untersuchungen, entdeckt hatte man nichts. Dann, im August des nächsten Jahres, geschah etwas seltsames: Die beiden Kinder Langs befanden sich an der Stelle, an der ihr Vater vor etwa einem halben Jahr verschwunden war, als sie plötzlich seine Stimme hörten. Das Mädchen rief: "Vater, bist du hier irgendwo?" und als Antwort kam, wie aus weiter Ferne, Langs Stimme: "Hilfe!"

Während der nächsten drei Tage konnte auch Langs Frau die Stimme ihres Mannes mehrmals hören, die aber ebenfalls leiser wurde und schließlich ganz und für immer erstarb.

Wohin Lang verschwunden war, wird für immer ein Rätsel bleiben. Die Welt, in die er geraten ist, dürfte indessen einen anderen Zeitablauf haben als die unsrige, denn nur so ist das erst nach einem halben Jahr zu vernehmende "Hilfe" Langs zu erklären. Ähnliche Phänomene sind uns auch aus dem Bermuda-Dreieck bekannt. So wurden beispielsweise Funksprüche von der in der Nacht vom 29. zum 30. Januar 1948 im Dreieck verschwundenen "Star Tiger" aufgefangen, Tage, nachdem das nicht schwimmfähige Flugzeug längst untergegangen sein mußte (sofern es überhaupt im Wasser versunken ist). Die Zeichen waren seltsam verzerrt und schienen auch nicht von einem ausgebildeten Funker abgegeben worden zu sein.

Über das seltsame Verschwinden eines Mannes berichtete auch der Londoner "Observer" am 18. März 1952. Ein gewisser Ernest Philby stand damals unter dem Verdacht, seinen Freund Walter Berry ermordet zu haben. Philby hatte zu Protokoll gegeben, er sei abends mit Walter spazieren gegangen. Auf einem schmalen Weg - der Freund ging ein paar Schritte voraus - sei dieser plötzlich verschwunden, hätte sich in Luft aufgelöst, wie in eine Art Nebel und sei nicht mehr aufzufinden gewesen. Auf der einen Seite des Weges befand sich eine vier Meter hohe Mauer. Philby hielt es für ausgesprochen unmöglich, daß sein Freund diese übersprungen haben könnte. Man ließ Philby schließlich frei, da man ihm auch das Gegenteil nicht beweisen konnte, aber Berry blieb bis heute verschwunden. Interessant dürfte, wie auch in einem der folgenden Fälle, auf den wir noch zurückkommen, die Erwähnung des beobachteten Nebels sein, der mit dem Verschwinden offenbar in einem engen Zusammenhang steht. Genau das gleiche, nämlich das Auftauchen mysteriöser Nebel und Wolken, soll auch im Bermuda-Dreieck beobachtet worden sein, wie Charles Berlitz es in

"Spurlos" ausführlich beschreibt. Die Phänomene gleichen sich also auch in dieser Beziehung.

Ebenfalls im Jahr 1952, und zwar in der Nacht vom 22. auf den 23. August, verschwand die Familie des Metzgers Tom Brooke aus Miami, Florida, USA. Um 22.40 waren die Eltern und ihr elf-jähriger Sohn in der Nähe einer Bar, nicht weit von Miami entfernt, zum letzten Mal gesehen worden. Am nächsten Morgen fand die Polizei das Auto leer am Straßenrand auf. Die Wagentüren standen offen, die Scheinwerfer brannten. Aber es schien kein Überfall stattgefunden zu haben, denn die Handtasche der Frau mit einer nicht kleinen Summe an Bargeld, lag auf dem Rücksitz. Die Untersuchungskommission fand später Spuren, die in das angrenzende Feld führten. Offenbar waren die drei Autoinsassen etwa acht Meter gegangen, dann endeten die Abdrücke plötzlich, als hätten sie sich in Luft aufgelöst. In der selben Nacht verschwand auch die Kellnerin Mabel Twinn, die ihren Arbeitsplatz, der sich nur wenige Kilometer von der Stelle des Verschwindens der Brookes befand, etwa um die gleiche Zeit wie diese verlassen hatte. Auch von ihr wurde nie mehr etwas gefunden.

Doch nicht immer verschwinden Menschen auf Nimmer-wiedersehen. 1973 machte das Ehepaar John und Caroline Fortner aus Mexiko-City mit ihrer dreijährigen Tochter einen Ausflug aufs Land. Der Wagen fuhr auf einer einsamen Straße, das Wetter war bestens und der Himmel klar. Über das, was dann geschah, berichtete John Fortner später dem "Christian Science Monitor":

> Plötzlich war es vor uns wie Nebel und wir auch schon mittendrin, wir nahmen eigentlich keine Zeit wahr. Und dann waren wir wieder auf einer Straße, und der Wagen fuhr geradeaus weiter...

Doch es ist nicht mehr die selbe Straße, auf der sich der Wagen befindet. Entsetzt stellt das Ehepaar fest, daß sie sich in Richtung auf Glenwood in Florida zubewegen, über 2 000 km von der Stelle in Mexiko entfernt, an die sie sich zuletzt erinnern können.

Ein Uhrenvergleich zeigt, daß seitdem nur zweieinhalb Minuten vergangen sein können. Bei der Polizei glaubt man ihnen zunächst nicht, aber sie dürfen wenigstens zu Hause anrufen. Die erschrockenen Verwandten bestätigen die Aussagen des Ehepaars Fortners, müssen aber Geld schicken, damit die Familie wieder zurückkehren kann.

Glück im Unglück hatte auch jener Soldat, der am Morgen des 25. Oktobers 1593 plötzlich mitten im Geschäftszentrum von Mexiko-City erschien. Er war stark benommen, völlig durcheinander, hatte offenbar Verständigungsschwierigkeiten und fand sich in der Stadt überhaupt nicht zurecht.

Die einheimische Polizei nahm ihn mit zum Verhör. Es stellte sich heraus, daß der Soldat die Uniform des Wachpersonals vom Regierungspalast in Manila auf den Philippinen, 9000 Meilen entfernt, trug. Er sagte aus, sein Name sei Gil Perez und bis vor ein paar Minuten habe er noch vor dem Regierungspalast in Manila Wache gehalten. Eine Erklärung für sein plötzliches Auftauchen in Mexiko konnte er nicht geben. Dennoch beschrieb er den Regierungspalast sehr genau und bemerkte nebenbei, Seine Excelenz, Don Gomez Peres Dasmarinas, der Gouverneur von Manila, sei tot, da er in der letzten Nacht mit einer Axt erschlagen wurde.

Obwohl man Perez nicht glaubte, holte man schließlich einen Augustinermönch, der die Aussagen aufschrieb und unterzeichnete. Der Soldat wurde eingesperrt, nachdem auch eine kirchliche Untersuchung keine Klärung des Falls erbracht hatte. Es vergingen zwei Monate. Dann legte in Mexiko ein Schiff aus den Philippinen an, und mit ihm kam die Nachricht von dem Attentat auf den Gouverneur von Manila. Eine erneute Untersuchung sprach Perez für unschuldig und gestattete ihm, in seine Heimat zurückzukehren.

Was war geschehen? Menschen verschwanden und tauchten an einer anderen Stelle wieder auf. Die Frage, ob auch sie durch eine "Nahtstelle der Dimensionen" gefallen, durch einen glücklichen Umstand aber in ihrer eigenen Welt wieder zum Vorschein kamen, sollte intensiv geprüft werden. Nicht immer schlägt das Schicksal unbarmherzig zu, zuweilen geben die unsichtbaren Kräfte um uns ihre Opfer auch wieder frei.

Relikte aus anderen Welten

Ob diese allerdings immer, wie im obigen Fall, tatsächlich aus unserem eigenen Universum stammen, muß dagegen bezweifelt werden. Wenn Menschen und Gegenstände, zuweilen auch Tiere, von hier in unbekannte Welten geschleudert werden, müßte auch der umgekehrte Vorgang zu beobachten sein. Und in der Tat sind derartige Geschehen offenbar nicht selten.

Wer sich mit solchen Phänomenen beschäftigt, stößt früher oder später auf den Namen Charles Fort, des "Apostels des Ungewöhnlichen". Fort war ein Sammler, kein gewöhnlicher Sammler freilich, wie jemand, der Briefmarken und Schmetterlinge zusammenträgt, begutachtet und dann im Album verschwinden läßt. Fort sammelte Zeitungsausschnitte, Artikel, in denen das Geheimnisvolle dieser Welt sichtbar wurde. Da wimmelt es von glühenden Kugeln, die durch die Luft gleiten, von seltsamen Dingen, die vom Himmel fallen: Kröten, Fische, Schlangen und steinerne Donnerkeile mit merkwürdigen Zeichen, roter Regen, der sich über die Länder ergießt, pechschwarzer Schnee, Steinregen in der Toskana, eine Sintflut von Tinte, blaue Hagelkörner.

Er sammelt an die fünfundzwanzigtausend Artikel solchen und ähnlichen Inhalts, notiert Ort und Datum: Roter Regen über Blankenberghe am 2. November 1819, Schlammregen über Tasmanien am 14. November 1902, untertassengroße Schneeflocken über Nashville am 24. Januar 1891, Froschhagel in Birmingham am 30. Juli 1892 usw. Da ist zu lesen von den Fußspuren eines seltsamen Tieres in Devonshire, von künstlichen Vertiefungen in steilen Bergwänden, von Fahrzeugen am Himmel, seltsamen Kometen, vom sonderbaren Verschwinden von Menschen, unerklärlichen Naturkatastrophen, von Inschriften in Meteoriten, von blauen Monden und grünen Sonnen, von fliegenden Menschen über Palermo.

Sein Forschungseifer kennt keine Grenzen. Unermüdlich stöbert er in alten Zeitungen, schreibt auf und notiert: Gellende Schreie im Himmel über Neapel am 22. November 1821, aus den Wolken fallende Fische über Singapur im Jahr 1861, eine Sintflut welker Blätter, die an einem schönen Apriltag das französische

Departmente Indre-et-Loire überschwemmt, Steinäxte, die zusammen mit einem gigantischen Blitz vom Himmel über Sumatra fallen.

All seine Artikel spiegeln das Phantastische, das Ungewöhnliche in dieser Welt wieder. Charles Fort schrieb im ganzen vier Bücher, die leider noch nicht ins Deutsche übersetzt sind ("The Book of the Damned" 1919, "New Lands" 1923, "Lo!" 1931 und "Wild Talents" 1932), bevor er 1932 verstarb.

Fort selbst hatte als Erklärung für all diese Vorkommnisse eine Lösung gefunden, die unserer heutigen Vorstellung von Paralleluniversen entspricht. Für ihn gab es ein übergeordnetes "Sargassomeer", aus dem "Wirbelstürme" all diese merkwürdigen Dinge zu uns herüberschwemmten. Fort schreibt:

> Ich bin davon überzeugt, daß manche Wirbelstürme in solchen Super-Sargasso-Meeren ihren Ursprung haben - ich nenne sie jedenfalls einstweilen aus Vernunftsgründen Super-Sargasso-Meere, obschon ich sie noch nicht völlig als solche akzeptiere - ich rühre hier an die von der Wissenschaft ausgeschlossenen und verbannten Dinge. Da sie aber dennoch existieren, sind sie natürlich eine wahre Lästerung des orthodoxen Glaubens. Von diesen Super-Sargasso-Meeren treiben uns die Stürme alle jene Dinge zu, die irgendwo auf der Erde niederregnen, so wie der Sturm auch vieles vom Grund der Meere aufwühlt und an die Oberfläche bringt.

Auch nach Forts Tod wurde weiter geforscht, wurde weiter gesammelt, denn noch immer fallen seltsame Dinge vom Himmel, von denen keiner weiß, woher sie kommen. Etwa im Jahr 1968 fünfzig englische Pennies, die in einem Zeitraum von fünfzehn Minuten aus großer Höhe auf die Newington Road der Stadt Ramsgate, Kent, in England, regneten.

Ähnliches war bereits am 27. Dezember 1955 auf den Fidschi-Inseln geschehen, als während eines Gewitters das Dorf Yakobu in Vatulele mit metallischen Fragmenten verschiedener Größe überschüttet wurde.

Nicht so gefährlich, dafür aber nicht weniger rätselhaft, war jener Strohregen, der am 29.8.1963 über der Grafschaft Kent niederging. Ungeheure Mengen von Stroh fielen vom Himmel, obwohl weder Wind noch Sturm herrschte, der das lockere Stroh vielleicht irgendwo hochgewirbelt und dann wieder fallen gelassen haben konnte. So plötzlich, wie er gekommen war, hörte der seltsame Regen schließlich wieder auf, und ein Sprecher der Polizei erklärte:

> Wir waren verblüfft! Die Menge des herabfallenden Strohs war viel zu groß, als daß sie von einem Flugzeug hätte abgeworfen sein können.

Auch ein Beamter des staatlichen meteorologischen Büros kam die Sache nicht geheuer vor:

> Wir haben keine Erklärung. Wir hatten für diesen Morgen Bewölkung und vereinzelte Regenschauer vorausgesagt, aber keinen Strohregen. Die Sache ist uns völlig rätselhaft.

Rätselhaft bleiben auch die Phänomene, die in dem bereits im 16. Jahrhundert erschienenen "Buch der Wunder", einem Vorläufer der Werke Forts, beschrieben sind. Da ist die Rede von drei Monden, die am Himmel von Siena gesehen wurden. Oder von einer Kriegsflotte, die über Lanuvio bei Rom die Menschen erschreckte, weil sie nicht auf dem Wasser, sondern durch die Lüfte gesegelt kam. Später fand man beim Umpflügen der Felder riesige Mengen von Fischen. Eine drei Meter lange, geflügelte Schlange schoß vor dem Kaiserpalast des alten Roms unvermittelt vom Himmel herab, und im 4. Jahrhundert regnete es am Monte Albano Steine. Ebenfalls um diese Zeit gingen über Italien dicke Fleischbrocken und diverses Getier zur Erde nieder.

Manche vermuten, diese Dinge seien nur von großen Wirbelstürmen hier auf der Erde emporgerissen und an anderen Stellen wieder fallengelassen worden. Doch Charles Fort schreibt dazu:

> Auch kann ich mir gut vorstellen, daß Wirbelstürme Teiche und vielleicht sogar ganze Seen mit allem, was darin lebt, hochtragen und woanders wieder fallenlassen. Wenn es aber nur Frösche regnet, wo sind dann die anderen Tiere geblieben, die in dem gleichen Wasser lebten? In einem Froschteich gibt es sicher mehr Kaulquappen als Frösche. Niemals aber hat man etwas von Kaulquappen gehört, die irgendwo heruntergeregnet wären.

1850 gehen überall auf der Erde riesige Mengen toter Vögel, vermischt mit einer roten Flüssigkeit, nieder. Wachteln, Lerchen, Drosseln, Amseln, Enten und Schwäne fallen vom Himmel und sind meist sofort tot. 1896, fünfzig Jahre später, wiederholt sich das gleiche Phänomen über Baton Rouge (Louisiana, USA). Diesmal sind es Grünspechte, Drosseln, Elstern, Wildenten, Kanarienvögel und Tiere, die die Einwohner dort noch nie zuvor gesehen haben.

Aber auch die jüngere Vergangenheit ist nicht rar an solchen Geschehen. Es ist eine Nacht im August des Jahres 1960, als der Streifenpolizist Cunningham durch die Straßen der kleinen Küstenstadt Capitola fährt. Im Scheinwerferlicht sieht er, wie irgendetwas vor ihm auf die Straße fällt. Er bremst, und im gleichen Augenblick stößt wieder etwas mit einem dumpfen Aufprall vor ihm auf, diesmal auf die Motorhaube. Cunningham will aussteigen, unterläßt es jedoch, denn der "Beschuß" geht unaufhörlich weiter.

Schließlich erkennt der Polizist, daß es sich um große, schwarze Vögel handelt. Er meldet sich in der Funkzentrale, aber dort nimmt man ihn offenbar nicht ernst und fragt, ob er nicht auch noch grüne Elefanten sähe.

Als der Tag anbricht, liegen auf Straßen und Häusern in der Umgebung von Capitola und Westcliff Drive tausende toter Vögel. Es stellt sich heraus, daß es sich um schwarze Albatrosse handelt, die für gewöhnlich im südpazifischen Raum leben. Wie sie nach England gekommen waren, ist bis heute ungeklärt.

Rätselhaft ist auch jene Schneckeninvasion, die sich im Juli 1910 auf Ceylon zutrug. In den großen Teeplantagen hatten die Einwohner wie üblich den ganzen Vormittag gearbeitet und sich dann zum Mittagessen begeben. Als sie zurückkehrten, trauten sie ihren Augen kaum: Die Plantagen waren überschwemmt von riesigen Schnecken, hunderte, tausende, Millionen. Sie waren überall: Auf der Erde, in den Bäumen, auf den Blättern, sogar auf die Häuser waren sie geklettert.

Wissenschaftler stellten fest, daß es sich um eine afrikanische Riesenschnecke mit dem Namen "Achatena futila" handelte. Sie mutmaßten, irgendjemand hätte sie irgendwann einmal eingeschleppt, und nun hatten sie sich einfach vermehrt. Aber in nur einer Stunde zu Millionen? Wohl kaum. Niemand hatte diese

Schnecken zuvor auf der Insel gesehen, keiner wußte, wie sie so plötzlich in so riesigen Mengen über tausende von Kilometern entfernt aus Afrika bis nach Ceylon gekommen sein sollten. Die Einwohner trugen die Tiere zusammen und verbrannten sie auf riesigen Haufen, die Wissenschaftler zogen wieder ab, aber die Fragen blieben bis heute.

Genauso ungeklärt ist das Phänomen der riesigen Fliegenschwärme, die Ende des 19. Jahrhunderts ganze Städte in Angst und Schrecken versetzten. Am 18. August 1880 treibt eine monströse schwarze Wolke auf Le Havre, vom Meer kommend, zu. Die Stadt wird dunkel und zu Milliarden fallen Fliegen, am Ende ihrer Kräfte, zu Boden. Die meisten sterben sofort, die anderen sind innerhalb 24 Stunden tot. Der Londoner "Daily Telegraph" schreibt von einem "noch nie dagewesenen Phänomen", das vor allem deshalb so rätselhaft ist, weil man von den Fliegen über England noch nichts gesehen hatte, obwohl sie, von Nord-Osten kommend, dort losgeflogen sein müßten.

Drei Tage später ist die schottische Insel Picton Ziel eines riesigen Insektenschwarms, dessen Ausgangspunkt man ebenfalls nicht kennt und der eine zwanzigminütige totale Finsternis zur Folge hat.

Am 2. September des selben Jahres fallen Fliegen über einen Schoner vor der Küste von Norfolk, England, her. Der Kapitän befiehlt beizudrehen, und die Mannschaft muß sich in die Kabinen einschließen, um vor den Insektenmassen geschützt zu sein. Ins Logbuch schreibt der Kapitän:

Gegen 16 Uhr lichtete sich die Wolke, und man konnte den Himmel wieder sehen. Die Mannschaft mußte die Fliegen, die haufenweise auf Deck und in den Laufgängen lagen, mit Schaufeln ins Meer befördern.

Zwei Tage später überfliegt ein Schwarm tausender von Fliegen den Hudson bei New York und am 7. September schließlich noch einmal Neuschottland. Woher all diese Fliegen kamen, diese Frage blieb ungeklärt.

Ein Tier, das mit Sicherheit nicht aus unserer Welt stammte, wurde am 25. September 1960 in einem Vorort von Philadelphia (USA) gefunden. Die beiden Streifenpolizisten John Collins und

Joe Keenan sahen, wie im Licht ihrer Scheinwerfer ein zitternder, weißer Gegenstand zu Boden sank. Sie stoppten sofort den Wagen und hatten das "Ding" schnell entdeckt. Es war ein scheibenförmiges "Etwas", zwei Meter im Durchmesser und dreißig Zentimeter dick, am Rand vielleicht sechs bis sieben Zentimeter. Das Ding zitterte und erschien im Licht der Taschenlampen rötlich. Wenn die Polizisten auch nicht wußten, um was es sich handelte, über eines waren sie sich sicher: Es lebte!

Wenig später sind die Polizisten Joe Cook und James Cooper zur Stelle. Auch sie können sich den seltsamen Fund nicht erklären und Cook schlägt vor, es aufzuheben. Nach einigem Zögern packt Collins zu, doch er hat nur ein Stück gallertartiger Masse in der Hand, die sich verflüchtigt und eine geruchlose Flüssigkeit zurückläßt. Der Verfall des Tieres schreitet jetzt schnell voran. Es löst sich vor den Augen der vier Beamten auf, bis nichts mehr von ihm übrig ist.

Ein Tier aus einer anderen Welt, für das die Bestandteile unserer Atmosphäre Gift waren? Diese Vermutung ist so unwahrscheinlich nicht.

Weniger natürliche Voraussetzungen als die Menschen selbst waren es in einem anderen Fall, die einem Wesen aus einer anderen Welt den Tod bereiteten. Im Herbst 1927 war in der Nähe von Omsk (Sowjetunion) ein kürbisgroßes "Ding" durch das Dach eines Stalles gefallen. Die herbeigelaufenen Dorfbewohner öffneten die Tür und stellten mit Erstaunen fest, daß der ganze Raum mit dicken, spinnwebenähnlichen Fäden gefüllt war. Es war nicht leicht, sie herunterzureißen, aber schließlich stieß man auf ein kleines Wesen, das im weichen Stroh lag und hin und her rollte. Auf seiner Oberfläche versuchte es, ein menschliches Antlitz nachzubilden, und dann streckten sich Fühler aus dem Körper den geschockten Zuschauern entgegen. Nicht alle vertrugen diesen Anblick, sie liefen schreiend hinaus. Andere griffen zu Knüppeln und schlugen solange auf das Wesen ein, bis es sich nicht mehr rührte.

Eine Liste solcher und ähnlicher Vorkommnisse ließe sich beliebig erweitern. Wir wissen nicht, aus welchen Welten die ungeheuren Mengen von Vögeln, Fliegen, nichtidentifizierter Lebewesen und Gegenstände kommen, bzw. gekommen sind. Es scheint aber so, als ob in gewisser Weise ein Austausch zwischen den Universen stattfände, daß Material von hier hinüber und Material von drüben hierher gelangt, auf unbegreiflichen, unfaßbaren Wegen.

Wie es "drüben" aussieht, wissen wir nicht. Da es nicht nur eine, sondern unendlich viele Parallelwelten geben wird, ist theoretisch jede Beschaffenheit und jedes Aussehen möglich. Es mag Welten geben, die der unsrigen völlig gleichen, in der Sie, liebe Leser, jetzt genauso vor diesem Buch sitzen und über die Möglichkeiten anderer Erden nachdenken. Daneben mögen Welten existieren, die sich von unserem Planeten, von unserem Universum derart unterscheiden, daß wir es bereits nicht mehr als solches erkennen würden. Alles wäre möglich, alles, was in irgendeiner Weise denkbar ist, vielleicht sogar auch das Undenkbare.

Zumindest eine Überlegung wäre es auch wert, einmal zu prüfen, ob die zahlreichen Geschichten über Zwerge und Riesen, von seltsamen Menschen, die in unzugänglichen Bergeshöhen und Wäldern oder aber angeblich im Meer gelebt haben, nicht mit der Theorie von Parallelwelten und dem gelegentlichen Austausch zwischen ihnen erklärt werden könnten. Vielleicht waren die Teufel und Gnome des Mittelalters nur arme Gestrandete von unendlich fernen und zugleich unendlich nahen Ufern, die sich in unserer Welt nicht zurechtfanden und wegen ihrer Andersartigkeit von den Menschen gemieden und verachtet wurden. Spekulationen, gewiß, aber vielleicht sind sie geeignet, einmal über die Entstehung von Sagen und Legenden aus dieser Sicht her nachzudenken. ([1])

Wenn es früher gelungen sein sollte, unbeschadet zwischen den Welten zu wandeln, so dürften Menschen unserer Zeit zumindest einmal die Gelegenheit gehabt haben, einen "Riß" zwischen den Dimensionen zu beobachten. Denn im Juni 1976 öffnete sich über den Balearen möglicherweise tatsächlich der Himmel. Der Physiker Prof. Dr. Siegfried Müller-Markus, der zu dieser Zeit an der Costa-Brava Urlaub machte, berichtete darüber:

Am nördlichen Firmament hing ein riesiger "Blitz", der sich von halber Himmelshöhe bis zur Erde herunter erstreckte. Niemals in meinem Leben habe ich Ähnliches gesehen... Ein breites rotes Band fiel wie drohend zur Erde herunter. Über allem erhob sich eine mächtige Lichtwolke mit einem blendenden Schein und zwei blauen waagerechten Flügeln zu beiden Seiten. Mein Eindruck war einfach der: Eine jenseitige Welt bricht in diese Welt hinein. Es ist klar, daß es sich nicht um ein natürliches Phänomen gehandelt hat.

Während die spanische Presse bemüht war, die einheimische Bevölkerung zu beruhigen (viele glaubten, mit diesem Zeichen kündige sich das Ende der Welt an), war in unseren Zeitungen nichts über dieses bemerkenswerte Ereignis zu lesen. Man darf sich fragen, **was** eigentlich alles geschehen muß, damit Presse und Rundfunk sich seiner annehmen.

Wir wissen nicht, ob UFOs, die sowohl in diesem Gebiet als auch im Bermuda-Dreieck sehr häufig erscheinen, sich derartige "Dimensionstunneleffekte" zunutze machen, ob sie, oder zumindest einige von ihnen, aus derartigen Paralleluniversen kommen oder nicht. Daß sie in irgendeiner Weise mit diesen Geschehen in Verbindung zu stehen scheinen, geht aus einem tragischen Fall hervor, der Schlagzeilen verdient hätte, aber keine bekam.

Es ist der 17. Dezember 1954. Ryan Suffolk, Co-Pilot bei der peruanischen Fluggesellschaft, wird in ein amerikanisches Marinehospital eingeliefert. Was er erzählt, ist wahrhaft phantastisch. Es habe alles, so berichtet er, mit dem Anflug auf Lima begonnen. Capitän Pedro de Valera und er flogen eine DC-3 mit drei Passagieren an Bord. Als sie das Pisco-Tal, eine langgezogene Vertiefung im Höhenzug vor Lima erreichten (hier befindet sich auch der "Candelaber von Pisco", der auf die Ebene von Nazca weist, vgl. Kapitel II), wunderten sie sich, daß die normalerweise hier anzutreffenden Luftlöcher ausblieben und die Maschine wunderbar ruhig über das Tal hinwegglitt.

Plötzlich entdeckte Suffolk etwas an der Steilwand, das er zuvor in diesem Tal noch nie gesehen hatte: Ein helles Licht erstrahlte dort, und er dachte zunächst, es sei vielleicht ein Scheinwerfer. Er machte de Valera darauf aufmerksam, und der glaubte an phosphozierende Steine oder Leuchtmoos.

Er war jedenfalls neugierig genug, um die Maschine in eine Schleife zu zwingen und die Steilwand in nächster Nähe zu überfliegen. Je näher sie dem Leuchten kamen, desto intensiver erstrahlte es. Das ursprünglich weiße Licht wurde zu einem kräftigen Scharlachrot.

Der Capitän wendete noch einmal. Wieder flog er in einem weitgeschwungenen Bogen an, wieder das gleiche Phänomen. Was dann geschah, das beschrieb Suffolk später laut Protokoll folgendermaßen:

Als wir knapp über dem Steilhang entlangschlichen, verstärkte sich plötzlich wieder das scharlachrote Glühen zu einem weißlichgelben, schmerzenden Licht. Ein gewaltiges, gleichschenkliges, aus einem blauen Metall gefertigtes Dreieck tauchte plötzlich wie aus dem Nichts gezaubert vor uns auf. Pedro flog geradewegs darauf zu. Ich fiel ihm in die Arme und übernahm mein Steuer, um nicht in dieses unbekannte Dreieck fliegen zu müssen. Aber es war schon zu spät. Ein sanfter Ruck, ein tauber Schmerz im Hinterkopf und wir waren durch."

"Wo durch?"

"Ich weiß es nicht genau. Das heißt, ich kann es nicht genau definieren. Es war keine Luft, kein Wasser, aber es war auch nicht luftleer."

"Und die Maschine - flog sie normal?"

"Daran kann ich mich nicht erinnern. Mir schien es, als seien meine Sinne wie von einem dicken Wattebausch umgeben. Wohl konnte ich hören und sehen, schmecken und fühlen, aber es dauerte sehr lange, bis das Gehirn die Impulse registrierte."

"Wie stand es mit Ihren Augen? Konnten Sie alles sehen?"

"Bis auf ein ständiges rotierendes, aber nicht unangenehmes Licht undefinierbarer Farbe, erkannte ich nichts."

"Und die DC-3? Was wurde aus ihr, aus den Passagieren und dem Flugkapitän?"

"Ich weiß es nicht. Ich erwachte auf einem Felsen liegend und hatte keinerlei Erinnerung an das, was zuvor geschehen war. Nur mit Mühe konnte ich die bisherigen Dinge rekonstruieren."

332

Der Stein, auf dem Suffolk erwachte, lag 3 000 km von Lima entfernt in Feuerland. Rund ein Jahr war vergangen, seit die DC-3 verschwunden war und in der Suffolk "irgendwo" gewesen sein mußte. Am 23. Januar 1955, rund ein Jahr nach seiner Rückkehr aus dem Nichts, starb Ryan Suffolk an einem unbekannten Virus. Seine letzten Worte sind so rätselhaft wie seine ganze Geschichte:

> Und sie kommen zur Erde! Und sie sind mächtiger, als die Menschheit es sich träumen läßt.

Wir wissen nicht, wen Suffolk mit "sie" gemeint hat und vielleicht werden wir es auch nie erfahren. Ob "sie" jemals kommen werden, ob wir "ihre" Ankunft noch miterleben können, sei dahingestellt. In anderen Welten muß nicht zwangsläufig die gleiche Zeit vergehen wie hier, für "sie" können Millionen Jahre Sekunden in unserem Universum sein und umgekehrt.

Wir haben bereits davon gesprochen, daß die Sagen und Märchengestalten des Mittel- und Altertums eventuell auf derartige "Dimensionsgänger" zurückzuführen sein könnten. Von wenigstens drei solcher Wesen wissen wir, daß sie in einer Parallelwelt geboren und durch unglückliche Umstände in die unsrige verschlagen wurden.

In seiner "Historia Rerum Anglicarum" legte der Engländer William of Newbury (vermutlich 1136-1198) im zwölften Jahrhundert eine seltsam anmutende Geschichte nieder, die er mit "Über die grünen Kinder" betitelte. Das Verhalten dieser "grünen Kinder", ihr Auftauchen und ihre Berichte sind in diesem Zusammenhang so typisch, daß der Bericht hier - ein wenig gekürzt - wiedergegeben werden soll:

> Etwa vier oder fünf Meilen vom Kloster Edmond, des gesegneten Königs und Martyrers, entfernt, liegt ein kleiner Ort, in dessen Nähe sich sehr alte Gräben, in der englischen Sprache "Alfpittes" genannt, also Wolfsgruben, befinden, die auch der kleinen Ortschaft ihren Namen gaben. Während der Zeit der Ernte, als die Bauern auf den Feldern arbeiteten, tauchten aus diesen Gruben plötzlich zwei Kinder, ein Junge und ein Mädchen auf, deren ganzer Körper grün war. Sie waren in Gewänder von ungewöhnlicher Farbe und eines unbekannten Stoffes gehüllt und

irrten erstaunt auf den Feldern umher. Die Bauern hielten sie fest und brachten sie in den Ort, wo sie von den Leuten angestarrt wurden, die sich ein solches Ereignis nicht entgehen lassen wollten. Man versuchte, sie zum Essen zu überreden, aber mehrere Tage lang nahmen sie nichts zu sich. Eher wären sie den Hungertod gestorben, als eine der dargebotenen Mahlzeiten zu berühren. Zum Glück geschah es, daß man ihnen einige Bohnen von den Feldern mitbrachte, die sie sofort ergriffen. Sie kosteten die Stengel der Pflanzen, obwohl diese bitterlich schmeckten, an den Hülsen schienen sie keinen Gefallen zu haben. Dann reichte ihnen jemand geschälte Bohnen, die sie sofort nahmen und mit großem Appetit verzehrten. Monatelang ernährten sie sich von den Bohnen, bis sie es lernten, Brot zu essen.

Schließlich, aufgrund der allmählich überwiegenden normalen Nahrung, begann sich ihre Haut langsam zu färben und wurde wie die unsrige; sie lernten auch unsere Sprache zu sprechen. Den besorgten Menschen erschien es geraten, dem Paar die heilige Taufe zukommen zu lassen. Der Junge, offensichtlich der jüngere von beiden, lebte danach nur noch eine kurze Zeit. Das Mädchen blieb gesund und unterschied sich in keiner Weise von den Mädchen unseres Landes. Die Erzählung berichtet, daß sie später einen Mann in Lynn geheiratet und noch viele Jahre lang gelebt habe.

Als sie unsere Sprache fließend sprechen konnte, wurde sie oft gefragt, von wo sie gekommen sei. Sie gab zur Antwort: "Wir sind das Volk vom Land des hl. Martin, dem in unserem Land die höchste Verehrung zukommt." Auf weitere Fragen, etwa, wo ihr Land liegt und wie sie von dort hierher gekommen war, antwortete sie: "Wir haben keine Ahnung. Wir können uns nur daran erinnern, daß wir an jenem Tag die Schafe unseres Vaters hüteten, als wir einen herrlichen Ton wie Glockengeläut hörten, etwa wie die Glocken von St. Edmond, wenn sie alle zusammen läuten. Während wir uns über diesen Klang wunderten und freuten, wurde plötzlich unser Geist irgendwie emporgehoben, und wir fanden uns auf euren Feldern wieder." Beide wurden gefragt, ob sie an

Christus glaubten oder die Sonne anbeteten, ob das Land christlich sei und Kirchen hätte. Sie sagten: "Unser Volk betet nicht die Sonne an, denn ihre Strahlen geben unserem Land nur wenig Licht. Es herrscht nur ein Zwielicht, wie vor eurem Sonnenauf- oder nach eurem Sonnenuntergang. Ein helleres Land ist nicht weit von dem unsrigen zu sehen, aber es ist von uns durch einen breiten Fluß getrennt."

Diese und andere Dinge, die zu lang sind, um hier erörtert zu werden, antworteten sie auf unsere forschenden Fragen. Man mag darüber denken und reden wie man will, ich bereue es jedenfalls nicht, diese wundersame und wundervolle Geschichte hier aufgeschrieben zu haben.

Soweit William of Newbury mit seinem Bericht über die "grünen Kinder", der auch von Ralph of Coggeshall in seiner "Chronicum Anglicarum" aufgegriffen wird. Angeblich soll sich ein fast identischer Fall auch im Jahre 1887 in der Nähe des spanischen Dorfes Banjos abgespielt haben, aber es ist nicht sicher, ob sich der Vorfall dort tatsächlich zugetragen hat oder nur eine Kopie des Geschehens in England darstellt. Wie dem auch sei - die Geschichte von den grünen Kindern, die aus einer anderen Welt kommend, unvermittelt auf unserer erschienen, gibt zu denken. Mehrere Fakten sprechen für unsere Vermutung von "Dimensionsgängern": Da ist zunächst das plötzliche Auftauchen an sich, was dem hier beobachteten Verschwinden entspricht. Fernerhin die offensichtliche Verwirrung der beiden, natürlich die grüne Farbe ihrer Haut, das Sprechen einer anderen Sprache, die Verweigerung unserer Nahrung und nicht zuletzt die Schilderung von den Gegebenheiten in ihrer eigenen Welt, von einem im Zwielicht liegenden Land usw. Daß man im zwölften Jahrhundert mit einem solchen Vorgang nicht viel anfangen konnte, ihn in den Bereich des Wunders, ja fast der Fabel, entrückte, ist verständlich. Aber heute, wo wir über die Möglichkeiten paralleler Universen spekulieren, ist eine solche Überlieferung ein mehr als deutlicher Hinweis auf ihre tatsächliche Existenz.

Ein anderer Fall spielte sich in historisch jüngerer Zeit ab. Allerdings wird auch er nie eindeutig geklärt werden können. Er dürfte ein Kuriosum bleiben und die Frage, was im Jahr 1936 und nochmals, zwei Jahre später, in Amerika geschah, wird wahrscheinlich kaum mehr beantwortet werden können.

Der erste Zwischenfall ereignet sich in einer warmen Sommernacht in New York des Jahres 1936. Auf dem Rückweg von ihren Verwandten begegnet Frau Macri, eine sechzigjährige Einwohnerin, in einer dunklen Gasse einem großen, hageren Mann, der trotz der Hitze einen hochgeschlossenen Regenmantel trägt. Aus dem Licht einer der wenigen Straßenlaternen kommend, erkennt sie zu ihrem Schrecken, daß der Mann blaues Licht ausstrahlt, das, je näher er kommt, immer intensiver leuchtet. Mit einem Schrei dreht sich Frau Macri um und rennt zu ihren Verwandten zurück. Obwohl diese sofort beschließen, nach dem merkwürdigen Fremden zu suchen, können sie ihn nicht mehr finden.

Dann, zwei Jahre später, taucht er in Chicago abermals auf. Er hatte sich in einem kleinen Hotel eingemietet, angeblich, weil er einen Autounfall hatte und auf einen Freund wartete. Während eines Stromausfalls sehen die entsetzten Lokalbesucher, wie der Fremde, in einen blauen Feuermantel gehüllt, die Treppe herunterstürzt und ins Freie flüchtet. Als das Licht wieder angeht, dringen sie in das Zimmer des unheimlichen Mannes ein und finden einen angefangenen Brief, den er offenbar kurz zuvor geschrieben hatte. Leider sind es nur wenige Zeilen, aus denen keiner recht klug und dessen Absender und Empfänger wohl niemals bekannt werden wird. Der Mann hatte geschrieben:

Lieber Harry!
Ich bin gestern hier angekommen, in der Hoffnung, Dich anzutreffen. Es tut mir leid, Dich zu belästigen, aber ich bitte Dich, sofort hierherzukommen, sobald Du wieder zurück bist. Sonst muß ich für immer in einer Welt leben, die nicht die meine ist. Ich bin...

Das bei der Polizei angefertigte Bild des Fremden ergibt keine Hinweise auf dessen Identität. Keiner wußte, woher der Mann gekommen, noch, wohin er gegangen war.

Vielleicht ergeht es jenen Menschen, die von uns aus in eine andere Welt geraten, in eine Welt, die nicht die ihre ist, genauso. Unverstanden, möglicherweise verachtet aufgrund ihrer Andersartigkeit, oder gemieden. Wir wissen es nicht, noch nicht, und wir sollten daher nicht aufhören zu suchen und zu forschen, um das Rätsel der Welten um und in uns zu lösen.

Die Rätsel der Zeit

Mit dem gleichen Eifer müßten wir dann auch einem anderen Geheimnis auf die Spur gehen, das mit den oben genannten Fällen in einem engen Zusammenhang steht: Dem Geheimnis der Zeit.

Was ist das überhaupt - Zeit? Wir können sie messen, wir unterteilen sie in Jahre, Monate, Tage bis hin zu tausendsteln von Sekunden. Aber begriffen, was das ist, Zeit, das haben wir noch nicht.

Seit Einstein wissen wir, daß Zeit sich nicht zwangsläufig geradlinig ausbreitet, oder besser vorwärtsschreitet. Zeit ist dehnbar, Zeit kann vielleicht am besten mit einem großen Fluß verglichen werden. Sein Wasser fließt nicht immer gleichmäßig, es wird zuweilen gestaut, sprüht über Stromschnellen dahin oder stürzt in Wasserfällen hernieder.

Zeit ist nicht einheitlich, auch wenn es uns so erscheinen mag. Es gibt "Löcher" in der Zeit, genauso wie es "Löcher" im Raum gibt. Es gibt Wiederholungen in der Zeit, die ein Geschehnis viele Male wieder und wieder ablaufen lassen, obwohl die Ursache schon längst vergangen ist. Und es gibt "Zufälle", die keine Zufälle mehr sein können, rätselhafte Ereignisse, bei denen uns die Zeit einen Streich spielt.

Das Rätsel der Zeit ist fast noch verwirrender als das des Raumes. Doch beide bilden eine Einheit, und die Geheimnisse beider stehen daher in einem engen Zusammenhang. Man kann nicht getrennt über die Phänomene des einen reden, ohne die anderen zu berücksichtigen. Und da wir uns auf den vergangenen Seiten mit den Rätseln des Raumes beschäftigt haben, wollen wir uns nun den ebenso faszinierenden Phänomenen der Zeit zuwenden.

Zufall - ein Zusammentreffen ungewöhnlicher Umstände, ein Spiel der Zeit mit den Möglichkeiten des Raumes. Einige behaupten, es gäbe keinen Zufall, alles sei nur ein glückliches (oder unglückliches) Zusammentreffen mehrerer Geschehen oder Vorgänge, es stünde jedenfalls kein System dahinter. Aber so leicht kann man es sich sicherlich nicht machen. In seinem Buch "Der Tod und was dahinter ist" gibt Gerhard Steinhäuser einen interessanten Vergleich zum Thema Zufall. Stellen Sie sich eine Gießkanne vor, die eine grüne Flüssigkeit auf ein Papierband tropfen läßt, das langsam unter ihr hinweggezogen wird. Wir selber befinden uns auf diesem Band und wir würden beobachten können, wie einmal hier, einmal dort Tropfen der grünen Flüssigkeit auftreffen. Für uns, die wir die überdimensionale Gießkanne nicht sehen können, hat dieses Auftreffen kein System, die einzelnen Tropfen, die Ereignisse also, scheinen völlig planlos einzutreffen. Manchmal liegen sie dicht nebeneinander, dann sprechen wir von "Zufällen", ohne daß wir uns ihre ursächlichen Zusammenhänge erklären können. Und doch sind sie vorhanden: In der Gießkanne über uns, die wir nicht sehen können und die Steinhäuser als "das Schicksal" bezeichnet.

Ob wir je in der Lage sein werden, die diesem Schicksal zugrunde liegende Systematik zu entschlüsseln, uns das Schicksal "gefügig" zu machen, dürfte bezweifelt werden. Aber vielleicht wäre es möglich, gewisse Dinge im Voraus zu wissen und zu erkennen, auch wenn dies nicht leicht sein dürfte, z.B. im folgenden Fall:

Im Jahr 216 v.Chr. fand bei Cannae in Italien die erste große "Kesselschlacht" der Geschichte statt. Die Karthager vernichteten damals das römische Heer und 60 000 Männer fielen. Befehligt wurden die Römer von einem Feldherren mit dem Namen Paullus. Im Jahr 1943 fand abermals eine große Kesselschlacht statt, diesmal bei Stalingrad. 200 000 Männer starben. Befehligt wurde das deutsche Heer von einem General mit dem Namen Paulus. - Zufall?

Interessante, geradezu erschreckende Parallelen gibt es in diesem Zusammenhang übrigens zwischen dem Schicksal Lincolns und Kennedys, die Jess Stern in seinem Buch "Geheimnisse aus der Welt der Seele" und Johannes von Buttlar in seinem Buch "Reisen in die Ewigkeit" anführen. So hatten beide für die Bürgerrechte der Farbigen gekämpft, beide wurden an einem Freitag umgebracht und waren nur durch unzulässige Schutzmaßnahmen gesichert. Beide wurden durch einen Kopfschuß getötet und bei beiden war die Ehefrau Zeugin des Verbrechens. Kennedy wurde am hundertsten Jahrestag von Lincolns Proklamation der Gleichberechtigung ermordet. Ebenso wie Lincoln davor gewarnt worden war, sich öffentlich im Theater zu zeigen, war Kennedy vor der Reise nach Dallas gewarnt worden.

Das ist aber längst nicht alles. Beide hatten einen Vizepräsidenten namens Johnson, der vorher im Senat gewesen war und nach der Ermordung des Vorgängers Präsident wurde. Lincolns Mörder John Wilkes Booth wurde im Jahr 1839, Lee Harvey Oswald 1939 geboren. Booth erschoß Lincoln in einem Theater und lief in ein Kaufhaus, Oswald erschoß Kennedy aus einem Kaufhaus und flüchtete in ein Theater. Beide wurden vor ihrem Prozeß selbst niedergeschossen. Lincoln und Kennedy hatten beide zwei Kinder verloren, eines vor ihrer und eines während ihrer Präsidentschaft. Kennedy hatte einen Sekretär mit dem Namen Lincoln und Lincoln einen mit dem Namen Kennedy.

Andrew Johnson wurde 1808 geboren, Lyndon Johnson 1908. Die Namen Lyndon Johnson und Andrew Johnson haben beide 13 Buchstaben, die Namen John Wilkes Booth und Lee Harvey Oswald je 15. Beide Präsidenten heirateten in ihrem vierten Lebensjahrzehnt eine 24jährige brünette Frau, die fließend französisch sprach. Beide wurden im Jahre 47 ihres Jahrhunderts in den Kongreß gewählt; beide fielen bei ihrer Nominierung zum Vizepräsidenten im Jahr 1856, bzw. 1956 durch. 1860 erfolgte dagegen Lincolns Nominierung zum Präsidenten und 1960 Kennedys. Beide hatten nahe Verwandte als Botschafter in England, nämlich Kennedys Vater Joseph und Lincolns Sohn Robert.

Zufall - oder mehr als das? Zwei grüne Tröpfchen aus der riesigen Gießkanne des Schicksals, die "zufällig" dicht nebeneinander auf das Band der Zeit geraten sind?

Das Schicksal und der Zufall, sie vermögen uns auch ganz andere Streiche zu spielen. Es ist ein schöner Julitag des Jahres 1958. Mr. und Mrs. Donald P. Sullivan treffen in Miami ein, dem Ziel ihrer Hochzeitsreise. Sie hatten einen Tag zuvor in New York geheiratet.

Sie staunen nicht schlecht, als sich nur kurz nach ihnen ebenfalls ein Paar Mr. und Mrs. Donald P. Sullivan in das Gästebuch einträgt. Es war vom gleichen Flughafen gekommen.

Die beiden Ehepaare werden sich gegenübergestellt und die Überraschung steigert sich, denn beide hatten sich am Tag zuvor vermählt. Beide Donald P. Sullivans waren 23 Jahre alt, hatten die selbe Universität besucht und während ihrer Kindheit in dem selben Stadtteil gewohnt, ohne sich allerdings jemals zu begegnen.

Solche Zufälle sind zwar selten, kommen aber zuweilen vor. Mrs. Lorrel Wilhelm aus Perth, Australien, beispielsweise, wurde an einem 8. April geboren. Ihre Mutter Joyce erblickte ebenfalls an einem 8. April das Licht der Welt und genauso ihre Großmutter und ihre Urgroßmutter. - Vater und Mutter von Mrs. Alice Gosnell in Sykesville (USA) lernten sich an einem 30. Mai kennen, heirateten an einem 30. Mai und ihre Tochter Alice kam ein Jahr darauf, ebenfalls an einem 30. Mai zur Welt. Mit 23 Jahren heiratete Alice ebenfalls an einem 30. Mai und 23 Jahre später starb ihr Vater, gleichfalls an einem 30. Mai.

Aber der Zufall vermag auch seine gräßliche Seite zu zeigen. Im Januar 1976 wurde in Hamilton (England) der 17jährige Erskins Lawrence Ebbin von einem Taxi überfahren. Er starb wenig später. Genau ein Jahr zuvor war Erskins Bruder an der gleichen Stelle von dem selben Taxi und dem selben Chauffeur überfahren worden. Beide Brüder hatten das selbe Fahrrad benutzt und beidesmal saß der selbe Passagier im Wagen. Eine Anhäufung sogenannter "Zufälle", die bereits nicht mehr natürlich wirkt.

Gefahrvoll war auch für die Personen des folgenden Falls das Schicksal, aber es bescherte ihnen wenigstens einen glücklichen Ausgang.

Man schreibt den Oktober 1829. Die "Mermaid", ein australischer Schoner, verläßt den Hafen von Sydney, um die Collier-Bay an der Westküste Australiens anzulaufen. An Bord: Achtzehn Besatzungsmitglieder und drei Passagiere.

Kurz vor Mitternacht des vierten Tages bricht ein furchtbarer Sturm über den Schoner herein. Erfolglos kämpft die Mannschaft gegen die Fluten an, und schließlich muß das Schiff, das vor dem Bersten steht, aufgegeben werden. Da es sich in relativer Küstennähe befindet, gelingt es Passagieren und Mannschaft, einen aus dem Wasser ragenden Felsen anzuschwimmen und dort Zuflucht zu finden.

Drei Tage später werden die völlig durchnäßten und halb verdursteten Männer von der Bark "Swiftsure" entdeckt und an Bord genommen. Fünf Tage vergehen. Aber dann gerät die "Swiftsure" in eine auf den Karten nicht eingezeichnete Strömung, wird gegen einen Felsen geschleudert und bricht auseinander.

Abermals können sich alle Gestrandeten retten und werden noch am selben Tag von der "Governor Ready" aufgenommen. Es dauert nicht lange, da bricht auf dem mit 32 Mann Besatzung und den neu Hinzugekommenen etwas überlasteten Schoner ein Feuer aus. Trotz der verzweifelten Versuche der auf dem Schiff Befindlichen gelingt es nicht, den Brand unter Kontrolle zu bringen. Sie müssen in die Beiboote umsteigen, ohne große Hoffnung, jemals entdeckt werden zu können, denn sie befinden sich viele Meilen von den gebräuchlichen Schiffahrtsrouten entfernt.

Doch sie haben Glück. Die "Comet", ein Kutter der australischen Regierung, war ebenfalls vom Kurs abgekommen und nimmt die Schiffbrüchigen auf. Große Freude empfindet dabei allerdings keiner, denn die Mannschaft der "Comet" ist recht abergläubisch und vermutet einen Unglücksraben unter den Leuten von der "Mermaid".

Sie sollten recht behalten. Fünf Tage nach dem Zwischenfall tritt ein erneuter Sturm auf, bricht den Hauptmast, zerfetzt das Segel und läßt die "Comet" schließlich sinken. Diesmal gibt es nur ein einziges Beiboot, das die Mannschaft der "Comet" für sich beansprucht, aber auch die anderen Männer können sich auf Wrackteilen in Sicherheit bringen.

Insgesamt achtzehn Stunden müssen die Unglücklichen in der kalten See verbringen, dann erscheint der Postdampfer "Jupiter". Er nimmt die Schiffbrüchigen an Bord, nur, um zwei Tage später gegen ein Riff zu stoßen und zu sinken.

In der Nähe befindet sich die "City of Leads", die die Männer aufnimmt und nun endlich nach Sydney bringt. Doch der eigentliche "Zufall" dieser mehr als haarsträubenden Geschichte wird erst bei dieser Überfahrt sichtbar.

Die "City of Leads" war von England aus in See gestochen. An Bord befindet sich Mrs. Sarah Richley, eine schwerkranke Frau, die der Schiffsarzt bereits aufgegeben hat. Sie will nach Australien, um dort ihren vermißten Sohn zu finden und in Frieden sterben zu können.

Da die Kranke in Fieberträumen ständig nach ihrem Sohn ruft, beschließt der Arzt, einen ähnlich aussehenden jungen Mann ihr als ihren Sohn vorzustellen. Tatsächlich befindet sich unter den Geretteten der "Mermaid" ein Mann, der den Beschreibungen in etwa entspricht. Das Erstaunen auf beiden Seiten allerdings ist groß, als der Arzt den Namen der Frau nennt: "Mein Gott, Herr Doktor, ich **bin** Peter Richley. Bitte, bringen Sie mich zu meiner Mutter."

Obwohl vom Arzt schon "abgeschrieben", genas die Frau wieder, als Mutter und Sohn sich auf diese rätselhafte Weise begegneten. Manchmal vermögen Zufälle auch Wunder zu wirken.

Aber der Zufall ist nur eines der Rätsel der Zeit. Wir hatten bereits kurz angedeutet, daß Geschehnisse sich zuweilen wiederholen können, obwohl sie schon längst vergangen sind. Charles Berlitz schreibt in "Spurlos" über gemeldete Abstürze von Flugzeugen, obwohl dies bereits vor Jahren an der gleichen Stelle geschehen ist.

Ähnliches ist immer wieder, und nicht nur im Bermuda-Dreieck, zu beobachten. Am 13. Februar 1748 steuerte John Rivers, Erster Offizier an Bord des Schoners "Lady Luvibund", das Schiff mit voller Absicht auf die Sandbänke von Portugal. Alle Besatzungsmitglieder starben, auch John Rivers selbst.

Bei der späteren Untersuchung stellte sich heraus, daß Rivers in die Braut des Kapitäns verliebt gewesen war. Der Kapitän hatte die Frau an diesem 13. Februar 1748 geheiratet und unten im Schiff gefeiert. Rivers war derart eifersüchtig gewesen, daß er sich Rache schwor, auch wenn es um sein Leben ginge. Er hatte seinen Schwur nicht gebrochen.

Fünfzig Jahre später, am 13. Februar 1798, beschwert sich Kapitän James Westlake vom Küstenschiff "Edenbridge" bei den Behörden, sie sollten sich um ein Schiff kümmern, das draußen vor den Sandbänken läge und mit dem er beinahe kollidiert sei. "Die Mannschaft", so berichtet Kapitän Westlake, "muß besoffen gewesen sein. Wir hörten lautes Geschrei und Gelächter, als wäre eine Feier im Gange. Nur mit knapper Not konnten der Steuermann und ich dem Schoner ausweichen."

Doch als sich die Beamten und der Kapitän an den Strand begeben, ist von dem angeblichen Schoner nichts zu sehen. Nur die älteren Leute in der Gegend erinnern sich, daß genau vor fünfzig Jahren hier die "Lady Luvibund" gestrandet war.

Abermals fünfzig Jahre später, im Jahr 1848, hört die Besatzung eines amerikanischen Klippers und mehrerer Bergungsfahrzeuge das fröhliche Lachen einer jungen Frau, als sich zu ihrem Entsetzen ein Schoner in die Sandbänke bohrt. Am Ort des Geschehens eingetroffen, finden sie jedoch nichts mehr vor.

1898 und 1948 beobachteten zahlreiche Küstenwächter und Schaulustige das seltsame Schauspiel, und es darf damit gerechnet werden, daß sich auch am 13. Februar 1998 Zuschauer einfinden werden, die sich die Wiederholung des Ereignisses, das eigentlich vor 250 Jahren stattfand, nicht entgehen lassen werden.

Wir wissen nicht, was für seltsame Eigenarten der Zeit es sind, die Geschehnisse wieder und wieder ablaufen lassen. Denn das oben angeführte Beispiel ist kein Einzelfall.

Um eine Zeitwiederholung scheint es sich auch bei jenem Vorfall aus dem Jahr 1875 gehandelt zu haben, den Sir Cecil Denny, englischer Einwanderer in den Vereinigten Staaten, erlebte. Als erfolgreicher Offizier war er von dem damaligen kanadischen Premierminister Sir MacDonald beauftragt worden, die noch immer kriegerischen Indianerstämme zu Ruhe und Ordnung aufzufordern.

Zusammen mit seinem indianischen Freund, einem Kenner der dortigen Gegend, unternahm er in diesem Jahr bei einer seiner Expeditionen eine Bootsfahrt auf dem Old-Man-River, um zu fischen und das unwegsame Gelände besser kennenzulernen. Es ist bereits am Nachmittag, als beide vor sich ein großes Indianerlager

343

in einer ansonsten völlig menschenleeren Gegend sehen. Kinder tollen zwischen den Zelten, Pferde weiden auf einer großen Koppel - ein Indianerlager, wie es friedlicher nicht sein könnte. Lediglich ein aufkommendes Gewitter stört die Idylle und Sir Denny und sein Freund beschließen, auszusteigen, um in einem der Zelte Unterschlupf zu suchen. Eilig schreiten sie auf das Lager zu, als unmittelbar vor ihnen der Blitz in eine alte Eiche fährt. Absplitternde Äste treffen Denny und seinen Freund, und beide sind für wenige Sekunden bewußtlos. Als sie wieder zu sich kommen, trauen sie ihren Augen nicht, denn das Indianerlager ist spurlos verschwunden. Nichts deutet darauf hin, daß es bis vor kurzem hier noch gestanden hatte, daß Menschen und Tiere hier gelebt hatten.

Wieder in die Zivilisation zurückgekehrt, stellt Sir Denny Nachforschungen an und entdeckt schließlich, daß es vor etwa hundert Jahren an genau dieser Stelle tatsächlich ein Indianerlager gegeben hatte. Es war jedoch von Weißen überfallen und die Bewohner getötet worden. Cecil Denny hatte das Glück, hundert Jahre danach noch einmal einen Blick in eine friedvollere Vergangenheit werfen zu dürfen.

Ähnlich wie dem mysteriösen Indianerdorf scheint es auch einem anderen im hohen Norden Amerikas gelegenen Ort ergangen zu sein. Bis zum Jahr 1901 konnten die Indianer und Reisende unweit des Muir-Gletschers im Glacier-Bay-Nationalpark (Alaska) zwischen dem 21. Juni und dem 10. Juli die Umrisse einer merkwürdigen Stadt sehen, die im Volksmund den Namen "Silent City" (Schweigende Stadt) erhielt. Wolkenkratzerähnliche Bauten, Bäume, Türme und gigantische Gebäude boten sich dann den Augen der nicht selten verblüfften Zeugen. Israel C. Russel, der die Stadt 1891 sah, berichtete:

Eine große Stadt, mit Befestigungen, Türmen, Minaretten und Domen phantastischer Architektur, erstreckte sich über ein Gebiet, von dem alle genau wußten, daß sich dort ein von Bergen umsäumtes Gewässer ausdehnt.

Man vermutete zuerst eine einfache Luftspiegelung, aber der nächste Ort, der dafür in Frage käme, wäre die 80 km entfernte kleine Goldgräberstadt Juneau gewesen. Hier gab es aber weder Befestigungsanlagen noch Wolkenkratzer, keine Dome und Minarette. Luftspiegelungen sind zudem auch extrem selten - daß sie vorkommen, bestreitet niemand, aber aufgrund der meteorologischen und geographischen Bedingungen in diesem Gebiet sind sie hier auszuschließen. "Silent City": Eine Stadt aus einer fernen Zukunft - oder Vergangenheit?

Ein anderer, aber ähnlich gearteter Fall, spielte sich in jüngster Zeit in Südengland ab. Zwischen den beiden Orten Midhurst und Liphock wurde mehrmals eine weitere Ortschaft gesehen, ohne daß man bei einem wiederholten Suchen Anzeichen für ihre Existenz entdecken konnte. Nach Aussagen verschiedener Zeugen soll das Dorf im sogenannten "Tudor-Stil" gebaut gewesen sein, mit strohbedeckten Häusern, einer Kirche, einem Ententeich und Wiesen. Nachforschungen ergaben in der Tat, daß sich am bezeichneten Platz einst ein solcher Ort befunden hatte, der aber vor 300 Jahren bei einer Feuersbrunst bis auf die Grundmauern niedergebrannt war.

Eine andere Art von Zeitwiederholung beschreibt uns der große deutsche Dichter Johann Wolfgang von Goethe in seinem Werk "Dichtung und Wahrheit". Nicht ein vergangenes, sondern ein zukünftiges Ereignis spiegelte sich damals in der Gegenwart wieder:

Nun ritt ich auf dem Fußpfade gegen Drusenheim und da überfiel mich eine der sonderbarsten Ahnungen. Ich sah nämlich nicht mit den Augen des Leibes, sondern des Geistes, mich mir selbst den selben Weg, zu Pferde wieder entgegenkommen, und zwar in einem Kleide, wie ich es nie getragen: Es war hechtgrau mit etwas Gold. Sobald ich mich aus diesem Traum aufschüttelte, war die Gestalt ganz hinweg. Sonderbar ist jedoch, daß ich nach acht Jahren in dem Kleide, das mir geträumt hatte, und das ich nicht aus Wahl, sondern aus Zufall trug, mich auf dem selben Weg fand, um Frederiken noch einmal zu besuchen.

Bilder aus vergangenen oder zukünftigen Zeiten? Geschehnisse, die, einem uns unbekannten Mechanismus folgend, sich in der jeweiligen Gegenwart widerspiegeln? Eine Laune der Zeit oder mehr als das?

Wir werden nicht umhin können, als all diese Fragen einer gründlichen Analyse zu unterziehen und die Phänomene der Zeit auf unserem Planeten zu erforschen. Denn auch zu dem folgenden Fall gibt es zahlreiche Parallelfälle.

Im französischen Mulhouse stand bis zum 18. Jahrhundert eine kleine Kapelle. Dort sollte einst ein Paar getraut werden, aber als man eben das Gotteshaus betreten wollte, geschah etwas ganz und gar Unerwartetes: Der Bräutigam verschwand. Anders als in anderen Fällen hatte er es sich jedoch nicht plötzlich und gewissermaßen im allerletzten Moment anders überlegt: Er löste sich einfach in Luft auf und war trotz fieberhafter Suche nirgends mehr zu finden.

Hundert Jahre später betritt ein junger Mann Mulhouse durch das Baseler Tor. Er ist festlich, wenn auch altmodisch gekleidet und auch der Dialekt, den er gebraucht, wird schon lange nicht mehr verwendet.

Vom Torwächter zum Rathaus geschickt, wird man aus seinen Fragen nicht klug. Der Mann behauptet, einem Geschlecht anzugehören, das schon seit vielen Jahrzehnten ausgestorben ist und erkundigt sich nach seiner Braut, die aber niemand kennt. Schließlich kommt ihm ein alter Greis zu Hilfe, der sich daran erinnern kann, in seiner Jugend von der Geschichte mit dem "verschwundenen Bräutigam" gehört zu haben. Man schlägt die Gemeindebücher auf, schaut nach - und tatsächlich! Dort ist die Geschichte aufgezeichnet.

Der junge Mann erzählt nun in stockendem Tonfall, daß er damals, als er die Kirche betrat, daran gedacht hatte, wie es wohl in hundert Jahren hier aussehen würde. Im gleichen Moment habe ihn das Bewußtsein verlassen und er sei vor den Toren von Mulhouse wieder aufgewacht. Mehr wisse er nicht und er habe keine Erklärung für den ganzen Vorfall.

Schließlich bat der Fremde darum, das Grab seiner Braut besuchen zu dürfen. Man führte ihn auf den Friedhof und fand nach langem Suchen schließlich ein verwildertes Grab und ein verwittertes Holzkreuz, unter dem die einstige Geliebte bestattet worden war. Als der junge Mann dies sah, fiel er mit einem Aufschrei zu Boden und löste sich innerhalb weniger Sekunden in Staub und Asche auf.

Die Zeit, so scheint es, hatte ihren Fehler korrigiert. Jedem von uns könnte es eines Tages genauso ergehen wie jenem unglückseligen Bräutigam aus Frankreich. Schon deshalb, meine ich, sollten wir darangehen, die Rätsel der Zeit zu untersuchen. Dabei sollte auch jenes Gebiet nicht ausgelassen werden, das sich im Osten der Vereinigten Staaten, genauer in der Nähe von Las Vegas (Kalifornien) befindet.

Der US-Prospektor und Pilot Mr. Stubbs hat in den letzten Jahren dort ein seltsames Phänomen entdeckt, das "Phänomen der verschobenen Hügel". In einem Gespräch mit Erich von Däniken schilderte Stubbs seine Entdeckung wie folgt:

Ich bin über diesen Hügelzug geflogen in Ausübung meines Berufes als Prospektor. Meine Filmkamera nahm die Landschaft unter mir systematisch auf, die Bilder würden dann später entwickelt werden. Am anderen Tag flog ich erneut mit einer neuen Filmkassette los, höher und in größerem Radius.

Als ich nach der Entwicklung die Bilder sah, stutzte ich. Es gab Unterschiede, die mir sofort auffielen. Einiges war anders als am Tag zuvor. Auf dem Bild, das ich zuletzt gemacht hatte, verlief der Höhenzug nicht mehr von Nord nach Süd, sondern von Ost nach West.

Unsinn, denke ich, das kann doch nicht sein! Also fliege ich erneut hin und photografiere den Hügel, ziehe eine Schleife und kehre zurück, um abermals Aufnahmen zu machen. Das wiederhole ich mehrmals, und zwar so, daß ich auch die Straße mit auf die Bilder bekomme, um später vergleichen zu können.

Als die Aufnahmen entwickelt sind: Das gleiche Phänomen, wieder sind die Hügel verschoben. Mr. Stubbs hat keine Ruhe mehr. Zusammen mit seinem Sohn fährt er mit dem Wagen zu den mysteriösen Hügeln. Sie finden sie und entdecken auch eine Höhle, die wie ein alter Bergwerksschacht aussieht. Mr. Stubbs nimmt seine Taschenlampe und kriecht in den Stollen hinein. Seinen Sohn läßt er beim Wagen zurück.

Doch Mr. Stubbs kommt nicht weit. Schon nach wenigen Metern ist der Gang vollkommen zugeschüttet, so daß er umkehren muß. Kaum ist er wieder am Tageslicht, sieht er bereits seinen Sohn aufgeregt entgegenkommen. Er habe unterdessen Hilfe geholt, da er annahm, der Vater sei verschüttet worden.

Mr. Stubbs ist verwirrt. Das sei doch schlecht möglich, betont er, denn er sei höchstens einige Minuten in dem Stollen gewesen. Sein Sohn ist nun nicht minder verwirrt als er selbst, denn ein kurzer Blick auf die Uhr bestätigt: Er hat sich nicht getäuscht, denn nicht wenige Minuten, sondern drei Stunden waren insgesamt vergangen, seit der Vater in dem unterirdischen Schacht verschwunden war.

Obwohl der Sohn protestiert, geht der Vater nochmals für wenige Minuten in den Stollen. Und wieder ereignet sich genau das gleiche. Als er hervorkommt, sind abermals einige Stunden vergangen!

Es gelang bisher nicht, das Rätsel der Zeitverschiebung wissenschaftlich zu untersuchen. Aber zumindest die Fotos mit den sich um 90 Grad gedrehten Hügeln sind vorhanden und geben ein beredtes Zeugnis davon, daß es mehr Dinge zwischen Himmel und Erde gibt, als die meisten von uns ahnen.

Die Menschen vom Mount Shasta

Rätselhaft wie diese "Zeithöhle" scheint auch eine andere unterirdisch angelegte "Zeitenklave" zu sein, in der seit undenklichen Zeiten Menschen "ohne Zeit" leben sollen: Im 4375 Meter hohen "Mount Shasta", einem erloschenen Vulkan, der sich mit seiner schneebedeckten Kuppe majestätisch über die Sierra Nevada (USA) erhebt.

Der Name "Shasta" war schon vor der Ankunft der Weißen von den Indianern gebraucht worden, taucht schriftlich niedergelegt aber erst in einer aus dem Jahr 1814 verfaßten Chronik auf. Zunächst glaubte man, es handele sich um ein Wort der Eingeborenen, bis man entdeckte, daß es in Wirklichkeit ein etwas verstümmeltes altindisches Sanskrit-Wort war, und zwar der Begriff "Shastra", der übersetzt "Heiliges Buch" oder "Heilige Gemeinschaft" bedeutet.

Und in der Tat berichten die alten Legenden und Sagen der Indianer dieser Gegend von seltsamen Menschen, die in unterirdischen Höhlen des Mount Shasta seit undenklichen Zeiten leben und wohnen sollen. Wir kommen darauf noch zurück, gibt es doch in der Nähe des Berges noch andere, ungelöste Rätsel, die aber mit einem in seinem Inneren lebenden Volksstamm in Zusammenhang stehen dürften.

Da wurde im nahegelegenen "Klamath-Fall" (Tal der Wissenschaft) eine bisher nichtentzifferte Schrift entdeckt, die man "Klamath-Falls-Schrift" nennt und die an verschiedenen Stellen der Gegend in Dutzende von Steinen gemeißelt ist. Daneben existieren hunderte von Sandsteinmenhiren, aufrechtstehende Blöcke, die hieroglyphische Inschriften, denen Ägyptens ähnlich, tragen. Unerklärlich ist auch die Sprache der dortigen Indianer, in der sich Worte lateinischen, griechischen und altindischen Ursprungs entdecken lassen.

Trapper, Jäger, Indianer und Forscher berichten über Unerklärliches in diesen Gegenden. Oftmals schon seien völlig stilfremde Ruinen entdeckt worden, als man aber zu den Stätten zurückkehren wollte, habe man nichts mehr vorgefunden. Irgendetwas, oder irgendjemand, so vermuten die dortigen Anwohner, will unter allen Umständen das Geheimnis des Mount Shasta gewahrt wissen.

Das mag für uns, die wir auf ein rationales Denken und angebrachte Skepsis getrimmt sind, unwahrscheinlich, ja unglaubwürdig klingen. Doch lesen wir, was der amerikanische Ingenieur Ernest L. Crosley erlebte:

Im Jahre 1936, als ich vom Shastamysterium nicht die geringste Ahnung hatte, fuhr ich ohne jegliches besonderes Ereignis im Auto die ganze Länge des Westabhanges entlang, die Gegend und die herrlichen Waldbestände bewundernd. Während des Krieges, als ich schon etliches über das Shastarätsel wußte und dienstlich in der Nähe des Shastaberges zu tun hatte, freute ich mich, ein freies

Wochenende am Shastaberg verbringen zu können, doch es ereignete sich Verzögerung um Verzögerung, und ich kam schließlich Sonntag nachts im Autobus bei größter Dunkelheit am Shastaberg vorbei. Als ich zurückflog, um mir Mt. Shasta von oben zu betrachten, war der Berg in dicken Nebel gehüllt. Letzthin, im Jahre 1960, beabsichtigte ich, im Frühjahr und noch einmal im Herbst nach Weed zu fahren, das am Fuße des Mount Shasta liegt. Ich hatte auch meinen Freunden meine Reiseabsichten mitgeteilt; aber es war wie ein Verhängnis: Beide Male, am Morgen des geplanten Abreisetages, wurde ich per Rettungswagen in das Krankenhaus gebracht, wo ich jedesmal mehrere Wochen verbleiben mußte. War all dies Zufall? Ich werde jedenfalls das Schicksal nicht mehr herausfordern.

Andere ließen sich nicht abschrecken. Aber sie berichteten, immer nur bis zu einem bestimmten Punkt gekommen zu sein, dann aber aus unerklärlichen Gründen zurückgekehrt zu sein. Plötzlich fanden sie sich weit unten an den Hängen des Berges wieder, ohne zu wissen, wie sie dort hingekommen waren.

Die Legende vom Mount Shasta spricht von seltsamen Menschen, die in seinem Inneren leben sollen. Zuweilen seien Holzfäller oder Trapper ihnen begegnet und manchmal sollen sie auch schon nach Weeds, einer kleinen Ortschaft am Fuße des Mount Shasta, gekommen sein und dort Schwefel, Salz und Fett gekauft haben. Stets hätten sie mit kleinen Goldstücken bezahlt, die den Wert der Ware weit überstiegen.

Es blieb natürlich nicht aus, daß einige Goldsucher den seltsamen Menschen vom Mount Shasta folgten, in der Hoffnung, auf diese Weise vielleicht zu der vermuteten Metallader zu stoßen. Doch die überraschten Sucher berichteten meist vom plötzlichen Verschwinden der Shasta-Menschen, so, als hätten sie sich in Luft aufgelöst, was uns daran denken läßt, daß es sich vielleicht um ein Gebiet von Überlappungszonen zweier Paralleluniversen oder Zeitdimensionen handelt.

Die Menschen vom Mount Shasta werden, und das stimmt nachdenklich, immer gleichlautend beschrieben: Als hochgewachsene Gestalten, zuweilen mit kurzgeschnittenem, zuweilen mit langem Haar, die weiße Kapuzenumhänge tragen und sich im Winter mit Mänteln aus Eisbärfellen bekleiden.

Das Ganze erscheint recht mysteriös, aber es ist eine Tatsache, daß in der Nähe des Mount Shasta ungewöhnliche Phänomene beobachtet wurden, unter anderem ein seltsames Glühen an den Hängen des Berges und häufig UFO-Sichtungen, auch bereits im vergangenen Jahrhundert. Ein weiterer Hinweis darauf, daß alle großen Rätsel unseres Planeten in irgendeiner, uns unbekannten Weise miteinander in Zusammenhang stehen.

Auf der anderen Seite der Erde, in Tibet, soll sich eine ähnliche unterirdische Metropole befinden, die "Agarthi" oder "Shambala" genannt wird und in der ebenfalls weißgekleidete Menschen ohne Zeit leben. Einige behaupten, bei ihnen und den Mount-Shasta-Bewohnern handele es sich um Nachkommen der Bewohner Atlantis oder Mu, bzw. Lemuria. Aber dies sind Spekulationen, für die es keinerlei wirkliche Hinweise gibt. Sie mögen stimmen oder auch nicht, wahrscheinlich ist das Geheimnis der unterirdischen Städte jedoch ungleich umfassender, als daß man es so simpel lösen könnte.

Reisende aus der Zukunft

Wenn wir von Menschen sprachen, die "ohne Zeit" leben, also gewissermaßen "Beherrscher der Zeit" sind, können wir nicht umhin, uns zum Abschluß dieses Kapitels auch mit einem anderen Aspekt zu befassen, dem sich die Welt der Science-Fiction längst angenommen hat, die aber nicht zwangsläufig eine Utopie sein, bzw. bleiben muß: Die Reise in die Zeit.

Es war bereits darauf hingewiesen worden, daß die Zeit heute aufgrund der Relativitätstheorie Einsteins nicht mehr als einheitlich betrachtet werden kann. Insofern wäre es theoretisch denkbar, nicht nur eine "Zeit-Ebene", auf der wir uns gegenwärtig befinden zu vermuten, sondern deren viele, unendlich viele, und zwar in Vergangenheit **und** Zukunft. Alle Ereignisse des

Universums würden also gleichzeitig stattfinden, nur, zeitlich gesehen, auf unterschiedlichen Ebenen. Die Frage, ob es nicht möglich sein sollte, von der unsrigen in eine dieser anderen Ebenen zu "springen", wurde bereits 1949 durch Dr. Kurt Gödel eindeutig bejaht. Gödel, Kenner der Relativitätstheorie, verfertigte damals ein theoretisches Modell, das auf eben dieser Relativitätstheorie basiert und Reisen in die Zeit durchaus ermöglichen könnte. Voraussetzung allerdings wäre die kontrollierte totale Umwandlung von Materie in Energie und das Erreichen von wenigstens 70,7% der Lichtgeschwindigkeit.

Anzunehmen, diese Probleme könnten von einer zukünftigen, hochentwickelten Technik nicht gelöst werden, wäre mehr als töricht. Zwar bieten sich im Moment noch keine konkreten Hinweise darauf, dies eines Tages möglich werden zu lassen, aber zu Beginn des 20. Jahrhunderts war auch die Spaltung des Atoms noch reine Utopie.

Es ist also durchaus denkbar, daß Menschen zukünftiger Zeitebenen (also wir selbst in vielleicht eintausend oder mehr Jahren) dazu in der Lage sind, mit Maschinen oder in einer anderen Weise die Zeitschranke zu durchbrechen und in die weitere Zukunft oder die Vergangenheit der Erde zu reisen.

Der deutsche Atomphysiker Johannes von Buttlar und der Schriftsteller und Techniker Ernst Meckelburg, die diese Möglichkeit vertreten, weisen vor allem auf verschiedene UFO-Sichtungen in diesem Zusammenhang hin. Interessant ist nämlich, daß "Fliegende Untertassen" häufig wie aus dem Nichts erscheinen oder wieder dorthin verschwinden. Genauso würde sich laut Buttlar ein Gerät verhalten, das, aus einer anderen Zeit kommend, plötzlich hier auftaucht. Auch die Tatsache, daß die Insassen der unbekannten fliegenden Objekte nur sehr selten Kontakt mit Erdbewohnern aufnehmen, ja geradezu peinlichst darauf bedacht sind, derartige Zusammentreffen nach Möglichkeit zu vermeiden und zu verwischen, deutet nach Buttlar auf die Möglichkeit von Zeitreiseschiffen aus der Zukunft hin. Um Zeitparadoxa zu vermeiden, dürften Eingriffe nicht oder nur in sehr beschränktem Umfang durchgeführt werden.

Betrachten wir jedoch unsere Vergangenheit, so wird ersichtlich, daß zumindest dieser Teilaspekt der Zeitreisetheorie darauf nicht anzuwenden ist. Denn die "Götter" der Vorzeit griffen mitunter sehr massiv in die Geschichte und Geschicke der Menschheit ein, und man kann wohl davon ausgehen, daß sich diese Menschheit entweder gar nicht oder ganz anders entwickelt hätte, hätten die bereits im zweiten Kapitel beschriebenen Operationen nicht stattgefunden.

Doch die Vertreter einer Zeitreise-Theorie geben deswegen nicht auf. Sie bieten ein Modell an, das derart starke Eingriffe rechtfertigen würde, indem sie davon ausgehen, daß jedes Geschehen in der Zeit bereits feststeht, also auch Eingriffe aus der Zukunft. Dies hätte zur Folge, daß die Zeit quasi einen Kreis bildet, in dem sich die Menschheit immer wieder von neuem selbst "erschafft". In der Tat deuten einige uralte Überlieferungen darauf hin, doch können diese auch anders interpretiert werden. So ist beispielsweise die Annahme, bei der Vorstellung eines Zeitrades handele es sich um eine Umschreibung des sich periodisch vollziehenden Aufblähens und Zusammenschrumpfens des Universums, durchaus gerechtfertigt. Dennoch sollte die Frage der Zeitreise nicht so einfach von der Hand gewiesen werden. Denn die Vertreter dieser Theorie trumpfen noch mit einem weiteren Indiz auf, nämlich mit dem Hinweis darauf, daß von den "Göttern" gemachte Prophezeiungen immer eintrafen. Dies aber sei nur möglich, wenn die prähistorischen Astronauten aus der Zukunft kamen, diese also kannten.

Durch die im zweiten Kapitel beschriebene Entschleierung des Sirius-Mysteriums und des im dritten Kapitel dargestellten "Zeta-Reticuli-Falls" wissen wir aber, daß wir durchaus Besuch von "draußen" gehabt haben, was eine Visite aus der Zukunft aber nicht ausschließt.

In diesem Zusammenhang ist es vielleicht auch erwähnenswert, auf jenen Ingenieur hinzuweisen, der behauptet, bereits schon heute das Problem der Zeitreise mit technischen Mitteln gelöst zu haben. Es handelt sich um den Franzosen Emile Drouet, der das Verfahren des von ihm so genannten "Frequenzmodulationsradars" vorschlägt, das sowohl amerikanische Wissenschaftler als auch die des staatlichen Forschungszentrums von Meuden (Paris) zumindest in den Grundzügen als richtig und theoretisch durchführbar bezeichnet haben.

Bisher ist das Projekt lediglich an den fehlenden finanziellen Mitteln gescheitert. Dies liegt nicht zuletzt daran, daß eine Rückkehr in die heutige Zeit mit Drouets Methode nicht mehr möglich wäre. Auch enthält das Verfahren an sich noch zu viele Unsicherheitsfaktoren. Dennoch ist nicht auszuschließen, daß spätere Generationen sich auch davon nicht mehr abschrecken lassen und die Zeitmauer sprengen werden.

Daß dies in der Tat geschehen sein könnte, daß wir also allen gegenteiligen Behauptungen zum Trotz Besuch aus der Zukunft gehabt haben, dafür gibt es zumindest einige Hinweise. Diese sind selbstverständlich schwer zu finden, da hypothetische Zeitreisende versucht haben werden, solche Spuren nach Möglichkeit zu verwischen oder gar nicht zu hinterlassen, um die schon erwähnten Zeitparadoxa zu vermeiden. Auch bieten sich für die einzelnen Fälle möglicherweise andere Erklärungen an, zum Beispiel prophetische Zukunftsschauen, Quellen aus alten, uns nicht mehr zur Verfügung stehenden Schriften oder Eingriffe von Außerirdischen. Aber in ihrer Gesamtheit betrachtet sind die einzelnen Details mehr als rätselhaft und eine Verbindung zur Möglichkeit von in der Vergangenheit aufgetauchten Expeditionscorps aus der Zukunft besteht durchaus. Der geneigte Leser möge selber entscheiden, ob er gewillt ist, die nun aufgezählten ”Kuriositäten” in diesen oder in einen anderen Bereich einzureihen. Es bleibt ihm selbst überlassen. Aber vielleicht, auch das sollte bemerkt werden, ist gerade dies die Absicht der Besucher aus einer anderen Zeit, die, über die Skepsis der Menschen des 20. Jahrhunderts informiert, ohne Sorge ihre Hinweise hinterlassen konnten, wissend, daß sie von uns ohnehin kaum zur Kenntnis genommen würden.

Wer einmal Dantes ”Göttliche Komödie”, jene eindrucksvolle, skurrile und zugleich majestätische Beschreibung von Himmel, Fegefeuer und Hölle aus der Sicht eines Menschen des Mittelalters gelesen hat, wird vielleicht auch auf jene Stelle gestoßen sein, in der der italienische Dichter ein Sternbild beschreibt, das wir ”Kreuz des Südens” nennen. Da Dante auch den Großen und den Kleinen Bären in seinem Werk anführt, mag dies nichts besonderes sein, und dennoch hat es mit dem ”Kreuz des Südens” eine Eigenart: Es ist nämlich weder von Italien, noch von Europa überhaupt, sondern nur von den Ländern südlich des Äquators aus sichtbar. Zur Zeit Dantes war es völlig unbekannt, da damals noch

354

kein europäischer Seefahrer in diese Bereiche vorgestoßen war und Dante davon berichtet haben könnte.

Nun wäre es sicherlich weit hergeholt, zu behaupten, Dante sei ein Zeitreisender gewesen. Eine solche Spekulation ist unzutreffend und ins Land der Fabeln zu verweisen. Eine Möglichkeit zur Lösung des Rätsels böte sich aber an durch die Vermutung, hypothetische Forscher aus der Zukunft hätten Dante oder einen "Mittelsmann" über das Sternbild informiert und Dante hat diese Information dann in sein Werk übernommen. Vielleicht sind in seiner "Göttlichen Komödie" noch andere derartige Hinweise enthalten, die wir nur aufgrund unseres noch immer recht bescheidenen Wissens von den Zusammenhängen im Kosmos nicht begreifen und als phantastische Erfindungen des Dichters abtun. Eine Erforschung der "Göttlichen Komödie" unter diesem Gesichtspunkt würde vielleicht zu völlig neuen Aspekten führen.

Eine andere Persönlichkeit, die in irgendeiner Weise mit Zeitreisenden in Verbindung gestanden haben könnte, war Papst Silvester II, geb. 920, gestorben 1003 (Pontifikat von 999-1003). Laut zeitgenössischen Chroniken soll der Papst, der sich den Wissenschaften gegenüber sehr aufgeschlossen zeigte, eine metallene Kugel besessen haben, die ihm Fragen über die tägliche und die weniger alltägliche Politik mit Ja und Nein beantwortete. In der Oktober-Ausgabe 1954 der amerikanischen Fachzeitschrift "Computers and Automation" beschäftigt sich der Autor eines Artikels mit dieser Kugel und kommt zu dem Schluß, daß es sich dabei um einen binären Computer gehandelt haben müsse. Von Papst Silvester II wird behauptet, er habe mit Unbekannten in Kontakt gestanden, die ihm die Kugel geschenkt hätten und die nicht wenige für Sendboten der Hölle hielten. Was nach dem Tode Silvesters mit dem Computer geschehen ist, darüber gehen die Meinungen auseinander. Einige glauben belegen zu können, die Maschine sei sofort zertrümmert worden, aber es gibt auch glaubhafte Belege für die Ansicht, sie sei später in den Besitz des mysteriösen Templer-Ordens überführt worden.

Über einen Juden namens Jechiele, der zur Zeit Ludwig IX lebte, wird berichtet, er habe eine Lampe besessen, die ohne Öl und Docht brannte, sowie ein Gerät, das, offenbar ebenfalls auf elektrischer Basis arbeitend, jeden Eindringling davon abhielt, sein Haus zu betreten. Elektrische Apparaturen lange vor Edison - von wem?

Auch andere "Erfinder" waren ihrer Zeit voraus, etwa Ludwig von Hartenstein, der bereits 1510 modernste Taucheranzüge zeichnete oder der Verfasser des mittelalterlichen Epos "Salman und Morolf", der 1190 Unterseeboote beschrieb. Tiphaigne de la Roche hingegen stellte 1729 in einem in Montebourg gedruckten Buch ein Verfahren vor, durch das man Farbfotografien erhalten konnte.

Auf dem Bild "Die Versuchung des heiligen Antonius" des fast surrealistischen Malers Hieronymus Bosch (1460-1516) findet sich ein äußerst seltsames Fluggerät mit einem, der Vergleich drängt sich geradezu auf, modernen Goniometer (Winkelmeßgerät). Jules Duhem vom "Staatlichen Französischen Zentrum für Wissenschaftliche Forschung" schreibt dazu:

> Die gespannten Drähte haben eine so offensichtliche Antennenfunktion, daß man zu glauben veranlaßt wird, Bosch hätte sich wirklich um 1516 die Möglichkeit vorgestellt, elektromagnetische Wellen aufzufangen und abzustrahlen, und ein Instrument zur Messung der Winkel dargestellt, das die Urform des Präzisionsgoniometers ist.

Das Goniometer wurde aber erst drei Jahrhunderte nach Bosch von dem Physiker Carengeot erfunden. - Eine merkwürdige Persönlichkeit muß auch der im 18. Jahrhundert lebende Jesuit Ruggero Boscowitch gewesen sein. Zeitgenossen bezeugen, daß er häufig von Planeten sprach, die sich um andere, ferne Sonnen drehten, Bemerkungen über ein 1957 tatsächlich stattgefundenes Geophysikalisches Jahr machte, über die Wellenmechanik, die Quantentheorie und über die Struktur des Atoms schrieb und sich in seinen wissenschaftlichen Studien auf die erst 1958 aufgestellte "Plancksche Konstante" bezog.

Doch nicht immer sind es große Genies oder Erfinder, die uns Verblüffendes übermitteln. In seiner Geschichte "Reise nach Laputa" berichtet der Schriftsteller Jonathan Swift von den beiden Marsmonden Phobos und Deimos, gibt deren genaue Entfernung zum Roten Planeten und ihre Rotationszeit an. Diese Angaben konnten erst rund hundert Jahre später von dem Astronomen

Asaph Hall, dem "Entdecker" der Marsmonde, bestätigt werden. - 1898 verfaßte der amerikanische Autor Morgan Robertson einen Roman, in dem ein riesiges Passagierschiff mit dem "erdachten" Namen "Titan" auf seiner Jungfernfahrt mit einem Eisberg kollidiert und sinkt. Über die Geschehnisse in der Aprilnacht des Jahres 1912, in der die "Titanic" unter genau den gleichen Umständen sank, braucht wohl nichts vermerkt zu werden. Interessant ist, daß Robertson dem Schiff genau die gleichen Maße (Tonnage, Größe, Zahl der Passagiere) verlieh, wie sie die Titanic später tatsächlich besaß. - Bemerkenswert sind auch die Romanveröffentlichungen des englischen Autors M.P. Schiell, der im Jahr 1896 ein Buch mit dem Titel "Die SS" veröffentlichte, in der er von einer Bande von Verbrechern schreibt, die Familien, die angeblich dem Fortschritt entgegenstehen, ausrotten und brandschatzend durch Europa ziehen.

In seinem Buch "Schatten auf den Sternen" fragt Peter Kolosimo angesichts solcher und ähnlicher Geschehnisse, ob nicht vielleicht Schiffbrüchige aus einer anderen Zeit uns vor den Gefahren der Zukunft warnen möchten und stellt die Frage, welche Literaturgattung sie wohl heute bevorzugen würden, wären sie in unser Zeitalter verbannt. In dieser Beziehung, so möchten wir mit Kolosimo sprechen, bereiten uns jetzt einige Science-Fiction-Romane einen ordentlichen Schrecken...

Aber bei unserer Aufzählung bemerkenswerter, vielleicht zeitreisender oder mit ihnen in Verbindung stehender Menschen, dürfen wir einen Mann nicht vergessen, der den Rahmen sprengt und durch billige Erklärungsversuche nicht hinwegzumanipulieren ist. Abschließend wollen wir uns ihm widmen.

Während der Zeit des Mittelalters bis hin zur französischen Revolution gab es bekanntlich immer wieder Männer, die von sich behaupteten, den "Stein der Weisen" gefunden oder das "Elexier des Lebens" entdeckt zu haben. Meist handelte es sich bei diesen "Alchimisten" jedoch um Scharlatane, die auf diese Weise ins Gespräch kommen und Geld machen wollten, und meistens landeten sie auf dem Scheiterhaufen, wurden in die finsteren Kerker der Inquisition gesteckt oder, wenn sie Glück hatten, des Landes verwiesen.

Wie gesagt, die meisten von ihnen waren Schwindler und Gaukler, die weder Gold herstellen konnten noch das Elexier des ewigen Lebens besaßen. Und doch gab es, wir haben bereits weiter oben darauf hingewiesen, damals Männer, die offenbar tatsächlich mehr wußten als die Masse ringsum, die durchdrungen waren von einer tieferen Wahrheit und denen man zumindest den Besitz lebensverlängernder Arzneien (von denen sie entweder aus alten Schriften erfahren, die sie in langen Experimenten gewonnen oder von hypothetischen Zeitreisenden erhalten hatten) nicht streitig machen kann. Zu diesen Männern gehören vor allem der englische "Magier" Michel Scot, der katholische Bischof Albertus Magnus, der englische Franziskanermönch Roger Bacon und der legendäre Begründer der Rosenkreuz-Bruderschaft, dessen Namen wir leider nicht kennen.

Wie es sich dagegen bei dem zur Zeit der französischen Revolution lebenden berühmten Grafen Cagliostro verhielt, ist noch immer nicht ganz geklärt. Einerseits ist nicht zu verleugnen (dies hat er selber bestätigt), daß er Betrügereien begangen hat, andererseits wußte er viele Dinge, die ihm selbst durch das Studieren der verschiedensten Lexika oder anderer Informationsmittel nicht hätten bekannt sein dürfen. Einigermaßen sicher hingegen ist, daß er über die Fähigkeit der Hypnose verfügte. Es kann somit nicht ausgeschlossen werden, daß er die Informationen, die er brauchte, sich auf diesem Weg holte. Es gibt jedoch eine ganze Reihe von Fällen, in denen auch diese Möglichkeit ausgeschlossen werden muß. Cagliostro soll im August 1795 während seiner Gefangenschaft in der römischen Engelsburg gestorben sein, sicher allerdings ist auch dies nicht.

Von verschiedenen Nachschlagwerken ebenfalls als Betrüger, Gaukler oder Schwindler dargestellt, ist jedoch eine andere Person noch ungleich geheimnisvoller, rätselhafter und mystischer als alle anderen "Wundermänner" der Vergangenheit zusammen. Er ist ein einziges großes Rätsel, ein Mann, von dem wir nicht einmal seinen wahren Namen wissen, der sich jedoch meistens als Graf von Saint-Germain vorzustellen pflegte.

Verschiedene Zeitgenossen haben über ihn ausgesagt, und auch ihr Urteil fiel verschieden aus. Manche hielten ihn schon damals für einen Betrüger, etwa der berühmt-berüchtigte

Casanova (was wahrscheinlich aber nur eine Neidreaktion war). Die wenigen wirklichen Freunde des Grafen jedoch bezeichnen ihn als aufrichtig, von seelischer Güte und nahezu allwissend, so der österreichische Gesandte in Brüssel, Graf Cobenzel. Oft hatte man ihn auch im Verdacht, ein Spion des einen oder anderen Landes zu sein, doch geht aus einem Brief von Lord Holdernesse an einen britischen Diplomaten in Preußen hervor, daß "seine Überprüfung nichts Wesentliches." erbracht hätte.

Das Können Saint-Germains bezog sich vor allem auf alchemistisches Gebiet. Obwohl man ihn nirgends einer Erwerbstätigkeit nachkommen sah, hatte er immer reichlich Geld, Schmuck und standesgemäße Kleidung. Baron Henry de Gleichen, dänischer Diplomat in Frankreich, schreibt über den offensichtlich unermeßlichen Reichtum des Grafen:

Er zeigte mir Wunderdinge - eine große Anzahl von Edelsteinen und farbigen Brillanten von ungewöhnlicher Größe. Ich glaubte die Schätze der Wunderlampe zu erblicken.

Auch der "London Chronicle" vom Mai 1760 äußert sich dazu wie folgt:

Alles, was wir voller Recht sagen können, ist, daß dieser Herr als ein unbekannter, harmloser Fremder zu betrachten ist, der die Mittel für große Ausgaben besitzt, deren Quellen uns unklar sind. Aus Deutschland brachte er den Ruf eines großen, souveränen Alchimisten mit nach Frankreich, der im Besitz des Geheimpulvers und damit der Universalmedizin war. Es wurden auch Gerüchte laut, der Fremde könne Gold machen. Die Unkosten, die ihm durch seinen Lebenswandel entstanden, scheinen diese Auffassung zu bestätigen.

Schließlich sollte noch die Gräfin de Genlis zu Wort kommen:

Er wußte gut in Physik Bescheid und war ein sehr großer Chemiker. Mein Vater, der alle Voraussetzungen dazu mitbrachte, ihn zu beurteilen, hat seine Fähigkeiten in dieser Hinsicht sehr bewundert.

359

Über seine Rolle in politischer Hinsicht ist schwer zu urteilen. Sein Einfluß am Hofe Ludwig XV darf jedoch nicht unterschätzt werden. Manchmal führte er zusammen mit dem König tagelang Experimente auf dem ihm zur Verfügung gestellten Schloß Chambord durch, bei denen neue Farbstoffe entdeckt wurden. Auch zu Friedrich dem Großen soll er in gutem Kontakt gestanden haben und in Rußland, so berichten uns die Brüder Orlow, hat er offenbar eine entscheidende Rolle bei der sogenannten Palastrevolution gespielt, die Katharina der Großen zur Macht verhalf.

Sicher ist auch, daß er sich trotz seiner Kontakte zu Ludwig XV der Revolution verschrieben hatte, wenngleich er Gewalt verabscheute und eine dermaßen radikale und plötzliche Wende, wie sie sich später tatsächlich abspielte, ebenfalls. Die gleichen Ziele strebte übrigens auch Cagliostro an, und es gibt nicht wenige, die behaupten, Cagliostro und Saint-Germain seien ein und dieselbe Person gewesen. Doch sind uns verschiedene Berichte über Zusammentreffen der beiden bekannt. Obwohl sich Cagliostro als Schüler Saint-Germains bezeichnete, hat Saint-Germain selbst dessen oft betrügerische Aktivitäten nicht geduldet. Nicht selten zeigte er sich empört über die Taten seines Schülers.

Die Bildung des Grafen von Saint-Germain muß ans Übernatürliche gegrenzt haben. Er beherrschte nicht nur die Kunst des Malens, war nicht nur Meister auf dem Cembalo und der Geige, er schrieb auch Violinen- und Klavierkonzerte, war ein geschätzter Kunstkenner und wußte zudem auch in wirtschaftlichen und sozialpolitischen Dingen gut Bescheid. Er sprach fließend zahlreiche Sprachen, darunter französisch, deutsch, englisch, italienisch, lateinisch, russisch, spanisch, portugiesisch, griechisch, arabisch und das altindische Sanskrit. Saint-Germain war ein stetig Reisender und seine Wege führten ihn durch ganz Europa, aber auch nach Ägypten und Indien.

Über seine Herkunft ist genauso wenig bekannt wie über seinen Tod. Einige behaupten, er sei der Sohn einer ungarischen Fürstenfamilie gewesen, andere, er stamme aus Portugal. Über seinen Tod weiß man ebenfalls nichts Genaues. 1784 und 1795 werden als mögliche Todesjahre angegeben. Wahrscheinlich stimmt jedoch weder das Land seiner Herkunft noch das Jahr seines Todes mit der Wirklichkeit überein.

Denn nicht die Tatsache, daß er sich in Alchimie auskannte, nicht, daß er ein geradezu unglaubliches Wissen besaß und nicht, daß er für die damalige Zeit gewaltige Reisen unternahm, machen ihn zum rätselhaftesten Mann des letzten Jahrtausends. Noch phantastischer ist das Alter des Grafen von Saint-Germain.

Im Jahr 1760 trifft die Gräfin de Gergy Saint-Germain in Versailles. Zu ihrer Überraschung erkennt sie in ihm den Mann, den sie bereits fünfzig Jahre zuvor, 1710, in Venedig getroffen hatte. Sie kann sich dies nicht erklären und fragt Saint-Germain, ob sie damals vielleicht dessen Vater kennengelernt habe. "Nein Madame", entgegnet der Graf darauf, "ich selbst lebte Ende des letzten Jahrhunderts in Venedig und hatte die Ehre, Ihnen dort zu Beginn des jetzigen vorgestellt zu werden."

Die Gräfin ist verständlicherweise ungläubig und betont, der Mann, den sie damals getroffen habe, sei etwa fünfzig Jahre alt gewesen, und Saint-Germain sei dies noch keineswegs. Aber dieser lächelt nur und bemerkt:

Ich bin in der Tat sehr alt.

Die Gräfin ist erschrocken, schockiert, denn unter diesen Umständen müßte ihr Gegenüber fast einhundert Jahre alt sein, doch Saint-Germain macht durchaus nicht den Eindruck eines Greises. Und erst als er sie daran erinnert, wie gut ihr damals einige seiner Lieder und Kompositionen gefallen hätten, bleibt Madame de Gergy nichts anderes übrig, als den Worten des Grafen Glauben zu schenken.

Aber nicht nur Touchard la Fosse berichtet in seinen "Chroniques de l'oeil boeuf" über derartige Merkwürdigkeiten. Auch in anderen Quellen finden wir die Bestätigung, daß Saint-Germain um das Jahr 1700 den Eindruck eines fünfzigjährigen, gut aussehenden Mannes machte. Wir sind somit in der Lage, von diesem Zeitpunkt an das abenteuerliche und geheimnisvolle Leben des Grafen zu verfolgen und zwar, so phantastisch das klingen mag, bis zum Jahr 1896!

Hier einige Stationen dieser Zeit seines Lebens: 1737 ist er am Hof des Schahs von Persien. 1745 wird er in London unter dem Verdacht, der verbotenen politischen Gemeinschaft der Jakobiner anzugehören, verhaftet, später jedoch wieder freigelassen. Noch im selben Jahr fährt er nach Wien, wo er sich bis 1748 aufhält. 1749 ist er in Paris und trifft erstmals mit Ludwig XV zusammen. 1756 ist er in Indien. 1760 berichtet der "London-Chronicle" über ihn:

Jetzt zweifelt niemand mehr an dem, was man anfänglich als Hirngespinst abgetan hatte, man sagte ihm nach, daß er zusammen mit dem anderen großen Geheimnis ein Heilmittel für alle Krankheiten besitze und sogar für die Gebrechen, durch die die Zeit über das menschliche Gewebe triumphiert.

1770 nimmt er an der Palastrevolte in Petersburg teil, 1776 ist er bei seinem Freund Prinz Karl von Hessen-Kassel und setzt sich mit den Gemeinschaften der Freimaurer und Rosenkreuzer auseinander. 1780 publiziert man in London sein Werk für Violine. 1784 ist er wieder in Deutschland und soll im Schloß seines Freundes, des Grafen von Hessen-Kassel, gestorben und auf einem Friedhof bei Eckernförde an der Weser beigesetzt worden sein. Doch 1789, nur ein Jahr nach seinem angeblichen Tod, taucht Saint-Germain wieder in Paris auf und nimmt am großen Freimaurer-Kongreß als Gast teil. In Band II, Seite 9 der Freimaurer-Bruderschaft von Frankreich steht folgende Eintragung:

Unter den Freimaurern, die zu der großen Sitzung am 15. Februar eingeladen wurden, finden wir zusammen mit Saint Martin auch Saint-Germain.

Nach dem Empfang eines anonymen Briefes trifft Madame Adhémer, eine Vertraute Königin Marie Antoinettes, im selben Jahr mit Saint-Germain zusammen. An einem geheimen Treffpunkt, einer Kapelle, empfängt sie eine wichtige Botschaft für die Königin. 1793 besucht der Graf die Königin persönlich im Gefängnis, um sie auf ihren Tod vorzubereiten. Es wird auch berichtet, Saint-Germain sei mehrmals Zuschauer bei den Massenhinrichtungen der Revolution gewesen, mit ernstem, traurigem Gesicht, ohne eine Möglichkeit, gegen die von ihm nicht gewollten Ausschreitungen vorzugehen. Er machte vor allem Cagliostro dafür verantwortlich, obwohl diesen wahrscheinlich keine Schuld trifft.

1842 wird Saint-Germain in Zusammenhang mit dem Engländer Lord Lytton erwähnt, dem er zu überirdischen Kräften verholfen haben soll, und 1869 wohnt er dem Treffen der Großen Loge von Mailand bei.

Im Jahr 1904 veröffentlicht Andrew Lang sein Buch
"Historical Mysteries", in dem er auch auf Saint-Germain eingeht.
Nach langjährigem Studium, so Lang, sei er zu der Überzeugung
gekommen, Saint-Germain sei mit jenem Major Fraser identisch,
der Ende der sechziger Jahre des vergangenen Jahrhunderts in
Paris lebte. Dieser Major Fraser sei ein galanter Mann gewesen, der
- genauso wie Saint-Germain - allein lebte, niemals über seine
wirkliche Herkunft sprach und über einen offensichtlich unermeßlichen Reichtum verfügte. Die französische Polizei, so wird
berichtet, habe mehrmals seine Briefe geöffnet, um auf die Spuren
dieses Reichtums zu kommen - freilich ohne Erfolg. Major Fraser
besaß ein außergewöhnliches Gedächtnis und behauptete, Nero
und Dante gekannt und ein guter Freund von Ludwig XV. und
Madame Pompadour gewesen zu sein, über die er - wie könnte es
anders sein - zahlreiche Details zu berichten wußte. Nirgends gibt
es einen Hinweis auf den Tod von Major Fraser und Lang spekuliert
darüber, ob dieser Mann identisch sein könnte mit jenem
mysteriösen "Russen", der im letzten Jahrzehnt des vergangenen
Jahrhunderts Berater des tibetanischen Dalai Lama gewesen ist.

Wie dem auch sei: Als Saint-Germain gab er sich letztmals
1896 zu erkennen, gegenüber der Theosophin Dr. Annie Besant,
die ihn als etwa fünfzigjährig beschreibt. Wir können also, wenn wir
die Geburt Saint-Germains etwa auf das Jahr 1650 festlegen, davon
ausgehen, daß (nehmen wir an, er sei 1896 verstorben) er das
phantastische Alter von 250 Jahren erreichte!

Doch die Wahrheit über die Lebenszeit des Grafen werden
wir wohl nie feststellen können. Er selbst behauptete, mehrere
tausend Jahre alt zu sein, und in der Tat scheint eine derartige
Annahme nicht zu hoch gegriffen. Denn er wußte zahlreiche
unbekannte Einzelheiten aus dem Leben der Königin von Saba,
Cleopatras, Heinrich VIII, Mary Tudors, Dantes und anderer
Gestalten der Geschichte zu berichten. Und selbst der große
französische Philosoph Voltaire sagte von ihm:

Er ist ein Mann, der alles weiß und niemals stirbt.

Fast ebenso rätselhaft wie sein Alter erscheinen uns zwei
Aussprüche Saint-Germains. Der erste findet sich in seinem
Manuskript "La très Sainte Trinosophie", das noch heute in der
Bibliothek von Troyes aufbewahrt wird:

Wir jagten mit einer Geschwindigkeit durch den Raum, die durch nichts als sich selbst ihre Deutung findet. Im Bruchteil eines Augenblicks hatte ich die Sicht auf die unten liegenden Ebenen verloren. Die Erde erschien mir nur noch als eine verschwommene Wolke. Man hatte mich emporgehoben, und in unendlichen Höhen zog ich für geraume Zeit durch das Weltall. Himmelskörper drehten sich und Erdkugeln versanken unter mir.

Die zweite oben erwähnte Äußerung ist uns von seinem Freund Franz Graffer aus Wien übermittelt, und sie zeigt, daß Saint-Germain offenbar nicht nur im Weltraum, sondern auch in der Zeit zu reisen vermochte. Nicht selten verblüffte er die Zuhörer mit Berichten über Dinge, die zu ihren Lebzeiten noch gar nicht erfunden waren, und zu Graffer sagte er einmal:

Ich werde in Konstantinopel sehr gebraucht, dann in England, um dort zwei Erfindungen vorzubereiten, die man im nächsten Jahrhundert haben wird: Eisenbahnen und Dampfschiffe.

Eine Überlieferung in Bezug auf Zeitreise finden wir auch bei seinem Schüler Cagliostro. Nicht zuletzt aufgrund dieses Textes halten manche die beiden für identisch:

Ich habe viele Namen, ich habe diese Welt besucht vor der atlantischen Katastrophe, die ihr die Sintflut nennt. Ich lehrte Salomo die Weisheit, diskutierte mit Sokrates und besuchte Pythagoras. Ich habe kein Alter.

Doch bleiben wir bei Saint-Germain. Wo lagen die Quellen seines Wissens? Er selbst sagte einmal:

Man muß in den Pyramiden studiert haben, wie ich es getan habe.

Doch auch das Wissen Indiens und vielleicht auch das Tibets und Chinas schien ihm nicht verschlossen, zumal er sich nachweislich in Asien aufhielt. Unwillkürlich stellt sich die Frage, ob Saint-Germain auch heute noch unter uns weilt, und wenn ja, unter welcher Identität. Schon im 18. und 19. Jahrhundert wurde davon gesprochen, er tauche unter anderen Namen an verschiedenen Orten im Laufe der Geschichte immer wieder auf.

Dabei wird auch die Erinnerung an jene chinesisch-tibeta-nisch-indische Legende wach, nach der "Neun Unbekannte" seit Urzeiten vom Himalaja aus die Geschicke der Welt lenken sollen. Wir hatten schon von den geheimen, unterirdischen Wohnungen dieser Menschen gesprochen und wollen nun noch kurz auf einen Bericht eingehen, der im ersten nachchristlichen Jahrhundert von Philostratos auf Befehl der griechisch-byzantinischen Kaiserin Domna aufgezeichnet wurde.

Es handelt sich um eine Begebenheit, die dem Reisenden Apollonius von Tyana widerfuhr, als er auf der Suche nach der "Stadt der Götter" nach Tibet geriet. Als er und sein Reisebegleiter Damis sich den majestätischen Bergen des Himalaja näherten, begann plötzlich die Umgebung zu verschwimmen, und der Weg hinter ihnen wurde unsichtbar (Phänomene, die, wenn wir an unsere Vorstellung von Parallelwelten denken, nicht mehr unbekannt sind). Beide glaubten sich an einem Ort aus Illusionen zu befinden.

Da erschien vor ihnen ein Knabe und geleitete sie sicher zum Herrscher dieser seltsamen Gegend. Philostratos nennt ihn Iarchos. Apollonius und Damnis aber kamen aus dem Staunen nicht mehr heraus. Denn hier gab es Brunnen, aus denen grelle Lichtstrahlen wie Scheinwerfer in die Höhe strahlten und leuchtende Steine, die die Stadt, in der sie sich aufhielten, auch bei Nacht taghell erleuchteten. Die beiden Gäste beobachteten Menschen, die sich schwerelos in die Lüfte erhoben und schwebend große Strecken zurücklegten. Sie wurden von metalli-schen Wesen bedient, die ihnen auf vier Beinen Getränke darboten. Philostratos beschreibt sie als Wesen, die "durch Instinkt, verbunden mit Geist, in dieser gesegneten Behausung von Platz zu Platz rollten, eigenbewegt, gehorsam dem Zeichen der Götter."

Apollonius war von all dem stark beeindruckt. Und als Iarchos vermerkte: "Du bist zu Menschen gekommen, die alles wissen", vermochte er nur zustimmend zu nicken. Nach Aussagen von Apollonius "lebten diese gelehrten Männer auf der Erde und gleichzeitig doch nicht auf ihr", was unsere Vermutung, Apollonius sei vielleicht in eine Parallelwelt geraten, bestärkt.

Kam auch Saint-Germain von dort? War er einer dieser Menschen, die "alles wissen", wie sich Voltaire ausdrückte?

365

Gehörte er zu den Neun Unbekannten des Himalaja, die, alten Legenden zufolge, die Geschicke dieser Welt lenken?

Wir haben keine Antwort auf diese Fragen, genausowenig, wie wir wissen, wo er sich jetzt aufhält. Und wir wissen auch nicht, wie er zu seinen erstaunlichen alchimistischen Fähigkeiten kam und zu seinem "Elexier des ewigen Lebens". Aber vielleicht wird er, der sich "Abenteurer im Reich der Zeit" nannte, uns die Antworten auf diese Fragen eines Tages selbst geben, irgendwann, wenn er die Zeit dazu für gekommen hält, uns einzuweihen in die großen Rätsel unserer Geschichte, in die Geheimnisse, deren Lösung er bereits kannte, als die Menschheit noch nichts wußte über Raumflug und Reise in Vergangenheit und Zukunft. Wann dieser Zeitpunkt gekommen sein wird, ob in wenigen Jahren oder in vielen Jahrtausenden, das wird an uns selbst liegen...

Kapitel VI

Die andere Seite des Todes

In neue Gegenden entrückt
Schaut mein begeistert Aug' umher -
erblickt
Den Abglanz höh'rer Gottheit, ihre Welt
und diese Himmel, ihr Gezelt!
Mein schwacher Geist, in Staub gebeugt,
Faßt ihre Wunder nicht - und schweigt.
Johann Gottfried Herder

Von der Möglichkeit höherdimensionierter Welten - Seelenreise zu den Sternen - Menschen, die sich selbst begegnen - Kontakte mit der Ewigkeit - Die Mehrmals-Geborenen

Von der Möglichkeit höherdimensionierter Welten

Auf jeden Menschen kommt sie eines Tages unweigerlich zu: Die Frage nach dem Tod, beziehungsweise eines Lebens danach. Es ist eine ewige Frage und seit undenklichen Zeiten versuchen die Menschen, eine Antwort darauf zu finden. Nicht zuletzt haben sich die Religionen dieser Aufgabe angenommen, und seit jeher versuchen sie, so oder so, den Menschen von einer Existenz nach dem Tode zu überzeugen.

Ich habe lange darüber nachgedacht, ob es richtig ist, auch dieses Thema im Rahmen unseres Buches zu erörtern, schließlich gab und gibt es keinerlei wissenschaftliche Beweise. Weder dafür, daß es ein Leben nach dem Tod gibt, noch dafür, daß es keines gibt. Ich habe mich dennoch zur Behandlung dieses Komplexes entschlossen, weil ich glaube, daß das Rätsel des Todes jeden von uns betrifft und daher sehr wohl als ein Rätsel der Menschheit gelten kann, vielleicht sogar als das größte überhaupt.

Das Leben nach dem Tod ist nach wie vor Glaubenssache. Beweise dafür gibt es nicht oder noch nicht. Und es ist fraglich, ob es einen physikalischen, das heißt meßbaren, "anfaßbaren" Beweis, wie er in der empirischen Wissenschaft heute unumgänglich ist, jemals geben wird. Ein mögliches Leben jenseits des Todes spielt sich nicht mehr auf unserer Daseinsebene, in unserem Universum ab, es kann also mit irdischen, d.h. materiellen Mitteln weder bewiesen noch widerlegt werden.

Dennoch gibt es natürlich auch wissenschaftliche Überlegungen über die Struktur einer solchen "Jenseitswelt". Dazu muß allerdings etwas weiter ausgeholt werden. Wir haben uns im vorigen Kapitel zwar ausführlich mit der Möglichkeit von **materiellen** Parallelwelten beschäftigt, höherdimensionale Kontinua bei unserer Betrachtung jedoch weitgehendst ausgelassen. Eine Erörterung dieses Begriffs wird jetzt nötig sein.

Wir leben, darauf wurde bereits hingewiesen, in einem vierdimensionalen Universum, d.h. einer Welt bestehend aus den drei Dimensionen des Raumes (Höhe, Breite, Länge) und der vierten Dimension der Zeit.

Nehmen wir einmal an, es gäbe eine nur zweidimensionale Welt (in der allerdings auch die vierte Dimension der Zeit eine Komponente bilden müßte), die von Wesen mit dem Format von Papierstreifen bevölkert würde. Wäre ihr Universum genauso wie das unsrige gekrümmt, so lebten diese Wesen nicht einfach auf einem größeren Bogen Papier, sondern auf der Oberfläche einer Kugel. Unmöglich wäre es für sie, sich diese Tatsache vorzustellen, da sie eine höhere, in diesem Fall die dritte Dimension, nicht kennen, nicht begreifen könnten.

Ähnlich verhält es sich auch mit unserem Universum, das in eine höhere Dimension, etwa die fünfte (Quintadim) oder die sechste (Sextadim) hinein gekrümmt ist, ohne daß wir dies bewußt wahrnehmen. Genauso wie die blattförmigen Wesen könnten auch wir uns keine Vorstellung machen, wie es in höheren Dimensionen "aussieht", beziehungsweise "aussehen" könnte. Sie sind mathematisch vielleicht noch berechenbar, entziehen sich aber ansonsten völlig unserem Begriffs- und Vorstellungsvermögen.

Diese höherdimensionierten Welten (nicht zu verwechseln mit den Paralleluniversen, die in Kapitel V besprochen wurden) dürften mit dem "Superraum" des Prof. Wheeler (vergleiche Kapitel II) identisch, bzw. der Superraum ein Teil von ihnen sein. Gesetze, wie sie für uns von Gültigkeit sind, haben dort keine Bedeutung, Zeit und Raum in unserem Sinne existieren nicht mehr.

Genau das aber sind die Vorstellungen, die man sich seit jeher von einer Welt jenseits der Schranke des Todes machte. Handelt es sich also beim "Jenseits" um höhere Dimensionen, die unser "Ich", unsere "Seele" oder wie immer man das unsterbliche "Etwas" in uns bezeichnen will, erst wahrnimmt, wenn es das "Gefängnis" des an diese Welt gebundenen materiellen Körpers hinter sich gelassen hat?

Zumindest denkbar wäre es. Aber zuerst müssen wir natürlich versuchen, die Frage zu beantworten: Gibt es das überhaupt - Seele? Gibt es ein unsterbliches "Etwas" in uns, das den Tod überdauert, das vom Körper selbst unabhängig ist, das nur für die Zeit des Lebens hier auf dieser Erde an ihn gebunden ist, dann aber "aufsteigt" in die Welten jenseits unserer Welt? Und wenn ja - besteht die Möglichkeit, irgendwelche Hinweise dafür zu finden?

Solche Hinweise gibt es in der Tat, aber es sind keine Beweise. Dagegen dürfte wohl widerspruchslos bleiben, wenn hier behauptet wird, daß das Sterben das außer der Geburt wohl entscheidenste Ereignis im Leben ist. Insofern verwundert es nicht, wenn Menschen, die sich in einer solchen Grenzsituation befinden, zu Dingen fähig und in der Lage sind, die ihnen im normalen Leben nicht möglich gewesen wären, daß sie Energien freizusetzen imstande sind, von denen sie nie etwas geahnt und die sie nie zuvor gebraucht haben.

Es ist zum Beispiel zuweilen beobachtet worden, daß Personen, die in einer besonders engen Beziehung zu einem Sterbenden standen, im gleichen Augenblick von dessem Ableben erfuhren, auch wenn sie hunderte oder gar tausende von Kilometern entfernt waren.

Als geradezu klassisch ist der sogenannte "McConnell-Fall" in die Annalen eingegangen. Davic McConnel, ein 18jähriger britischer Flieger im ersten Weltkrieg, erhielt am Morgen des 7. Dezember 1918 den Befehl, eine "Chamel"-Maschine von Scampton nach dem etwa sechzig Meilen entfernten Tadcaster zu fliegen. Um 11.30 Uhr verabschiedete er sich von seinem Zimmerkollegen Leutnant Larkin mit dem Versprechen, er werde zur Teezeit wieder zurück sein.

In der Tat war es gegen 15.25 Uhr, als Larkin die Schritte seines Kameraden den Flur entlang kommend hörte. In seiner vertrauten Weise trat dieser ein und sagte: "Hello, boy". Er war noch in seine Pilotenausrüstung gekleidet. Statt der Fliegerhaube trug er wie immer seine Marinekappe, da er auf die Ausbildung dort sehr stolz war. "Hallo, schon zurück?" fragte Larkin und McConnel antwortete: "Ja, ich bin dort gut angekommen, hatte einen guten Flug." Als er das Zimmer wieder verließ, sagte er: "Well, cheerio" und schloß die Tür.

Um 15.45 Uhr betrat Leutnant Smith das Zimmer und bemerkte, daß er darauf hoffe, McConnell käme bald zurück, da man Abends noch ausgehen wolle. Larkin erwiderte, Smith brauche sich keine Sorgen zu machen, denn der Freund sei bereits wieder eingetroffen.

Am Abend aber kam die Meldung, daß Davic McConnell um 15.25 Uhr, also genau zu der Zeit, als Larkin ihn gesehen hatte, beim Landeanflug in Tadcaster ums Leben gekommen war.

Ähnliche Vorkommnisse gibt es zu hunderten, oft im Zusammenhang mit dem eintretenden Tod. Von völlig anderer Natur hingegen scheinen jene Fälle zu sein, bei denen Menschen ihr persönliches Ich, ihr Bewußtsein, aus dem Körper zu trennen vermögen, um später wieder dorthin zurückzukehren. Besonders interessant sind dabei jene Fälle, in denen versucht wurde, die Erde zu verlassen um andere Planeten zu besuchen. Auch dies ist bereits geschehen.

Seelenreise zu den Sternen

Zwei in Fachkreisen bekannte Spezialisten auf diesem Gebiet sind die beiden Amerikaner Ingo Swann und Harold Sherman, die in Experimenten bereits beachtliche Erfolge haben erzielen können. Zwei von diesen sollen hier aufgeführt werden, da sie sich gut an den tatsächlichen Fakten nachweisen lassen.

Der erste Versuch, von dem hier die Rede sein soll, hatte zum Ziel, den Planeten Merkur auf "mediale" Weise zu erforschen. Das Experiment erfolgte am 11. März 1974, und damit 18 Tage bevor die amerikanische Raumsonde "Mariner X" mit der Übermittlung von Informationen des sonnennächsten Planeten begann. Die Aussagen der beiden Medien wurden protokolliert und am 13. März notariell beglaubigt.

In der Zeitschrift "Psychic" berichtet die amerikanische Parapsychologin Janet Mitchell, die dem Experiment beiwohnte, über die bemerkenswerten Übereinstimmungen, die nach dem Vorbeiflug von "Mariner X" mit den Aussagen der beiden Männer festgestellt werden konnten. Es sei noch darauf hingewiesen, daß bis dato verhältnismäßig wenig über Merkur bekannt gewesen war, unter anderem war man fest davon überzeugt, daß der kleinste Planet unseres Sonnensystems keine Atmosphäre besaß.

Das jedoch stand in krassem Widerspruch zu den Aussagen Shermans und Swanns, die am 11. März nach ihrem Experiment behaupteten, daß Merkur zwar eine außerordentlich dünne, aber immerhin doch vorhandene Gashülle habe. Swann wörtlich:

> Sie reicht nicht aus, den Himmel blau zu machen, er ist schwarz, außer unmittelbar um die Sonne, wo er purpurn erstrahlt.

Um so überraschter war man, als "Mariner X" bei ihrem Vorbeiflug tatsächlich eine Atmosphäre entdeckte, zwar "...extrem dünn, ein hundert Billionstel derjenigen der Erde, aber sie ist unbezweifelbar vorhanden", wie "Science News" schreibt.

In ihrem Bericht vom 11. März hatten die beiden Amerikaner zudem verlauten lassen, Merkur sei von einer Magnetsphäre umschlossen, einem "immensen Wechselspiel von Partikeln", einer Art heißem Plasma, wie es Swann empfand, das auf der Sonnenseite des Planeten flacher und auf der sonnenabgewandten größer und länger sei. Und in der Tat konnte "Mariner X" sowohl ein Magnetfeld als auch einen sonnenabgewandten "Schweif" entdecken, der zum größten Teil aus Helium besteht.

Beide Amerikaner wiesen auch darauf hin, daß sie polarlichtähnliche Erscheinungen festgestellt hätten. Swann beschrieb sie als regenbogengleiche Gebilde, die ganz plötzlich in alle Richtungen aufstiegen. Sherman fügte dem noch hinzu, daß Merkur auf ihn teilweise den Eindruck eines "Feuerofens" mit glühendroten schillernden Leuchteffekten gemacht habe. Die Daten der "Mariner"-Sonde konnten dies nur bestätigen. Der wissenschaftliche Bericht spricht von starken polarartigen Lichtern auf der Schattenseite des Merkur und geladenen Partikeln, die ständig in den Raum entweichen.

Der zweite Versuch einer Seelenreise zu einem anderen Himmelskörper wurde von Ingo Swann allein unternommen, jedoch unter Überwachung von zwei Mitgliedern des "Stanford Research Institute" von Kalifornien, Harold Puthoff und Russel Targ. Bei diesem wissenschaftlichen Experiment sollte der Planet Jupiter erkundet werden. Swann beschrieb die Atmosphäre als für den Menschen äußerst giftig und kalt. In ihr, so berichtete er, trieben jedoch Myriaden von Farben ein faszinierendes

Wechselspiel, das "wie ein riesiges Feuerwerk" aussehe. Winde von übermächtiger Kraft und Geschwindigkeit rasten durch die Atmosphäre des größten Planeten unseres Systems und "starke magnetische Kräfte" seien vorhanden.

Acht Monate nach seinem Experiment wurden alle Angaben Swanns von der amerikanischen Raumsonde "Pioneer X" bestätigt. Der ehemalige Astronaut und jetzige Parapsychologe Edgar Mitchell, der an Bord von "Apollo 14" selbst PSI-Experimente durchführte, bezeichnete Swanns Angaben als "unglaublich genau", und der uns bereits bekannte US-Astronom Prof. Allen Hynek konnte bestätigen:

Dies sind Dinge, die Swann sich nicht durch Lesen hätte aneignen können. Swanns Eindrücke vom Merkur und Jupiter sind nicht wegzudiskutieren.

In diesem Zusammenhang sollte von einem ähnlich interessanten Experiment berichtet werden, das 1969 in England stattfand und über das Johannes von Buttlar in seinem Buch "Reisen in die Ewigkeit" berichtet. Unter der Leitung eines Experimentators einigten sich damals vier Versuchspersonen, sich in hypnotischem Zustand zu einem anderen Planeten zu projezieren. Eine fünfte Person stellte sich als Beobachter zur Verfügung.

Der Experimentator, der zugleich Hypnotiseur war, versetzte die Teilnehmer und sich selbst in einen Tiefschlaf. Nach dem Versuch, der etwa zwei Stunden dauerte, schrieben die Beteiligten sofort, ohne sich miteinander verständigt zu haben, ihre Eindrücke nieder. Das Ergebnis war erstaunlich: Ohne Ausnahme berichteten sie von einem Raumflug zu einem Planeten, den sie besucht hatten, fremd und sonderbar, mit blattlosen Bäumen, deren Äste sich zu Ringen schlossen, von Ölseen, einer großen Sonne, roten, zerklüfteten Felsmassiven und riesigen Wüstenflächen.

Der unbeteiligte Beobachter bestätigte, daß der Hypnotiseur sich und die anderen Teilnehmer lediglich in einen Tiefschlaf versetzt, nicht aber irgendwelche Gedankenbilder suggeriert hätte.

Menschen, die sich selbst begegnen

Neben diesen bewußt gewollten und beabsichtigten Trennungen von Körper und Seele scheint es auch ähnlich geartete, aber nicht beabsichtigte Loslösungen zu geben, währendderen ein Teil der eigenen Persönlichkeit selbständig zu agieren vermag. Ein besonders eindrucksvolles Beispiel ist der Fall des Kunsthändlers Dr. Friedländer, über den Hans Herlin in seinem Buch "PSI-Fälle" berichtet. Als sich Friedländer eines Abends seinem Haus, einem alten Palais, näherte, sah er plötzlich vor sich, keine zehn Schritte entfernt, einen Mann, der ihm auf das Haar glich, sich genauso bewegte wie er, ja, überhaupt keinerlei Unterschiede zu ihm selbst erkennen ließ.

Der andere stieg die Stufen hinauf, griff in die Tasche und holte mit den für ihn typischen Bewegungen den Schlüssel hervor. Für einen Augenblick blickte Dr. Friedländer in das Gesicht des anderen - es war sein eigenes! Dann wandte sich der Doppelgänger ab, schloß die Tür und verschwand im Haus.

Dr. Friedländer, ansonsten sicherlich kein ängstlicher Mann, beschloß, diese Nacht bei einem Freund zu bleiben. "Du kannst mich jetzt auslachen", sagte er zu diesem, "aber ich hab es gesehen, mit meinen eigenen Augen. Es war unheimlich, ich habe mich einfach nicht ins Haus getraut."

Am anderen Morgen gingen die beiden Männer gemeinsam in das Palais. Nichts hatte sich verändert. Als sie jedoch das Schlafzimmer betraten, sahen sie es: Von der Decke hatte sich ein Teil der Stuckverkleidung gelöst und war zusammen mit schwerem Mauerwerk auf das Bett gestürzt. Hätte Dr. Friedländer diese Nacht hier geschlafen, er wäre tot oder zumindest schwer verletzt gewesen. Der unheimliche Doppelgänger hatte ihm das Leben gerettet.

Auch in einem anderen Fall half ein Doppelgänger, Menschenleben zu retten: Man schreibt das Jahr 1828. Der etwa dreißigjährige Schotte Robert Bruce arbeitet als Steuermann auf einem Handelsdampfer, der zwischen Liverpool und St. John in Neu-Braunschweig verkehrt.

Unweit der Küste Neufundlands beschäftigt er sich mit Kursberechnungen, mit denen er jedoch nicht zurecht kommt. Da er den Kapitän hinter sich zu bemerken glaubt, bittet er diesen um Rat, bekommt aber keine Antwort. Bruce dreht sich um und sieht hinter sich einen schreibenden Mann. Als dieser aufblickt, schaut Bruce in ein völlig fremdes Gesicht. Er läuft sofort an Deck und erstattet dem Kapitän Bericht. Beide eilen nach unten, doch der Fremde ist verschwunden. Auf der Schiefertafel des Kapitäns hatte er den Satz "Stear to the north-west" ("Steuert nach Nord-West") hinterlassen.

Der Kapitän ordnet sofort an, daß sich alle auf dem Schiff befindlichen Mannschaftsmitglieder einer Schriftprobe zu unterziehen hätten. Doch keine gleicht der auf der Schiefertafel. Daraufhin entschließt er sich, einen kleinen Umweg einzuschlagen und nach Nord-West zu segeln. Und tatsächlich - es dauert nicht lange, da kommt ein völlig vereistes Wrack in Sicht. Es ist ein Schiff, das auf dem Weg nach Quebec in Seenot geraten ist, Passagiere und Besatzung befinden sich in höchster Lebensgefahr.

Als Bruce den Kapitän des verunglückten Schiffes sieht, erkennt er in ihm sofort jenen Mann wieder, der ihm in seiner Kajüte begegnet war. Dieser erzählt daraufhin, er sei gegen mittag eingeschlafen und habe geträumt, an Bord eines anderen Schiffes gewesen zu sein. Als er aufwachte, habe er es den anderen beschrieben, so deutlich, daß man es bei der Ankunft sofort erkannte.

Ebenfalls im letzten Jahrhundert ereignete sich ein Vorfall, der bei den Parapsychologen großes Interesse hervorrief. Berichtet wurde er von dem evangelischen Bischof von Uppsala, der sich eines Tages unter Begleitung eines Regierungsvertreters und eines Arztes in den hohen Norden Lapplands aufmachte, um dort gegen den seiner Meinung nach unsinnigen heidnischen Okkultismus anzukämpfen. Er ahnte nicht, daß er eines besseren belehrt werden sollte.

Auf seiner Reise kehrte er auch bei dem Lappen Peter Lärdal ein, der, wie sich bald herausstellte, selbst magische Praktiken betrieb. Da ihm der Bischof nicht glauben wollte, bot sich Lärdal an, ein Experiment durchzuführen. Er werde, so behauptete er, seinen Körper verlassen und einen Ort aufsuchen, den der Bischof bestimmen könne. Dieser überlegte nicht lange und nannte seine eigene Wohnung. Der Lappe verfiel daraufhin in einen etwa einstündigen tiefen Schlaf. Als er wieder erwachte, schilderte er dem Bischof genau die Wohnungseinrichtung und weiterhin, daß er die Gemahlin des Hohen Herren in der Küche getroffen und zum Beweis seiner tatsächlichen Anwesenheit den Ehering der Frau in der Kohlenkiste versteckt habe.

Der Bischof zeigte sich von der detaillierten Schilderung seiner Wohnung zwar beeindruckt, aber nicht überzeugt. Noch am selben Tag schrieb er einen Brief an seine Frau mit der Bitte, ihm mitzuteilen, was zur fraglichen Stunde geschehen und ob sie etwas außergewöhnliches habe feststellen können.

Die Antwort, die den Bischof wenige Tage später erreichte, war unfaßbar: Die Frau konnte sich gut an diesen 28. Mai 1850 erinnern, denn an diesem Tage sei ihr Trauring verschwunden. In Verdacht, so schrieb sie weiter, habe sie einen Mann, der einem Lappen ähnlich gekleidet gewesen und für kurze Zeit in der Küche aufgetaucht sei. Er wäre allerdings, ohne irgendwelche Fragen zu beantworten, spurlos wieder verschwunden. - Der Trauring übrigens fand sich tatsächlich in der Kohlenkiste wieder.

Bekannt geworden sind auch die Doppelgängerfähigkeiten mehrerer katholischer Heiliger. So wird beispielsweise von St. Antonius von Padua berichtet, er habe zusammen mit den Mönchen eines entfernten Klosters gebetet, während er in Wirklichkeit in der Kathedrale Saint-Pierre-du-Queyroix in Limoges den Gründonnerstaggottesdienst feierte. Ähnliche Fähigkeiten werden auch dem 1967 verstorbenen italienischen Pater Pio zugeschrieben. Er hat sich nach Aussagen zahlreicher glaubhafter Zeugen mehrmals an verschiedenen Orten zugleich aufgehalten.

Kontakte mit der Ewigkeit

Wozu all diese Aufzählungen? Was wir damit andeuten wollen, ist lediglich unsere Vermutung, daß es irgendetwas im Menschen gibt oder geben muß, das dazu imstande ist, sich vom Körper zu trennen und außerhalb dessen zu operieren. Wenn dies, so kann daraus gefolgert werden, zu Lebzeiten möglich ist, warum sollte es dann nicht auch während des Todes geschehen können?

Und in der Tat gibt es zahlreiche Hinweise (keine Beweise) dafür. Es gibt Berichte von Menschen, die bereits eine kleine Zeit "drüben" waren, einige nur wenige Minuten, andere mehrere Stunden, die aber dann durch ärztliche Kunst wieder ins Leben zurückgerufen, "reanimiert" werden konnten.

Ihre Berichte haben nichts zu tun mit irgendwelchen suspekten Jenseitsübermittlungen über Trance-Medien, obwohl auch diese wohl nicht vollständig zurückgewiesen werden können. Wir aber wollen uns nicht mit ihnen, sondern mit jenen Berichten befassen, die von Menschen stammen, die die Schwelle des Todes bereits überschritten hatten.

Von einigen Medizinern wird angenommen, daß die Erlebnisse dieser Menschen lediglich auf eine sogenannte "Todes-euphorie" zurückzuführen sind, daß es sich also in Wirklichkeit nur um Einbildungen, bestenfalls um Halluzinationen handelt. Diese Erklärung wäre akzeptabel, wenn - ja wenn sich nicht all diese Berichte in einer verblüffenden Ähnlichkeit gleichen würden, wenn nicht all diese Menschen das Verlangen hätten, dorthin, von wo man sie geholt hat, zurückzukehren, wenn nicht alle ihre natürliche Angst vor dem Tod verloren hätten.

Dies kann nicht nur auf Wahnbilder, auf halluzinatorische Erlebnisse oder ähnliches zurückgeführt werden. Das, was uns jene bereits "drüben" Gewesenen berichten, muß ein reales Geschehen gewesen sein. Es ist auch kaum anzunehmen, daß ein gerade wieder ins Leben Zurückgekommener das Bedürfnis haben wird, Lügengeschichten in die Welt zu setzen.

Werfen wir also einen Blick in die Welt jenseits dieser Welt, in die höheren Dimensionen des Quinta- oder Sextadim-Kontinuums, wie ein Mathematiker sich vielleicht ausdrücken würde, kurz - auf die andere Seite des Todes. Aber ganz gleich, wie wir es nennen, eines scheint uns sicher: Mit dem Prozeß des Sterbens ist es nicht einfach "aus", es geht weiter, irgendwie, irgendwo.

Die einzelnen, zum Teil nur geringfügigen Unterschiede bei den verschiedenen Schilderungen dürften auf die Psyche und die

Glaubensvorstellung des einzelnen Menschen zurückzuführen sein. Ein Christ beispielsweise wird in dem hellen Licht, das ihn an der Schwelle zum Jenseits beim Namen ruft (wir kommen darauf noch zurück) Jesus erkennen, ein Nichtgläubiger dagegen eine unendlich überlegene Person. Erwähnenswert scheint mir auch die Feststellung zu sein, daß es, im Gegensatz zu der im Mittelalter entwickelten Vorstellung weder Himmel noch Hölle gibt, sondern ganz einfach "ein Jenseits".

Beginnen wir also mit den phantastischen Schilderungen aus einer Welt jenseits des Todes, jenseits unserer hiesigen Realität, einer Welt, in die wir alle, Sie und ich, früher oder später gelangen werden - ohne Ausnahme...

Am 7. Februar 1974 sendete das Erste Deutsche Fernsehen (ARD) ein Podiumsgespräch, an dem mehrere bekannte Parapsychologen, darunter auch eine schwedische Forscherin, teilnahmen. Sie berichtete bei dieser Gelegenheit über ein eigenes Erlebnis, das sie während der Kriegsgefangenschaft gehabt hatte:

Viele Häftlinge starben damals einfach aus Schwäche. Sie hatten keinen Willen mehr und ließen sich fallen. An denen jedoch, die ansonsten keinen körperlichen Schaden hatten, konnten Kameraden Wiederbelebungsversuche vornehmen. Auch mir ging es damals so, obwohl der klinische Tod bereits eingetreten war. Ich hatte damals ein Erlebnis, über das ich lange Zeit nicht gesprochen habe. Dieses Erlebnis war zunächst einmal ein ungeheurer Farbenrausch, sehr intensive Farben traten auf, und dazu sah ich meinen Körper liegen ohne irgendeine Beziehung zu ihm. Es stellte sich ein ganz starkes Gefühl von "ich bin ja da" ein. Es war wie ein Zurückkommen in etwas, das ich nicht näher erklären kann, zu etwas ungeheuer Bekanntem.

Die Beschreibung des "Sich-selbst-Sehens" ist ein Phänomen, das bei fast allen derartigen Berichten genannt wird. Es dürfte jedem Sterbenden folglich ähnlich ergehen: Ein gravierender Unterschied zwischen dem Leben hier und dem Leben "drüben" scheint, wenigstens in der Anfangsphase, nicht zu bestehen. Oftmals sind sich die "Toten" ihres Zustandes überhaupt nicht bewußt. Sie wundern sich, daß die Menschen, die sie ansprechen, ihnen nicht antworten und daß sie durch feste Gegenstände hindurchgehen können.

In diesen ersten Minuten nach dem Tod scheint sich der Verstorbene noch immer im Sterbezimmer, bzw. der näheren Umgebung, aufzuhalten. Dauert der Zustand des Gestorbenseins länger an, treten jene Phänomene auf, die wir bereits als dem "Jenseits" zugehörig betrachten können. Der "Tote" schickt sich an, vom Diesseits in die Welt auf der anderen Seite der Realität hinüberzuwechseln.

Der amerikanische Arzt Dr. Raymond Moody, der sich jahrelang mit den Erlebnissen wieder ins Leben zurückgekehrter Menschen beschäftigte, hat für das "Sterben" einen bestimmten Ablauf festgelegt, den er in seinem Buch "Leben nach dem Tod" erläutert. Demnach vernimmt der Sterbende im Moment des Todes ein unangenehmes Geräusch, etwa einem lauten Klingen oder Summen ähnlich.

Fast gleichzeitig hat er das Gefühl, sich rasend schnell durch einen langen Tunnel zu bewegen, an dessen Ende er sich außerhalb seines Körpers schweben sieht, ohne jede Beziehung zu diesem. Oft beobachtet er Ärzte und Verwandte, die sich um "ihn" bemühen, aber er hat keinerlei Verlangen, in den von Krankheit zerstörten oder vom Alter gebrochenen Körper zurückzukehren.

Schließlich, so berichten fast alle übereinstimmend, begegnet ihm eine "Lichtgestalt", die jeder, es wurde schon darauf hingewiesen, je nach Glauben und Einstellung, anders interpretiert und identifiziert. Dieses Wesen stellt dem "Gestorbenen" wortlose Fragen nach dem Leben, worauf dieses in einer vierdimensionalen Bilderfolge vor ihm abrollt und er Rechenschaft vor sich selbst ablegen muß.

Dann nähert sich der Verstorbene einer Art Trennlinie oder Grenze, die als Schranke zwischen dem bisherigen und dem zukünftigen Leben angesehen wird. Meist ist es an dieser Stelle, an der sich erweist, daß der "Tote" noch einmal zurück muß und nicht die Barriere überschreiten kann. Nur wenigen ist dies tatsächlich gelungen, und die Rückkehr in ihren Körper betrachten sie als ungerechtfertigte Zumutung. Sie sträuben sich dagegen, aber irgendwie kehren sie zu ihrem Leib zurück und vereinigen sich abermals mit ihm.

Wie es dort "drüben" ausgesehen hat, das vermögen allerdings die wenigsten zu sagen. Dieses "Nicht-Beschreiben-Können" der Welt "drüben" ist jedoch genau jenes Phänomen, das bereits erläutert worden ist und dem sich beispielsweise ein blattförmiges, zweidimensionales Wesen gegenübergesetzt sähe, das in unserer Dimension auftaucht. Dennoch haben einige es versucht, jene andere Realität in Worte zu fassen. Wieder unterscheiden sich die Beschreibungen und offenbar, hier stimmen die Forscher überein, sehen die Verstorbenen "drüben" jene Welt, die sie sich persönlich unter einem Paradies vorgestellt haben. Interessant ist aber auch, daß in keiner Beschreibung goldene Himmelstore oder bratspießdrehende Teufel erscheinen, wie man sich Himmel und Hölle während der Zeit des Mittelalters vorstellte.

Zunächst ist es ein ungeheurer Farbenrausch, den die Verstorbenen registrieren. Frau F. Leslie aus Paris zum Beispiel, die bereits eine Stunde klinisch tot war, als es den Ärzten im amerikanischen Hospital von Nauilly gelang, sie wieder ins Leben zurückzuholen, beschreibt ihr Nach-Todes-Erlebnis mit den folgenden Worten:

Wie es eigentlich gekommen ist, weiß ich nicht mehr. Auf einmal hörte ich ein ganz feines und hohes Summen. Oder waren es die Farben, die um mich hier waren, die diese Töne ausstrahlten? Ich schwebte in einem langen Schacht, der erst ganz eng schien und dann immer weiter wurde -immer weiter, dessen Farben leuchtender und intensiver schienen, je näher ich in diesem Gang vorwärtsschwebte.

Ich weiß, daß über mir ein dunkles Rot war und vor mir ein schwarzes Blau, das aber, je höher ich den Blick richtete, immer heller wurde. Ich bewegte mich oder das, was von mir Gestalt angenommen hatte und schweben konnte, in dem Tunnel vorwärts. Diese Schwerelosigkeit war wundervoll.

Ich hörte aus weiter Ferne eine Stimme, nicht das Singen und Summen der Farben. Ich kannte diese Stimme und sie rief mich beim Namen. Ich hatte Eile vorwärts zu kommen, denn ich wollte den finden, der nach mir rief.

Das Summen wurde schöner und heller. Auch die Farben wurden klarer und schienen wie in einem bunten Spiegel von tausenden Nuancen ineinander überzugehen, und jede Farbe hatte einen Ton. Es war eine wundervolle Musik, die mich erfüllte und die mich vorwärts zog.

Und dann fühlte ich, wie jemand nach mir griff, so daß ich nicht mehr weiter konnte. Ein Schmerz erfüllte mich, und der Trichter, der Tunnel, aus dessen Enge ich mich dem großen Ausgang entgegengearbeitet hatte, wurde wieder schmal, so eng und klein, daß ich mich auf einmal fürchtete - und dann, plötzlich, war ich wieder hier.

Vor allem die Begegnung mit dem Lichtwesen, die meistens an der Grenze, zuweilen aber auch erst innerhalb des eigentlichen Jenseits-Bereichs stattfindet, ist für die meisten Wiederbelebten das eindrucksvollste Erlebnis.

Ich habe seltsame Dinge erlebt. Ich bin auf der anderen Seite gewesen. Ich weiß noch genau, wie es geschah. Das Letzte, woran ich mich erinnerte, war der Augenblick, als ich durch die Tür des Operationssaales gefahren wurde - dann stand ich vor einem Berg, der mit vielen Blumen bewachsen war. In der Ferne sah ich ein helles Licht, und dieses Licht kam auf mich zu und erfüllte mich mit einer wundervollen Wärme.

Leider stehen mir keine Berichte aus anderen Religionskreisen zur Verfügung, von gläubigen Christen wird dieses "Wesen aus Licht" jedoch zumeist als Jesus identifiziert. Aber auch Nichtchristen nehmen diese Lichtgestalt war, vielleicht ein Hinweis darauf, daß alle Religionen dieser Erde in irgendeiner Weise "Recht" haben.

Es war wunderschön und so hell, so strahlend, aber es tat meinen Augen nicht weh. Es ist kein Licht, das man auf Erden beschreiben könnte. Ich sah nicht wirklich eine Gestalt in diesem Licht, aber dennoch hatte es eine eigene Wesenheit, ganz unbedingt. Es war ein Licht vollkommenen Verständnisses und vollkommener Liebe.

Manche haben das Glück, einen Blick über jene Barriere zu werfen oder sogar eine kleine Weile dort zu verbleiben. Einer von ihnen beschrieb es so:

Ich war in einem anderen Land, in dem ich noch niemals zuvor gewesen bin... Ich habe noch von dem Wasser, das ich dort trank, den Geschmack im Mund. Ich habe Blumen gesehen, die dreimal so groß waren wie unsere Blumen. Sie dufteten, wie es bei uns die schönsten Blumen im Sommer nicht vermögen.

Eine Frau berichtet über die Begegnung mit Menschen in diesem seltsamen Land:

Ich war in einer merkwürdigen Welt. Die Sonne schien, und die Wiesen waren grün. Ich bewegte mich so leicht, als könnte ich fliegen... Ich bin auch Menschen begegnet, aber ich kann mich nicht an diese Menschen besinnen. Sie erschienen mir bekannt, ich habe sie schon einmal gesehen. Ich versuche immer, mir ihre Gesichter vorzustellen, damit ich mich vielleicht an ihre Namen erinnere. Aber je weiter das Erlebnis zurückliegt, um so unklarer wird alles.

Über eine Begegnung im Jenseits berichtet auch ein anderer Zurückgekehrter:

Ich sah Menschen, die auf mich zukamen. Ich konnte mich jetzt auf einmal nicht mehr besinnen, wer diese Menschen waren. Aber als ich sie sah, erkannte ich sie und sprach mit ihnen. Es waren ausnahmslos Menschen, die vor mir gestorben waren, Freunde, die im Krieg geblieben waren, eine Frau, die sich aus Liebeskummer wegen eines Mannes das Leben genommen hatte.

In seinem Buch "Bericht vom Leben nach dem Tod" schildert auch der Amerikaner John Ford ein eigenes Erlebnis. Er habe zunächst seinen Körper ohne eine Beziehung zu sich auf dem Bett liegen gesehen. Für einen kurzen Moment sei es dann schwarz um ihn geworden, aber plötzlich habe er sich in einem grünen, rings von Bergen umgebenen Tal wiedergefunden, schwere- und körperlos und doch glücklich. Alles habe eine unbeschreibliche Leuchtkraft gehabt, und viele Menschen, die er für tot geglaubt hatte, seien auf ihn zugekommen und hätten ihn begrüßt. Ford spricht sodann von einem riesigen weißen, unbeschreiblichen Gebäude, in dem an langen Tischen Personen gesessen hätten, denen gegenüber er Rechenschaft ablegen mußte. Es ist im Prinzip genau das gleiche Phänomen wie bei den bereits beschriebenen Fällen. Ford schließt:

Schließlich, als mir jemand sagte, ich müsse in meinen eigenen Körper zurückkehren, sträubte ich mich dagegen wie ein bockiges Kind. Doch plötzlich fühlte ich, wie ich durch leeren Raum stürzte. Ich öffnete die Augen und blickte in das Gesicht einer Krankenschwester. Ich war zurückgekehrt.

Bereits vor über 250 Jahren hatte der schwedische Naturforscher Emanuel von Swedenborg (1688 bis 1772) die gleichen Symptome beschrieben. Wenn die Körperfunktionen, so Swedenborg, zum Stillstand kommen, "dann stirbt der Mensch noch lange nicht, sondern wird nur getrennt von dem körperhaften Teil, der ihm von Nutzen gewesen ist in dieser Welt... Der Mensch geht, wenn er stirbt, nur von einer Welt in die andere." Swedenborg wußte dies aus eigener Erfahrung, denn er selbst war bereits den Weg "hinüber" gegangen:

Ich versank in einen Zustand der Fühllosigkeit aller meiner leiblichen Sinneswerkzeuge, also beinahe in den Zustand der Sterbenden. Doch blieb mein Innenleben und Denken erhalten, so daß ich wahrnehmen konnte und im Gedächtnis zu behalten verstand die Dinge, die da geschahen und wie sie denen geschehen, die wieder von den Toten erweckt werden.

Swedenborg berichtet, daß er während dieser Phase anderen Wesen begegnete, "Engeln", die ihn fragten, ob er tatsächlich bereit sei, zu sterben. Swedenborg über die Worte dieser Wesen:

Geister reden miteinander in einer alles umgreifenden Sprache... Jeder Mensch wechselt sogleich nach seinem Tode hinüber in diese Sprache, die eigentliche Sprache des Geistes...

Die Rede eines Engels oder Geistes mit einem Menschen ist genauso tönend zu hören wie die Rede eines Menschen mit seinesgleichen, doch wird sie nicht gehört von anderen, die nahe dabei stehen, sondern allein von ihm; der Grund dafür ist, daß die Rede eines Engels oder Geistes zuerst in des Menschen Gedanken strömt...

Der Sterbende begegnet auch anderen Geistern von Toten, die er in seinem Erdenleben gekannt hat. Sie helfen ihm auf seinem Durchgang ins Jenseits.

Auch Swedenborg weiß von einem "Gericht", bei dem dem Neuankömmling im "Reich der Toten" sein ganzes bisheriges Leben vor Augen gehalten wird. Er schreibt:

Der Mensch hat bei sich das Gedächtnis an all diese Dinge, die er zu irgendeiner Zeit gedacht, gesprochen und getan hat von früher Kindheit bis ins höchste Alter... und wird Schritt für Schritt dahingebracht, ihrer zu gedenken... Alles, was er gesagt und getan... wird offenbar vor den Engeln... so klar wie der helle Tag... und es gibt nichts auf der Welt, das so verborgen wäre, daß es nicht offenbar würde nach dem Tod...

Wir wissen nicht, wie es weitergeht jenseits der "Schranke", der "Grenze", was mit all jenen Menschen "passiert", die nicht wieder reanimiert werden können, mit jenen tausenden, die tagtäglich "sterben" und zu denen wir eines Tages auch selbst gehören werden.

Die Mehrmals-Geborenen

Es scheint aber, als ob zumindest einigen Menschen noch ein- oder mehrmals, aus welchen Gründen auch immer, die Chance gegeben wird, hier auf Erden ein erneutes Leben zu gestalten. Vor allem in den Glaubensvorstellungen des Ostens spielt die Reinkarnation, die Wiedergeburt, eine entscheidende Rolle. Durch neue Methoden in der Parapsychologie scheint es jetzt möglich, hier einen Durchbruch zu erzielen. Bei sogenannten "Age-Regression"-Experimenten, in deren Verlauf eine Versuchsperson von einem Hypnotiseur immer weiter in der Zeit zurückversetzt wird, sind bisher Ergebnisse erzielt worden, die ein ganzes Weltbild in sich zusammenstürzen lassen könnten.

Der berühmteste dieser Versuche war der in den 50iger Jahren bekanntgewordene und noch immer die Gemüter erhitzende "Fall Briday Murphey". In seinem Buch "Protokoll einer Wiedergeburt" schildert Morey Bernstein, der damals als Hypnotiseur fungierte, wie die junge Amerikanerin Ruth Simmons von ihm in ein früheres Leben als Briday Murphey zurückgeführt wurde: Zunächst in die verschiedenen Stadien der eigenen Kindheit bis hin zur Geburt, dann Erlebnisse aus dem Mutterleib und schließlich über eine große Schwelle hinweg in ein früheres Leben als Briday Murphey, einer Frau, die im 19. Jahrhundert in Nord-Irland gelebt hatte.

Jede Einzelheit aus diesem Leben wurde auf Tonband festgehalten und später an Ort und Stelle mit wissenschaftlicher Sorgfalt und kriminalistischem Spürsinn nachgegangen. Sprach-vergleiche, Kirchenbücher, Orts- und Personenbeschreibungen erwiesen klar die Unanfechtbarkeit von Briday Murpheys Schilderungen. Ruth Simmons konnte sie unmöglich alle nachgelesen, gehört oder gar, wie manche meinten, auf telepathischem Wege (also durch Gedankenübertragung) erfahren haben. Briday Murphey hatte wirklich gelebt und nach ihrem Tod als Ruth Simmons erneut das Licht der Welt erblickt.

"Briday Murphey" blieb kein Einzelfall. Hypnotiseure in aller Welt führen seither Age-Regression-Versuche durch und alle ergeben das gleiche Bild: Es gibt Menschen, die nicht nur einmal leben! In Deutschland ist es vor allem der in München ansässige Hypnotiseur Thorwald Detlefsen, der bereits zahlreiche Personen erfolgreich in frühere Leben zurückversetzte und seine Ergebnisse unterdessen in mehreren Büchern niedergelegt hat. 1)

Sehr detaillierte und beweiskräftige Fälle hat der amerikanische Parapsychologe Prof. Jan Stevenson zusammen-getragen. Eines davon ist der berühmt gewordene Fall der Shanti Devi, einem Mädchen aus Neu-Delhi, das 1946 geboren wurde. Sie konnte kaum sprechen, da erzählte sie bereits unermüdlich von einem früheren Leben in einer anderen Stadt, über das, was sie dort getan, wie sie geheißen und wer ihr Ehemann gewesen sei. Der indische Psychologe Prof. Banarjee erfuhr davon und lud das Mädchen zu einer Fahrt in die von ihr angegebene Stadt ein. Zum Erstaunen aller zeigte das Kind sofort auf die von ihr zuvor exakt beschriebenen Plätze und auch auf die Stelle, an denen sie ihre Spielzeuge früher versteckt hatte. Mühelos fand sie auch den Weg zu ihrem einstigen Haus und identifizierte ihren früheren Ehemann mit den Worten "Da bist Du! Ich erkenne Dich!"

Auch Ahmed Lugdi, inzwischen fünfzig Jahre alt, war tief beeindruckt, denn in Gestik und Sprechweise erkannte auch er seine verstorbene Frau wieder. Es entspann sich schließlich ein Dialog zwischen den beiden über Dinge, die nur Menschen wissen konnten, die sich sehr nahe gestanden hatten. Prof. Banarjee und andere Ärzte, die an dem Versuch mitgearbeitet hatten, erklärten, daß eine Täuschung unmöglich sei.

Spontane Rückerinnerungen können auch dann hervorgerufen werden, wenn die entsprechenden Personen plötzlich mit Orten konfrontiert werden, in denen sie früher einmal gelebt haben.

Dies war beispielsweise der Fall bei der 18jährigen Elisabeth Wirnitz, deren Eltern während der 60er Jahre von Warschau nach Danzig übersiedelten. Bei einem Spaziergang über den alten Stadtfriedhof stieß Elisabeth plötzlich die Worte: "Hier ist mein Grab!" aus und sank ohnmächtig zu Boden.

Wieder zu sich gekommen, konnte sie sich an ihr einstiges Leben als Frau eines Ostseefischers erinnern. Ihr Mann sei bei einem Sturm auf See ums Leben gekommen und sie selber wenige Jahre später aufgrund der erlittenen Not gestorben. Elisabeth Wirnitz berichtete auch von einer kleinen Kapelle, die einst in der Nähe des Grabes gestanden habe, aber von Soldaten geplündert und zerstört worden sei.

Nach dem Bekanntwerden der Geschichte stellten die Behörden Nachforschungen an. Und in der Tat fand sich, daß es einst eine kleine Kapelle gegeben hatte, die im Dreißigjährigen Krieg von Soldaten geschleift worden war. Wie viele andere vor und sicherlich auch nach ihr war Elisabeth Wirnitz aus einem Reich zurückgekehrt, aus dem es eigentlich keine Rückkehr mehr gibt...

Aber auch Menschen wie sie konnten uns keine Auskunft darüber geben, wie es dort drüben wirklich war. Bei Age-Regression-Experimenten Befragte schienen sich an die Zeit zwischen den Erdenleben nicht mehr erinnern zu können, obwohl sie zugaben, auch da existiert zu haben, irgendwo, irgendwie.

386

So sind wir auch weiterhin auf Mutmaßungen, auf Spekulationen angewiesen. Trotz des Fortschritts, den die Wissenschaft in den letzten Jahren auf diesem Gebiet gemacht hat, wissen wir noch immer so gut wie nichts. Einen eindeutigen Beweis für ein Leben nach dem Tod werden wir wahrscheinlich ohnedies nie erhalten - genausowenig wie einen Gottesbeweis. An beides müssen wir auch in Zukunft **glauben**, ganz gleich, wohin diese Zukunft uns führen wird.

Nachwort
des Autors

Das Universum beginnt eher
einem großen Gedanken zu gleichen,
als einer großen Maschine.

Sir James Jeans,
britischer Astronom

Während dieses Buch geschrieben wurde,

- sah man über Spanien mehrfach minutenlang ein dreieckiges unidentifizierbares fliegendes Objekt
- wurde in Italien eine UFO-Sichtungs-Welle registriert
- ging die Meldung durch die Presse, die amerikanische Ortschaft Chester und die sowjetische Stadt Petrosawodsk seien von Schiffen aus dem All beschossen worden
- verschwanden im Bermuda-Dreieck ein US-U-Boot-Bomber und ein sowjetisches Forschungsschiff
- gab es auf dem Ärmelkanal eine Fast-Kollision mit einem Schiff, das gar nicht existierte

- fand man in England eine Herde toter, von einer unglaublichen Gewalt zerschmetterter Ponys, die innerhalb weniger Tage völlig verwesten

- bildete die "Bostoner Akademie der Wissenschaften" zwei Delphine zur Jagd auf das Ungeheuer von Loch Ness aus

- gab die NASA bekannt, daß es in etwa 36.000 km Höhe über der Erde häufig zu völlig rätselhaften und unerklärlichen Bahnstörungen von Satelliten käme, die, ohne einen Funkbefehl erhalten zu haben, plötzlich abdrehten und eine neue Umlaufbahn einschlugen

- stürzte über Neu-Mexiko eine Maschine des amerikanischen Taktischen Luftkommandos mit zwanzig Insassen ab. Beobachtenden Zeugen erschien es, als sei das Flugzeug mit "irgend etwas" zusammengestoßen und dann in einem Feuerball ähnlich dem einer Atombomenexplosion zerstört worden

- gelang es dem indischen Schriftenforscher Prof. D. Dileep Kumar Kanjilal, jene Metallplatte als mit indischen Sanskritzeichen versehene Niederschrift zu identifizieren, die Erich von Däniken seinerzeit in Ecuador (Südamerika) bei dem über 80-jährigen Pater Crespi entdeckt und für die er von "kompetenter" Seite, sowie SPIEGEL- und STERN-Journalisten angegriffen worden war, da er angeblich "nur wertlosen Kitsch" fotografiert habe

Die Welt ist voll von Geheimnissen und Rätseln, die einer Entschlüsselung harren. Die in diesem Buch angesprochenen Fälle waren lediglich ein kleiner Ausschnitt, und die angebotenen Hypothesen brauchen keineswegs richtig zu sein, dies sollte selbstkritisch zugegeben werden. Ein endgültiges, klärendes Wort muß die forschende Wissenschaft sprechen.

Es wird heute vielfach die Meinung vertreten, es gäbe nichts mehr zu entdecken. Selbst Max Planck war als angehendem Studenten von einem Lehrer der Rat gegeben worden, nicht Physik zu studieren, "da auf diesem Gebiet nichts neues mehr zu erforschen" sei. Wie unsinnig ein solcher Ratschlag in Wirklichkeit war, bewies Planck selbst, als er 1918 für die Entwicklung der Quantentheorie den Nobelpreis erhielt.

Dies gilt auch heute noch. Es ist an der Zeit, jene Rätsel zu lösen, die unser Universum uns stellt, ganz gleich, ob es sich um das Leben nach dem Tod, oder das plötzliche Verschwinden von Menschen handelt, um unsere Herkunft, die uns den Weg in die Zukunft weisen kann oder um einen Kontakt mit außerirdischen Lebewesen. All dies sind Dinge, die uns im Innersten berühren, die wir erforschen **müssen**, wollen wir in unserer Entwicklung nicht auf der Stelle treten oder gar einen wissenschaftlichen Rückschritt in Kauf nehmen.

Aber dieses Buch ist nicht geschrieben worden um zu verurteilen. Es ist der Versuch eines Ansporns, einer Aufforderung, auch jene Gebiete zu erkunden, die bisher nicht oder nur wenig beachtet worden sind. Daß wir in zahlreichen Fällen bereits von einer Tendenzwende (etwa in der UFO-Forschung und der Prä-Astronautik) sprechen können, ist erfreulich, in anderen Bereichen aber liegt noch manches im argen.

Die Menschheitsrätsel - ein Begriff, der auch unser Nichtwissen, unsere eigene Unvollkommenheit miteinschließt. Als mit Apollo VIII die ersten Astronauten die unmittelbare Umgebung unseres Planeten verließen und die Erde als winzige blaue Kugel in den Weiten des Alls sahen, da wurde zumindest einigen bewußt, wie klein wir in Wirklichkeit sind, wie wenig wir tatsächlich wissen.

Und noch eines hat dieser Blick die Menschen gelehrt: Demut vor der Gewaltigkeit des Alls, von der die Erde und damit wir selbst ein Teil sind, Demut vor den Rätseln der Schöpfung, vor den Rätseln des Universums. Wir wissen wenig von all dem, aber das wenige, das uns bereits heute zur Verfügung steht, läßt uns zumindest etwas ahnen von jener unermeßlichen Kraft, die sich dieses "Wunderwerk Universum" ausgedacht und vollendet hat. Wer in klaren Nächten die Augen hinauf zu den Sternen erhebt und stumm vor Staunen den Blick über das glitzernde Band der Milchstraße gleiten läßt, der fühlt vielleicht etwas von dieser Gewaltigkeit um uns, von den Rätseln unserer Welt, ganz gleich, welche Namen wir ihnen geben.

Wir haben uns im zweiten Kapitel auch mit dem Alten Testament beschäftigt und sind zu dem Schluß gekommen, daß Teile davon auf Kontakte mit außerirdischen Raumfahrern zurückzuführen sind. Es erscheint mir an dieser Stelle angebracht, darauf

zu verweisen, daß damit **nicht** die Lanze für eine atheistische Weltanschauung gebrochen werden sollte.

Denn Gott, der wahre Gott, der Schöpfer des Alls, er
existiert, so wie er immer existiert hat und immer existieren wird.
Daran ändern auch jene Astronauten nichts, die in unserer Vor- und
Frühgeschichte diesen Planeten besucht haben. Daß sie selbst
gottgläubig waren, selbst den Monotheismus vertraten, zeigt die
Tatsache, daß sie (wenn auch häufig mit Gewalt) versuchten,
diesen Glauben kulturell hochstehenden Völkern nahezubringen.
Nicht immer allerdings ist ihnen dies in so eindrucksvoller Weise
gelungen wie beim israelitischen Geschlecht.

Wir sollten dies akzeptieren. Die Prä-Astronautik hat Gott
nicht vom Thron gestoßen. Im Gegenteil - im Bewußtsein derer, die
von ihrer Richtigkeit überzeugt sind, ist er größer, allumfassender,
universeller geworden, als es bislang vorgegeben war. Ich habe
mit vielen gesprochen, die die Möglichkeit eines Besuchs außerirdischer Intelligenzen auf unserem Planeten bejahen, und fast alle
vertreten in dieser Hinsicht die gleiche Meinung. Vielleicht auch
dies ein vorprogrammiertes Ziel der Besucher aus dem All: Daß wir
mit dem Erkennen unserer wahren Vergangenheit am Beginn des
Raumfahrtzeitalters jene Macht wirklich zu begreifen beginnen,
ohne die niemand und nichts existieren würde, die sich dieses
Wunderwerk Universum einst erdachte und das erste Leben
schuf...

Ich danke allen, die in irgendeiner Weise zum Entstehen dieses Buches beigetragen haben, meinen Brüdern Peter und Matthias, meinen Freunden Karl-Adolf Schürkötter, Axel Ertelt, Hans-Werner Sachmann, Wolfgang Siebenhaar, Willi Dünnenberger, den Herren Egon Lüthgen, Wolfgang Schröder, Hans Neumann (Kanada), Ajit Dutt (Indien), Zsdislaw Leligdowicz (Polen), Gene M. Phillips (USA) und den Autoren Erich von Däniken, Ulrich Dopatka, Josef F. Blumrich, Andrew Tomas, Walter Ernsting und Peter Krassa, dem ich das Vorwort verdanke. Mein besonderer Dank gilt auch meinem Verleger John Fisch, ohne dessen Entscheidung, "Die Menschheitsrätsel" in sein Verlagsprogramm aufzunehmen, dieses Buch heute nicht in Ihren Händen läge. Dank auch an all jene zahlreichen hier Ungenannten, die sich durch Rat und Tat an der Veröffentlichung beteiligten. Es wäre eine große Freude für mich, wenn sie den vorliegenden Band als kleine Entsprechung für ihr Bemühen ansehen würden.

Johannes Fiebag

393

Anmerkungen

Kapitel I

1. Spanuth ist Autor unter anderem von:
   "Das enträtselte Atlantis", Stuttgart 1953
   "Atlantis", Tübingen 1965
   "Die große Wanderung", Ludwigsburg 1969

2. Ergänzende Literatur hierzu:
   Luce, J.V.: "Atlantis - Legende und Wirklichkeit", Heyne 1977
   Ganalopoulos, A.G./Bacon, Edward: "Die Wahrheit über Atlantis",
   Heyne 1977

3. Literatur zum Thema: "Atlantis im Atlantik"
   Donelly, Ignatius: "Atlantis und die Welt vor der Sintflut", Eßlingen 1911
   Homet, Marcel F.: "Die Söhne der Sonne", Limes 1972
   Homet, Marcel F.: "Auf den Spuren der Sonnengötter", Limes 1978
   Tomas, Andres: "Das Geheimnis der Atlantiden", Günther 1971

4. Churward legte seine Entdeckungen, Ergebnisse und Gedanken in
   mehreren Büchern nieder. Seine bekanntesten sind: "The Children of
   Mu", "The Sacred Symbols of Mu" und " The Lost Continent of Mu",
   erschienen bei Futura Publications Ltd., Aylesbury, Großbritannien.

Kapitel II

1. Dilationsüberlieferungen gibt es auch im deutschen Raum. Als Beispiel
   möge hier jene Sage dienen, die in dem Buch "Der Goldbrunnen" (Peter
   Mänken-Verlag, Schwerin) aufgeführt ist:

   "Einem Bauern in Rambin auf der Insel Rügen raubten die Zwerge die
   Schwester. Deshalb gab er des Abends auf die kleinen Leute acht, und
   nachdem er mehrmals vergeblich gewartet hatte, gelang es ihm doch,
   einem der Zwerge die Mütze fortzunehmen. Der Betroffene war zufällig
   der König der Zwerge. Als er seinen Verlust bemerkte, kam er zu dem
   Bauern und bat ihn flehentlich um Rückgabe der Mütze. Doch der Bauer
   blieb unerbittlich. Da bot ihm der Zwerg unermeßliche Schätze an; aber
   auch diese schlug der Bauer ab. Er sagte, er würde die Zwergenmütze
   nur unter der Bedingung zurückgeben, daß ihm die Schwester wieder
   ausgeliefert würde. Das konnte der Zwergenkönig nicht versprechen, da
   er nicht allein darüber zu bestimmen hatte. Er wußte jedoch den Bauern
   zu überreden, daß er allein mit ihm in das Reich der Zwerge hinabstieg.

Als der Bauer dort unten ankam, erhielt er goldene Kleider und durfte seine Schwester begrüßen. Dann aber ließ er alle Zwerge zu einer Versammlung zusammenrufen, und jetzt erhielt er die Erlaubnis, gegen Rückgabe der Zwergenmütze seine Schwester wieder mit auf die Oberwelt zu nehmen. Keiner war froher als der Bauer, und sogleich kehrte er mit seiner Schwester in die Heimat zurück.

Aber fast hätten sie ihre Heimat nicht wiedererkannt. Lauter fremde Menschen kamen ihnen entgegen, und die Häuser, Scheunen und Ställe sahen zum Teil ganz anders aus, als die beiden sie in Erinnerung hatten. Bald sollten sie des Rätsels Lösung erfahren. Der Bauer meinte, er sei nur eine Nacht im Zwergenreich gewesen, so schnell war ihm die Zeit vergangen. Wie sich aber später herausstellte, war er in Wirklichkeit hundert Jahre abwesend gewesen, und in dieser Zeit hatte sich natürlich auf der Erde gar manches verändert."

Neben der Tatsache der Zeitdilatation erscheinen mir auch einige "Nebensächlichkeiten" bemerkenswert. Da ist zunächst die Rede von "Zwergen". Es wird insbesondere im dritten Kapitel auf die z.T. sehr kleine Gestalt außerirdischer Besucher hingewiesen, Parallelen erscheinen hier angebracht. Auch die Erwähnung der "Mütze" ist interessant. Die Frage, ob es sich hier um eine mit der Zeit "verstümmelten" Begriff wie "Raumfahrerhelm" handelte, ist m.E. durchaus nicht grundlos gestellt. Auch die "goldenen Kleider", die der Gast überziehen mußte, bevor er seine Schwester aufsuchen konnte, tendieren in diese Richtung. Vom eigentlichen Weltraumflug, der offenbar von einer unterirdisch angelegten Basis aus erfolgte, dürfte der Mann kaum etwas verspürt haben, da die Technik dieser Besucher das Problem des übermäßig auftretenden Gravitationsdrucks bei Start und Landung bewältigt haben dürfte.

Dennoch - auch dies sei bemerkt - bietet sich für den gesamten Vorfall auch eine andere Lösung an. Man vergleiche dazu das Kapitel V, "Die Rätsel der Zeit".

2. Die Übersetzung erschien in einem Artikel von Ajit Dutt ("On Time Dilation") in "Ancient Skies" 4/1, AAS, Chicago.

3. Die "Ancient Astronaut Society" (AAS) ist eine gemeinnützige Gesellschaft. Zweck der Gesellschaft ist das Sammeln, Austauschen und Publizieren von Indizien, die geeignet sind, folgende Theorien zu unterstützen:
a) Die Erde erhielt in prä-historischen und historischen Zeiten Besuch aus dem Weltall, (oder)
b) die gegenwärtige, technische Zivilisation auf diesem Planeten ist nicht die erste, (oder)
c) eine Kombination von a) und b).

Die AAS wurde 1973 von dem Rechtsanwalt Dr. Gene M. Phillips, Chicago, gegründet. Ihr gehören heute zahlreiche Mitglieder in vielen Ländern der Erde an, darunter Wissenschaftler und Autoren, die mit der

These der Prä-Astronautik übereinstimmen. Die Mitgliedschaft steht jedoch jedermann offen. Die AAS gibt zweimonatlich ein Informationsmagazin ("Ancient Skies") heraus. Sie organisiert Expeditionen und Studienreisen zu archäologischen Fundplätzen. Die Adressen: AAS, 1921 St. Johns Avenue, Highland Park, Illinois 60035, USA - AAS, Deutsche Sektion, CH-4563 Feldbrunnen.

Kapitel III

1. Über UFOs im Mittelalter schreiben auch die Autoren folgender Bücher:

   Arnold, Kenneth & Palmer, Ray: "The Coming of the Saucers", Ray Palmer, Amherst, USA 1952
   Charroux, Robert: "Vergessene Welten", Econ 1974
   Guieu, Jimmy: "Les Soucoupes Volantes viennent d'un autre Monde", Fleuve Noir, Paris 1954
   Jessup, M.K.: "The Case for the UFO", Bantam, New York 1955
   Kolosimo, Peter: "Sie kamen von einem anderen Stern", Limes 1970
   Kolosimo, Peter: "Besucher aus dem All", Hermann-Bauer-Verlag 1973

2. NICAP - National Investigation Comitee on Aereal Phenomena / 1522 Connecticut Avenue, Washington D.C. 20036, USA

3. APRO - Aerial Phenomena Research Organisazion

4. Der Bericht Jams McDivitts erfolgte in der "Dick-Cavett-Talkshow" im November 1973

5. Die Namen der hier nur mit ihren Initialen benannten Zeugen sind dem Autoren bekannt.

6. Prof. Dr. Allen Hynek ist Leiter des Instituts für UFO-Studien, P.O. Box 11, Northfield, Illinois 60093, USA

7. MUFON - Mutual UFO Network - Deutsche Sektion: MUFON, Gerhart-Hauptmann-Straße 5, 8152 Feldkirchen

8. Die "UFO-Nachrichten" erscheinen monatlich im Ventla-Verlag, Wiesbaden Schierstein, und sind das Organ der "Deutschen UFO/IFO Studiengesellschaft". Der Ventla-Verlag hat ebenso eine Reihe Bücher zum Thema veröffentlicht.

Kapitel V

1. Eine dieser Überlieferungen stammt aus Nordirland und geht auf ein Geschehen zurück, das sich wahrscheinlich im 17. oder 18. Jahrhundert abgespielt hat. Ein Student namens Patrick O'Flynn besuchte damals ein irisches College. Die Überlieferung berichtet:

   "Eines Abends im Mai ging er wieder hinaus, wie es seine Art war, und stand unter den Bäumen. Da hörte er eine liebliche Musik. Dunkelheit kam über seine Augen, und als er wieder sehend ward, waren um ihn Mauern und vor ihm verlief eine leuchtende Straße, auf der bewegten sich Musikanten, und er hörte eine Stimme sagen: 'Komm mit uns in das schöne Land!' Er sah sich um, aber wohin er auch schaute, es waren überall hohe Mauern. So ging er voran und folgte den Musikanten. Er wußte nicht, wie lange er lief, aber die hohe Mauer blieb immer neben und hinter ihm. Er lief und lief, bis er zu einem großen Fluß kam, dessen Wasser war rot wie Blut. Da wunderte er sich, und es wurde ihm angst. Aber die Musikanten überquerten den Fluß, ohne daß ihre Füße naß geworden wären. Patrick O'Flynn folgte ihnen, und auch seine Füße blieben trocken. Zuerst dachte er, daß die Musikanten zu einer Feen-Gesellschaft gehörten; später fiel ihm ein, er könne gestorben sein, und dies seien Engel, die ihn in den Himmel führten.

Nun wichen die Mauern, und sie kamen auf eine große, weite Ebene. Sie liefen und liefen, bis mitten in der Ebene ein schönes Schloß auftauchte. Die Musikanten gingen hinein, Patrick aber blieb draußen. Es dauerte nicht lange, da kam der Anführer der Musikanten zurück und führte ihn in eine schöne Kammer. Er sprach kein Wort, und nie, solange Patrick sich in dem Schloß befand, hörte er je eine menschliche Stimme. Es gab keine Nacht dort. Immer war es Tag. Er aß und trank nichts und sah auch niemanden, der Speis und Trank zu sich genommen hätte. Jede halbe Stunde hörte er einen Glockenschlag, konnte aber nie irgendwo eine Uhr sehen. Manchmal traten die Musikaten vor das Schloß, und sogleich kamen vom Himmel die seltsamsten Vögel und machten die schönste Musik, die er je gehört hatte...

Patrick O'Flynn wußte nicht, wie lange er an diesem wunderbaren Ort war. Es schien ihm nur sehr kurz, aber in Wahrheit lebte er dort hundert-undein Jahr.

Eines Tages, als die Musikanten wieder ins Freie hinausgezogen, und er ihnen folgte, kam ihr Anführer zu ihm. Er erklärte, daß er und seine Männer ihn nun zurückführen würden, und darauf zogen sie los, über-querten den Fluß mit dem Wasser so rot wie Blut und standen nicht still, bis sie das Feld nahe dem College erreicht hatten. Dort verschwanden sie mit einem Hauch Nebel, den der Wind davontrieb..." (Aus: "Das große Buch der Spukgeschichten · Spukgeschichten aus Irland", heraus-gegeben von Martin Federspiel, Bechtle-Verlag München 1969).

Bemerkenswert erscheint mir nicht nur der unterschiedliche Zeitablauf der zwei Welten, sondern auch die letzte Bemerkung, die "Musikanten" hätten sich bei ihrem Verschwinden in Nebel aufgelöst: Genau die gleichen Phänomene treten auch heute auf, insbesondere im Bermuda-Dreieck.

Kapitel VI

1. Gemeint sind die Bücher "Leben nach dem Leben", Bertelsmann 1974, und "Das Erlebnis der Wiedergeburt", Bertelsmann 1976.

398

Quellenverzeichnis

Bergier, Jacques & Gallet, Georges H.: LE LIVRE DES ANCIENS ASTRONAUTES; Albin Michel, Paris 1977
Bernstein, Morey: PROTOKOLL EINER WIEDERGEBURT; Scherz 1973
Berlitz, Charles: GEHEIMNISSE VERSUNKENER WELTEN; Societäts-Verlag 1973
Berlitz, Charles: DAS BERMUDA-DREIECK; Zsolnay 1975
Berlitz, Charles: DAS ATLANTIS-RÄTSEL; Zsolnay 1976
Berlitz, Charles: SPURLOS; Zsolnay 1977
Blumrich, Josef: DA TAT SICH DER HIMMEL AUF; Econ 1973
Bord, Janit & Golin: MYSTERIOUS BRITAIN; Granada Publishing Ltd., Paladin Books, London 1974
Bourret, Jean-Claude: UFO - SPEKULATIONEN UND TATSACHEN; Edition Sven Erick Bergh 1977
Bray, Warwick & Trump, David: LEXIKON DER ARCHÄOLOGIE; Rowolth-rororo 1975
Brugger, Karl: DIE CHRONIK VON AKAKOR; Econ 1976
Buttlar, Johannes von: SCHNELLER ALS DAS LICHT; Econ 1972
Buttlar, Johannes von: REISEN IN DIE EWIGKEIT; Econ 1973

Ceram, C.W.: GÖTTER, GRÄBER UND GELEHRTE; Rowolth 1965
Charroux, Robert: UNBEKANNT - GEHEIMNISVOLL - PHANTASTISCH; Econ 1970
Charroux, Robert: DIE MEISTER DER WELT; Econ 1972
Charroux, Robert: VERGESSENE WELTEN; Econ 1974
Charroux, Robert: DAS RÄTSEL DER ANDEN; Econ 1978
Clarke, Arthur C.: WEGE IN DEN WELTRAUM; Econ 1969
Clarke, Arthur C.: MENSCH UND WELTRAUM; Rowolth-rororo
Collins, Robin: ANCIENT ASTRONAUTS: A TIME REVERSAL?; Sphere Books Ltd., London 1978

Däniken, Erich von: ERINNERUNGEN AN DIE ZUKUNFT; Econ 1968
Däniken, Erich von: ZURÜCK ZU DEN STERNEN; Econ 1970
Däniken, Erich von: AUSSAT UND KOSMOS; Econ 1972
Däniken, Erich von: MEINE WELT IN BILDERN; Econ 1974
Däniken, Erich von: BEWEISE; Econ 1977

Däniken, Erich von: PROPHET DER VERGANGENHEIT; Econ 1979
Delacour, Jean-Baptiste: AUS DEM JENSEITS ZURÜCK; Econ 1973
Delacour, Jean-Baptiste: VOM EWIGEN LEBEN; Econ 1974
Dinsdale, Tim: LOCH NESS MONSTER; Revised Edition, England 1976
Dopatka, Ulrich: DAS SPIEGELBILD DER GÖTTER; Hohwacht 1975
Dopatka, Ulrich: LEXIKON DER PRÄ-ASTRONAUTIK; Econ 1979
Drake, Raymond W.: MESSENGERS FROM THE STARS; Sphere Books
Ltd., 1977

Ebon, Martin: DAS RÄTSEL DES BERMUDA-DREIECKS; Heyne 1977
Econ-Dokumentation: DAS WELTPHÄNOMEN ERICH VON DÄNIKEN;
Econ 1973
Edwards, Frank: FLIEGENDE UNTERTASSEN - EINE REALITÄT; Ventla
1963
Emmenegger, Robert: UFOs - PAST, PRESENT & FUTURE; Ballantine
Books, New York 1974
Ertelt, Axel & Fiebag, Johannes & Fiebag, Peter & Sachmann, Hans-
Werner: RÄTSEL SEIT JAHRTAUSENDEN; Selbstverlag 1978

Flornoy, Bertrand: RÄTSELHAFTES INKA-REICH; Orell-Füssli 1956
Ford, Arthur: BERICHT VOM LEBEN NACH DEM TOD; Scherz 1973

Gaddis, Vincent: INVISIBLE HORIZONS, Ace Books, 1965
Gadow, Gerhard: DER ATLANTIS-STREIT; Fischer-Tb 1973
Glasenapp, Helmut von: INDISCHE GEISTESWELT; Emil-Vollmer, o.D.
Gonda, Jan: RELIGIONEN INDIENS; Kohlhammer 1960
Gorion, Micha J.B.: DIE SAGEN DER JUDEN; Insel-Verlag 1962

Herlin, Hans: PSI-FÄLLE; Heyne 1974
Holroyd, Stuart: BRIEFING FOR THE LANDING ON PLANET EARTH;
Corgi Books, London 1977
Homet, Marcel F.: DIE SÖHNE DER SONNE; Limes 1972
Homet, Marcel F.: NABEL DER WELT - WIEGE DER MENSCHHEIT;
Hermann-Bauer-Verlag 1976
Homet, Marcel F.: AUF DEN SPUREN DER SONNENGÖTTER; Limes
1978

Jeffrey, Adi-Kent Thomas: DIE WAHRHEIT ÜBER DAS BERMUDA-
DREIECK; Heyne 1977

Keller, Werner: WAS GESTERN NOCH ALS WUNDER GALT; Droemer-
Knaur 1973
Keyhoe, Donald: DER WELTRAUM RÜCKT UNS NÄHER; Lothar
Blanvalet 1954
Kohlenberg, Karl F.: ENTRÄTSELTE VORZEIT; Langen-Müller 1970

400

Kolosimo, Peter: SIE KAMEN VON EINEM ANDEREN STERN; Limes 1970

Kolosimo, Peter: SCHATTEN AUF DEN STERNEN; Limes 1971

Kolosimo, Peter: WOHER WIR KOMMEN; Limes 1972

Kolosimo, Peter: VIELE DINGE ZWISCHEN HIMMEL UND ERDE; Limes 1970

Kolosimo, Peter: UNBEKANNTES UNIVERSUM; Limes 1976

Kurtén, Björn: NICHT VON DEN AFFEN; Universitas-Verlag, o.D.

Krassa, Peter: ALS DIE GELBEN GÖTTER KAMEN; Barthenschlager 1973

Krassa, Peter: GOTT KAM VON DEN STERNEN; Hermann-Bauer-Verlag 1974

Krassa, Peter: DÄNIKEN INTIM; Hermann-Bauer-Verlag 1976

Langelan, George: DIE UNHEIMLICHEN WIRKLICHKEITEN; Deutscher Taschenbuch-Verlag 1975

Leonard, George H.: SOMEONE ELSE IS ON OUR MOON; Sphere Books Ltd., London 1978

Le Poer Trench, Brinsley: MYSTERIOUS VISITORS; Pan Books, London 1975

Macklin, John: OTHER DIMENSIONS; Ace Books, New York 1973

Mandel, Gabriel: DAS REICH DER KÖNIGIN VON SABA; Efolin 1976

Mavor, James: REISE NACH ATLANTIS; Heyne-Tb 1977

Moody, Raymond A.: LEBEN NACH DEM TOD; Rowolth 1977

Moody, Raymond A.: NACHGEDANKEN ÜBER DAS LEBEN NACH DEM TOD; Rowolth 1978

Muck, Otto: ALLES ÜBER ATLANTIS; Econ 1976

Napier, John: BIGFOOT - THE YETI AND SASQUATH IN MYTH AND REALITY; Sphere Books Ltd., London 1976

Navia, Louis E.: UNSERE WIEGE STEHT IM KOSMOS; Econ 1976

Navia, Luis E.: DAS ABENTEUER UNIVERSUM; Econ 1977

Nigels, David: DIE AZTEKEN; Econ 1975

Niel, Fernand: THE SECRETS OF STONEHENGE; Sphere Books Ltd., London 1978

Pahl, Jochim: STERNENMENSCHEN SIND UNTER UNS; Kurt Desch

Pauwels, Louis & Bergier, Jacques: AUFBRUCH INS DRITTE JAHR-TAUSEND; Scherz 1962

Pauwels, Louis & Bergier, Jacques: DIE ENTDECKUNG DES EWIGEN MENSCHEN; Scherz, o.D.

Pettersen, Hans: ATLANTIK UND ATLANTIS; Springer 1948

401

Rehn, K. Gösta: DIE FLIEGENDEN UNTERTASSEN SIND HIER; Sven Erick Bergh

Reiche, Maria: GEHEIMNISSE DER WÜSTE; Offizindruck, A.G., 1968

Riesenfeld, A.: THE MEGALITHIC CULTURE OF MELANESIA; Leiden 1950

Sänger, Eugen: RAUMFAHRT HEUTE, MORGEN, ÜBERMORGEN; Econ 1963

Schneider, Adolf: BESUCHER AUS DEM ALL; Hermann-Bauer-Verlag 1973

Schneider, Adolf & Malthaner, Hubert: DAS GEHEIMNIS DER UNBE-KANNTEN FLUGOBJEKTE; Hermann-Bauer-Verlag 1976

Schulz, Berndt: SAGEN AUS FRANKREICH; Fischer-Tb 1978

Smith, Susy: DIE ASTRALE DOPPELEXISTENZ; Scherz 1974

Stearn, Jess: GEHEIMNISSE AUS DER WELT DER PSYCHE; Ramòn F. Keller Verlag, Genf 1972

Steinhäuser, Gerhard: HEIMKEHR ZU DEN GÖTTERN; Herbig 1971

Taylor, Johne: DIE SCHWARZEN SONNEN; Scherz 1974

Temple, Robert K.G.: DAS SIRIUS-RÄTSEL; Umschau 1977

Tompkins, Peter: CHEOPS; Scherz 1975

Tomas, Andrew: WIR SIND NICHT DIE ERSTEN; Hieronimie 1972

Tomas, Andrew: DAS GEHEIMNIS DER ATLANTIDEN; Günther 1971

Veit, Karl: ERFORSCHUNG AUSSERIRDISCHER WELTRAUM-SCHIFFE; Ventla-Verlag 1963

Veit, Karl: 7. INTERNATIONALER WELTKONGRESS DER UFO-FORSCHER; Ventla-Verlag 1968

Wilson, Don: OUR MYSTERIOUS SPACESHIP MOON; Sphere Books Ltd., London 1976

Winer, Richard: DAS TEUFELSDREIECK; Fischer 1977

Winer, Richard: DAS TEUFELSDREIECK; Heyne 1977

Witchell, Nicolas: THE LOCH NESS STORY; Penguin-Books Ltd., 1975

Woodman, Jim: NAZCA; Bertelsmann 1977

Velikowsky, Immanuel: WELTEN IM ZUSAMMENSTOSS; Umschau 1978

Zanot, Mario: DIE WELT GING DREIMAL UNTER; Zsolnay 1976

UFO-Jahrbuch 1975 und 1976, Pabel-Verlag

Zeitungen und Zeitschriften

Andreas, Peter & Schneider, Adolf: WETTSTREIT MIT EINER PLANE-
TENSONDE; aus: "Esotera" 9/75, Hermann-Bauer-Verlag
Andreas, Peter: SEELENREISE ZUM JUPITER; aus: "Esotera" 12/75

Blum, Ralph & Judy: UFOS SIND KEINE HIRNGESPINSTE; aus:
"Readers Digest" 8/74

Courier, Sun: DAS SPIEL DES SONNENGOTTES; aus: "Esotera" 6/76
Crosley, Ernest L.: DAS SHASTA-MYSTERIUM; aus: "Esotera" 5/62

Domgraf, Walter von: GEHEIMNISVOLLE STEINTAFELFUNDE; aus:
"Das Neue Zeitalter", 30/75
Dutt, Ajit: ON TIME DILATION; aus: "Ancient Skies" 4/1, AAS

Ernsting, Walter: DAS GEHEIMNIS DER VERSCHOBENEN HÜGEL;
aus: "Perry-Rhodan-Report" Nr. 8, Pabel-Verlag
Ertelt, Axel: PHÄNOMENE DER WELTMEERE; aus: "Das Neue Zeitalter",
Sept./Okt. 1977

Feinberg, Gerald: PARTICLES THAT GO FATHER THAN LIGHT; aus:
"Scientific American", Feb. 1970
Fiebag, Johannes: DIE VERBOTENEN TEXTE; aus: "Das Neue Zeitalter",
Nov./Dez. 1976
Fiebag, Johannes: AUCH ANTITHESEN SIND KEINE BEWEISE; aus:
"Esotera", 2/77
Fiebag, Johannes: KOSMISCHE RÄTSEL; aus: "Esotera" 1/79
Fiebag, Peter: PRÄHISTORISCHE RAUMFAHRER LIESSEN SPUREN
ZURÜCK; aus: "Neue Weltschau" 32/77
Fiebag, Peter: RISSE IN RAUM UND ZEIT; aus: "Neue Weltschau" 36/77
Fuller, John: GEISTERBESUCHE AUS DEM ALL?; aus: "Das Beste aus
Readers Digest", 7/66

Hess, Dirk: GEHEIMNISVOLLE BEGEBENHEITEN; Pabel, Nov. 74
Heuer, Hanns Manfred: MENSCHEN, DIE IM NICHTS VERSCHWIN-
DEN; aus "PSI" 11/76
Hoffmann, Hellmuth: SCHNEEMENSCHEN IM KAUKASUS; aus:
"Esotera" 10/75
Hoffmann, Hellmuth: DER APOSTEL DES UNGEWÖHNLICHEN; aus:
"Esotera" 12/75
Hoffmann, Hellmuth: ZEICHEN AM HIMMEL; aus: "Esotera" 7/76
Hoffmann, Hellmuth: BOTSCHAFT FÜR AUSSERIRDISCHE; aus:
"Esotera" 7/76

Kay, Mata: KONTAKT AUF DEM MONTE VERUGOLI; aus: "Esotera" 4/77

Krassa, Peter: SIE KAMEN AUS DEM WELTRAUM; aus: "Esotera" 7/75

Krassa, Peter: NEUES VON NESSIE; aus: "Esotera" 3/76

Leligdowicz, Zdzislaw: WHO GAVE US OUR IDENTITY CARD?; aus: "Ancient Skies", 3/4, AAS

Lützenkirchen, Willy: SCHOTTISCHE MONSTER IM TIEFSEE; aus: "Die Welt", Nr. 206/76

Meckelburg, Ernst: AUS DEN ANNALEN DES ÜBERRAUMS; aus: "Esotera" 12/77

Mühlbauer, Josef: AN DER SCHWELLE ZUM JENSEITS; aus: "Neue Bildpost", August/Sept./Okt. 77

Pantel, Hans-Henning: DIE FÜRSTEN DES ALTEN MEXIKO; aus: "Bild der Wissenschaft" 10/73

Peret, Joao-Americo: BEP-KOROROTI KAM AUS DEM WELTALL; aus: "Ancient Skies", dt. Ausgabe Nr. 2, AAS

Pratt, Bob: UFOS LINKED TO BLASTS THAT ROCKED THE EAST COAST; aus: "The Enquirer", USA, 14.2.78

Reeken, Dieter von: "ENTEN" UND TÄUSCHUNGEN IN DER UFOLOGIE; aus: "Esotera" 12/75 und 1/76

Sachmann, Hans-Werner: VON CHEOPS BIS DÄNIKEN; aus: "Das Neue Zeitalter", Mai/Juni 76

Schneider, Adolf: KANÄLE ZU ANDEREN DIMENSIONEN; aus: "Esotera" 1/77

Schneider, Adolf: DIE UNTERTASSEN KOMMEN; aus: "Esotera" 3/4/79

Schreiber, Hermann: DAS SCHÖNE STERBEN; aus: "Der Spiegel" 26/77

Sigma, Rho: WISSENSCHAFTLER ANALYSIEREN KONTAKTBE-RICHTE (ZETA RETICULI); aus: "Kontaktberichte" 5/77, Düsseldorf

Steinhäuser, Gerhard: HINTER UND NEBEN DER ZEIT; aus: "Perry-Rhodan-Report" Nr. 8, Pabel, August 1976

Sundberge, Jan-Ove: ELEKTROMOTOR DER TOLTEKEN; aus: "Esotera" 11/75

Tomas, Andrew: DORJE - THE HEAVENLY ROD; aus: "Ancient Skies" 3/5, AAS

UNTERTASSEN SEIT JAHRTAUSENDEN; aus: "Der Weltraumbote" 1958 (?), Zürich

APRO-Bericht vom Absturz bei Ubatuba, veröffentlicht in "UFO-NACHRICHTEN", Ventla 1958 (?)

UNGLAUBLICH, ABER DOCH WAHR; aus: "Der Weltraumbote" 1958 (?)

DAS VERSCHWUNDENE INDIANERLAGER; aus: "Psychic News" Nr. 1551

RAUMFLUG NACH JERUSALEM; aus: "Der Spiegel" 1/73

DAS PHÄNOMEN ERICH VON DÄNIKEN; aus: "Esotera" 74

GEHEIMSACHE 'FLIEGENDE UNTERTASSEN'; aus: "Esotera" 6/75

DER 'UNSTERBLICHE GRAF'; aus: "Esotera" 9/75

UNBEKANNTES METALL IN DER ISAR GEFUNDEN; aus: "Kontakt-Berichte", 6/76, Düsseldorf

ARIZONA-MAN CAPTURED BY UFO; aus: "National Enquirer", Dez. 76, USA

SAURIER IM PAZIFIK; aus: "Der Spiegel" 31/77

DER 'MAULWURF' - DIE UNTERIRDISCHE RAKETE; aus: "Bild der Wissenschaft" 10/77

"Der Blick", Zürich 25.2.71

"National Enquirer", Okt. 76, USA

"Ungeheuer", ARD-Sendung vom 14.3.76

Als Quellen dienten fernerhin zahlreiche Tageszeitungsmeldungen, Informationen aus Briefen und persönlichen Gesprächen, die aufzuführen den Rahmen dieses Registers sprengen würde.

Personenregister

410

Sachregister

414

416

Schiffsnamen

ANCIENT ASTRONAUT SOCIETY

Wir sind eine gemeinnützige, internationale Organisation, die keinen Gewinn und kein Vermögen anstrebt. Wir sammeln Indizien, die geeignet sind, die nachfolgenden Ideen zu unterstützen:

a) die Erde erhielt in prä-historischer und geschichtlich-historischer Zeit Besuch aus dem Weltall, (oder)

b) die gegenwärtige, technische Zivilisation auf diesem Planeten ist nicht die erste,

c) eine Kombination beider Möglichkeiten.

Alle zwei Monate erhalten Sie ein Mitteilungsblatt mit den neuesten Informationen, und zwar sowohl die amerikanische als auch die deutschsprachige Ausgabe. Hier kommen Autoren wie Erich von Däniken, Prof. Harry O. Ruppe, Peter Krassa, Ing. Josef F. Blumrich, Ing. Rudolf Kutzer, Willi Dünnenberger, Johannes und Peter Fiebag, Wolfgang Siebenhaar, Walter-Jörg Langbein und viele andere zu Wort und berichten über ihre neuesten Forschungen und Ergebnisse.

Jedes Jahr treffen wir uns zu Vorträgen und Filmen, und alle ein bis zwei Jahre findet ein Weltkongreß statt (1982 in Wien), bei dem Wissenschaftler aus allen Bereichen Stellung zur Prä-Astronautik nehmen. Treten Sie ein in die faszinierende Welt der Götter und ihrer Überlieferungen. Der Mitgliedsbeitrag beträgt DM 22,-- pro Jahr.

ANCIENT ASTRONAUT SOCIETY

CH-4532 FELDBRUNNEN

Name: ....

Vorname: ....

Straße: ....

Wohnort: ....

"Come Search With Us!"